"101 计划" 核心教材
物理学领域

U0246914

力 学

刘树新 编著

北京大学出版社

PEKING UNIVERSITY PRESS

图书在版编目 (CIP) 数据

力学 / 刘树新编著 . -- 北京 : 北京大学出版社,
2024. 8. -- ("101 计划"核心教材物理学领域).
ISBN 978-7-301-35134-5

Ⅰ. O369

中国国家版本馆 CIP 数据核字第 20245049RY 号

书 名	力学	
	LIXUE	
著作责任者	刘树新 编著	
责 任 编 辑	刘啸	
标 准 书 号	ISBN 978-7-301-35134-5	
出 版 发 行	北京大学出版社	
地 址	北京市海淀区成府路 205 号 100871	
网 址	http://www.pup.cn	
电 子 邮 箱	zpup@pup.cn	
新 浪 微 博	@北京大学出版社	
电 话	邮购部 010-62752015 发行部 010-62750672 编辑部 010-62754271	
印 刷 者	北京市科星印刷有限责任公司	
经 销 者	新华书店	
	787 毫米 ×1092 毫米 16 开本 26.75 印张 509 千字	
	2024 年 8 月第 1 版 2024 年 8 月第 1 次印刷	
定 价	80.00 元	

出 版 说 明

为深入实施科教兴国战略、人才强国战略、创新驱动发展战略,统筹推进教育科技人才体制机制一体化改革,教育部于 2023 年 4 月 19 日正式启动基础学科系列本科教育教学改革试点工作 (下称 "101 计划"). 物理学领域 "101 计划" 工作组邀请国内物理学界教学经验丰富、学术造诣深厚的优秀教师和顶尖专家, 及 31 所基础学科拔尖学生培养计划 2.0 基地建设高校, 从物理学专业教育教学的基本规律和基础要素出发, 共同探索建设一流核心课程、一流核心教材、一流核心教师团队和一流核心实践项目. 这一系列举措有效地提高了我国物理学专业本科教学质量和水平, 引领带动相关专业本科教育教学改革和人才培养质量提升.

通过基础要素建设的 "小切口", 牵引教育教学模式的 "大改革", 让人才培养模式从 "知识为主" 转向 "能力为先", 是基础学科系列 "101 计划" 的主要目标. 物理学领域 "101 计划" 工作组遴选了力学、热学、电磁学、光学、原子物理学、理论力学、电动力学、量子力学、统计力学、固体物理、数学物理方法、计算物理、实验物理、物理学前沿与科学思想选讲等 14 门基础和前沿兼备、深度和广度兼顾的一流核心课程, 由课程负责人牵头, 组织调研并借鉴国际一流大学的先进经验, 主动适应学科发展趋势和新一轮科技革命对拔尖人才培养的要求, 力求将 "世界一流" "中国特色" "101 风格" 统一在配套的教材编写中. 本教材系列在吸纳新知识、新理论、新技术、新方法、新进展的同时, 注重推动弘扬科学家精神, 推进教学理念更新和教学方法创新.

在教育部高等教育司的周密部署下, 物理学领域 "101 计划" 工作组下设的课程建设组、教材建设组, 联合参与的教师、专家和高校, 以及北京大学出版社、高等教育出版社、科学出版社等, 经过反复研讨、协商, 确定了系列教材详尽的出版规划和方案. 为保障系列教材质量, 工作组还专门邀请多位院士和资深专家对每种教材的编写方案进行评审, 并对内容进行把关.

在此, 物理学领域 "101 计划" 工作组谨向教育部高等教育司的悉心指导、31 所参与高校的大力支持、各参与出版社的专业保障表示衷心的感谢; 向北京大学郝平书记、龚旗煌校长, 以及北京大学教师教学发展中心、教务部等相关部门在物理学领域 "101 计划" 酝酿、启动、建设过程中给予的亲切关怀、具体指导和帮助表示由衷的感谢; 特别要向 14 位一流核心课程建设负责人及参与物理学领域 "101 计划" 一流核心教材编写的各位教师的辛勤付出, 致以诚挚的谢意和崇高的敬意.

　　基础学科系列 "101 计划" 是我国本科教育教学改革的一项筑基性工程. 改革, 改到深处是课程, 改到实处是教材. 物理学领域 "101 计划" 立足世界科技前沿和国家重大战略需求, 以兼具传承经典和探索新知的课程、教材建设为引擎, 着力推进卓越人才自主培养, 激发学生的科学志趣和创新潜力, 推动教师为学生成长成才提供学术引领、精神感召和人生指导. 本教材系列的出版, 是物理学领域 "101 计划" 实施的标志性成果和重要里程碑, 与其他基础要素建设相得益彰, 将为我国物理学及相关专业全面深化本科教育教学改革、构建高质量人才培养体系提供有力支撑.

物理学领域 "101 计划" 工作组

前　　言

　　力学是大学物理类院系的第一门专业课, 历来备受重视. 从高中进入大学, 特别是在大学第一学期, 学生面临三大挑战: 学习方式的转变、高等数学未学先用、力学理论体系的建立. 如何克服这些困难, 成为学生的首要任务, 也是教师需要处理的重点.

　　力学教材是解决这些问题的关键. 一本好的教材可以给读者多方面的帮助和启发, 对学生的影响也比较深远. 国内已经涌现了一批优秀的力学教材, 帮助一代又一代学子跨入物理学的大门. 北京大学物理系 (现合并至物理学院) 的力学教材编著起步较早, 在全国产生了广泛的影响. 最早的是 1961 年主要由丛树桐、李椿、钱尚武执笔的《普通物理学: 力学部分》, 之后还有 1985 年蔡伯濂的《力学》, 1995 年赵凯华、罗蔚茵的《新概念物理教程: 力学》, 2005 年舒幼生的《力学》. 在普通物理层次, 国内对我个人影响较大的力学教材有: 梁昆淼的《力学》(上、下册), 该书力学理论体系完备; 漆安慎、杜婵英的《力学》, 该书涉猎广泛、通俗易懂, 我从中获益良多.

　　教材需要与时俱进. 更新的部分主要是: 用现代的观点整理传统的内容, 用前沿的重要成果和新的应用充实基础. 在教学、应用的过程中, 我也发现了一些问题, 产生了一些独特的想法, 想与大家分享, 主要体现在四个方面.

　　(1) 固本浚源.

　　据《贞观政要》, 公元 637 年, 魏征在给唐太宗的《十思疏》中说 "求木之长者, 必固其根本; 欲流之远者, 必浚其泉源". 本书想在固本、浚源方面做出一些贡献.

　　物理学是自然科学的基础, 而物理学的兴起始于力学, 力学是整个物理学的基础, 因此我选力学为代表来探讨科学的起源和发展. 特别是, 本书在第二章开头, 通过归纳总结力学的发展史, 概括出了力学的十大起源.

　　正如数学家阿贝尔 (Abel) 所说, 向大师学习. 本书试图直接从前辈大师的著作中提取科学精神, 揭示他们做出重大突破时的心路历程, 使读者有一些感同身受, 获得一些启迪, 从而认识到, 力学不是无源之水、无本之木.

　　(2) 论述准确.

　　力学基本概念的建立和准确的表述, 是理解力学的重要过程. 本书充分借鉴国内外优秀的力学教材, 在力学概念的引入、基本概念的表述、理论体系的建立与推导、应用题材的选取和处理、结构的优化等方面做了一些大胆的尝试, 效果如何, 欢迎读者们评判.

(3) 内容全面.

国外的教材更新较快, 主要是增添前沿的内容, 更多的是在应用方面. 力学是非常成熟的学科, 理论体系方面已经完备, 需要留意的是新现象和新应用. 国内个别早期力学教材中的力学问题主要由物块、小球和斜面这三大件组合而成. 国外的教材近些年增加的应用部分主要在生物和医学方面, 本书也想尽量反映这些变化.

一个更重要的尝试是较全面地介绍力学内容. 本书以牛顿方程为核心, 导出了质点系、变质量系统、刚体、固体、弹性体、流体的基本运动方程, 而不是泛泛讨论. 这些推导比较容易和直接, 从而培养学生应用力学的信心; 求解这些方程很难, 从而激发学生继续学习的动力. 本书在实际处理中, 对一些技术性的细节做概要论述. 这样我们在教材中就能展现普通物理教材的三个特点: 入门性、基础性和通论性.

(4) 直达未知.

凡是我不知道的, 对我来说就是未知. 学习的过程就是探索未知的过程.

本书刻意编选的部分习题是不能求解的, 留待学生将来解决, 也许只能有数值解. 大部分思考题是开放性的问题, 没有确定的解答, 专为开阔视野、拓展思维之用.

最后一章 "观世界" 主要论述力学的适用范围, 并以力学为基础, 介绍未知的领域, 将读者带往物理学的开阔带, 希望他们扬帆起航, 继续探索新世界.

海阔凭鱼跃, 天高任鸟飞!

作者还希望能对中国的力学教育做出一点贡献, 这是前辈、同行和后生持之以恒、坚持不懈的长期任务, 继往开来, 别开生面, 愿与同人共勉!

承蒙钟锡华教授厚爱, 批阅了全稿, 多所匡正, 并提出很多宝贵的建议. 刘玉鑫、孟策、付遵涛、颜莎、陈志坚教授审阅了部分书稿, 修改良多. 作者也衷心感谢物理学院从事普通物理教学的各位老师, 与他们长期的交流和切磋对我有很大帮助, 很多想法都源于这些讨论. 物理学院的本科生周子安、博士生赵鹏威绘制了部分插图. 北京大学出版社编辑刘啸查漏补缺、删繁就简、润色颇多. 在此一并致谢!

最后专门致谢 "101 计划" 的三位评审专家: 中国科学院大学邢志忠教授、清华大学安宇教授、北京师范大学彭婧教授!

书中疏漏或不当之处在所难免, 诚挚欢迎大家批评指正!

刘树新
2024 年 2 月
于北京大学

目　　录

第一篇　基础

第二篇 理论

第三篇 应用

第四篇　时空

第〇章　力学概论

物体的运动, 包罗万象:

鸢飞戾天, 鱼跃于渊.

日月经天, 江河行地.

稻花香里说丰年, 听取蛙声一片.

我们就生活在这样一个生动活泼的世界里. 运动是最普遍的现象, 也是最古老的问题. 与其他五光十色的景象相比, 物体的运动是最简单的. 力学研究物体的运动及其规律, 范围大至天体、星系, 小至沙粒、尘埃, 甚至原子、粒子. 物理学的兴起始于力学, 力学是最先建立理论体系的自然学科.

§0.1　机械经验和力学知识的积累

运动是自然界最普遍、最常见的现象. 物体的运动或静止都是参考其他物体而言的, 最常见的参考物是我们生活的环境, 更确切地说就是大地.

人类很早就根据生物能否运动而将它们分为两大类 —— 动物和植物, 近代则根据它们的结构和起源进行了更科学的区分. 人类是灵长目里最聪明的动物, 会发明、使用各种工具. 这些各式各样的工具就是通常所说的机械. 机械的发明和使用或多或少都与力学有关, 例如轮子、车辆、独木舟、度量衡器具等等. 十七世纪人们将人类发明的各种机械归纳为五类: 杠杆、轮轴、滑轮、斜面和螺旋, 这五类最终又可归结为杠杆和斜面.

各民族发明的机械种类繁多, 大多非常精巧. 关于力学的知识, 中西则有很大的差别. 作为四大文明古国之一的中国, 在技术方面一度领先世界, 代代都有能工巧匠, 但在力学知识方面则相对缺乏. 这可能受了中国古代的一些制度的影响. 如《大明律》中规定私习天文者杖一百. 私人研究天文是违法的, 这当然不利于科学的发展.

古希腊的阿基米德 (Archimedes, 前 287—前 212) 在他的专著中以公理的形式推导出杠杆原理. 早在阿基米德提出杠杆原理一个半世纪之前,《墨子》一书就论述了杠杆平衡的性质, 但缺乏定量关系. 出土的春秋战国时期的许多小型的天平秤都是等臂的, 不等臂秤直到南北朝时期 (420—589) 才出现. 不等臂秤的出现标志着杠杆原理的成熟.

§0.2　机械观的兴衰

伽利略 (Galileo) 首创以实验与推理相结合的方法研究自由落体问题, 并发现了落体规律, 又通过斜面实验结合推理, 发现了物体具有保持运动的惯性, 从而成为动力学的奠基人. 惠更斯 (Huygens) 继续伽利略开创的研究, 并着手解决几个物体的动力学问题. 在伽利略、惠更斯及天文学家开普勒 (Kepler) 的研究基础上, 牛顿 (Newton) 完成了物理学的第一次大综合, 提出了现在普遍接受的运动三定律, 并发现了万有引力定律. 将引力定律应用到月球、行星上则充分展现了牛顿超凡脱俗的想象力. 从那时起, 经典力学就没有本质上的新原理被提出, 其他演绎的、形式的和数学的发展都基于牛顿运动定律.

人们用牛顿运动定律研究一切自然现象, 在很长一段时间里无往而不胜. 力学的巨大成功似乎暗示着机械观可应用于物理的所有领域, 所有的现象都可以用引力或斥力来解释, 而这些力只与距离有关, 作用在不变的粒子上.

二十世纪初发展出的量子力学和相对论终于暴露了牛顿力学的局限性. 此后就进入了近代物理蓬勃发展的时期. 现在我们可以客观地看待以牛顿力学和麦克斯韦 (Maxwell) 方程组为核心的经典物理的地位和作用了.

经典物理的研究对象与单个的原子、电子和光子相比, 都是包含大量粒子的宏观系统, 即使是我们经常分析的较小的微元, 也包含着大量的原子、电子或光子. 量子力学中常见的个体的量子化、概率性就淹没在由大量个体组成的系统的连续性和确定性之中:

$$\text{微观的少体系统} \begin{Bmatrix} \text{量子化} \\ \text{概率性} \end{Bmatrix} \rightarrow \begin{Bmatrix} \text{连续性} \\ \text{确定性} \end{Bmatrix} \text{宏观的多体系统.}$$

另一个重要的问题是测量. 测量对微观系统的影响是不可忽略的, 但对于经典的系统, 测量的影响通常是完全可以忽略的. 这就导致了经典物理的独特地位: 经典物理有其局限性, 但在其适用范围内是不可替代的.

§0.3　力学的理论体系

我们先来看看数学. 古希腊的欧几里得 (Euclid) 所著的《几何原本》大约成书于公元前 300 年, 包括了平面几何、立体几何和初等数论的一些内容. 其五条公设 (现在称为公理) 如下:

(1) 由任一点到另外任一点可以画直线;

(2) 一条有限的直线可以连续延长;

(3) 以任一点为圆心和任一长度为半径可以画圆;

(4) 所有直角都彼此相等;

(5) 同平面内一条直线与另外两条直线相交, 若在某一侧的两个内角之和小于二直角, 则这两条直线在这一侧相交.

欧几里得的《几何原本》为西方此后两千多年的数学树立了一个光辉的典范.

力学乃至整个科学都是用数学准确地描述、分析研究对象, 用实验判断对错. 数学和实验是科学的左右手, 缺一不可. 数学、实验、理论和应用之间联系密切, 相互作用, 相互促进, 形成有机的 META 结构, 如图 0.1 所示. 数学是理论的骨架, 不用数学的理论注定不能发展成准确、可验证的科学. 我们用实验来验证理论或所有知识, 实验是科学正确性的唯一鉴定者. 理论和应用又交织在一起, 应用可升华为理论, 理论也可物化为应用. 显微镜、望远镜、温度计、气压计极大地促进了科学的发展, 科学又会产生新的应用, 例如激光、核磁共振、微电子线路, 科学知识转化为应用的周期也越来越短, 科学技术成为了现代社会的第一生产力!

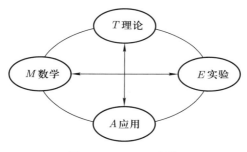

图 0.1 META 结构

定义、公理、命题的公理体系在力学理论的发展中也一脉相承, 从阿基米德、伽利略到牛顿, 力学发展史中三大里程碑式的巨人, 都遵循这个伟大的传统. 我们依次罗列他们的理论体系.

阿基米德是百科全书式的科学家, 研究范围横跨数学、实验、理论和应用, 享有 "力学之父" 的美誉. 阿基米德曾说过: "给我一个支点, 我能撬起整个地球." 这里的公设引自他的一部著作《论平面图形的平衡》的卷 I:

(1) 位于相等距离处的相等重量平衡, 而位于不等距离处的相等重量不平衡, 杠杆向较大距离处的重量倾斜.

(2) 两个重量在某一距离上平衡, 若在其中之一加上一点重量, 它们就不再平衡, 而是向有所增加的那个重量倾斜.

(3) 类似地, 如果在上述两个重量之一中去掉一点重量, 它们就不再平衡, 而是向没有变化的那个重量倾斜.

(4) 相等且相似的平面图形贴合时相互重合, 它们的重心也类似地相互重合.

(5) 不等但相似图形的重心位置相似. 关于在相似图形中相似地定位的各点, 指的是这样的点, 如果由它们至相等的角顶连直线, 它们与对应的边成相等的角.

(6) 如果在某一距离处两个重量平衡, (其他) 等于它们的重量也将在同样距离处平衡.

(7) 周边凹向同一方向的任意图形的重心必定在图形之内.

然后, 由这几条公设, 阿基米德在该书的命题 6 和命题 7 中证明了杠杆原理: 两重量无论可通约 (命题 6) 或不可通约 (命题 7), 皆在反比于本重量的距离处平衡. 1906 年, 有人幸运地发现久已失传的阿基米德标题为 "方法" 的文章, 从中得以窥见阿基米德探求真理的真实过程. 阿基米德先用力学方法得到结果, 再用几何方法证明.

中国战国时代初期的《墨子》一书, 也对杠杆原理有定性的描述: "衡木如重焉而不挠, 极胜重也. 右校交绳, 无加焉而挠, 极不胜重也. 衡, 加重于其一旁, 必捶. 权重相若也, 相衡则本短标长. 两加焉, 重相若, 则标必下, 标得权也." 译成现代文就是: 衡木两端加上重物, 能保持水平, 衡木与重物达到平衡. 将系权的绳子向右移动, 没有加重物而衡木一端翘起, 衡木没有达到平衡. 平衡后, 加上重物的一端必然下垂. 权和重物已经平衡了, 观察衡木, 本短而标长. 两边加相等的重物, 标必下垂, 这是由于标较长.

这是关于衡木的四个操作:

(1) 平衡操作.

(2) 不平衡操作. 重物不变, 其中一个移动位置则失衡.

(3) 平衡后, 加重物的一端必下垂.

(4) 不等臂操作. 两端加上相等的重物, 长的一端下垂.

墨子的杠杆原理是定性的.

作为一流的数学家, 伽利略利用实验结果推导出运动的某些定量性质, 如自由落体的运动规律、斜抛物体的运动轨迹是抛物线, 并通过斜面实验发现了惯性定律, 纠正了亚里士多德 (Aristotle) 关于运动的错误结论, 正确定义了加速度, 从而成为动力学的奠基人.

在《关于两门新科学的对话》中, 伽利略以对话的形式每天讨论一个议题, 前两天是关于材料力学的, 后两天是关于动力学的, 介绍了两门新科学的一系列重要成果. 伽利略在该书中写道: "我们看到, 实验结果与我们一个接一个证明了的这些性质相符合并确切地对应. 最后, 在自然加速运动的探索中, 我们仿佛被亲手领着去追随大自然本身在各种其他过程中的习惯和方式, 所采用的方法也是最平常、最简单和最容易的手段." 这里摘录该书中关于匀速运动的定义和公理.

定义: 所谓稳定运动或均匀运动, 是指这样一种运动, 运动粒子在任何相等的时间间隔中通过的距离都彼此相等.

由以上定义可以得出如下四条公理:

公理 1: 在同一均匀运动的情形中, 在一个较长的时间间隔中通过的距离大于较短的时间间隔中通过的距离.

公理 2: 在同一均匀运动的情形中, 通过一段较大距离所需的时间长于通过一段较小距离所需的时间.

公理 3: 在同一时间间隔中, 以较大速率通过的距离大于以较小速率通过的距离.

公理 4: 在同一时间间隔中, 通过一段较长距离所需要的速率大于通过一段较短距离所需要的速率.

讨论完匀速运动, 伽利略引入了匀加速运动的定义, 开始分析自由落体运动和斜面运动. 得到一系列惊人的结果后, 伽利略激动地说道: "现在请看看真理的力量吧!"

1684 年, 哈雷 (Halley) 请教牛顿关于引力与行星椭圆轨道的问题, 牛顿说他几年前就证明了它们的关系, 并重新写了一篇《论轨道上物体的运动》. 文中证明, 天上与地上的物体服从完全相同的运动规律, 引力使得行星及其卫星必定沿椭圆轨道运动. 哈雷一眼就看出这篇论文有划时代的价值, 敦促牛顿把它扩充为专著发表. 牛顿用了十八个月的时间专心致志地写作, 于 1687 年出版了《自然哲学的数学原理》, 建立了物理学史上第一个理论体系.

虽然牛顿的研究范围十分广泛深入, 《自然哲学的数学原理》一书却非常纯粹, 研究对象是自然哲学, 研究方法是数学, 并用实验证实所得的结论. 该书以八个定义开篇, 接下来是公理或运动定律, 陈述三大定律, 并分别给出解释, 然后是六条推论. 在《自然哲学的数学原理》的最后一编, 即第三编中, 牛顿写道: "接下来我要用同样的原理展示世界体系!"

十八世纪进入力学理论体系的扩充和应用阶段, 拉格朗日 (Lagrange) 的分析力学是牛顿力学的等价表述, 但适用范围更广. 通过几代物理学家的努力, 表述物理系统的最基本原理归结为最小作用量原理.

§0.4 力学的基础地位

在历史的长河中, 人类积累的浩瀚知识可以按类型粗略地划分为不同的学科. 这些不同学科大致又可分为两类: 基础科学和应用科学. 力学既是基础科学又是应用科学.

力学作为物理学的基础, 它引入的基本概念、原理和方法应用于整个物理学, 而物理学又是自然科学的基础. 随着科学技术的发展, 各学科的联系越来越密切, 而学科之间的界限越来越模糊. 每隔一段时期, 科学就需要重新整合.

作为应用科学, 在古代, 力学帮助人们发明和改进工具; 在现代, 航空、航天、土木、机械、自动控制、水利、化工、电机、动力、采矿、冶金、纺织、食品等各工业部门的发展无一不得益于力学的指导, 并把力学作为自己的理论基础.

因此, 力学既是自然科学的基础, 又是现代工业的基础.

第一篇
基础

第一章　物体的运动

君子生非异也，善假于物也

—— 荀子

自古以来，人们就对各种运动充满好奇. 飞禽走兽, 行云流水, 日月经天, 江河行地, 斗转星移, 四季轮回. 我们就从最古老的运动问题开始, 踏上探索自然之旅. 理解了广泛存在的运动现象, 就获得了一把万能钥匙, 由此可以登堂入室, 一窥自然的奥秘. 为了描述物体的运动, 长度和时间的概念是我们首先要掌握的, 它们也是最基本的物理量. 本章介绍描述物体运动的基本概念和方法, 最后讨论相对运动. 本章始于时空, 本书也会止于时空. 届时我们将立足经典物理的制高点, 瞭望整个物理世界!

§1.1　参　考　系

1.1.1　参考系

我们在车外观察一辆行驶中的汽车 (见图 1.1), 会觉得车上每一点都随着汽车一起运动, 在不同的时刻处于不同的位置. 如果我们坐在车里, 则会觉得车里的每一点都是静止不动的, 总是处于同一位置, 而窗外的景物则向后运动. 因此, 位置和运动都是相对的, 只能相对于某个物体来确定. 描述行驶中的汽车, 相对的物体是地面; 坐在车里, 观看窗外一闪而过的景物, 相对的物体是汽车.

图 1.1　行驶中的汽车

为了描述物体的运动而选取的作为参考的物体, 称作参考物. 参考物必须有一定的大小和形状, 相对参考物, 我们就能够确定其他物体的位置. 参考物一旦选定, 我们可以用各种方式扩展它, 比如, 把其他物体连接到参考物上, 用这个方法可以连接到空间的任何位置, 这样我们就得到了一个专属于这个参考物的空间, 称作参考空间, 简称空间. 爱因斯坦 (Einstein) 在《相对论的意义》中写道: "从这个意义上来说, 我们不能抽象地谈论空间, 只能谈论属于参考物的空间." 在参考物的空间里, 若物体的位置保持不变, 我们就说它静止, 若物体的位置变化, 我们就说它在运动. 相对于参考物, 我们可以确定物体所处的位置、物体是运动还是静止. 因此, 我们将参考物称为参考系.

反之, 我们可以断定, 不存在脱离任何参考物的绝对运动或静止.

1.1.2 时空的测量

为了确定物体的位置, 描述物体的运动, 我们先介绍两个最基本的物理量: 长度和时间.

比较不同的物体, 可以确定它们的大小, 从而引入长度的概念. 选择某个物体的一段为长度的单位, 就可以用数和长度单位描述物体的大小. 比如, 某篮球运动员的身高是 2.26 m, 这里 m (米) 是单位, 2.26 是单位的倍数.

长度是各个民族在远古时期就能量度的最简单直观的物理量. 据《史记》记载, 禹以 "身为度". 出土文物中, 最早的商骨尺 (见图 1.2) 的长度约为 16 cm, 大概相当于一般人中指和拇指张开时指端的距离, 即所谓的 "布手知尺".

图 1.2　商骨尺

简单的长度可以直接测量, 如对身高、土地的丈量, 以及用游标卡尺对管道的内径和外径的测量等. 大多数测量都是间接的, 比如对一棵参天大树的高度、地球与太阳的间距、原子的半径的测量等. 利用近代物理的原理和技术, 长度的测量精度一直在不断地提高.

早期的长度基准都是实物, 如各朝代的尺, 以及国际米原器等, 但是这些实物基准都会受环境的影响, 会随时间缓慢变化, 也难以避免天灾人祸. 1870 年, 英国物理学家麦克斯韦在利物浦举行的英国科学促进会上指出: "如果我们需要得到长度、时间、质量的标准, 其数值要保证绝对恒定不变, 我们一定不能在我们居住的星球的尺度、运动或者质量中寻找, 而是应从那些不灭的、固定不变的并且全同的分子的波长、振动周期, 以及绝对质量中寻找." 这也是所有物理学家的共同追求.

2019 年 5 月 20 日, 全部用自然基准代替实物基准这个梦想终于实现了! 现在长度的单位是用光速定义的. 1983 年 10 月, 第十七届国际计量大会通过了国际长度单位米的新定义: 米是真空中光在 1/299792458 秒时间间隔内所经过路径的长度, 记作 m. 这个新定义的特点是, 规定真空中光速为常量, 并令它等于 299792458 m/s, 从而将长度和时间的标准统一, 并使长度计量的精度提高到时间计量的精度.

在长度测量的基础上, 我们可以进一步测量物体的长、宽、高, 定义面积、体积和角度, 确定物体在空间的远近高深. 在空间的任意一点, 我们最多只可以作三条互相垂直的直线, 所以我们生活的空间是三维的. 在观测和实验的基础上, 我们生活的空间还非常接近最简单的三维欧氏空间, 初中和高中学习的平面几何、空间几何, 即欧氏几何, 在现实中是成立的, 比如直角三角形的三个边长满足勾股定理. 尽管根据广义相对论, 我们所在的空间实际上是弯曲的. 现在我们已经充分了解到, 宇宙中存在更极端的环境, 比如在黑洞内, 空间有什么独特的性质, 尚有待于进一步的探索.

例 1.1 太阳有多高、多远?

中国最古老的一部数学书《周髀算经》介绍了在正午时刻测量太阳有多高、离我们有多远的方法, 如图 1.3 所示.

在周城的地面树立一个高八尺的表, 夏至日的正午测量表的影子长度, 影长一尺六寸. 相距一千里的两个表, 影长差一寸.

利用相似三角形的比例关系, 再考虑到太阳距离表的远和高是一个很大的量, 可得关系式:

$$日高 = \frac{表高}{两表的影差} \times 两表的距离,$$
$$日远 = \frac{影长}{两表的影差} \times 两表的距离.$$

代入数据算得, 夏至日正午时, 日高是八万里, 日远为一万六千里. 由此得出结论, "夏至日南万六千里, 日中立竿无影".

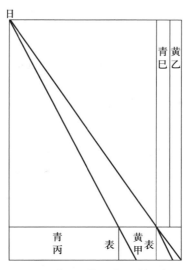

图 1.3 《周髀算经》中的日高图

例 1.2 用矩之道.

《周髀算经》也介绍了中国古代工匠最常用的工具 —— 矩的用法: "偃矩以望高, 覆矩以测深, 卧矩以知远." 这里介绍 "偃矩以望高" 的方法. 图 1.4 中 ACE 是矩.

由相似三角形的比例关系, 可得 P 点的高度

$$PQ = \frac{BC}{AC} \times AQ.$$

测量出 BC, AC 和 AQ 的长度, 就可以计算出 PQ 的高度, 即所谓 "偃矩以望高".

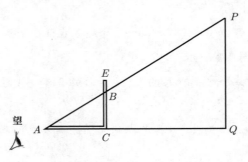

图 1.4 偃矩以望高

从这两个应用, 可以领略古人量天测地的雄心和智慧.

图 1.5 给出了物理学各个领域涉及的典型尺度. 由图中展示的长度跨度, 可以想见物理学的研究范围是多么广泛, 真可谓 "上穷碧落下黄泉".

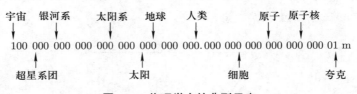

图 1.5 物理学中的典型尺度

比较不同的运动, 可以确定它们的快慢, 从而引入时间的概念. 通常选择周期运动作为比较的基准, 运动的周期规定为时间的单位, 如日、月、年等, 我们因而可以用数和时间单位表示时间的长短. 测量时间的仪器很多, 从早期简单的燃香、水漏、沙漏、机械钟直到近代的石英钟、原子钟等等. 现代社会对时间精度的要求越来越高, 如对于全球定位系统 (GPS) 和北斗导航系统来说, 原子钟一天的误差为 8.64 ns, 对应的测距误差就达到 2.59 m.

时间的国际单位是秒, 记作 s, 原来定义为一个平均太阳日的 1/86400, 这种标准使得时间计量的精度仅为 10^{-7}. 近代的精密观测发现, 地球自转的角速度也在逐渐变慢, 一个世纪后一天的时间会增加 0.001 s. 因此, 时间的基准也有必要采用自然基准.

1967 年, 第十三届国际计量大会决定采用铯原子钟作为新的时间计量基准: 秒是铯 133 原子基态的两个超精细能级之间跃迁所对应的辐射的 9192631770 个周期的持续时间. 这个跃迁频率测量的准确度能达到 10^{-13}.

我们引入的长度和时间都采用了操作性定义, 都是可以测量的, 从而将整个力学建立在实验的基础之上. 选定了参考系, 可以由此建立长度和时间测量系统, 原则上可以在其参考空间的每一点配备静止的直尺和时钟, 我们的空间就好像带长度刻度的空间, 每一点都放置一个时钟, 从而能够测量物体在任一时刻所在的位置.

1.1.3 近似与模型

实际物体的运动一般都很复杂, 不能准确地描述. "鹰击长空, 鱼翔浅底, 万类霜天竞自由." 描述这样生动的景象目前只能用文学语言. 即使分析简单的物体, 比如乒乓球的运动, 实际情形也会复杂得令人难以置信. 除了乒乓球整体的平动和绕球心的转动以外, 被击打过的乒乓球, 表面会有变形以及击打引起的振动, 在空中运动时会受到重力和空气阻力, 旋转还会产生与平动方向垂直的横向力, 周围还有飘忽不定的气流. 因此, 为了能做定量的计算, 必须对具体物体进行简化和近似, 建立理想的模型, 以便用准确的数学概念来描述.

若物体的大小比所考虑的运动的尺度小得多, 我们就可以把物体简化为一个具有一定质量的点 —— 质点. 例如, 地球绕太阳的公转, 取地球到太阳的距离为运动的尺度, 地球的大小与之相比就小得多. 打个比方, 若设公转的轨道半径是 100 m, 则地球半径只有 4 mm, 因而在分析地球公转问题时可将地球当作质点. 质点可以看作最简单的物体, 研究运动就从质点开始. 在需要考虑物体的大小时, 若物体的形状在运动过程中基本保持不变, 我们就可以把它当作刚体. 所谓刚体, 就是物体内任意两点的间距保持不变, 是对固体的一个常用的近似. 对于固体, 依据所处的环境和条件, 我们引入的模型是最多的, 如弹性、塑性、蠕变、断裂、疲劳等. 所有模型都是对实际物体的简化, 抓住问题的主要因素, 忽略次要因素, 保留所关注的系统属性. 因而模型都有适用范围, 超出适用范围会导致矛盾, 产生非物理的结论. 这时候我们就需要回过头来检查, 模型的哪一条简化、哪一个假设不符合实际情况.

利用模型所做预言的准确程度受制于模型的近似程度, 例如若将质量不是均匀分布的球体近似成均匀分布的球体, 两者对外部质点的万有引力就会有差异. 分析地球绕太阳的公转时, 可以把地球看作质点; 研究地球的自转时, 就必须考虑地球的大小和形状, 以及地球内部质量的分布, 不能将其看作质点. 几乎所有学科都从简单的研究对象入手. 对于简单的研究对象, 能建立简单的模型, 而简单模型可以用理论精确地计算, 然后与实验比较, 确定理论是否需要修正, 从而推动理论的发展和完善. 力学的质点、电磁学的点电荷、原子物理的氢原子等对相关学科的发展都起到了试金石的作用.

1.1.4 位置矢量

质点在空间中运动时, 它的位置随时间变化. 只用一个数, 比如距离, 不足以确定质点的位置, 这就需要引入位置矢量. 在参考物上或参考物的参考空间里任选一点为参考点 O, 质点位于 P 点, 质点的位置矢量 r 的大小等于 OP 的间距, 方向从 O 指向 P 点, 如图 1.6 所示. 质点在空间运动时, 位置矢量的末端画出质点的运动轨迹. 一般情形下, 轨迹是空间曲线.

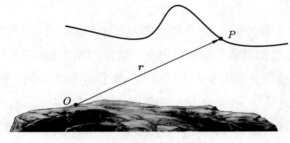

图 1.6 位置矢量

与我们以前熟悉的数相比, 矢量包含更多的信息, 许多物理量属于矢量, 用矢量表示它们更简洁. 矢量的大小、相对的方向和夹角与我们后面要建立的各种坐标系无关. 更重要的是, 物理量之间的关系可以直接显示出来, 用矢量表达的物理定律也与坐标系无关. 当一个物理量与多个矢量有关时就需要引入张量的概念, 例如固体内部一个截面所受的作用力, 这个作用力与截面法矢量的方向有关.

1.1.5 位移、速度、加速度

设质点在 t_1 时刻的位置矢量为 r_1, 在 t_2 时刻的位置矢量为 r_2, 质点的位移 Δr 等于末态矢量减去初态矢量:

$$\Delta r = r_2 - r_1,$$

如图 1.7 所示. 可以看出, 相对初始的位置矢量 r_1, 位移 Δr 使得 r_1 的大小 $(\Delta r_\parallel)$ 和

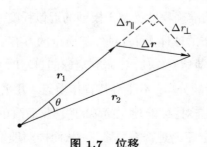

图 1.7 位移

方向 ($\Delta r_\perp$ 或 θ) 都发生了变化. 质点的平均速度定义为

$$\overline{\boldsymbol{v}} = \frac{\boldsymbol{r}_2 - \boldsymbol{r}_1}{t_2 - t_1}.$$

对于一个运动过程, 平均速度是一个很有价值的参考量, 使我们能从整体上了解运动情形.

为了分析物体的运动, 更重要的是瞬时的运动情形. 在 t 时刻的瞬时速度定义为

$$\boldsymbol{v} = \lim_{\Delta t \to 0} \frac{\Delta \boldsymbol{r}}{\Delta t} = \frac{\mathrm{d}\boldsymbol{r}}{\mathrm{d}t}.$$

瞬时速度简称速度, 以后我们说到速度就是指瞬时速度. 历史上, 牛顿利用所发明的微积分, 首次用瞬时速度定量描述了质点在某一时刻位置随时间的变化, 为定量分析运动、发现运动规律迈出了关键的一步. 牛顿还发明了一个简单的记法来表示物理量随时间的变化率, 即在物理量上加一点, 上式可写为 $\boldsymbol{v} = \dot{\boldsymbol{r}}$, 我们会一直沿用这个记法.

在伽利略时代, 人们对于今天我们非常熟悉的加速度概念还一无所知, 伽利略不得不为我们创造这些概念和方法. 在研究自由落体问题时, 伽利略对匀加速运动的定义曾长时间犹豫不决, 最终通过分析下落距离随时间的关系得到匀加速运动的定义. 有了微积分之后, 加速度 $\boldsymbol{a}$ 定义为

$$\boldsymbol{a} = \frac{\mathrm{d}\boldsymbol{v}}{\mathrm{d}t} = \dot{\boldsymbol{v}} = \ddot{\boldsymbol{r}}.$$

对于自由落体运动, $\boldsymbol{a} = \boldsymbol{g}$, $\boldsymbol{g}$ 为重力加速度, 其大小的常用值是 9.8 m/s^2.

我们用位置、速度和加速度矢量描述质点的运动, 这也是描述其他复杂运动的基础.

§1.2　直 线 运 动

质点的直线运动是最简单的, 我们就由此开始, 最后推广到空间曲线运动.

为了表示质点的位置, 沿着运动的直线建立一个数轴, 记为 x 轴, 再引入一个长度为 1、方向沿着 x 轴正向的单位矢量 $\boldsymbol{i}$, 质点所在的位置 P 点可用矢量表示为 $\overrightarrow{OP} = a\boldsymbol{i}$, 其中 a 为正数时, P 点位于原点的右侧, 到原点的距离为 a, a 为负数时, P 点位于原点的左侧, 到原点的距离为 $|a|$, 如图 1.8 所示. 对于直线运动, 由于运动方向不变, 只

图 1.8　直线运动的位置表示

用一个实数就能完全确定质点位置, 所以可不写单位矢量. 长度的单位包含在坐标里, 而不在单位矢量里, 这样我们就可以用单位矢量表示其他的矢量, 比如速度和加速度.

若质点沿着 x 轴运动, 它的位置随时间变化, 质点位置可用函数表示为

$$x = x(t),$$

其中自变量 t 表示时间. 利用求导运算, 可得任意时刻的速度和加速度:

$$v = \dot{x}(t),$$
$$a = \ddot{x}(t).$$

我们先看几个例子.

例 1.3　简谐振动.

质点位置随时间的变化满足

$$x = A\cos\left(\omega t - \frac{\pi}{2}\right),$$

计算其速度和加速度.

解　利用速度定义, 位置对时间求导, 可得

$$v = -A\omega \sin\left(\omega t - \frac{\pi}{2}\right).$$

再求导, 可得

$$a = -A\omega^2 \cos\left(\omega t - \frac{\pi}{2}\right).$$

它们随时间的变化如图 1.9 所示. 加速度与位置还有一个简单的关系: $a = -\omega^2 x$, 这是简谐振动的特点.

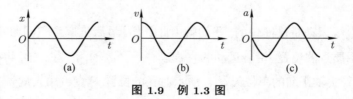

图 1.9　例 1.3 图

例 1.4　小球从静止下落, 在重力和空气阻力的作用下, 位置随时间的变化满足

$$x = v_{\text{t}}t + \frac{v_{\text{t}}^2}{g}\left(\mathrm{e}^{-\frac{gt}{v_{\text{t}}}} - 1\right).$$

计算其速度和加速度, 并确定很长时间后的速度和加速度.

解 利用速度定义, 将位置对时间求导, 可得

$$v = v_t \left(1 - \mathrm{e}^{-\frac{gt}{v_t}}\right).$$

再求导, 可得

$$a = g\mathrm{e}^{-\frac{gt}{v_t}}.$$

当 $t \to \infty$ 时, $v = v_t, a = 0$, 小球做匀速直线运动.

反过来, 若已知质点的加速度, 利用积分运算, 可以确定质点的速度和位置的改变量. 若给定质点初始的位置和速度, 质点的运动就完全确定了.

例 1.5 伽利略发现的自由落体规律.

解 沿竖直方向建立数轴, 以向下为正. 设重力加速度为 g.

加速度 $g = \dfrac{\mathrm{d}v}{\mathrm{d}t}$, 因此 $\mathrm{d}v = g\mathrm{d}t$. 两边积分, 有

$$\int_{v_0}^{v} \mathrm{d}v = \int_{0}^{t} g\mathrm{d}t.$$

积分式中, 下限的含义是 $t = 0$ 时 $v = v_0$, 上限的含义是 $t = t$ 时 $v = v$, 上限是简化表示, 不会误解, 这样我们可以少引入一个变量符号. 完成积分得

$$v = v_0 + gt.$$

利用 $\mathrm{d}x = v\mathrm{d}t$, 再积分, 并令初始条件为 $t = 0$ 时 $x = x_0$, 可得

$$x = x_0 + v_0 t + \frac{1}{2}gt^2.$$

由此可见, 落体的初始运动状态 (x_0, v_0) 对应积分常量.

例 1.6 无线电波对电离层中电子的影响.

电离层是围绕地球, 高度大约在 $200\,\mathrm{km}$, 由带正电的离子和带负电的电子组成的电中性气体. 无线电波通过电离层时, 它的电场会加速带电粒子. 因为电场随时间振动, 带电粒子倾向于来回摇动. 设电场强度 $E = E_0 \cos(\omega t + \varphi_0)$ 沿着 x 方向, 电荷为 q、质量为 m 的带电粒子初始时位于坐标原点, 沿 x 方向有初速度 v_0, 确定带电粒子如何运动. 当通过的是极低频和极高频的电磁波时, 带电粒子又如何运动?

解 带电粒子所受的电场力

$$F = qE.$$

代入牛顿运动方程

$$ma = qE,$$

利用 $dv = adt$, 可得微分关系

$$dv = \left[\frac{qE_0}{m}\cos(\omega t + \varphi_0)\right]dt.$$

两边积分, 并利用初始条件 $t = 0$ 时 $v = v_0$, 可得

$$v = v_0 + \frac{qE_0}{m\omega}\sin(\omega t + \varphi_0) - \frac{qE_0}{m\omega}\sin\varphi_0.$$

利用 $dx = vdt$, 再积分, 并利用初始条件 $t = 0$ 时 $x = 0$, 可得

$$x = \frac{qE_0}{m\omega^2}\cos\varphi_0 + \left(v_0 - \frac{qE_0}{m\omega}\sin\varphi_0\right)t - \frac{qE_0}{m\omega^2}\cos(\omega t + \varphi_0).$$

从上式可以看出, x 的表达式分为三项: 常数项、匀速运动项和简谐振动项. 带电粒子如何运动, 与带电粒子的初始条件和无线电波的初相位密切相关, 可以产生的运动模式有: 向左或向右运动, 原地振动.

极低频时 $\omega \to 0$, v_0 的大小和方向可以忽略, 电磁波近似于静电场.

极高频时 $\omega \to \infty$, v_0 决定了带电粒子如何运动, 电磁波的影响可以忽略.

质点的位置、速度和加速度可以相互导出:

$$位置 \rightleftharpoons 速度 \rightleftharpoons 加速度.$$

利用微分运算, 由位置可以计算速度和加速度. 反过来, 利用积分运算, 由加速度可以计算速度和位置的改变量. 在一般情况下, 积分比微分要难得多, 所以后面我们会介绍各种方法来简化积分运算.

一维直线运动与一元微积分都是各自学科的核心, 属于基础部分, 需要熟练掌握.

§1.3 曲 线 运 动

质点在空间中的运动一般都是曲线运动. 为了便于计算和分析质点的运动, 我们建立各种坐标系, 用坐标及其变化表示质点的位置、速度和加速度. 运动通常都是在某个坐标系中分析, 有时我们就用坐标系代表参考系. 不同的坐标系适合描述不同的运动. 坐标系选择得合适, 可以极大地简化对运动的描述及分析.

1.3.1 平面直角坐标系

最简单、最常用的坐标系是笛卡儿坐标系 (Cartesian coordinate), 即直角坐标系, 坐标轴互相垂直. 首先考虑在平面直角坐标系中用坐标来描述质点的运动. 分别引入

沿着 x 轴和 y 轴正方向的单位矢量 $\boldsymbol{i}$ 和 $\boldsymbol{j}$, 则质点所在的位置 P 点可用坐标 (x,y) 表示为

$$\boldsymbol{r} = x\boldsymbol{i} + y\boldsymbol{j}.$$

空间的 P 点、位置矢量 $\boldsymbol{r}$ 和坐标 (x,y) 存在一一对应的关系, 可以互相表示, 如图 1.10 所示.

质点的位移 (见图 1.11)

$$\Delta\boldsymbol{r} = \boldsymbol{r}_2 - \boldsymbol{r}_1 = (x_2 - x_1)\boldsymbol{i} + (y_2 - y_1)\boldsymbol{j},$$

质点的速度

$$\boldsymbol{v} = \frac{\mathrm{d}\boldsymbol{r}}{\mathrm{d}t} = \frac{\mathrm{d}x}{\mathrm{d}t}\boldsymbol{i} + \frac{\mathrm{d}y}{\mathrm{d}t}\boldsymbol{j} = \dot{x}\boldsymbol{i} + \dot{y}\boldsymbol{j},$$

质点的加速度

$$\boldsymbol{a} = \frac{\mathrm{d}\boldsymbol{v}}{\mathrm{d}t} = \dot{\boldsymbol{v}} = \frac{\mathrm{d}^2x}{\mathrm{d}t^2}\boldsymbol{i} + \frac{\mathrm{d}^2y}{\mathrm{d}t^2}\boldsymbol{j} = \ddot{x}\boldsymbol{i} + \ddot{y}\boldsymbol{j}.$$

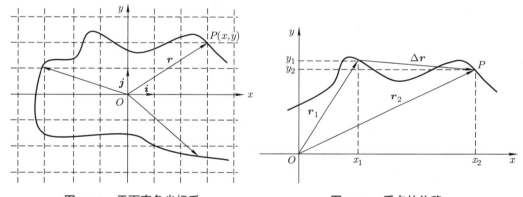

图 1.10　平面直角坐标系　　　　图 1.11　质点的位移

这些运算可以直接推广到三维空间, 比如空间直角坐标系的位置矢量

$$\boldsymbol{r} = x\boldsymbol{i} + y\boldsymbol{j} + z\boldsymbol{k}.$$

采用直角坐标系, 矢量的点乘有最简洁的形式

$$\boldsymbol{A} \cdot \boldsymbol{B} = A_x B_x + A_y B_y + A_z B_z,$$

其他矢量运算也很方便.

例 1.7 斜抛运动.

重力加速度 $\boldsymbol{g}$ 竖直向下, 质点的初速度 $\boldsymbol{v}_0$ 和重力加速度 $\boldsymbol{g}$ 确定了一个平面, 此即质点的运动平面. 在此平面内建立直角坐标系, x 为水平方向, y 为竖直方向, 起抛点选为坐标原点, 起抛的时刻设为 $t = 0$, 如图 1.12 所示.

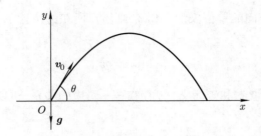

图 1.12   斜抛运动

质点水平方向的加速度 $a_x = 0$，因而水平速度保持不变，有

$$v_x = v_0 \cos\theta,$$

$$x = v_x t = v_0 t \cos\theta.$$

竖直方向加速度 $a_y = -g$ 为常量，因而 $\mathrm{d}v_y = -g\mathrm{d}t$，两边积分，有

$$\int_{v_0 \sin\theta}^{v_y} \mathrm{d}v_y = \int_0^t (-g\mathrm{d}t),$$

积分下限对应运动的初态，上限对应 t 时刻的速度 v_y. 积分后可得

$$v_y - v_0 \sin\theta = -gt.$$

整理后得到

$$v_y = v_0 \sin\theta - gt.$$

利用 $\mathrm{d}y = v_y \mathrm{d}t$，代入上式，两边再次积分可得

$$y = v_0 t \sin\theta - \frac{1}{2}gt^2.$$

当 $\theta = 0$ 时，斜抛运动变为平抛运动；当 $\theta = \dfrac{\pi}{2}$ 时，斜抛运动变为竖直上抛运动.

1.3.2   自然坐标系

质点的运动轨迹一般是一条空间曲线，可以建立一个随质点运动的自然坐标系.
注意，这是一个运动的坐标系. 我们以平面曲线为例，引入自然坐标系，所得结果可推
广到空间曲线.

设 $\boldsymbol{\tau}$ 为沿速度方向的单位矢量，另一个单位矢量 $\boldsymbol{n}$ 与 $\boldsymbol{\tau}$ 垂直，指向曲线弯曲的一
侧，即曲线的凹侧. $\boldsymbol{\tau}$ 称为切向单位矢量，$\boldsymbol{n}$ 称为法向单位矢量，在 $(\boldsymbol{\tau}, \boldsymbol{n})$ 自然坐标系
中，质点的速度可表示为

$$\boldsymbol{v} = v\boldsymbol{\tau}.$$

为了计算加速度, 我们需要引入曲线的曲率 σ. 曲线在 P 点的弯曲程度由两个因素决定: 相邻两点切线的夹角和两点间的曲线长度. 因此, 曲率 σ 定义为

$$\sigma = \frac{\mathrm{d}\theta}{\mathrm{d}s},$$

其中 $\mathrm{d}\theta$ 为 P 点切线与邻近点切线的夹角, $\mathrm{d}s$ 为两点间的曲线长度, 如图 1.13 所示. 有两类特殊的曲线: 圆和直线. 对于半径为 R 的圆, 各点的曲率相等, $\sigma = 1/R$, 因此一般曲线的曲率的倒数 $\rho = 1/\sigma$ 称为曲率半径. 在曲线的任一点都可以画一个以该点处曲率半径为半径的曲率圆. 直线的曲率为 0, 曲率半径为无穷大.

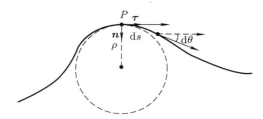

图 1.13　自然坐标系与曲率

现在计算质点的加速度:

$$\boldsymbol{a} = \frac{\mathrm{d}(v\boldsymbol{\tau})}{\mathrm{d}t} = \frac{\mathrm{d}v}{\mathrm{d}t}\boldsymbol{\tau} + v\frac{\mathrm{d}\boldsymbol{\tau}}{\mathrm{d}t}.$$

$\boldsymbol{\tau}$ 是单位矢量, 大小不变, 只能改变方向, 改变量总是与原矢量垂直, 沿着 $\boldsymbol{n}$ 的方向. 利用曲率的定义, 可得

$$\frac{\mathrm{d}\boldsymbol{\tau}}{\mathrm{d}t} = \frac{\mathrm{d}\theta}{\mathrm{d}t}\boldsymbol{n} = \frac{\mathrm{d}\theta}{\mathrm{d}t}\frac{\mathrm{d}s}{\mathrm{d}s}\boldsymbol{n} = \frac{\mathrm{d}\theta}{\mathrm{d}s}\frac{\mathrm{d}s}{\mathrm{d}t}\boldsymbol{n} = \frac{v}{\rho}\boldsymbol{n}.$$

因此, 加速度在自然坐标系中可沿着切向和法向分解:

$$\boldsymbol{a} = \frac{\mathrm{d}v}{\mathrm{d}t}\boldsymbol{\tau} + \frac{v^2}{\rho}\boldsymbol{n} = a_\tau\boldsymbol{\tau} + a_n\boldsymbol{n}.$$

切向加速度 a_τ 改变速度的大小, 法向加速度 a_n 改变速度的方向, 两个加速度分工明确, 功能专一.

例 1.8　*椭圆的曲率半径.*

椭圆的半长轴为 A, 半短轴为 B. 计算椭圆上各点的曲率半径.

解　如图 1.14 所示, 我们用运动学方法计算椭圆的曲率半径, 这个方法对一般曲线也适用.

设椭圆的轨道方程为

$$x = A\cos\omega t, \quad y = B\sin\omega t,$$

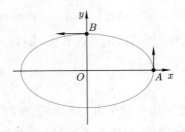

图 1.14   用运动学方法计算曲率半径

此即椭圆的参数方程. 设 t 为时间, 则质点沿着椭圆运动, 速度和加速度为

$$v_x = -\omega A \sin\omega t, \quad v_y = \omega B \cos\omega t,$$

$$a_x = -\omega^2 A \cos\omega t, \quad a_y = -\omega^2 B \sin\omega t.$$

在 A 点, $\omega t = 0$, 有

$$v_x = 0, \quad v_y = \omega B; \quad a_x = -\omega^2 A, \quad a_y = 0.$$

利用法向加速度的公式, 可得

$$\rho_A = \frac{B^2}{A}.$$

同理可得

$$\rho_B = \frac{A^2}{B}.$$

椭圆具有这样的对称性: A 和 B 互换, 导致 ρ_A 和 ρ_B 互换. 通过 A 和 B 互换, 可由 ρ_A 得到 ρ_B, 反之亦然.

对于椭圆的其他点, 速度与加速度不垂直. 为了得到垂直于速度的法向加速度, 我们可利用矢量叉乘的运算

$$|\boldsymbol{v} \times \boldsymbol{a}| = v a_n.$$

由此可以计算任意一点的曲率半径.

例 1.9   圆渐开线的曲率半径.

将一根不可伸长的细长绳子缠绕在半径为 R、固定在水平桌面上的圆环外周, 让绳子的一端 P 开始时径向朝外以不变的速率 v_0 运动, 随即将绳打开. 而后 P 的运动方向始终与打开的绳子 PM 垂直, 打开过程中 P 端在水平桌面上的运动轨迹如图 1.15 的虚线所示, 这个轨迹称为 R 圆的渐开线. 若 PM 对应的原圆心角为 θ, 试求此时 P 端的加速度大小和此处渐开线的曲率半径.

解   由于 P 点的速率大小不变, P 没有沿渐开线的切向加速度, 只有与速度方向垂直的法向加速度 a_n, 其方向沿着 PM 线段.

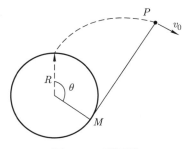

图 1.15 渐开线

P 点在 $\mathrm{d}t$ 时间的位移是 $v_0\mathrm{d}t$, 参考图 1.15 所示的几何关系, PM 线段在 $\mathrm{d}t$ 时间转过的角度就是 $v_0\mathrm{d}t/l$, l 为 PM 线段的长度, 且 $l=R\theta$, 推导中用了小角度 φ 的近似关系

$$\varphi \approx \tan\varphi.$$

现在可以计算 P 端的加速度了. 在 $\mathrm{d}t$ 时间 P 端的速度的改变量是 $v_0^2\mathrm{d}t/l$, 因此

$$a_n = \frac{v_0^2}{l} = \frac{v_0^2}{R\theta}.$$

再考虑法向加速度与曲率半径的关系, 即得曲率半径 $\rho = R\theta$.

1.3.3 极坐标系

虽然直角坐标系最简单, 用得也最多, 但在某些问题中, 采用其他坐标系更为方便, 极坐标系就是其中之一.

在一个平面内, 任取一点为坐标原点 O, 过坐标原点任取一个方向为参考方向, 称为极轴. 质点的位置 P 到原点的距离用 r 表示, OP 的连线与极轴的夹角用 θ 表示, 以逆时针转动为正, 如图 1.16 所示. 极坐标 (r,θ) 与质点的位置 P 有一一对应的关系. 再引入一对正交的单位矢量 (e_r,e_θ). e_r 从 O 点指向 P 点, 称作径向单位矢量. 沿径向逆时针转动 $90°$ 就是 e_θ, 即横向单位矢量的方向. 注意, e_r 和 e_θ 均沿 r 和 θ 增大的方向.

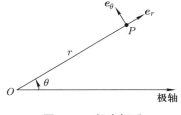

图 1.16 极坐标系

直角坐标系的单位矢量 i 和 j 是固定不变的, 而极坐标系的单位矢量 e_r 和 e_θ 是与坐标 θ 有关的. 当 θ 变化时, e_r 和 e_θ 也同时改变方向. 由于它们的长度不能变化, 在 θ 很小时改变量只能与相应的单位矢量垂直. 可用几何方法证明, e_r 和 e_θ 随 θ 变化的微分关系为

$$\mathrm{d}e_r = \mathrm{d}\theta e_\theta,$$

$$\mathrm{d}e_\theta = -\mathrm{d}\theta e_r.$$

我们还可以采用分析的方法, 通过直角坐标系与极坐标系单位矢量的变换关系

$$e_r = \cos\theta i + \sin\theta j,$$

$$e_\theta = -\sin\theta i + \cos\theta j$$

得到这个结果. 分别对上面两式两边求微分, 可得

$$\mathrm{d}e_r = (-\sin\theta i + \cos\theta j)\mathrm{d}\theta = \mathrm{d}\theta e_\theta,$$

$$\mathrm{d}e_\theta = -(\cos\theta i + \sin\theta j)\mathrm{d}\theta = -\mathrm{d}\theta e_r.$$

几何和分析的方法都得到同样的结果, 这也是我们解决力学问题的两种基本方法, 灵活应用, 效果神奇!

在极坐标系中, 位置矢量的表示显得更为简单:

$$r = re_r,$$

其中不包含横向单位矢量. 当质点在平面内运动时, 位置的变化表现在 r 的长度的变化和 e_r 方向的变化, 其位移可沿着径向和横向分解.

利用 e_r 和 e_θ 随 θ 变化的微分关系, 在位置矢量表达式两边相继对时间求导两次, 可得速度和加速度在极坐标系的表达式:

$$v = \dot{r}e_r + r\dot{\theta}e_\theta = v_r e_r + v_\theta e_\theta,$$

$$a = (\ddot{r} - r\dot{\theta}^2)e_r + (2\dot{r}\dot{\theta} + r\ddot{\theta})e_\theta = a_r e_r + a_\theta e_\theta.$$

这里径向和横向是相对位置矢量 r 的方向而言, 前面的切向和法向是相对速度 v 的方向而言. 用这两组单位矢量描述运动, 既简洁又准确.

例 1.10 *无径向加速度的径向运动.*

质点的运动方程为

$$r = r_0 \mathrm{e}^{\omega t},$$

$$\theta = \omega t,$$

其中 ω 为常量, 求质点的径向速度和径向加速度.

解 质点的径向速度

$$v_r = \dot{r} = \omega r_0 \mathrm{e}^{\omega t},$$

径向加速度

$$a_r = \ddot{r} - r\dot{\theta}^2 = 0.$$

径向速度趋于无穷大而径向加速度始终为零.

这就是极坐标系的独特之处. 与直角坐标系不同, 极坐标系的单位矢量 e_r 和 e_θ 不是常矢量, 而是随 θ 改变方向. 对径向加速度的贡献不仅有 $\ddot{r}$, 还有 $r\dot{\theta}^2$. 在极坐标系中,

$$\mathrm{d}v_r \neq a_r \mathrm{d}t.$$

独特的坐标系必有独特的应用, 天体运动轨道用极坐标描述是最简单的.

下面介绍微元法. 对于连续变化的物理量, 考虑一个微元. 以变速运动为例, 对于有限的时间间隔, 把运动过程看作匀速运动显然是不合理的, 对于无限小的时间间隔 $\mathrm{d}t$ 却可以这样做. 考虑时间 $\mathrm{d}t$ 内的位移,

$$\mathrm{d}\boldsymbol{r} = (\boldsymbol{v} + \Delta\boldsymbol{v})\mathrm{d}t = \boldsymbol{v}\mathrm{d}t + \Delta\boldsymbol{v}\mathrm{d}t = \boldsymbol{v}\mathrm{d}t.$$

上式最后一步是因为速度改变量所引起的位移是二阶小量, 可以忽略. 因此变速可近似为匀速, 即所谓变速变匀速.

其他连续变化的物理量都可以类似分析. 对于相应的微元, 变加速变匀加速、曲线变直线、曲面变平面、非匀质变匀质等等.

例 1.11 圆周运动.

以圆周运动的圆心为坐标原点, 以任一径向为参考方向, 建立极坐标系. 质点的位置矢量 $\boldsymbol{r} = R e_r$, 这里 R 为圆的半径, 是常量.

质点的速度

$$\boldsymbol{v} = R\dot{\theta}\boldsymbol{e}_\theta,$$

质点的加速度

$$\boldsymbol{a} = -R\dot{\theta}^2\boldsymbol{e}_r + R\ddot{\theta}\boldsymbol{e}_\theta.$$

这些都是我们熟悉的圆周运动公式, 现在是矢量形式的数学表达式, 更便于定量分析.

例 1.12 四点追击.

四只狗开始时位于边长为 l 的正方形四个顶点上, 追击速率 v 保持不变, 方向始终朝向被追的狗, 求狗的初始加速度、相遇时间和轨道方程.

解 由于四只狗以同样的速率追击, 它们始终位于一个正方形的四个顶点上, 但是边长和方位是变化的. 狗的追击速率不变, 切向加速度为零, 因此只有法向加速度.

建立如图 1.17 所示的极坐标系. 由微元法, 经过 dt 时间间隔, 狗的位移为 vdt, 狗转过的角度

$$d\theta = \frac{vdt}{l},$$

狗的速度改变量大小

$$|d\boldsymbol{v}| = vd\theta,$$

因而狗的初始加速度

$$a = \frac{v^2}{l}.$$

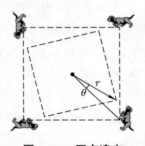

图 1.17 四点追击

不管跑到哪里, 狗的径向速度不变. 因此, 狗相遇的时间

$$t = \frac{l}{v}.$$

在极坐标系中易证有恒等式

$$\frac{dr}{d\theta} = r\frac{v_r}{v_\theta}.$$

对于四点追击问题,

$$\frac{dr}{d\theta} = -r.$$

积分并利用初始条件 $\theta = 0, r = \frac{\sqrt{2}}{2}l$, 可得

$$r = \frac{\sqrt{2}}{2}le^{-\theta}.$$

用相同的方法, 可以处理 n 点追击问题: n 只狗开始时位于边长为 l 的正 n 边形的 n 个顶点上, 追击速率 v 保持不变, 求狗的初始加速度、相遇时间和轨道方程.

1.3.4 空间直角坐标系

在三维空间中运动的质点, 其轨迹一般是空间曲线. 描述质点位置最常用的坐标系是空间直角坐标系, 如图 1.18 所示.

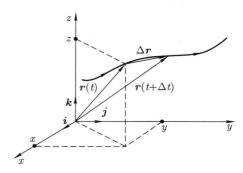

图 1.18 空间直角坐标系

引入 z 轴的坐标和单位矢量, 三个单位矢量满足右手定则, 所以空间直角坐标系是右手系. 质点在三维空间的位置可表示为

$$\boldsymbol{r} = x\boldsymbol{i} + y\boldsymbol{j} + z\boldsymbol{k}.$$

除了多出一个坐标, 质点的运动与在平面直角坐标系中的处理方法相同, 运动方程可分解为三个直线运动方程.

例 1.13 质点的空间运动方程为

$$\boldsymbol{r} = (R\cos\omega t)\boldsymbol{i} + (R\sin\omega t)\boldsymbol{j} + \left(z_0 - \frac{1}{2}gt^2\right)\boldsymbol{k},$$

所有系数都大于零, 计算质点的速度和加速度.

解 容易看出, 沿 x-y 平面, 质点做匀速圆周运动, 且沿着 z 轴的反向做匀加速运动.

位置对时间求导, 可得速度

$$\boldsymbol{v} = (-R\omega\sin\omega t)\boldsymbol{i} + (R\omega\cos\omega t)\boldsymbol{j} - gt\boldsymbol{k}.$$

再求导, 可得加速度

$$\boldsymbol{a} = (-R\omega^2\cos\omega t)\boldsymbol{i} + (-R\omega^2\sin\omega t)\boldsymbol{j} - g\boldsymbol{k}.$$

加速度沿 x-y 平面始终与位置矢量反向, 大小不变; 在 z 方向, 加速度沿负向, 大小不变.

§1.4 刚体的运动

质点是力学里最简单的研究对象, 由此开始, 我们会逐渐分析越来越复杂的力学系统, 它们的运动状态更加难于描述, 为此我们介绍系统自由度的概念.

1.4.1 自由度

自由度是描述运动物体的位置所需要的独立坐标的数目. 质点沿着一条曲线运动, 确定它的位置只需要一个独立的坐标, 它的自由度是 1. 质点在曲面上运动, 确定它的位置需要两个独立的坐标, 它的自由度是 2. 质点在三维空间运动, 自由度是 3.

刚体运动的自由度是多少呢? 选择刚体里不在一条直线上的三点, 三点的坐标给定, 刚体的位置就完全确定了. 三个点的间距是固定的, 满足三个约束方程, 9 个坐标不是独立的. 因此, 一般刚体的自由度就是 $9 - 3 = 6$. 刚性杆的自由度是 5. 若刚体绕着一个固定轴转动, 如门窗之类, 只须引入一个转动的角度就足以确定它的位置, 它的自由度是 1.

为了分析刚体的运动, 我们可以选取刚体上任意一点为参考点, 先观测参考点的运动, 再观测其他各点相对参考点的运动. 若各点相对参考点不动, 整个刚体有共同的速度, 这种运动称为刚体的平动, 如图 1.19 所示. 刚体做平动时, 其上任意两点的连线在运动过程中始终平行, 方向不变, 只用一个速度就可以完全描述刚体的平动. 平动的刚体, 自由度是 3.

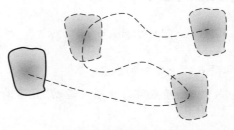

图 1.19　刚体的平动

若各点相对参考点运动, 由于刚性约束, 各点到参考点的距离必须保持不变, 因此相对该点只能转动, 即做球面运动, 可用角速度来描述刚体的转动. 对于既有平动又有转动的刚体, 我们用平动速度和转动角速度来描述. 一般刚体的运动, 包含 3 个平动自由度和 3 个转动自由度.

1.4.2 角速度

对于刚体的一般运动, 刚体上各点的速度通常是不相同的, 刚体上任意两点连线的方向也是变化的. 在刚体上任取一点 O', 刚体的一般运动总是可以分解为以 O' 点为代表的平动和绕 O' 点的转动. 平动用速度 $v_{O'}$ 描述. 下面证明, 转动可用角速度 ω 描述.

刚体绕 O' 点的转动即定点转动. 由于刚体上各点的间距保持不变, 各点相对 O' 点的运动只能是球面运动, 球面的半径就是各点到 O' 点的距离. 过定点 O' 的任一直线上的刚体各点, 它们的运动轨迹是相似的同心球面曲线, 所以只需要讨论任一球面上各点的运动.

定点转动的自由度为 3, 定点用 O 表示. 任选球面上与 O 不在同一直线上的两个点 A 和 B, 三点就足以确定刚体的位置. 由于 O 点固定不动, 给定 A 和 B 两点的位移, 刚体的位移就能完全确定. 现在我们证明: 刚体定点转动的任一位移, 等同于绕着过定点 O 的某个转轴的一次转动. 也就是说, 定点转动的任一位移, 可以由一次定轴转动实现.

初始时刻, 选取以定点 O 为球心的球面上任意两点 A 和 B, 如图 1.20 所示. 刚体经过一个定点转动后, 两点 A 和 B 分别移到 A_1 和 B_1, 它们在球面上的轨迹分别为大圆弧 $\overset{\frown}{AA_1}$ 和 $\overset{\frown}{BB_1}$. 过点 O 分别作两个大圆弧 $\overset{\frown}{AA_1}$ 和 $\overset{\frown}{BB_1}$ 的垂直平分面 EOC 和 FOC, 由此得到一根交线 OC, 此交线即为所求的转轴. 若垂直平分面 EOC 和 FOC 共面, 则大圆弧 $\overset{\frown}{AB}$, $\overset{\frown}{A_1B_1}$ 的交点与点 O 的连线即为所求转轴. 利用球面三角的知识容易证明, 球面角 $\angle ACA_1 = \angle BCB_1$. 因此, 刚体绕着所确定的转轴, 转过这个球面角, 一次转动就完成了这个位移.

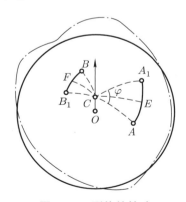

图 1.20 刚体的转动

角速度用平面角定义. 在垂直转轴的平面上, 考虑球面角 $\angle ACA_1$ 所对应的平面角, 由此引入角速度的定义.

在实际运动中, 刚体的位置是连续变化的. 根据上述结果, 将运动分解成一连串无限小的转动. 在每一个时刻, 都有一个过定点 O 的瞬时转轴, 但是其方向可以变化.

如图 1.21 (a) 所示, 考虑刚体绕着一个瞬时转轴的转动, 在转轴上任取一点作垂直轴的矢量 r, 刚体绕着瞬时轴转动时, r 也绕着轴旋转. 设在 dt 时间内转过角度 $d\theta$, 以逆时针转动为正, 沿着转轴向上设单位矢量 k, 转过的角度 $d\theta$ 和转动方向 k 满足右手螺旋定则: 右手顺着转动方向握住转轴, 拇指所指的方向就是角速度的方向, 如图 1.21 (b) 所示. 我们现在就可以定义角速度矢量了:

$$\omega = \frac{d\theta}{dt}k.$$

顺时针转动时 ω 的方向相反, 指向下.

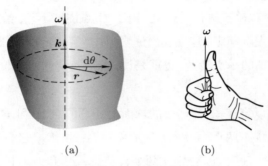

图 1.21 角速度

刚体上其他各点相对 OAB 三点的距离保持不变, 相对位置保持不变. 各点到瞬时转轴的垂线也必然转过同样的角度. 因此, 各点都以相同的角速度 ω 绕瞬时转轴旋转. 于是, 我们可以说, 刚体的角速度为 ω, 但不能说刚体的速度, 因为刚体上各点速度一般是不同的.

角速度 ω 总是与无限小角位移 $d\theta k$ 有关, 满足矢量的所有性质, 比如矢量加法的交换律. 值得指出, 有限角位移却不是矢量, 不满足矢量加法的交换律. 如图 1.22 所示, 把书本分别沿着 x 轴和 y 轴转动 90°, 可以看出, 转动的顺序不同, 结果也不同, 因而不满足矢量加法的交换律. 直观的解释是: 考虑由于转动引起的刚体各点的位移, 无限小角位移引起的质点短弧线可近似为直线, 直线段的加法满足交换律; 有限角位移引起的质点路径是有限长度的弧线, 所以不满足交换律.

对于刚体的定点转动, 设角速度为 ω. 在刚体上任取一点 P, 它相对定点的位置矢量为 r. r 的大小不可能变化, 只能改变方向. 刚体以角速度 ω 绕着 O 点转动所引起的位移只能与 r 垂直, P 点的速度满足

$$v = \omega \times r,$$

速度 v 垂直于 ω 和 r 确定的平面, 如图 1.23 所示. 对于大小不变的其他矢量 A, 以角速度 ω 转动所引起的变化率也满足这个公式, $\dot{A} = \omega \times A$.

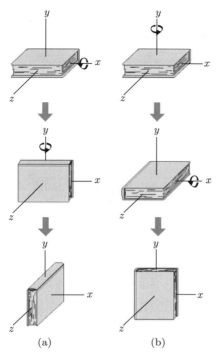

图 1.22　有限角位移不满足交换律

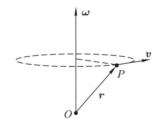

图 1.23　速度与角速度

利用速度与角速度垂直的性质, 任给与 O 不在同一条直线上的两点的速度, 就可以确定角速度 $\boldsymbol{\omega}$ 的方向和大小.

§1.5　相 对 运 动

相对运动有两种. 一种是两位观察者有相对运动, 观测同一质点的运动, 然后比较各自观测的结果, 这涉及参考系变换. 另一种是在同一个参考系中, 一个观察者观测两个质点的运动, 讨论一个质点相对另一个质点的运动, 这不涉及参考系变换.

1.5.1　绝对时空观

不同参考系的观察者观测同一个质点的运动, 他们的观测结果有什么关系呢? 这是物理学的一个基本问题 —— 时空的度量. 我们可以设想, 在参考系的空间各点都安置一个静止的时钟, 每一点相对坐标原点的位置都用静止的尺测量过, 其坐标值就对应测量的结果. 参考系 S' 相对参考系 S 运动时, 在两个参考系中, 长度和时间的测量结果相同吗? 日常的生活经验告诉我们相同. 这实际上就是绝对时空观.

描述质点的运动总是涉及质点在某时刻处于某位置, 也就是说, 位置和时间坐标合在一起才能描述运动. 因此, 我们引入事件的概念: 任意空间位置和时间的组合定义为一个事件, 用时空坐标表示为 (x, y, z, t). 不同的空间坐标或时间坐标对应不同的事件, 两个事件 (x_1, y_1, z_1, t_1) 和 (x_2, y_2, z_2, t_2) 的空间间隔 Δr 和时间间隔 Δt 分别为

$$\Delta r = \sqrt{(x_2 - x_1)^2 + (y_2 - y_1)^2 + (z_2 - z_1)^2},$$
$$\Delta t = |t_2 - t_1|.$$

这是欧氏空间的时空间隔表达式, 与我们的日常经验和实验是高度符合的.

我们可以把牛顿在他的《自然哲学的数学原理》一书中陈述的绝对时空观更明确地表述为:

(1) 时间是绝对的. 不同观察者对同一时间间隔的测量结果都相同. 两个参考系选取同样的时间零点, 它们就有共同的时间, 一个参考系中两个事件是同时的, 则在所有的参考系中这两个事件都同时发生. 因此, 对所有参考系来说, 时间可以不做区分, 好像有一个共同的时间一样.

(2) 长度是绝对的. 同时测量空间任意两点的距离, 不同观察者的测量结果都相同.

也就是说, 时空的观测结果对所有的观察者相同, 具有绝对性. 绝对时空观对于常见的各种运动都是足够精确的. 即使对于高速运动的在轨卫星, 考虑了相对论效应, 测量的相对差异大约也只是 10^{-10}, 一般情况下完全可以忽略. 因此, 绝对时空观既简单又精确, 大可放心使用. 当然, 对于速度可与光速匹敌的运动现象则另当别论.

任取两个参考系 S 和 S', S' 系相对 S 系做任意运动, 以两个空间直角坐标系分别代表 S 和 S' 系, 如图 1.24 所示. 两个参考系的时间零点相同, 在两个系中同时测量 O' 到 P 的位置矢量, 测量结果相同, 该绝对时空观可表述如下:

$$t = t',$$
$$\boldsymbol{r} - \boldsymbol{R} = \boldsymbol{r}'.$$

这个时空变换称为伽利略变换, 更常见的形式是

$$t = t',$$

$$\boldsymbol{r} = \boldsymbol{R} + \boldsymbol{r}',$$

其中 $\boldsymbol{r}$ 表示点 O 到点 P 的位置矢量, $\boldsymbol{R}$ 表示点 O 到点 O' 的位置矢量, $\boldsymbol{r}'$ 表示点 O' 到点 P 的位置矢量, 三个矢量构成一个矢量三角. 时间和位置关系就是两个参考系之间的基本时空关系, 由此可推导速度和加速度的变换关系.

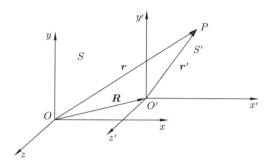

图 1.24　参考系变换

在参考系 S 中, 质点的位置、速度和加速度根据 S 系的观察者的观测来计算:

$$\begin{cases} \boldsymbol{r} = x\boldsymbol{i} + y\boldsymbol{j} + z\boldsymbol{k}, \\ \boldsymbol{v} = \dot{x}\boldsymbol{i} + \dot{y}\boldsymbol{j} + \dot{z}\boldsymbol{k}, \\ \boldsymbol{a} = \ddot{x}\boldsymbol{i} + \ddot{y}\boldsymbol{j} + \ddot{z}\boldsymbol{k}, \end{cases}$$

其中求导是对 t 进行, 例如 $v_x = \dot{x} = \dfrac{\mathrm{d}x}{\mathrm{d}t}$.

在参考系 S' 中, 质点的位置、速度和加速度根据 S' 系的观察者的观测来计算:

$$\begin{cases} \boldsymbol{r}' = x'\boldsymbol{i}' + y'\boldsymbol{j}' + z'\boldsymbol{k}', \\ \boldsymbol{v}' = \dot{x}'\boldsymbol{i}' + \dot{y}'\boldsymbol{j}' + \dot{z}'\boldsymbol{k}', \\ \boldsymbol{a}' = \ddot{x}'\boldsymbol{i}' + \ddot{y}'\boldsymbol{j}' + \ddot{z}'\boldsymbol{k}', \end{cases}$$

其中求导是对 t' 进行, 例如 $v'_x = \dot{x}' = \dfrac{\mathrm{d}x'}{\mathrm{d}t'}$. 一般来说, 一个参考系相对另一个参考系既有平动又有转动. 下面我们分别考虑平动和转动, 最后讨论一般情形.

1.5.2　平动参考系

设相对参考系 S 平动的参考系为 S'. 在两参考系中分别设置空间直角坐标系, 坐标分别为 (x, y, z, t) 和 (x', y', z', t'). 在 S 系中观测, 平动定义为 S' 的坐标轴在运动过程中始终与原来的方向平行, 坐标轴不改变方向, 即对应的沿坐标轴的单位矢量不随时间变化.

由于 S' 系相对 S 系只有平动, 在 S 系的观察者看来, 质点 P 的运动可分解为 O' 的运动和 P 相对 O' 的运动. S' 系的坐标轴方向保持不变, P 相对 O' 的运动只由坐标 (x', y', z') 的变化引起.

位置矢量三角关系的两边对 t 求一阶和二阶导数, 可得速度和加速度的变换关系:

$$\begin{cases} \boldsymbol{v} = \boldsymbol{v}_{O'} + \boldsymbol{v}', \\ \boldsymbol{a} = \boldsymbol{a}_{O'} + \boldsymbol{a}', \end{cases}$$

其中 $\boldsymbol{v}_{O'} = \dfrac{\mathrm{d}\boldsymbol{R}}{\mathrm{d}t}$, 并用到了关系式 $\mathrm{d}t = \mathrm{d}t'$, 例如, $\dfrac{\mathrm{d}x'}{\mathrm{d}t} = \dfrac{\mathrm{d}x'}{\mathrm{d}t'}$.

综上, 参考系 S 和平动参考系 S' 的变换关系如下:

$$\begin{cases} \boldsymbol{r} = \boldsymbol{R} + \boldsymbol{r}', \\ \boldsymbol{v} = \boldsymbol{v}_{O'} + \boldsymbol{v}', \\ \boldsymbol{a} = \boldsymbol{a}_{O'} + \boldsymbol{a}'. \end{cases}$$

1.5.3 转动参考系

先考虑转动参考系的一个特殊情形: 两个坐标系的原点重合, z 轴也重合, S' 系绕着 z 轴以匀角速度 $\boldsymbol{\omega}$ 旋转. 在 S 系的观察者看来, 质点 P 的运动由两部分组成: 质点相对 S' 系的运动和坐标轴转动引起的运动.

先考虑坐标轴转动引起的运动. 设质点 P 在 S' 系静止不动, S 系的观察者看到质点 P 绕着 z 轴做圆周运动, 速度为 $\boldsymbol{\omega} \times \boldsymbol{r}$, 如图 1.25 所示.

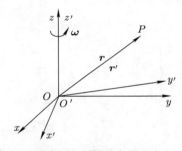

图 1.25　转动参考系

由于原点重合, 两个参考系之间位置矢量所满足的矢量三角关系仍然成立, 只不过现在退化为一个有向线段:

$$\boldsymbol{r} = \boldsymbol{r}'.$$

在 S 系看来, 由于 S' 系绕着 z 轴以匀角速度 $\boldsymbol{\omega}$ 旋转, $\boldsymbol{r}' = x'\boldsymbol{i}' + y'\boldsymbol{j}' + z'\boldsymbol{k}'$, $\boldsymbol{r}'$ 的变化来源于两部分: 坐标 (x', y', z') 的变化和坐标轴方向, 即单位矢量 $(\boldsymbol{i}', \boldsymbol{j}', \boldsymbol{k}')$ 的变化, 因此

$$\frac{\mathrm{d}\boldsymbol{r}'}{\mathrm{d}t} = \frac{\mathrm{d}x'}{\mathrm{d}t}\boldsymbol{i}' + \cdots + x'\frac{\mathrm{d}\boldsymbol{i}'}{\mathrm{d}t} + \cdots = \frac{\mathrm{d}x'}{\mathrm{d}t'}\boldsymbol{i}' + \cdots + x'\boldsymbol{\omega} \times \boldsymbol{i}' + \cdots = \boldsymbol{v}' + \boldsymbol{\omega} \times \boldsymbol{r}'.$$

由此得到速度的变换关系

$$\boldsymbol{v} = \frac{\mathrm{d}\boldsymbol{r}}{\mathrm{d}t} = \frac{\mathrm{d}\boldsymbol{r'}}{\mathrm{d}t} = \boldsymbol{v'} + \boldsymbol{\omega} \times \boldsymbol{r'}.$$

此方程两边再对时间 t 求导, 得

$$\boldsymbol{a} = \frac{\mathrm{d}\boldsymbol{v}}{\mathrm{d}t} = \frac{\mathrm{d}\boldsymbol{v'}}{\mathrm{d}t} + \frac{\mathrm{d}(\boldsymbol{\omega} \times \boldsymbol{r'})}{\mathrm{d}t} = \frac{\mathrm{d}\boldsymbol{v'}}{\mathrm{d}t} + \boldsymbol{\omega} \times \frac{\mathrm{d}\boldsymbol{r'}}{\mathrm{d}t},$$

其中 $\boldsymbol{v'} = \dot{x}'\boldsymbol{i}' + \dot{y}'\boldsymbol{j}' + \dot{z}'\boldsymbol{k}'$. $\boldsymbol{v'}$ 对时间 t 的求导与 $\boldsymbol{r'}$ 对时间 t 的求导结果类似:

$$\frac{\mathrm{d}\boldsymbol{v'}}{\mathrm{d}t} = \boldsymbol{a'} + \boldsymbol{\omega} \times \boldsymbol{v'}.$$

将位置矢量 $\boldsymbol{r'}$ 和速度 $\boldsymbol{v'}$ 对时间 t 的求导结果代入加速度变换方程, 即得

$$\boldsymbol{a} = \boldsymbol{a'} + 2\boldsymbol{\omega} \times \boldsymbol{v'} + \boldsymbol{\omega} \times (\boldsymbol{\omega} \times \boldsymbol{r'}).$$

如果角速度 $\boldsymbol{\omega}$ 不是常量, 即 $\boldsymbol{\omega}$ 也随时间变化, 则

$$\frac{\mathrm{d}(\boldsymbol{\omega} \times \boldsymbol{r'})}{\mathrm{d}t} = \frac{\mathrm{d}\boldsymbol{\omega}}{\mathrm{d}t} \times \boldsymbol{r'} + \boldsymbol{\omega} \times \frac{\mathrm{d}\boldsymbol{r'}}{\mathrm{d}t} = \dot{\boldsymbol{\omega}} \times \boldsymbol{r'} + \boldsymbol{\omega} \times (\boldsymbol{v'} + \boldsymbol{\omega} \times \boldsymbol{r'}).$$

因此, 对任意转动的参考系, 加速度变换为

$$\boldsymbol{a} = \boldsymbol{a'} + 2\boldsymbol{\omega} \times \boldsymbol{v'} + \boldsymbol{\omega} \times (\boldsymbol{\omega} \times \boldsymbol{r'}) + \dot{\boldsymbol{\omega}} \times \boldsymbol{r'}.$$

综上, 参考系 S 和任意转动参考系 S' 的变换关系如下:

$$\begin{cases} \boldsymbol{r} = \boldsymbol{r'}, \\ \boldsymbol{v} = \boldsymbol{v'} + \boldsymbol{\omega} \times \boldsymbol{r'}, \\ \boldsymbol{a} = \boldsymbol{a'} + 2\boldsymbol{\omega} \times \boldsymbol{v'} + \boldsymbol{\omega} \times (\boldsymbol{\omega} \times \boldsymbol{r'}) + \dot{\boldsymbol{\omega}} \times \boldsymbol{r'}. \end{cases}$$

若 $\boldsymbol{\omega}$ 的方向不变, 对于在 S' 系静止的质点, $\boldsymbol{v'} = 0, \boldsymbol{a'} = 0$, 在参考系 S 中, 质点做圆周运动:

$$\boldsymbol{v} = \boldsymbol{\omega} \times \boldsymbol{r'},$$

$$\boldsymbol{a} = \boldsymbol{\omega} \times (\boldsymbol{\omega} \times \boldsymbol{r'}) + \dot{\boldsymbol{\omega}} \times \boldsymbol{r'}.$$

它的向心加速度为 $\boldsymbol{\omega} \times (\boldsymbol{\omega} \times \boldsymbol{r'})$, 切向加速度为 $\dot{\boldsymbol{\omega}} \times \boldsymbol{r'}$.

例 1.14 验证角速度的矢量性.

三个参考系 S, S' 和 S'' 有共同的坐标原点 O, S' 系相对 S 系以角速度 $\boldsymbol{\omega}_1$ 转动, S'' 系相对 S' 系以角速度 $\boldsymbol{\omega}_2$ 转动, 刚体静止在 S'' 系, 求刚体在 S 系中转动的角速度 $\boldsymbol{\omega}$.

解 在刚体上任取一点 P, 在 S'' 系中其速度为零. 在三个参考系中,

$$\overrightarrow{OP} = \boldsymbol{r} = \boldsymbol{r}' = \boldsymbol{r}''.$$

在 S' 系中 P 点的速度

$$\boldsymbol{v}' = \boldsymbol{\omega}_2 \times \boldsymbol{r}'' = \boldsymbol{\omega}_2 \times \boldsymbol{r}.$$

在 S 系中 P 点的速度

$$\boldsymbol{v} = \boldsymbol{v}' + \boldsymbol{\omega}_1 \times \boldsymbol{r}' = \boldsymbol{\omega}_2 \times \boldsymbol{r} + \boldsymbol{\omega}_1 \times \boldsymbol{r} = (\boldsymbol{\omega}_1 + \boldsymbol{\omega}_2) \times \boldsymbol{r}.$$

因此, 在 S 系刚体转动的角速度

$$\boldsymbol{\omega} = \boldsymbol{\omega}_1 + \boldsymbol{\omega}_2,$$

如图 1.26 所示.

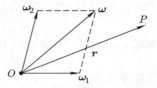

图 1.26   角速度的矢量性

由此可见, 角速度像位置矢量一样可以合成与分解, 并满足交换律.

1.5.4   任意运动的参考系

一个参考系相对另一个参考系的一般运动, 等同于刚体的运动, 总是可分解为平动和转动.

在 S 参考系中观测, 参考系 S' 相对 S 系的运动可分解为以 O' 为代表的平动和绕 O' 的转动. 平动的速度 $\boldsymbol{v}_{O'} = \dot{\boldsymbol{R}}$, 转动角速度 $\boldsymbol{\omega}$ 的大小和方向都可能随时间变化. 在 S 系中, 我们用 $\boldsymbol{v}_{O'}$ 描述 S' 系的平动, 用 $\boldsymbol{\omega}$ 描述 S' 系绕 O' 的转动, 如图 1.27 所示.

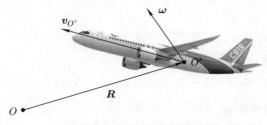

图 1.27   任意运动的参考系

若 S' 系相对 S 系既有平动又有转动, 原点 O' 相对 S 加速运动, 坐标轴 (x', y', z') 绕着原点 O' 以角速度 $\boldsymbol{\omega}$ 转动. P 点在 S' 系的位置矢量为 $\boldsymbol{r}'$, 在 S 系的位置矢量为 $\boldsymbol{r}$, S' 系坐标原点 O' 的位置矢量为 $\boldsymbol{R}$, 三者仍然满足矢量三角关系

$$\boldsymbol{r} = \boldsymbol{R} + \boldsymbol{r}'.$$

方程两边对时间 t 求一阶和二阶导数, 此时位置矢量 $\boldsymbol{r}'$ 和速度 $\boldsymbol{v}'$ 的变化还要考虑转动引起的改变. 利用平动参考系和转动参考系的变换结果, 即得参考系 S 和做任意运动的参考系 S' 的变换关系:

$$\begin{cases} \boldsymbol{r} = \boldsymbol{R} + \boldsymbol{r}', \\ \boldsymbol{v} = \boldsymbol{v}_{O'} + \boldsymbol{v}' + \boldsymbol{\omega} \times \boldsymbol{r}', \\ \boldsymbol{a} = \boldsymbol{a}_{O'} + \boldsymbol{a}' + 2\boldsymbol{\omega} \times \boldsymbol{v}' + \boldsymbol{\omega} \times (\boldsymbol{\omega} \times \boldsymbol{r}') + \dot{\boldsymbol{\omega}} \times \boldsymbol{r}'. \end{cases}$$

这是一般的变换关系, 其中 $\boldsymbol{\omega}$ 的大小和方向都可以随时间变化, 不再有任何限制. 与匀速转动的参考系相比, 角速度 $\boldsymbol{\omega}$ 不再是常量, 所以加速度多出一项 $\dot{\boldsymbol{\omega}} \times \boldsymbol{r}'$.

参考系 S 和任意运动的参考系 S' 的变换关系也可以反过来推导. 考虑参考系 S 相对参考系 S' 既有平动又有转动的情形, 只须注意到 $\boldsymbol{a}_O = -\boldsymbol{a}_{O'}$, 参考系 S 相对参考系 S' 转动的角速度为 $-\boldsymbol{\omega}$, 即可得到同样的结果.

1.5.5 两个质点的相对运动

现在我们再考虑在一个参考系中质点 B 相对质点 A 的运动. 两个质点的位置矢量同样满足矢量三角关系 (见图 1.28)

$$\boldsymbol{r}_B = \boldsymbol{r}' + \boldsymbol{r}_A.$$

对方程两边求时间 t 的一阶和二阶导数, 可得速度和加速度的关系:

$$\begin{cases} \boldsymbol{v}_B = \boldsymbol{v}' + \boldsymbol{v}_A, \\ \boldsymbol{a}_B = \boldsymbol{a}' + \boldsymbol{a}_A. \end{cases}$$

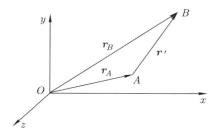

图 1.28　两个质点的相对运动

这个关系式在实际中经常用到. 两个质点的运动常常有一定的约束关系, 把质点 B 的运动分解为相对质点 A 的运动 + 质点 A 的运动, 对解决约束问题常常很有帮助.

下面介绍刚性杆约束方法.

两个质点用刚性杆连在一起, 它们的运动受到约束, 必须满足约束方程: 两质点的间距保持不变. 一点相对另一点做圆周 (球面) 运动.

由约束方程, 可推出对两个质点速度的限制: 两质点沿连线方向速度分量相等. 也可等价地表述为, 一个质点相对另一质点的相对速度与连线垂直.

已知相对速度, 两点的间距又是已知的, 由此可确定相对的法向加速度.

例 1.15 宽 L 的河流, 水的流速与离岸距离成正比, 河中央的流速为 v_0, 两岸的岸边流速为零. 小船相对水流以恒定的垂直速度 v_r 从此岸驶向彼岸, 在距此岸 $L/4$ 处突然掉头, 以相对速度 $v_r/2$ 垂直于水流驶回此岸. 以小船出发位置为原点, 导出直角坐标系下小船的运动轨迹, 并计算小船返回此岸的位置与出发点之间的距离.

解 在河岸建立图 1.29 所示的坐标系, 原点 O 为小船的出发点, x 轴沿水流的方

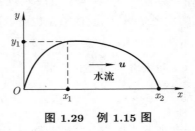

图 1.29 例 1.15 图

向, y 轴指向对岸. y 处水的流速为

$$\boldsymbol{u} = \frac{2y}{L}v_0\boldsymbol{i}.$$

在 y 处水流参考系中小船的正向航行速度为

$$\boldsymbol{v}_r = v_r\boldsymbol{j},$$

因此, 小船相对河岸的速度便是

$$\boldsymbol{v} = \boldsymbol{u} + \boldsymbol{v}_r = \frac{2y}{L}v_0\boldsymbol{i} + v_r\boldsymbol{j}.$$

由上式可得

$$\frac{\mathrm{d}x}{\mathrm{d}t} = \frac{2y}{L}v_0, \quad \frac{\mathrm{d}y}{\mathrm{d}t} = v_r.$$

消去 $\mathrm{d}t$ 后, 可得坐标的微分关系

$$\mathrm{d}x = \frac{2yv_0}{Lv_r}\mathrm{d}y.$$

两边积分, 有

$$\int_0^x \mathrm{d}x = \int_0^y \frac{2v_0}{Lv_{\mathrm{r}}} y \mathrm{d}y,$$

可得小船前进的轨迹方程

$$x = \frac{v_0}{Lv_{\mathrm{r}}} y^2.$$

这是一条抛物线, 距离此岸, 小船的坐标为

$$y_1 = \frac{L}{4}, \quad x_1 = \frac{v_0 L}{16v_{\mathrm{r}}}.$$

返回途中, 小船相对河岸的速度为

$$\boldsymbol{v} = \frac{2y}{L} v_0 \boldsymbol{i} - \frac{v_{\mathrm{r}}}{2} \boldsymbol{j}.$$

同理可得积分

$$\int_{x_1}^x \mathrm{d}x = -\int_{y_1}^y \frac{4v_0}{Lv_{\mathrm{r}}} y \mathrm{d}y.$$

小船返回的轨迹方程为

$$x = -\frac{2v_0}{Lv_{\mathrm{r}}} y^2 + \frac{3v_0 L}{16v_{\mathrm{r}}}.$$

这也是一条抛物线. 回到此岸时, $y = 0$, 与出发点相距

$$x_2 = \frac{3v_0}{16v_{\mathrm{r}}} L.$$

这就是所求的距离.

例 1.16 三根细杆在一平面内相连, 并可绕连接处转动, 如图 1.30 所示, 杆的长度和杆之间的夹角已在图中标注. A, D 是两个转轴. 当 AB 杆以匀角速度 ω 转到竖直位置时, C 点加速度的大小和方向如何?

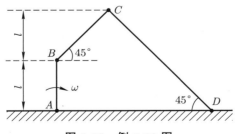

图 1.30 例 1.16 图

解 B 点的速度和加速度已知:

$$v_B = \omega l, \quad a_B = \omega^2 l.$$

由图 1.30 可以看出, $BC \perp CD$. 由 CD 刚性杆约束关系, C 点的速度垂直 CD, 因此, C 点的速度沿着 BC 方向. 再由 BC 约束关系, 从 B 点的速度可得出 C 点的速度大小

$$v_C = \frac{\sqrt{2}}{2}\omega l,$$

而 C 点相对 B 点的速度

$$v_{CB} = \frac{\sqrt{2}}{2}\omega l.$$

相对于 D 点, 沿着 CD 的法向加速度为

$$a_{Cn} = \frac{v_C^2}{CD} = \frac{\sqrt{2}}{8}\omega^2 l.$$

C 点的切向加速度等于 C 相对 B 的法向加速度 $+B$ 点加速度的 BC 分量:

$$a_{C\tau} = \frac{v_{CB}^2}{BC} + \frac{\sqrt{2}}{2}a_B = \frac{3\sqrt{2}}{4}\omega^2 l,$$

此加速度分量的方向是由 C 指向 B. 我们确定了 C 点加速度的两个垂直分量 a_{Cn} 和 $a_{C\tau}$, 总加速度的大小和方向可由此确定.

若 BC 与 CD 不垂直, C 点的加速度依然可用上述方法计算. 需要注意的一点是, C 点加速度在 CD 和 BC 方向上的投影分别是 a_{Cn} 和 $a_{C\tau}$, 由此可计算 C 点加速度的大小和方向.

例 1.17　直角三角板的边长如图 1.31 所示, 开始时, 斜边靠在 y 轴上, 使 A 点单调地朝 O 点运动, B 点单调地沿 x 轴正方向运动.

(1) 当 AC 平行 x 轴时, A 点速度大小为 v_A, 求 C 点的速度 $\boldsymbol{v}_C$ 和加速度 $\boldsymbol{a}_C$.

(2) A 点运动到原点时, 求 C 点通过的路程 s.

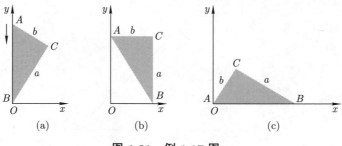

图 1.31　例 1.17 图一

解　(1) 利用质点的相对运动确定 C 点的速度: C 点的速度等于 C 点相对 A 点的速度加上 A 点的速度. AC 等同于一个刚性杆, 但是, 用 AC 刚性杆约束只能确定 C 点速度沿着刚性杆的 x 分量. $\boldsymbol{v}_C$ 的 x 分量等于 A 点速度的 x 分量, 后者为零, 即

有 $v_{Cx} = 0$. 再利用 BC 刚性杆约束, 同理可得 $v_{Cy} = 0$. 因此

$$\boldsymbol{v}_C = 0.$$

C 点的加速度也用类似的方法, 分别确定两个分量 a_{Cx} 和 a_{Cy}.

C 相对 A 做圆周运动, 相对速度大小是 v_A, 沿 AC 即 x 轴方向的加速度是向心加速度. A 做直线运动, 沿 x 轴方向的加速度为零. 因此

$$a_{Cx} = a_{CAx} = -\frac{v_A^2}{b}.$$

A 的速度已知, 由 AB 的刚性杆约束可得 B 的速度

$$v_B = \frac{a}{b}v_A.$$

利用 BC 的刚性杆约束, 同理可得

$$a_{Cy} = a_{CBy} = -\frac{v_B^2}{a} = -\frac{a}{b^2}v_A^2.$$

(2) 考虑 C 点运动过程的一个中间态, 如图 1.32 所示, 画出辅助线外切圆, 易证图中标记 α 的两个角是定值. 因此, C 做直线运动. 分析 C 点的运动过程, 可定性确认, C 点开始时沿直线远离 O 点, 到达 (1) 中的位置停止, 而后沿直线靠近 O 点. 由几何关系可得

$$s = 2\sqrt{a^2 + b^2} - a - b.$$

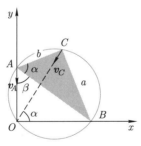

图 1.32　例 1.17 图二

数学是物理的语言

为了理解自然现象, 我们需要对它们进行准确的描述, 然后进行定量或定性的分析. 我们先考虑几个简单的概念: 点、线和长度.

当一个物体比它的运动范围小很多时, 我们可以把物体看作一个点, 例如地球绕着太阳的公转运动, 相对于轨道半径, 地球完全可以当作质点处理. 但是, 物理上的点不管多小都具有一定的体积, 而数学上的点是真正的点, 没有大小、没有内部、没有部分. 当物理的点的半径趋于零时, 物理的点就等同于数学的点. 对于点的概念, 最准确的是数学的定义.

我们在纸上画一条线, 不管多细, 总有一定的宽度. 仔细看或用放大镜观察, 我们都能看到线的细微部分. 数学的线是没有宽度的线, 不管多少线加在一起, 它们的面积都为零. 但当足够多的物理的线堆在一起时, 必然会占用一定的面积. 当物理的线的宽度趋于零时, 物理的线就等同于数学的线. 对于线的概念, 最准确的是数学的定义.

我们把长度都为 1 的物理上的两条线连接起来, 总长度可能介于 1.99~2.01 或者 1.9999~2.0001 之间, 这依赖于测量的误差, 误差越小, 精度越高. 数学的两个 1 相加永远等于 2. 当测量的误差趋于零时, 物理长度的和就等同于数学的和. 对于加法的概念, 最准确的是数学的定义.

从准确程度来看, 我们所用的语言可以大致排列如下:

$$文字 < 文学 < 科学 < 数学.$$

数学的准确程度是无与伦比的, 所有的概念和关系都准确定义, 在公理的基础上, 利用逻辑和推理, 得到定理和推论. 将数学应用于物理, 任何实际的物理系统, 只要满足定义和公理, 这些定理和推论对系统就是正确的. 数学家不关心数学对象具体是什么, 只注重关系和结果, 沿着准确性和抽象性的大路越走越远, 使数学理论不断地自我完善, 自成体系. 物理学家则要考虑哪些物理量满足这些定义, 关心这些数学对象到底是什么. 一旦我们选择的物理量满足这些定义和公理, 就可以放心大胆地应用相关的定理和推论, 用它们解决实际问题, 理解自然现象.

在运动问题中, 我们经常谈到一点趋于另外一点, 它的准确含义就是数学上的极限概念. 除了质点、质点系和刚体模型以外, 在固体、弹性介质和流体中, 我们把研究的对象看作连续介质, 连续的准确含义就是微积分中函数连续的概念. 对于其他物理概念和关系, 其准确的含义都是用数学相应的概念来描述, 用数学计算和分析. 从物理到数学, 经过近似和理想化, 我们就可以用数学里准确的概念和关系描述物理量和物理规律.

由此我们看到, 数学里抽象的共性和物理中缤纷的个性之间存在密切的联系. 纵观数学的发展史, 数学的概念起源于具体的应用, 数学的发展又为物理提供了必备的工具. 数学是物理的语言, 我们不仅用数学的语言描述物理系统, 也用数学计算、分析自然现象. 在这里, 文学的描述不能满足物理对准确性的要求.

数学和物理是相互促进、共同发展的. 尼罗河泛滥的洪水经常冲毁土地的界线, 需要重新测量土地, 这导致了几何的发展. 牛顿为了研究运动现象, 需要分析位置的变化, 不得不发明微积分, 只有用导数的概念才能定量描述位置的变化, 也就是运动本身. 黎曼 (Riemann) 弯曲空间的数学理论为爱因斯坦研究广义相对论提前准备好了必需的数学工具. 在近代, 物理的前沿和数学的前沿常常也是密切相关、息息相通的.

思 考 题

1. 关于长度和时间的测量, 你能想到什么方法?
2. 对于小球的平抛运动, 试定性分析小球的速度、加速度和曲率半径的变化.
3. 极坐标系中, 若质点的径向加速度为零, 其径向速度可以变化吗?
4. 你认为数学与物理有什么关系?

习 题

1. 垂直单位矢量. 确定与 $A = i + j - k$ 和 $B = 2i + j - 3k$ 都垂直的单位矢量.
2. 测量重力加速度. 重力加速度可用上抛物体来测量, 测量物体双向经过两个给定点各自所用的时间. 物体双向经过水平线 A 所用时间是 T_A, 双向经过第二条线 B 所用时间是 T_B, 假定重力加速度是常量, 证明它的大小是

$$g = \frac{8h}{T_A^2 - T_B^2},$$

其中 h 是 B 线在 A 线之上的高度, 如图 1.33 所示.

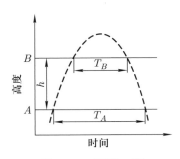

图 1.33　习题 2 图

3. 将小球从同一位置以相同的速率 v_0 在同一竖直平面内朝着不同方向抛出. 如果抛射角 θ 可在 0 到 π 的范围内连续变化, 各轨道最高点连成什么类型的曲线?
4. 水平地面上高为 h 的灯柱顶端有一个小灯泡. 某时刻灯泡爆炸成碎片, 朝各个方向射去, 初速度大小同为 v_0. 设碎片落地后不会反弹, 试求地面上碎片分布区域的

半径 R.

5. 将小球从同一位置以相同的速率 v_0 朝着不同方向抛出, 试确定小球的安全区域, 即不论抛出角度如何, 小球都不能达到的位置.

6. 物体在 t_0 时刻的初始运动状态为 (x_0, v_0), 加速度 $a = a_0 + b(t - t_0)$, 求 t 时刻物体的位置和速度.

7. 质点做直线运动, 加速度与位置的关系为 $a_x = -\omega^2 x$, 其中 ω 是正的常量. 已知 $t = 0$ 时, 质点的初态为 (x_0, v_0), 试求质点位置 x 随 t 的变化关系.

8. 有些飞机着陆后为尽快停止, 采用尾部减速伞制动. 设初始时速度为 v_0, 滑行过程中的加速度与速度的关系为 $a = -\beta v^2$, β 为正值. 试求飞机的速度随位置和时间的变化关系.

9. 电梯的平稳升降. 为了电梯能平稳升降, 要求加速度的变化率较小. 电梯从静止开始加速的程序为

$$a(t) = \frac{a_\mathrm{m}}{2}\left(1 - \cos\frac{2\pi t}{T}\right), \quad 0 \leqslant t \leqslant T,$$

$$a(t) = -\frac{a_\mathrm{m}}{2}\left(1 - \cos\frac{2\pi t}{T}\right), \quad T < t \leqslant 2T,$$

其中 a_m 是最大加速度, $2T$ 是运程的总时间.

(1) 画出加速度和加速度变化率的时间函数曲线.

(2) 电梯的最大速率是多少?

(3) 在开始运行的极短时间内, 确定速度的近似表达式.

(4) 距离为 D 的运程所需的时间是多少?

10. 采用运动学方法, 计算曲线 $y = \mathrm{e}^x$ 的曲率半径随 x 的分布 $\rho(x)$.

11. 极坐标系的方程 $r = A(1 - \cos\theta)$ 对应一条心脏线, 试求心脏线上各点的曲率半径 (原点除外).

12. 半径为 R 的圆环贴着固定光滑圆柱形外侧面做平面运动, 试确定环的自由度.

13. 风自西向东吹, 风速 u 不变, 一架飞机相对于静止大气的飞行速率为恒定的 v_0. 要求飞机在城市上空沿水平圆轨道巡航飞行, 建立自西向东的 x 轴, 飞机相对于圆心的径矢与 x 轴夹角记为 φ, 试求飞机做圆轨道飞行的条件及轨道速率与方位角 φ 的关系.

14. 三点追击问题. 平面上有三个质点 A, B 和 C, $t = 0$ 时刻三点位于边长为 l 的正三角形的顶点上, 分别追击前面的质点, 速率 v_0 保持不变, 方向始终沿着两点的连线, 试求初始时刻所在位置的曲率半径、相遇的时间和轨道方程.

15. 有限或无限只狗以不变的速率 v_0 追击前面的狗, 初始时都相距 l, 相邻狗的运动

方向的夹角向左偏转 φ, 如图 1.34 所示. 试求

(1) 狗的相遇时间,

(2) 初始时狗的加速度,

(3) 狗的轨道方程.

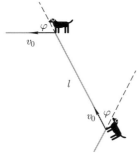

图 1.34　习题 15 图

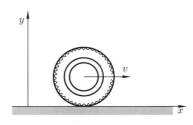

图 1.35　习题 16 图

16. 滚动的轮胎. 一个半径为 R 的轮胎沿直线无滑地滚动. 它的中心以匀速 v 运动, 如图 1.35 所示. 一个嵌在胎面上的小石子在 $t = 0$ 时与地面接触. 确定石子的位置、速度和加速度.

17. 圆环静止在地面上, $t = 0$ 时刻开始以恒定的角加速度 β 沿直线做纯滚动, 即环与地面的接触点只滚动而不滑动. 试求任意时刻环上最高点与最低点的加速度大小之比.

18. 斜坡上的射程. 如图 1.36 所示, 一名运动员站在倾角为 ϕ 斜坡顶上. 他抛出一个石块, 与地面的角度 θ 是多大时抛出的射程最大?

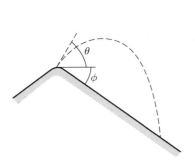

图 1.36　习题 18 图

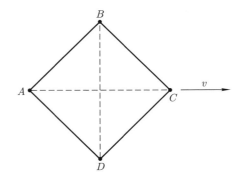

图 1.37　习题 19 图

19. 四根长为 l 的细杆首尾相连, 组成一个菱形 $ABCD$, 杆可绕连接处转动, 放在水平面上, 如图 1.37 所示. 设 A 端固定, C 端沿着 AC 连线方向运动, 当 $\angle A$ 刚好为 $90°$ 时, C 端速度为 v, 加速度为 a, 试求此时 B 端的速度和加速度的大小.

20. 长 L 的均匀弹性绳 AB 自由伸直地放在光滑水平桌面上, 绳的 A 端固定. $t = 0$ 时, 一小虫开始从 A 端出发以相对绳的匀速度 u 在绳上朝 B 端爬去, 同时绳的 B 端以匀速度 v 沿绳伸长方向运动, 试求小虫爬到 B 端的时间 T.

21. 将小球以初速 v_0、倾角 θ 斜抛出去, 因受空气阻力而获得与速度 $\boldsymbol{v}$ 反向的附加加速度 $-\gamma \boldsymbol{v}$, 其中 γ 是一个正的常量, 试确定小球的运动轨道方程.

22. 船夫用不可伸长的绳子拉一条小船, 高度和角度如图 1.38 所示. 拉绳的速度和加速度分别为 v_0 和 a_0, 求小船的速度和加速度.

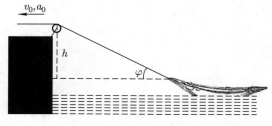

图 1.38   习题 22 图

23. 极坐标系中的对数螺线可表示为 $r = r_0 e^{\alpha \theta}$, 试用运动学方法导出曲率半径 $\rho(r)$.

24. 如图 1.39 所示, 轰炸机 A 以速度 v_1 做水平匀速飞行, 飞行高度为 H.
    (1) 为使自由释放的炸弹击中地面目标 B, 应在距 B 多远的水平距离 L 处投弹?
    (2) 在地面上与 B 相距 D 处有一高射炮 C, 在 A 释放炸弹的同时发射炮弹. 为使炮弹能击中飞行中的炸弹, 炮弹初速 v_2 至少为多大? 若 v_2 取最小值, 炮弹发射角 γ 应为多大?

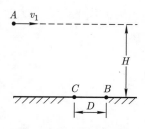

图 1.39   习题 24 图

第二章   运动定律

运动是自然界最常见、最普遍的现象. 自古以来人们就一直在寻找运动的规律. 在我们的生活环境中, 各种作用交织在一起, 错综复杂, 运动的规律不是显而易见的, 还容易产生误导. 以马车为例 (见图 2.1), 马拉车时车才会运动, 马不用力时车就会静止不动. 亚里士多德根据这些日常经验, 总结出一条运动规律: 运动的物体都有推动者推着它运动. 根据这一规律, 物体的自然状态是静止, 只在受力时才运动. 亚里士多德的力学观作为正统观点统治了西方近两千年, 直到中世纪末期.

图 2.1   马车

力学的发展源远流长. 最基本的准备工作是对长度、时间和重量的测量, 这些早期的历史发展过程是迟缓而又漫长的. 只有掌握了这些基本量的测量, 我们才能从定性到定量地讨论、分析物体的运动.

牛顿力学是在前人工作的基础上建立起来的. 这里简要说明建立力学必备的基础工作, 即力学的十大起源.

(1) 欧几里得的《几何原本》所建立的公理体系, 是此后所有数学的典范, 由此可以分析点、线、面、体的关系, 计算和测量长度、面积和体积, 奠定了欧氏空间的基础.

(2) 阿波罗尼奥斯 (Apollonius, 约前 262—前 190) 的《圆锥曲线论》罗列了关于圆锥曲线的 400 多个命题, 详细讨论了圆锥曲线的各种性质, 是定量描述运动轨道的必备工具.

(3) 阿基米德提出和论证了杠杆原理. 依据杠杆原理制作的天平和秤用来测量物体的重量, 用重量来表示物质的多少或物质的量, 其用途十分广泛.

如果说从古代到中世纪的发展是涓涓细流, 终于在近代, 这涓涓细流汇成了滔滔江河, 对运动现象的认识获得了几大突破.

(4) 哥白尼 (Copernicus) 提出了惊世骇俗的日心说: 行星绕着太阳运动. 日心说动摇了以亚里士多德的物理和托勒密 (Ptolemaeus) 地心说为基础的旧观念.

(5) 开普勒几十年持之以恒、艰苦卓绝地分析第谷 (Tycho) 积累的大量精确的天文观测数据, 总结出行星运动的三大定律, 指出行星的运动轨道是圆锥曲线中的椭圆.

(6) 斯蒂文 (Stevin) 著有《静力学原理》(1586 年), 静力学的知识已趋完备. 理论上最重要的是, 力的合成满足平行四边形法则.

(7) 伽利略通过斜面实验发现, 物体的运动不需要力来维持, 而改变物体的静止或匀速运动状态则需要作用力, 这就是惯性原理.

(8) 伽利略仔细分析了自由落体运动, 提出加速度的概念, 找到了自由落体运动的规律. 他还自豪地发现, 斜抛运动的轨迹是圆锥曲线中的抛物线.

(9) 笛卡儿 (Descartes) 的解析几何, 将空间的点和数对应起来, 建立了空间曲线和代数方程的联系, 是定量分析运动的理论准备.

(10) 从古希腊到十七世纪中叶, 微积分的思想和方法已经初步发展起来, 为力学的定量分析奠定了基础.

万事俱备, 只待牛顿完成最后的综合!

§2.1   牛顿运动定律

欧几里得在《几何原本》里建立了公理化的理论体系: 定义、公理和命题, 这为西方两千年来的数学树立了一个光辉的典范, 成熟的数学分支都以此为榜样. 力学的前辈阿基米德和伽利略都遵循了这一传统. 牛顿的《自然哲学的数学原理》一书也是如此, 以定义、定律和命题为架构. 书中首先定义了质量和动量等基本的物理量, 然后陈述运动的定律, 接下来以命题的形式讨论各种应用, 最后一部分进入全书的高光时刻: "接下来我要用同样的原理展示世界体系!" 书中开篇有下面两个定义:

定义一: 物质的量 (现在称作质量) 是由密度和体积共同确定的物质量度.

定义二: 运动的量 (现在称作动量) 是由物质的量和速度共同确定的运动量度.

2.1.1　牛顿第一运动定律

牛顿第一运动定律　每个物体都保持静止或匀速直线运动状态, 除非有加于其上的力迫使它改变这种状态.

首先, 运动都是相对某个参考系来描述的. 设在一个参考系中, 不受力的物体保持静止或匀速直线运动状态. 根据伽利略变换, 在相对此参考系匀速平动的任何其他参考系中, 该物体仍然保持静止或匀速直线运动状态. 但是, 在相对此参考系加速平动或转动的参考系中, 此不受力的物体必然具有不为零的加速度, 其运动状态会变化.
牛顿第一运动定律相当于承认存在这样的参考系: 不受力的物体在其中会保持静止或
匀速直线运动. 满足牛顿第一运动定律的参考系称为惯性参考系, 简称惯性系, 其他的
参考系称为非惯性系. 在惯性系中, 物体的加速度一定是由作用力产生的, 作用力与加
速度的关系满足牛顿第二运动定律.

其次是不受力的物体的概念. 当物体距离其他物体足够远时, 它所受的作用力可
以忽略, 这样的物体称为孤立物体. 孤立物体是一个理想的概念, 认定为孤立的物体只
能是不同程度的近似. 只要针对具体的运动问题, 这种近似足够好就可以了. 地球受
日月众星引力的作用, 既有绕着太阳的公转, 又有自转, 严格来讲, 地面参考系肯定不
是惯性系. 但是, 在绝大多数运动问题中, 非惯性系的效应可以忽略, 我们都把地面参
考系当作惯性系, 心安理得地在实验室做着各种实验和测量.

根据牛顿第一运动定律, 物体具有保持运动状态不变的属性, 我们称之为惯性, 所
以第一运动定律又称为惯性定律. 物体惯性的大小用一个新的物理量 —— 质量来量
度. 质量的概念是牛顿首次明确提出的. 质量的测量总是涉及作用力, 这就需要用到牛
顿第二和第三运动定律.

2.1.2 牛顿第二运动定律

牛顿第二运动定律 动量的改变与所加的力成正比, 并且在那个力所施加的直线
上发生.

用微积分的语言, 牛顿第二运动定律表述为

$$\frac{\mathrm{d}\boldsymbol{p}}{\mathrm{d}t} = \boldsymbol{F},$$

其中 $\boldsymbol{F}$ 是物体所受的作用力, m 是物体的质量, $\boldsymbol{p} = m\boldsymbol{v}$ 是物体的动量. 这个方程是
整个牛顿力学的基础.

如果物体的质量是常量, 牛顿第二运动定律又可表述为

$$\boldsymbol{F} = m\boldsymbol{a}.$$

在经典物理的范围内, 这是最常用的形式. 但是牛顿的原始表述在相对论力学中依然
成立, 是更普遍的形式.

在天体物理和宇宙学观测中涉及极小的加速度, 典型值是哈勃 (Hubble) 加速度
$a_{\mathrm{H}} = cH \approx 7 \times 10^{-10}$ m/s^2, H 是哈勃常量. 在加速度这样小的情形中, 出现了一些
反常现象, 导致有人对牛顿第二运动定律产生怀疑. 但是, 实验发现[①], 在加速度小到

[①]引自 Gundlach J H, et al. Laboratory test of Newton's second law at small accelerations. Phys.
Rev. Lett., 2007, 98: 150801.

5×10^{-14} m/s^2 时仍然没有观测到对牛顿第二运动定律的偏离, 如图 2.2 所示. 图中横坐标是力, 纵坐标是加速度, 右侧和上方的小图给出的是数据与拟合直线的偏差. 力和加速度在所测量的范围内满足线性关系.

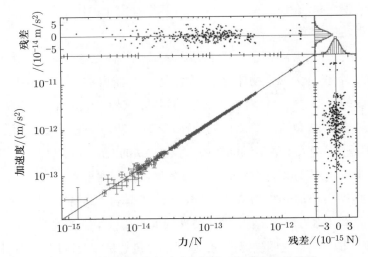

图 2.2   极小加速度时对牛顿第二运动定律的检验

牛顿第二运动定律的应用范围非常广泛, 但是依然有一定的适用范围. 在经典物理中, 牛顿第二运动定律是普遍适用的. 我们将以牛顿第二运动定律为核心, 建立力学的理论体系, 并应用于质点、质点系、刚体和连续介质, 从而涵盖了力学的各个领域.

如果已知物体现在的运动状态和物体之间所有力, 由牛顿第二运动定律, 我们原则上可完全确定物体在将来和过去任意时刻的运动状态. 若物体之间只有万有引力, 运动定律加万有引力就构成一个完备的理论体系, 这个体系的完备性就在于, 一个力学系统中各个物体的加速度完全由这些物体自身确定. 用运动定律和万有引力定律, 牛顿成功地解释了行星、月亮和彗星的运动, 细致到潮汐和地球的进动. 这是无与伦比的演绎成就! 爱因斯坦曾说: "微分定律的明晰概念是牛顿最伟大的理智成就之一."[①]

种瓜得瓜, 种豆得豆. 一般的因果律是定性的、整体的. 建立在牛顿微分定律基础上的因果律是定量的、微分的. 已知作用力这个改变运动状态的最大的因和物体的运动状态, 我们原则上可以精确预测物体未来任意时刻的运动, 还可以精确了解物体过去任意时刻的运动, 也就是说, 可以确定物体全部的运动过程, 这才是真正完备的因果律! 牛顿第二运动定律是第一个动力学规律, 此后三百多年来, 物理学陆续建立了一个又一个动力学规律, 在探索物体相互作用的路上越走越远. 牛顿在《自然哲学的数学原理》中提出: "哲学的基本问题似乎在于从各种运动现象中发现自然之力, 然后用这

---

①见《爱因斯坦文集》第一卷《牛顿力学及其对理论物理学发展的影响》.

些力去说明其他现象." 牛顿提出的基本问题在今天仍然具有现实意义.

2.1.3　牛顿第三运动定律

牛顿第三运动定律　两个物体的相互作用力总是大小相等、方向相反.

牛顿第三运动定律是关于作用力的一般性质的规律. 力总是成对出现, 大小相等、方向相反: 如果物体 B 在物体 A 上施加一个力 $\boldsymbol{F}_A$, 则必有物体 A 在物体 B 上施加的一个力 $\boldsymbol{F}_B$, 且 $\boldsymbol{F}_B = -\boldsymbol{F}_A$, 这样一对力我们称为作用力和反作用力. 从来不存在没有相应的反作用力的单独的一个力.

实际上, 作用力和反作用力的作用效果一般是不同的, 比如以卵击石, 但是相互作用力总是大小相等、方向相反. 牛顿第三运动定律的发现完全归功于牛顿.

2.1.4　质量和力

直到伽利略的时代, 重量和质量总是混淆在一起. 牛顿在《自然哲学的数学原理》一书中明确定义了物体的质量. 牛顿第二运动定律建立了力、质量和加速度的关系. 利用时间和长度的测量可以确定加速度. 若力保持不变, 质量与加速度满足反比例关系. 而若质量保持不变, 力与加速度满足正比例关系. 因而, 利用牛顿第二运动定律, 我们既可以测量质量, 也可以测量力. 现在我们利用牛顿第二、第三运动定律给出测量质量的两种方法.

第一种方法只利用牛顿第二运动定律. 规定一个物体的质量为 m_0, 可看作单位质量, 另一个物体的待定质量为 m. 对这两个物体分别施加一个相同的作用力 F, 若测得加速度大小分别为 a_0 和 a, 则待定物体的质量为

$$m \equiv \frac{a_0}{a} m_0.$$

第二种定义质量的方法利用牛顿第二和第三运动定律. 规定一个物体的质量为 m_0, 可看作单位质量, 另一个物体的待定质量为 m. 两个物体有相互作用力, 若测得的相互作用力产生的加速度大小分别为 a_0 和 a, 则待定物体的质量为

$$m \equiv \frac{a_0}{a} m_0.$$

这样定义的质量称为惯性质量, 在牛顿力学中当作常量. 现代物理表明, 当物体运动速度接近光速时, 它的质量明显与速度有关, 会随着速度的增大而增加.

质量的国际单位是千克 (kg), 在七个基本单位中是最后一个由实物基准更换为自然基准的. 自 2019 年 5 月 20 日起, 千克的单位实施了由普朗克常量定义的自然基准: 当普朗克常量 h 以 J·s (即 kg·m²·s⁻¹) 为单位表达时选取固定数值 $6.62607015 \times 10^{-34}$ 来定义千克.

规定了单位质量后, 可以用质量和牛顿方程测量力. 因此, 由牛顿方程, 我们可以测量质量和力.

力的国际单位是牛顿 (N), 定义为 $1\,\mathrm{N} = 1\,\mathrm{kg} \times 1\,\mathrm{m/s^2}$. $1\,\mathrm{kg}$ 的物体在地球表面所受的重力大约是 $9.8\,\mathrm{N}$. 因为各地的重力加速度有微小的差异, 同一物体的重量在各地也有相应的差异.

§2.2 惯性力和等效原理

牛顿运动定律在惯性系中成立, 但在实际中我们遇到的却常常是非惯性系. 考虑到地球的自转和公转, 地面参考系或实验室系严格来说是非惯性系. 本节考虑在非惯性系中如何处理力学问题.

2.2.1 惯性力

在非惯性系中, 质点的加速度与惯性系的加速度满足关系

$$a' = a - a_{O'} - 2\boldsymbol{\omega} \times v' - \boldsymbol{\omega} \times (\boldsymbol{\omega} \times r') - \dot{\boldsymbol{\omega}} \times r'.$$

两边乘以质点的质量, 并利用惯性系的牛顿运动方程 $F = ma$, 可得

$$ma' = F - ma_{O'} - 2m\boldsymbol{\omega} \times v' - m\boldsymbol{\omega} \times (\boldsymbol{\omega} \times r') - m\dot{\boldsymbol{\omega}} \times r'.$$

在惯性系中, 真实力 F 产生加速度 a. 在非惯性系中, 真实力 F 和右边另外四项共同产生加速度 a', 我们可以把它们当作与真实力 F 等同的作用力, 称作惯性力, 共有四种:

平移惯性力: $F_i = -ma_{O'}$;

惯性离心力: $F_c = -m\boldsymbol{\omega} \times (\boldsymbol{\omega} \times r')$;

科里奥利 (Coriolis) 力: $F_{\mathrm{Cor}} = -2m\boldsymbol{\omega} \times v'$;

横向惯性力: $F_t = -m\dot{\boldsymbol{\omega}} \times r'$.

后面我们会一一介绍它们的性质和应用.

引入惯性力后, 在非惯性系中, 牛顿运动方程仍然成立, 唯一的区别是需要考虑各种惯性力. 因此, 在非惯性系中, 我们依然可以用牛顿运动方程处理质点的运动问题.

2.2.2 等效原理

现在我们对物体的质量做一个区分, 将牛顿运动方程里的质量称为惯性质量, 记为 $m_{惯性}$,

$$F = m_{惯性} a,$$

而将牛顿万有引力定律里的质量称为引力质量 (见图 2.3), 记为 $m_{引力}$,

$$\boldsymbol{F} = -G\frac{M_{引力}m_{引力}}{r^3}\boldsymbol{r}.$$

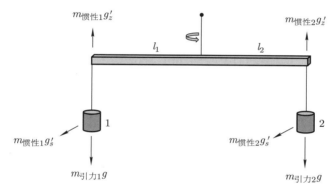

图 2.3　引力质量

例 2.1　厄特沃什 (Eötvös) 实验 (1889 年).

厄特沃什在 40 cm 长的横杆两端各挂一个小球, 如图 2.4 所示. 设不同材料的两个重物 1 和 2 的引力质量分别为 $m_{引力1}$ 和 $m_{引力2}$, 近似相等, 惯性质量为 $m_{惯性1}$ 和 $m_{惯性2}$, 它们悬挂在横杆的两端, 杆的中点悬在一根细金属丝上.

图 2.4　厄特沃什实验

表观重力是两种力的合力, 我们明确区分一下:

$$引力 = m_{引力}g, \quad 离心力 = m_{惯性}\omega^2 R\cos\psi = m_{惯性}g',$$

其中 g 是重力加速度, ω 是地球自转角速度, ψ 是纬度角, g' 是离心加速度.

由于表观重力与引力的夹角很小, 我们把离心加速度 g' 相对引力方向分解成竖直分量 g'_z 和水平分量 g'_s. 当横杆略微倾斜时, 总可以满足力矩平衡:

$$l_1(m_{引力1}g - m_{惯性1}g'_z) = l_2(m_{引力2}g - m_{惯性2}g'_z),$$

其中 l_1 和 l_2 是两个重物的有效臂长. 厄特沃什选择的两个重物的重量几乎相等, 两臂的长度也几乎相等, 但是他的方法的优点是, 即使两臂的长度略微不等, 横杆略微倾斜后仍能保证力矩平衡方程成立. 离心力水平分量的力矩为

$$M = l_1 m_{惯性1}g'_s - l_2 m_{惯性2}g'_s.$$

利用平衡条件确定 l_2, 代入上式可得

$$M = l_1 m_{惯性1} g'_s \frac{\dfrac{m_{引力2}}{m_{惯性2}} - \dfrac{m_{引力1}}{m_{惯性1}}}{\dfrac{m_{引力2}}{m_{惯性2}} - \dfrac{g'_z}{g}}.$$

由于 $g'_z \ll g$, 略去 g'_z, 上式化简后可得

$$M = l_1 m_{引力1} g'_s \left(\frac{m_{惯性1}}{m_{引力1}} - \frac{m_{惯性2}}{m_{引力2}} \right).$$

因此, 对于两个重物来说, 比值 $\dfrac{m_{惯性}}{m_{引力}}$ 的任何不等都必然会扭转悬丝. 对于木制和铂制的两个重物, 厄特沃什没有测出任何扭转, 于是得出结论: 对于木和铂这两种材料, $\dfrac{m_{惯性}}{m_{引力}}$ 的差别小于 10^{-9}. 现代改进的实验已经将此精度提高到 10^{-12}.

若引力质量与惯性质量的比值是常量, 适当选择单位, 总可以使两者相等, 即

$$m_{引力} = m_{惯性}.$$

到目前为止, 所有的实验都表明, 在实验的测量精度内, 两者相等. 因此, 物体在引力场中的加速度与物体质量无关, 只依赖于引力场的空间分布:

$$\boldsymbol{a} = \frac{\boldsymbol{F}}{m_{惯性}} = -G\frac{M_{引力}}{r^3}\boldsymbol{r}.$$

引力质量等于惯性质量的实验深深影响了爱因斯坦. 他在《相对论的意义》中写道: "两种不同定义的质量的相等已经被高精度的实验 (厄特沃什实验) 所证实, 而经典力学对此却无法解释. 很显然, 只有将这种数值相等转化为两个概念真正性质的相等之后, 我们才能从科学上说这种相等是正确的."

定义引力场强度为单位引力质量所受的引力:

$$\boldsymbol{g} = \frac{\boldsymbol{F}}{m_{引力}} = -G\frac{M_{引力}}{r^3}\boldsymbol{r}.$$

物体所受的引力可表示为

$$\boldsymbol{F} = m_{引力}\boldsymbol{g},$$

非惯性系中的惯性力可以表示为

$$\boldsymbol{F}_{惯性} = m_{惯性}(-\boldsymbol{a}_0) = m_{引力}(-\boldsymbol{a}_0) = m_{引力}\boldsymbol{g}_{等效}.$$

也就是说, 非惯性系中的惯性力 $m_{惯性}(-\boldsymbol{a}_0)$ 可以看作等效引力场 $\boldsymbol{g}_{等效}$ 对物体的引力 $m_{引力}\boldsymbol{g}_{等效}$, 两者之间没有任何物理的差别, 是等效的, 这就是爱因斯坦的等效原理. 等效原理是广义相对论的两大基石之一.

2.2.3　惯性力的应用

惯性力的应用非常广泛, 我们下面略举几例, 希望起到举一反三的作用.

例 2.2　坐公交.

你站在公交车里, 当司机启动时, 公交车有一个向前的加速度. 以公交车为参考系, 是非惯性系, 车里的人会感受到一个向后的平移惯性力. 反之, 司机刹车时, 车里的乘客会感受到一个向前的平移惯性力. 因此, 司机加速时, 你应该拉着前面的栏杆以获得一个向前加速的力; 司机减速时, 你应该拉着后面的栏杆以获得一个减速的力.

如果司机加速时你握着后面的立柱, 很可能导致你绕着立柱转动. 将来我们用力矩处理转动现象.

平动加速的运动系统很多, 如机动车的启动和制动、升降电梯、飞机在地面的起飞和降落阶段等. 掌握了平移惯性力, 对于这些情景, 我们都可以从容应对.

例 2.3　爱因斯坦电梯.

设想在地球表面有一部电梯正在做自由落体运动. 电梯里的爱因斯坦看到苹果在空中静止不动, 如图 2.5 所示. 怎么解释这种现象呢?

图 2.5　爱因斯坦电梯

牛顿认为, 电梯做自由落体运动, 是一个非惯性系, 需要考虑平移惯性力. 苹果受重力和平移惯性力作用, 两者刚好抵消. 因此, 苹果的运动状态保持不变, 若开始时静止就一直静止不动.

爱因斯坦认为, 惯性质量和引力质量相等导致惯性力和引力没有任何差别, 因而两者相同, 电梯参考系完全等同于没有引力的惯性系, 因而惯性系和非惯性系等价.

均匀引力场可以通过加速运动完全抵消, 非均匀引力场则不可能完全抵消, 这就引起了地球上的潮汐现象. 对于非均匀引力场, 只能在可近似成均匀引力场的一个很小的区域内, 建立局域惯性系.

例 2.4 潮汐现象.

先不考虑地球的自转, 地球绕着太阳公转, 本身是非惯性系, 惯性力是平移惯性力. 太阳的引力在地表的不同位置有大小和方向的变化.

设地球表面均匀覆盖一层海水. 惯性力和太阳引力的合力会使地表的海水变成一个旋转椭球, 靠近和远离太阳的位置水位最高, 如图 2.6 所示. 再考虑地球的自转, 一天会发生两次涨潮现象.

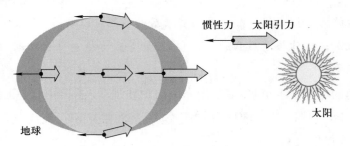

图 2.6　潮汐现象

例 2.5 潮汐平衡高度的牛顿模型.

牛顿假定两口充满水的井从地球表面通到地心并连通. 一口井沿着地球和太阳的连线, 另一口与此垂直, 井水高度分别为 h_1, h_2, 如图 2.7 所示. 对于平衡态, 两口井底部的压强必然相等.

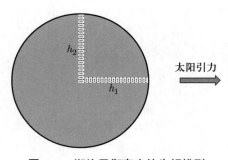

图 2.7　潮汐平衡高度的牛顿模型

设地球质量为 M_e、太阳质量为 M_s、地球半径为 R_e、日地距离为 r_s, 试计算最高点和最低点的潮差 $\Delta h_s = h_1 - h_2$.

解　为了便于计算海水的压强, 我们以径向朝里为正. 设沿着两口井到地心的距离为 r, 地心的太阳引力场强度为

$$g_{s0} = -\frac{GM_s}{r_s^2}.$$

考虑到地球半径远远小于日地距离, 沿着两口井的方向对万有引力公式做小量展开,

位置 r 处与地心的太阳引力差分别为

$$g_{s1} - g_{s0} = -2\frac{GM_s}{r_s^2}\frac{r}{r_s}, \quad g_{s2} - g_{s0} = \frac{GM_s}{r_s^2}\frac{r}{r_s},$$

其中负号表示引力径向朝外.

地球的引力场强度记为 $g(r)$. 两者在井底的压强相等, 有关系

$$\int_0^{h_1} \left[g(r) - 2\frac{GM_s}{r_s^2}\frac{r}{r_s}\right] \mathrm{d}r = \int_0^{h_2} \left[g(r) + \frac{GM_s}{r_s^2}\frac{r}{r_s}\right] \mathrm{d}r.$$

整理得

$$\int_{h_2}^{h_1} g(r)\mathrm{d}r = \int_0^{h_1} 2\frac{GM_s}{r_s^2}\frac{r}{r_s}\mathrm{d}r + \int_0^{h_2} \frac{GM_s}{r_s^2}\frac{r}{r_s}\mathrm{d}r.$$

考虑到 $h_1 \approx h_2 \approx R_e$, 最后可得

$$\Delta h_s = \frac{3}{2}\frac{M_s}{M_e}\left(\frac{R_e}{r_s}\right)^3 R_e.$$

代入相关数据, 可得

$$\Delta h_s = 24.0 \text{ cm}.$$

类似可得月亮引起的潮差

$$\Delta h_m = 53.5 \text{ cm}.$$

在地球处太阳的引力场强度是月亮的约 200 倍, 月亮引起的潮差却大约是太阳的两倍, 读者请想一想这是为什么.

最强的潮汐称作大潮, 发生在新月和满月的时候, 此时地球、月亮和太阳三者一线. 弱的小潮发生在两者的中间, 每月的四分之一时间处. 两者的潮差之比

$$\frac{\Delta h_{大潮}}{\Delta h_{小潮}} = \frac{\Delta h_m + \Delta h_s}{\Delta h_m - \Delta h_s} \approx 3.$$

夏威夷等大洋深处观测到的潮差约 1 m, 与平衡潮理论比较接近, 近海实际的潮差却比上述计算值大得多. 如我国钱塘江的最大潮差达到约 8.93 m, 加拿大芬地湾最大潮差更是高达约 19.6 m. 实际的潮汐比平衡潮理论复杂得多, 与多种因素有关, 特别是沿岸的地形.

例 2.6 离心机.

设离心机顺时针旋转, 角速度 ω 的方向垂直纸面向里. 转筒里面充满密度为 ρ 的液体, 其中有密度为 ρ_0 的小固体, 体积为 $\mathrm{d}V$, 如图 2.8 所示.

液体对固体的作用力似乎很难确定. 我们采用置换法: 设想把固体换成同体积、同形状的液体. 显然, 置换的液体与周围液体达到平衡, 置换液体所受周围液体的作用

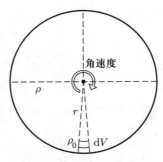

图 2.8　离心机原理示意图

力等于自身所受的离心力. 现在换回原来的固体, 周围液体的作用力保持不变, 因此, 固体所受周围液体的作用力为 $r\omega^2\rho dV$, 固体所受的离心力为 $r\omega^2\rho_0 dV$, 所受重力为 $g\rho_0 dV$. 对于一般的离心机, 离心力通常是重力的几万倍, 可以不考虑重力.

当固体的密度小于液体的密度时, 固体径向朝里运动, 靠近转轴; 当固体的密度大于液体的密度时, 固体径向朝外运动, 靠近转筒. 若在试管里装入浑浊液体, 在一倍重力下自然沉淀, 需要较长时间才能沉淀到试管底部. 而离心机中的离心力一般是重力的几万倍, 沉淀可以瞬间完成. 因此, 离心机在工业中和实验室里的应用都很广泛.

例 2.7　表观重力.

如图 2.9 所示, 在地球表面, 北纬 ψ 处, 惯性离心力为

$$\boldsymbol{F}_c = -m\boldsymbol{\omega} \times (\boldsymbol{\omega} \times \boldsymbol{r}') = m\omega^2 \boldsymbol{r}'_\perp.$$

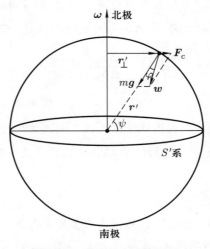

图 2.9　表现重力计算用图

地球自转角速度

$$\omega = \frac{2\pi}{24 \times 3600 \text{ s}},$$

$$F_{\mathrm{c}} = m\omega^2 R \cos\psi.$$

离心力和地球引力的比

$$\frac{F_{\mathrm{c}}}{mg} = \frac{\omega^2 R}{g} \cos\psi < \frac{\omega^2 R}{g} \approx 0.35\%.$$

因此, 离心力远远小于地球引力, 表观重力的大小、与引力的偏向角分别为

$$w = mg - F_{\mathrm{c}} \cos\psi \approx mg \left(1 - \frac{1}{289} \cos^2\psi \right),$$

$$\varphi \approx \sin\varphi \approx \frac{F_{\mathrm{c}} \sin\psi}{mg} = \frac{\omega^2 R}{2g} \sin 2\psi.$$

实际上由于自转效应, 地球稍呈扁平, w 与上述结果有一些差异, 较准确的结果是

$$w \approx mg \left(1 - \frac{1}{191} \cos^2\psi \right).$$

因此, 表观重力在两极处最大, 赤道处最小. 最大偏向角在北纬 $45°$,

$$\varphi_{\max} = 6'.$$

我们通常说的竖直方向或铅垂线, 除了两极和赤道, 都不指向地心.

科里奥利力 $\boldsymbol{F}_{\mathrm{Cor}} = -2m\boldsymbol{\omega} \times \boldsymbol{v}'$ 与速度垂直, 只改变速度的方向, 也就是说, 科里奥利力只能使物体偏转. 地球自转使地面参考系是一个转动参考系, 在地面上观察物体的运动, 会发现许多有趣的现象. 在北半球, 在科里奥利力的影响下, 水平运动的物体都会向右偏, 自由落体会偏东, 河流冲刷右岸比较严重.

例 2.8 傅科摆.

法国物理学家傅科 (Foucault) 1851 年在巴黎先贤祠的穹顶上悬挂了一个 67 m 长的大单摆, 摆球每摆一次就进动约 1 cm, 提供了地球确实在转动的一个直接证据. 傅科摆很快成了巴黎的时尚品, 变成了旅游热点.

考虑质量为 m 的单摆以角频率 $\sqrt{g/l}$ 摆动, l 是摆长. 如图 2.10 所示, 在水平面内建立极坐标系, 用 r 和 θ 描述摆球的位置, 则摆球的运动方程为

$$r = r_0 \cos\sqrt{g/l}t,$$

其中 r_0 是振动的振幅. 若没有科里奥利力, 就没有横向力, θ 为常量. 可以证明, 水平的科里奥利力为

$$\boldsymbol{F}_{\mathrm{Cor} \, 水平} = -2m(\omega \sin\psi)\dot{r}\boldsymbol{e}_\theta,$$

其中 ω 为地球自转角速度, ψ 是纬度角.

横向运动方程为

$$m(2\dot{r}\dot{\theta} + r\ddot{\theta})\boldsymbol{e}_\theta = \boldsymbol{F}_{\text{Cor 水平}}.$$

化简可得

$$2\dot{r}\dot{\theta} + r\ddot{\theta} = -2(\omega\sin\psi)\dot{r}.$$

考虑特定的初始条件 $\dot{\theta} =$ 常量, 代入方程, 可得

$$\dot{\theta} = -\omega\sin\psi.$$

这表明摆面匀速进动 (见图 2.11), 转动一圈所用时间

$$T = \frac{2\pi}{\omega\sin\psi} = \frac{24\ \text{h}}{\sin\psi}.$$

巴黎的纬度约为 49°, 傅科摆转动一圈所用时间约为 32 h.

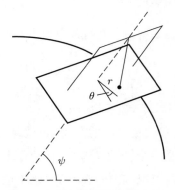

图 2.10 描述傅科摆的极坐标系

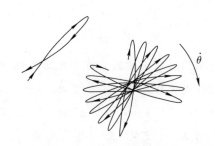

图 2.11 傅科摆摆面进动

§2.3 质 点 系

在运动问题中物体的大小和形状不可忽略时, 质点模型不再适用. 然而, 不管力学系统多么复杂, 我们都可以将它细分, 每一小部分称为质元, 质元可以当作质点处理, 因而原则上总可以把它们都当作由质点组成的力学系统. 因此, 质点系是一个普适模型, 由质点系导出的定理适用于任何力学系统.

2.3.1 质心

设质点系由 n 个质点组成, 第 i 个质点的质量、位置、速度和受力分别为 $m_i, \boldsymbol{r}_i, \boldsymbol{v}_i$ 和 $\boldsymbol{F}_i$, 质点系的质量 $m = \sum\limits_{i=1}^{n} m_i$. 质点系的受力可分为内力和外力, 质点系内部质点

之间的相互作用力是内力, 内部质点所受外部物体的作用力是外力. 显然, 内力之和为零.

首先计算质点系所受的合力 $\boldsymbol{F}$:

$$\boldsymbol{F} = \sum_{i=1}^{n} \boldsymbol{F}_i = \sum_{i=1}^{n} m_i \boldsymbol{a}_i = m\frac{\mathrm{d}^2}{\mathrm{d}t^2}\left(\frac{1}{m}\sum_{i=1}^{n} m_i \boldsymbol{r}_i\right).$$

质点系的质心定义为

$$\boldsymbol{r}_{\mathrm{c}} = \frac{1}{m}\sum_{i=1}^{n} m_i \boldsymbol{r}_i.$$

质心相对质点系的质量分布有确定的位置. 质心位置一般随时间变化, 我们可以进一步定义质心的速度和加速度:

$$\boldsymbol{v}_{\mathrm{c}} = \dot{\boldsymbol{r}}_{\mathrm{c}},$$

$$\boldsymbol{a}_{\mathrm{c}} = \ddot{\boldsymbol{r}}_{\mathrm{c}}.$$

令质心具有质点系的质量 m, 相当于质点系的质量集中于质心, 因此可以把质心看成一个等效的质点: 质量为 m、位置为 $\boldsymbol{r}_{\mathrm{c}}$、速度为 $\boldsymbol{v}_{\mathrm{c}}$、加速度为 $\boldsymbol{a}_{\mathrm{c}}$. 由此, 质点系的运动可以分解为以质心为代表的质点系整体的运动和各质点相对质心的运动.

由质心的引入, 我们直接得到质心运动定理:

$$\boldsymbol{F} = m\boldsymbol{a}_{\mathrm{c}}.$$

质点系所受的外力决定了质心的运动, 质心加速度与内力无关, 内力不影响质心的运动.

2.3.2 质心的性质

根据质心的定义得到的几条性质, 可用于定性或定量确定质心.

(1) 质心在整个物体的包络面内.

由两个质点组成的系统, 质心必然位于两点之间, 三个质点组成的系统, 质心必然位于三角形之内等等, 如图 2.12 所示. 对于质点系, 质心位于它的包络面之内.

(2) 质点系的质量分布若有某种对称性, 质心就位于对称的位置.

匀质球体, 质心必然位于球心, 匀质长方体和圆柱体, 质心必然位于它们的几何中心, 如图 2.13 所示.

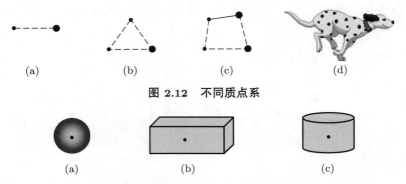

图 2.12　不同质点系

图 2.13　质量分布具有对称性的质点系

(3) 几个物体的质心满足质心组合关系

$$r_c = \frac{\sum_i m_i r_{ci}}{m} = \frac{m_1 r_{c1} + m_2 r_{c2} + m_3 r_{c3} + \cdots}{m}.$$

质点系中某一部分可简化为一个质点, 相当于这部分的质量集中在这部分的质心, 其他部分可类似处理. 由此得到的组合关系, 对于计算质心位置很有用.

2.3.3　二体问题

　　最简单的力学系统是有相互作用的两个质点, 即二体系统, 比如地球绕太阳公转的系统、类氢原子、夸克偶素等. 对于简单系统, 可以获得精确的结果, 从而对理论进行高精度的检验. 每个学科往往都是从简单系统的研究中获得突破, 且在后续发展中简单系统也是各种理论的试金石.

　　二体系统是一个特殊的质点系, 只包含两个质点. 每个质点的质量、位置和受力分别为 m_i, r_i 和 F_i ($i = 1, 2$). 由于不受外力, 由质心运动定理, 质心的速度保持不变. 单独考虑其中一个质点的运动, 即使是简单的万有引力, 由于另一个质点的运动, 该质点的受力也会随着位置和时间而变化, 它的运动就难于处理. 若我们考虑一个质点相对另一个质点的运动, 情形立刻简化. 考虑质点 2 相对质点 1 的运动, 有 $r = r_2 - r_1$, 这相当于在一个随质点 1 运动的平动参考系中观测质点 2 的运动. 平移惯性力为 $-m_2(F_1/m_1)$, 引入约化质量 $\mu = m_1 m_2 / (m_1 + m_2)$, 代入非惯性系牛顿方程, 并令 $F_2 = -F_1 = F$, 整理后可得二体问题的牛顿方程

$$F = \mu a,$$

其中 a 是质点 2 相对质点 1 的加速度, F 是质点 2 所受的真实力, 平移惯性力的效果包含在约化质量 μ 里, μ 小于 m_1 和 m_2, 并近似等于较小的质量. 若 $m_1 = m_2 = m$, 则 $\mu = m/2$.

两个质点的运动与质心和相对运动的关系为

$$\boldsymbol{r} = \boldsymbol{r}_2 - \boldsymbol{r}_1,$$
$$m_1\boldsymbol{r}_1 + m_2\boldsymbol{r}_2 = (m_1 + m_2)\boldsymbol{r}_c,$$
$$\boldsymbol{r}_1 = \boldsymbol{r}_c - \frac{m_2}{m_1 + m_2}\boldsymbol{r},$$
$$\boldsymbol{r}_2 = \boldsymbol{r}_c + \frac{m_1}{m_1 + m_2}\boldsymbol{r}.$$

由相对运动和质心运动可确定两个质点的运动. 二体问题可以化简为两个单体问题: 质心运动和相对质心的运动.

2.3.4 质点系的运动

设质心位置为 $\boldsymbol{r}_c$, 质心速度为 $\boldsymbol{v}_c$, 质点 i 的位置为 $\boldsymbol{r}_i$, 相对质心的位置为 $\boldsymbol{r}_i'$, 速度为 $\boldsymbol{v}_i$, 相对质心的速度为 $\boldsymbol{v}_i'$. 位置矢量有关系 $\boldsymbol{r}_i = \boldsymbol{r}_c + \boldsymbol{r}_i'$. 由位置矢量的关系可得速度关系 $\boldsymbol{v}_i = \boldsymbol{v}_c + \boldsymbol{v}_i'$. 由此可见, 质点系的运动可分解为质心的运动和各质点相对质心的运动.

质心的运动由质心运动方程确定. 由质心运动方程还可以导出相应的动量定理、动能定理和角动量定理, 它们与运动方程合在一起可以简化计算.

质心系是指随质心运动的平动参考系. 对质点系来说, 质心系是最独特的参考系, 后面会陆续证明, 其独特性是其他参考系不具备的.

质点系中各质点相对质心的运动可在质心系中处理. 当质点个数多于两个时, 它们的运动属于多体问题. 即使质点之间只有简单的万有引力, 多体问题只用牛顿运动方程也难于处理, 需要发展各种计算方法. 质点系的动量定理、动能定理和角动量定理都是必须利用的.

一般情形下, 内力决定质点系的结构, 外力决定质点系的整体运动. 外力对质点系结构的影响是次要的, 通常只影响质点系的精细结构. 例如, 原子的结构主要由电子和原子核的电磁相互作用决定, 外加的电磁场对原子结构的影响是次要的, 影响的是原子的精细结构. 若质点系中各质点所受外力与质量成正比, 则这些外力不影响质点系的内部结构.

总之, 将质点系的运动分解为质心运动和各质点相对质心的运动, 然后分别处理, 一般来说可以极大地简化对质点系运动的分析.

2.3.5 重力场中物体的运动

质点系的运动可分解为质心运动 + 质点相对于质心的运动, 这种分解极其有用, 可以简化大多数力学问题.

与我们的活动密切相关的是物体在重力场中的运动. 略去空气阻力, 把一个点燃的爆竹抛向空中, 由质心运动定理, 爆竹质心的轨迹与质点相同, 是抛物线. 若爆竹在空中爆炸, 爆炸属于内部相互作用, 是内力, 因此, 爆炸不影响质心的运动, 质心轨迹仍然是抛物线, 如图 2.14 所示.

图 2.14　爆竹的质心轨迹

再考虑芭蕾舞里的一个招牌动作 —— 大跳. 演员从舞台一侧助跑、起跳, 当脚离开舞台后, 演员质心的位置和初速就完全确定了. 此后, 不管演员在空中做什么动作, 其质心的轨迹都是由初始运动条件确定的抛物线. 但是, 演员在空中做动作时, 身体质量的分布可以发生变化, 质心的相对位置也随着变化. 若动作匹配, 演员的头顶可沿一条水平线运动一段距离, 从而会呈现意想不到的视觉效果, 如图 2.15 所示.

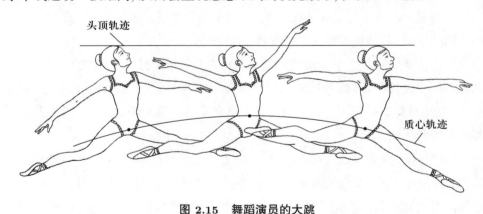

头顶轨迹

质心轨迹

图 2.15　舞蹈演员的大跳

例 2.9　长为 l、质量线密度为 λ 的匀质软绳, 开始时两端 A 和 B 一起悬挂在固定点上. 使 B 端脱离悬挂点自由下落, 当如图 2.16 所示, B 端下落高度为 $l/2$ 时, 使 A 脱离悬挂点, 此后经过多长时间绳子完全伸直?

解　A 脱离悬挂点后, 在整个绳子的质心系中考虑 B 端的运动. 绳子只受重力, 其质心加速度为重力加速度 g. 选取代表 B 端的质元, 在质心系中所受合力为零, B 端做匀速直线运动.

在质心系中, 我们接下来计算 B 端的速度, 以及伸直前所要经过的距离, 即得伸

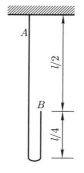

图 2.16　例 2.9 图

直所需时间.

当绳子下落高度为 $l/2$ 时, B 端的速度

$$v_B = \sqrt{gl}.$$

此时质心的速度

$$v_c = \frac{1}{4}\sqrt{gl},$$

质心离 A 点的距离

$$r_A = \frac{7}{16}l,$$

B 端到质心的距离

$$r_{Bc} = \frac{1}{16}l.$$

由此可计算伸直所用的时间

$$t = \frac{\frac{l}{2} - r_{Bc}}{v_B - v_c} = \frac{7}{12}\sqrt{\frac{l}{g}}.$$

大家可以尝试一下, 最后四个结果能够一次就都算对的不多.

§2.4　动量守恒定律

牛顿运动方程原则上可以处理任何力学问题, 但是对于越来越复杂的力学系统, 计算会越来越困难, 甚至不可行. 为了解决这些复杂问题, 我们陆续从牛顿运动方程导出动量定理、动能定理和角动量定理. 而与三大定理对应的三大守恒定律完全超越了力学的适用范围, 成为自然界中普遍适用的基本规律.

2.4.1　动量定理

由牛顿运动方程的原始表述, 我们可以直接得到动量定理. 设质点所受的作用力为 F, 力的冲量定义为 $\mathrm{d}I = F\mathrm{d}t$, 由牛顿第二运动定律即得动量定理.

动量定理　质点所受的冲量等于质点动量的增量:

$$\mathrm{d}I = \mathrm{d}p.$$

质点的动量由质量和速度共同确定. 若较轻的物体有较大的速度, 其动量也可以很大, 例如刚出膛的子弹. 而较重的物体即使速度很小, 也可能具有很大的动量, 例如从斜坡刚刚滑下的巨石, 停止它就需要很大的冲量, 因而势不可当.

2.4.2　质点系动量定理

在质点系内部, 内力可以改变某个质点的动量, 但是质点系的内力之和为零, 冲量之和也为零, 所以内力不能改变质点系动量, 由此得质点系动量定理.

质点系动量定理　质点系所受外力的冲量等于质点系动量的增量.

对于定义质心位置矢量的方程, 两边分别对时间求导, 我们就得到一个重要结论: 质心动量等于质点系动量. 质心运动与质点系的运动密切相关, 后面将陆续介绍它们的关系.

在质心系中, 质心静止不动, 质点系的动量时刻为零. 质点系的任意运动, 在质心系看来, 其总动量恒为零, 因而呈现这样一种景象: 各质点从质心四面散开, 或向质心八方汇聚, 质心成为一个运动中心.

例 2.10　如图 2.17 所示, 质量为 M、长为 L 的匀质软绳, 下端恰好与水平地面接触, 上端用手捏住, 使绳处于静止伸直状态. 然后松手, 绳子自由下落, 试求绳下落 $l < L$ 距离时地面所受的正压力.

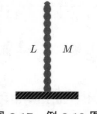

图 2.17　例 2.10 图

解　方法一.

绳子下落长度 l 时, 地面所受压力分两部分: 地面上静止绳子的压力

$$N_1 = \frac{l}{L}Mg,$$

空中下落绳子对地面的压力 N_2.

下落 l 时绳子的速度 $v = \sqrt{2gl}$, 在时间 $\mathrm{d}t$ 内, 空中绳子落到地面的长度为 $v\mathrm{d}t$, 这段绳子的速度由 v 降到 0. 由质点系动量定理, 有

$$N_2\mathrm{d}t = \mathrm{d}p = \mathrm{d}mv = \left(\frac{v\mathrm{d}t}{L}M\right)v,$$

可得 $N_2 = 2Mg\dfrac{l}{L}$. 因此绳子对地面的总压力

$$N = N_1 + N_2 = 3Mg\frac{l}{L}.$$

可见, 绳子在下落过程中对地面的压力是地面上那段绳子自重的三倍!

方法二.

考虑绳子整体的受力和动量增量. 空中绳子下落的加速度是 $\dot{v} = g$, 有

$$Mg - N = \frac{\mathrm{d}p}{\mathrm{d}t} = \frac{\mathrm{d}}{\mathrm{d}t}\left(\frac{L-l}{L}Mv\right) = \frac{\mathrm{d}}{\mathrm{d}v}\left(\frac{L - \dfrac{v^2}{2g}}{L}Mv\right)\frac{\mathrm{d}v}{\mathrm{d}t} = Mg - 3Mg\frac{l}{L},$$

即得相同结果.

2.4.3 动量守恒定律

根据牛顿第三运动定律, 作用力总是成对出现, 因此, 一对相互作用力的冲量之和恒为零. 与外界没有相互作用的孤立系统所受冲量为零, 其动量必然守恒. 在微观领域, 即使力的概念不再适用, 实验发现, 动量守恒的结论对孤立系统依然成立. 由此, 我们发现了一个自然界中普遍成立的守恒律 —— 动量守恒定律.

动量守恒定律 孤立系统的动量守恒.

在孤立系统内部, 某一部分的动量若增加, 其余部分必然减少相应的动量. 动量是比速度更基本的一个物理量, 孤立系统内各质点的速度之和是变化的. 在孤立系统中, 内部发生任何过程, 产生任何物质, 都必须满足动量守恒定律, 这为我们理解新过程、发现新物质, 提供了普适的工具.

2.4.4 变质量系统的运动方程

根据质点系动量定理, 只有外力才能改变质心的速度. 在外太空运动的宇宙飞船不受外力, 它怎么获得动力, 加速、减速或变向呢? 有一种方法可以随心所欲地获得任意方向、任意大小的动力, 那就是改变质点系的质量, 火箭、发动机和内燃机都属于这种装置. 我们现在推导变质量系统的运动方程.

质心速度是最独特的, 直接与质点系的动量相关, 代表了系统整体的运动. 设质点系的质量为 m, 质心速度为 $\boldsymbol{v}_c$, 所受外力为 $\boldsymbol{F}$, 在 $\mathrm{d}t$ 时间内质点系的质量增量为 $\mathrm{d}m$. 经过 $\mathrm{d}t$ 时间后, 质点系的质量为 $m + \mathrm{d}m$, 质心速度为 $\boldsymbol{v}_c + \mathrm{d}\boldsymbol{v}_c$. $\mathrm{d}m$ 的速度为 $\boldsymbol{v}'$, 若 $\mathrm{d}m > 0$, 质点系质量增加, $\boldsymbol{v}'$ 为聚合前的速度. 将 $m + \mathrm{d}m$ 看作质点系, 应用质点系动量定理, 有

$$\boldsymbol{F}\mathrm{d}t = (m + \mathrm{d}m)(\boldsymbol{v}_c + \mathrm{d}\boldsymbol{v}_c) - (m\boldsymbol{v}_c + \mathrm{d}m\boldsymbol{v}').$$

若 $\mathrm{d}m < 0$, 质点系质量减少, $\boldsymbol{v}'$ 为分离后的速度, 再次应用质点系动量定理, 有

$$\boldsymbol{F}\mathrm{d}t = [(m + \mathrm{d}m)(\boldsymbol{v}_c + \mathrm{d}\boldsymbol{v}_c) + (-\mathrm{d}m)\boldsymbol{v}'] - (m\boldsymbol{v}_c).$$

可见两个方程相同. 只保留一阶小量, 略去二阶小量, 整理后即得变质量系统的运动方程

$$m\frac{\mathrm{d}\boldsymbol{v}_c}{\mathrm{d}t} = \boldsymbol{F} + (\boldsymbol{v}' - \boldsymbol{v}_c)\frac{\mathrm{d}m}{\mathrm{d}t}.$$

推导中未考虑 $\mathrm{d}m$ 所受的外力, 因为 $\mathrm{d}m$ 所受的外力必为一阶小量, 其冲量属于二阶小量.

用质心速度表示的变质量系统运动方程适用范围更广, 除了常见的平动情形外, 还可以包含质点系任意其他运动, 也就是说没有任何限制.

例 2.11 火箭.

如图 2.18 所示, 火箭初始质量为 m_0, 自地面竖直向上发射, 重力加速度近似取为常量 g. 火箭向后喷气的相对速度大小是 v_r, 经过时间 τ 后燃料烧完, 火箭质量为 m_1, 求燃料耗尽时火箭的速度 v_e.

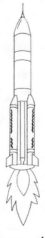

图 2.18 火箭

解 将给定条件代入变质量系统的运动方程, 质心速度简写为 v, 有

$$m\frac{\mathrm{d}v}{\mathrm{d}t} = -mg - v_\mathrm{r}\frac{\mathrm{d}m}{\mathrm{d}t}.$$

因为 $m \neq 0$, 方程简化为

$$\mathrm{d}v = -g\mathrm{d}t - v_\mathrm{r}\frac{\mathrm{d}m}{m}.$$

从初始时刻到燃料耗尽时刻积分并代入已知条件, 可得

$$v_\mathrm{e} = v_\mathrm{r}\ln\frac{m_0}{m_1} - g\tau.$$

上式右端第二项是由于重力而损失的速度, τ 很小时, 它很小. 第一项是由于喷气推动而获得的速度, 与喷气时间无关.

若忽略重力, 火箭速度只与喷气速度 v_r 和质量比 m_0/m_1 有关. 喷气速度由燃料的特性及发动机的品质决定, 目前最高大约是 $2 \sim 3$ km/s. 如果火箭的壳体与燃料的质量比能做到像鸡蛋那样 (大约为 10), 火箭的速度最多也只能达到 $5 \sim 7$ km/s, 还达不到第一宇宙速度 7.9 km/s. 可见依靠单级火箭是难以实现宇宙航行的, 为了实现宇宙航行, 必须使用多级火箭. 但级数太多, 会导致效率降低, 故障增加. 综合考虑, 三级火箭最佳.

例 2.12 质量为 m_0 的小球下连一根足够长的匀质不可伸长的细绳, 绳的线密度为 λ. 将小球以初速 v_0 从地面竖直上抛, 重力加速度为 g, 略去空气阻力, 试求小球可上升的最大高度 x_0.

解 建立如图 2.19 所示的坐标系, 上抛的时刻为零, 小球 t 时刻位于 x 处, 小球与拉起绳子的速度相同, 速度为 v, 在 $\mathrm{d}t$ 内提起的绳子质量 $\mathrm{d}m = \lambda v\mathrm{d}t$, 地面绳子静止, 代入变质量系统运动方程, 有

$$(m_0 + \lambda x)\frac{\mathrm{d}v}{\mathrm{d}t} = -(m_0 + \lambda x)g - v\frac{\lambda v\mathrm{d}t}{\mathrm{d}t}.$$

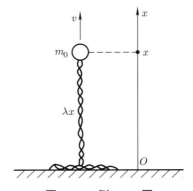

图 2.19 例 2.12 图

方程右端只与 x 有关, 因此做代换

$$\frac{\mathrm{d}v}{\mathrm{d}t} = \frac{\mathrm{d}v}{\mathrm{d}t}\frac{\mathrm{d}x}{\mathrm{d}x} = \frac{\mathrm{d}v}{\mathrm{d}x}\frac{\mathrm{d}x}{\mathrm{d}t} = v\frac{\mathrm{d}v}{\mathrm{d}x},$$

方程变为

$$(m_0 + \lambda x)v\frac{\mathrm{d}v}{\mathrm{d}x} = -(m_0 + \lambda x)g - \lambda v^2.$$

根据方程的形式, 再做变量代换 $m = m_0 + \lambda x, V = v^2$, 则 $\mathrm{d}m = \lambda \mathrm{d}x, \mathrm{d}V = 2v\mathrm{d}v$, 方程简化为

$$\lambda m\frac{\mathrm{d}V}{\mathrm{d}m} + 2\lambda V = -2gm.$$

这是 V 的一阶非齐次线性方程. 先求解齐次方程

$$\lambda m\frac{\mathrm{d}V}{\mathrm{d}m} + 2\lambda V = 0.$$

方程可分离变量:

$$\frac{\mathrm{d}V}{V} = -2\frac{\mathrm{d}m}{m}.$$

两边积分, 可得齐次方程的通解

$$V = \frac{C}{m^2},$$

其中 C 为待定常量, 最后由初始条件确定.

　　非齐次方程的右边是一个多项式, 因此设试探的特解 $V = am^2 + bm + c$, 其中 a, b 和 c 为待定的常量, 代入非齐次方程, 两边对应项的系数相等, 只有 b 不为零,

$$b = -\frac{2g}{3\lambda}.$$

由常微分方程的理论, 非齐次方程的通解 = 齐次方程的通解 + 非齐次方程的特解, 因而有

$$V = \frac{C}{m^2} - \frac{2g}{3\lambda}m.$$

初始条件为 $x = 0$ 时, $m = m_0, V = v_0^2$, 由此确定常量

$$C = m_0^2 v_0^2 + \frac{2g}{3\lambda}m_0^3.$$

　　当小球达到最高点时, $V = 0, x = x_0$, 代入非齐次方程的通解, 再代入 C 的值, 整理后可得

$$x_0 = \frac{m_0}{\lambda}\left(\sqrt[3]{1 + \frac{3\lambda v_0^2}{2m_0 g}} - 1\right).$$

另一个巧妙的解法是计算

$$\frac{\mathrm{d}[(m_0 + \lambda x)^2 v^2]}{\mathrm{d}x}.$$

利用方程可得

$$\frac{\mathrm{d}[(m_0 + \lambda x)^2 v^2]}{\mathrm{d}x} = -2(m_0 + \lambda x)^2 g.$$

上式可分离变量, 积分, 代入初始条件和末态条件, 结果同上.

§2.5 常 见 力

大千世界虽然纷繁复杂, 相互影响的方式众多, 现代物理却表明, 所有的作用力最终都可归结为四种基本相互作用: 万有引力、电磁相互作用、强相互作用、弱相互作用. 物理学家的终极目标是发现这四种相互作用的大统一理论. 强、弱相互作用只在原子核的尺度 (10^{-15} m) 才起作用, 甚至在原子的尺度 (10^{-10} m) 都可以忽略不计. 由于万有引力在四种相互作用里最弱, 一般物体之间的万有引力完全可以忽略, 除非你生活在一个具有巨大质量的物体附近, 比如地球. 因此, 最终你会惊讶地发现, 貌似有无穷多种作用力的生态环境, 竟然可用一句话来概括: 我们生活在一个有重力的电磁世界中. 在宇宙层次的大尺度中, 天体自身的正负电荷抵消, 处于电中性, 最后只剩下引力. 因此, 最弱的引力在最大的宇宙中竟决定着宇宙的演化!

在力学范围内, 我们将作用力分为两大类: 唯象力和基本力. 摩擦力属于唯象力. 虽然摩擦力是两个物体的接触面附近大量原子的电磁相互作用, 但是在运动问题中我们只关心它们作用的总体效果, 即摩擦力的大小, 而不关心作用的细节, 所以我们通过实验, 总结出摩擦力的唯象规律: 摩擦力与正压力近似成正比. 唯象规律的特点是, 我们越深入、细致、精确地研究, 唯象规律就越复杂. 基本力与此正好相反, 越是精确地研究, 它们就越简单、准确.

2.5.1 万有引力

根据牛顿的引力定律, 两个质点的引力正比于它们质量的乘积, 反比于距离的平方. 设两个质点的质量分别为 m_1 和 m_2, 间距为 r, 引入从位置 1 到位置 2 的径向单位矢量 $\boldsymbol{e}_r$, 质点 2 所受的引力 $\boldsymbol{F}$ 可表示为

$$\boldsymbol{F} = -G\frac{m_1 m_2}{r^2}\boldsymbol{e}_r,$$

其中 G 为引力常量.

例 2.13 球壳的万有引力.

计算一个质量为 M、半径为 R 的均匀薄球壳和一个质量为 m、距离球心为 r 的粒子之间的引力, 如图 2.20 所示. 我们要证明, 粒子位于球壳外时, 引力的大小是 GMm/r^2, 粒子在球壳内部时引力则为零.

解　如图 2.21 所示, 把球壳划分成窄环, 利用积分把它们的力加在一起. 令 R 为球壳半径, 在角度 θ 处的环, 对球心张的角度为 $\mathrm{d}\theta$, 有周长 $2\pi R\sin\theta$、宽度 $R\mathrm{d}\theta$. 它的面积是 $\mathrm{d}S = 2\pi R^2\sin\theta\mathrm{d}\theta$, 质量

$$\mathrm{d}M = \frac{M}{4\pi R^2}\mathrm{d}S = \frac{M}{2}\sin\theta\mathrm{d}\theta.$$

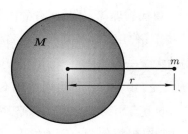

图 2.20　球壳的引力

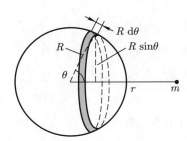

图 2.21　将球壳划分为窄环

环的每一部分与 m 之间都有相同的距离 x. 由对称性, 整个环对 m 的引力的合力沿中心线的方向, 大小为

$$\mathrm{d}F = \frac{Gm\mathrm{d}M}{x^2}\cos\alpha = \frac{GMm}{2x^2}\cos\alpha\sin\theta\mathrm{d}\theta.$$

如图 2.22 所示, 根据余弦定理有 $x^2 = R^2 + r^2 - 2Rr\cos\theta$, 两边微分可得

$$\sin\theta\mathrm{d}\theta = \frac{x}{Rr}\mathrm{d}x.$$

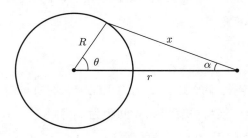

图 2.22　位置关系

在 $\mathrm{d}F$ 的表达式中消去角度 θ 和 α, 可得

$$\mathrm{d}F = \frac{GMm}{4Rr^2}\left(\frac{r^2 - R^2}{x^2} + 1\right)\mathrm{d}x.$$

积分上式, 并注意 m 位于球壳外和内时的积分上下限, 就得到结果

$$F = \begin{cases} \dfrac{GMm}{r^2}, & r > R, \\ 0, & r < R. \end{cases}$$

对于 $r > R$, 球壳的引力作用好像它的所有质量都集中在球心. 对于 $r < R$, 引力为零. 这个结果在讨论宇宙时有很大意义. 我们的结果很容易由球壳推广到质量球对称分布的球体.

在牛顿发表万有引力定律一百多年后的 1798 年, 卡文迪什 (Cavendish) 用扭秤首次精确测量了引力常量 G, 其测量值为 $G = 6.754 \times 10^{-11} \ \mathrm{m}^3 \cdot \mathrm{kg}^{-1} \cdot \mathrm{s}^{-2}$. 卡文迪什的实验如此精巧, 在八九十年间竟无人超过他的测量精度. 但是, 由于引力太弱, 又不能完全屏蔽掉, 引力常量 G 是目前测得最不精确的一个基本物理常量. 引力常量的现代推荐值是 $G = 6.67430(15) \times 10^{-11} \ \mathrm{m}^3 \cdot \mathrm{kg}^{-1} \cdot \mathrm{s}^{-2}$.

由万有引力定律, 在地球表面, 自由落体的重力加速度 $g = GM_\mathrm{E}/R_\mathrm{E}^2$, 其中 M_E 和 R_E 是地球的质量和半径. 有了引力常量 G 的值, 可由此计算地球的质量, 卡文迪什一跃成为第一个 "称量地球" 的著名科学家.

按照惯例, g 表示相对地球表面测得的物体的加速度. 由于地球自转, 这与在惯性系测得的真正的引力加速度稍有不同. 另外, 从赤道到两极, g 增加约千分之五. 大致上, 这个变化的一半起因于地球稍微有点扁, 余下的来自地球的转动. 局部的质量分布, 例如海洋和大气潮汐会影响 g, 典型的变化是百万分之十.

例 2.14 重力加速度随高度的变化.

在高度 h 处的重力加速度大小为

$$g = \frac{GM_\mathrm{e}}{(R_\mathrm{E} + h)^2}.$$

当 h 与地球半径相比很小时, 这个变化容易估算:

$$\Delta g = g(R_\mathrm{e} + h) - g(R_\mathrm{e}) \approx -2GM_\mathrm{e}\frac{h}{R_\mathrm{e}^3} = -2g\frac{h}{R_\mathrm{e}}.$$

g 随高度的相对变化是

$$\frac{\Delta g}{g} = -\frac{2h}{R_\mathrm{e}}.$$

地球的半径近似是 $6 \times 10^6 \ \mathrm{m}$, 所以在高度上每增加 $3 \ \mathrm{m}$, g 减小大约百万分之一.

2.5.2 电磁相互作用

电磁相互作用是非常复杂的. 我们先看最简单的静电力. 假定在原子的尺度库仑

(Coulomb) 定律仍然成立, 我们把两个质子的库仑力与引力、重力进行比较:

$$\frac{库仑力}{万有引力} \approx 1.2 \times 10^{36}.$$

两个质子相距 1 Å 时,

$$\frac{库仑力}{重力} \approx 1.4 \times 10^{18}.$$

由此可见, 原子内部电荷之间的库仑力远远大于重力, 更不用说万有引力了. 重力不会影响原子的性质, 在绝大多数情况下, 也不影响物质的化学性质. 原子之间只须略微调整一下就足以抗衡重力. 电磁相互作用决定着原子、分子和更复杂的物质形式的结构, 以及光的存在.

电磁相互作用作为基本力, 带电粒子 q 在电场 $\boldsymbol{E}$ 和磁场 $\boldsymbol{B}$ 中所受的作用力为

$$\boldsymbol{F} = q\boldsymbol{E} + q\boldsymbol{v} \times \boldsymbol{B},$$

其中 $\boldsymbol{v}$ 为带电粒子的速度. 电磁相互作用有多种表现, 通常我们引入各种唯象力分别描述它们.

(1) 弹力. 弹力满足胡克 (Hooke) 定律: $F = -kx$, 其中 k 为弹性物体 (如弹簧) 的劲度系数, x 为偏离平衡位置的位移, 负号表示力与位移方向相反. 弹力非常普遍. 绝大多数物体的形变在足够小时, 产生的力都具有弹力的特点. 传播波的介质都看作弹性介质, 比如常见的处于气、液、固三态的物质.

(2) 张力 (tension). 被拉紧的弦、绳等柔性物体对拉伸它的其他物体的作用力或被拉伸的柔性物体内部各部分之间的作用力称为张力. 例如绳 AB 可以看成由 AC 和 CB 两段组成, 其中 C 为绳 AB 中的任一横截面, AC 段和 CB 段的相互作用力就是张力.

(3) 应力. 在连续介质内部假想截面的一侧施于另一侧表面上按单位面积计算的作用力称为应力. 相对于表面的法向, 应力分解为法向应力 (或称正应力) 和切向应力 (或称剪切应力).

(4) 支持力. 一个物体压在另一个物体上, 另一个物体会对其产生支持力, 它是物体所受压力的反作用力.

(5) 摩擦力. 相互接触的两个物体在接触面上发生的阻碍它们相对运动的力称为摩擦力. 当物体间有滑动趋势而尚未滑动时的摩擦称为静摩擦, 当物体间有相对滑动时的摩擦称为动摩擦. 最大静摩擦力和动摩擦力都近似与正压力成正比, 比例系数分别称为静摩擦系数和动摩擦系数. 摩擦广泛存在于我们的生产和生活中, 包括人体内. 据估计, 全世界 1/3 ~ 1/2 的能量以各种形式消耗在摩擦上. 摩擦必然伴随着摩擦面

的磨损. 磨损是机械设备失效的主要原因, 大约有 80% 的损坏零件是由各种形式的磨损引起的. 另一方面, 摩擦力是动物、机动车运动所必需的, 常常还需要尽量增大摩擦力. 常用的摩擦力近似公式为 $f = \mu N$.

(6) 阻力. 物体在流体中运动时会受到阻碍运动的作用力, 称为阻力. 阻力与物体相对流体运动的速度、物体的形状, 以及流体的性质有关. 常用的阻力近似公式为 $f = -\alpha v$, v 为物体相对流体的速度, α 为一个常数.

(7) 黏性力. 气体或液体内部存在相对运动时, 产生的阻碍相对运动的作用力称为黏性力, 类似固体与固体之间的摩擦力. 常用的黏性力公式见流体一章.

(8) 表面张力. 作用于液体表面上任一假想直线的两侧, 垂直于该直线且平行于液面, 并使液体具有收缩倾向的一种力称为表面张力. 可以用表面张力系数来定量地描述液体表面张力的大小. 设想在液面上一长度为 l 的直线, 则在 l 两侧, 表面张力以拉力的形式相互作用, 拉力的方向垂直于该直线, 拉力的大小正比于 l, 即 $f = \alpha l$, 其中 α 表示作用于直线的单位长度上的表面张力, 称为表面张力系数. 从微观上看, 表面张力是液体表面层内分子相互作用的结果.

(9) 压强. 作用在静止流体内部的应力的大小简称压强. 由于静止流体不能抵抗剪切应力, 流体的静压力与其作用面垂直, 其大小与作用面的方向无关. 例如空气的大气压, 湖面一定深度下水的压强等.

(10) 浮力. 浮力是浸没在静止流体中的物体所受的流体对它各个方向的总压力的合力, 其大小就等于被物体所排开的流体重量, 其方向竖直向上, 其作用线通过物体浸没部分的几何中心. 这一中心称为浮力中心, 简称浮心. 若物体所受的浮力小于其重量, 物体就下沉, 大于其重量, 物体就上浮, 等于其重量, 物体就悬浮在流体中.

这里列举的大多数力是我们经常遇到, 有切身体会的. 拉力、推力是生活中常用的. 几个复杂的力在后面将专门介绍.

下面讨论一下绳约束问题. 两个质点用不可伸长的轻绳连在一起, 约束方程为间距不大于绳长. 由于绳子柔软, 两质点所受的作用力只可能是沿绳方向的拉力, 两点所受冲量大小相等, 方向沿绳, 指向对方.

例 2.15 *物体的平衡.*

我们用简单的情形说明各种平衡, 如图 2.23 所示: (a) 在光滑球面内处于底部的小球; (b) 在光滑球面外位于顶部的小球; (c) 水平光滑桌面上的小球.

(1) 稳定平衡: 物体在平衡点 (物体受力为零的位置) 受到微扰后, 所受的力倾向于使其回到平衡点. 图 2.23 (a) 中的小球一旦偏离平衡点或者沿任一方向有一个小速度, 在重力和支持力的作用下会返回平衡点, 因此是稳定平衡.

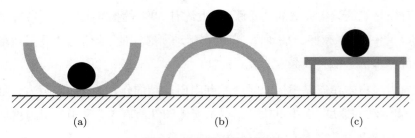

(a)　　　　　　　　(b)　　　　　　　　(c)

图 2.23　三种平衡的情形

(2) 不稳平衡: 物体在平衡点受到微扰后, 所受的力使其更加远离平衡点. 图 2.23 (b) 中的小球一旦偏离平衡点或者沿任一方向有一个小速度, 在重力和支持力的作用下会越来越快地离开平衡点, 属于不稳平衡.

(3) 随遇平衡: 物体偏离平衡点后仍处于平衡 (命名取自随遇而安). 图 2.23 (c) 中的小球在桌面上任一点都处于平衡状态, 是随遇平衡.

例 2.16　悬链线.

一根匀质不可伸长的绳子或锁链之类的线, 两端悬挂在固定点上, 在自身重力的作用下悬垂而形成的曲线称为悬链线. 围栏的铁锁链、高压线、雨后的蜘蛛网、佩戴的项链 ⋯⋯ 这美丽的悬链线到处都有. 伽利略一直认为它是抛物线, 直到 1691 年, 莱布尼茨 (Leibniz)、惠更斯和约翰·伯努利 (Johann Bernoulli) 才分别得出了正确的形状. 设悬链线的线密度为 λ, 重力加速度为 g, 试导出悬链线方程.

解　在悬链线所在的平面建立直角坐标系, 如图 2.24 所示, y 轴通过悬链线的最低点. 设从最低点到 x 处线的长度为 $s(x)$, 悬链线最低点的张力为 T_0, 静止的悬链线各处张力的水平分量皆为 T_0.

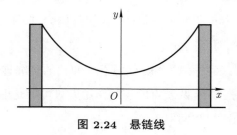

图 2.24　悬链线

由受力平衡关系可得 x 处线的斜率满足

$$\frac{\mathrm{d}y}{\mathrm{d}x} = \frac{\lambda g s(x)}{T_0}.$$

上式对 x 求导, 有

$$\frac{\mathrm{d}^2 y}{\mathrm{d}x^2} = \frac{\lambda g}{T_0}\frac{\mathrm{d}s(x)}{\mathrm{d}x}.$$

线元 $\mathrm{d}s(x)$ 可表示为

$$\mathrm{d}s(x) = \sqrt{\mathrm{d}x^2 + \mathrm{d}y^2} = \sqrt{1 + \left(\frac{\mathrm{d}y}{\mathrm{d}x}\right)^2}\,\mathrm{d}x.$$

由此可得

$$\frac{\mathrm{d}^2 y}{\mathrm{d}x^2} = \frac{\lambda g}{T_0}\sqrt{1 + \left(\frac{\mathrm{d}y}{\mathrm{d}x}\right)^2}.$$

这个微分方程不包含自变量, 属于自治方程, 可以降阶. 令 $\frac{\mathrm{d}y}{\mathrm{d}x} = u$, 原来的二阶微分方程就降为一阶微分方程

$$\frac{\mathrm{d}u}{\mathrm{d}x} = \frac{\lambda g}{T_0}\sqrt{1 + u^2}.$$

方程分离变量后两边积分, 并利用条件最低点处 $u(0) = 0$, 可得

$$\ln(\sqrt{1+u^2} + u) = \frac{\lambda g}{T_0}x.$$

求解 u, 可得

$$u = \frac{1}{2}(\mathrm{e}^{\frac{\lambda g}{T_0}x} - \mathrm{e}^{-\frac{\lambda g}{T_0}x}).$$

最后可得

$$y = \frac{1}{2}\frac{T_0}{\lambda g}(\mathrm{e}^{\frac{\lambda g}{T_0}x} + \mathrm{e}^{-\frac{\lambda g}{T_0}x}).$$

令 $\frac{T_0}{\lambda g} = b$, 上式可表示为

$$y = b\,\mathrm{ch}\left(\frac{x}{b}\right).$$

此即悬链线方程, 是双曲余弦函数, b 为最低点到原点的距离. 对于等高的悬链线, 设线长为 L, 悬挂点的距离为 d, 计算可得

$$\mathrm{sh}\left(\frac{d}{2b}\right) = \frac{L}{2b}.$$

不等高的悬链线方程仍然是双曲余弦函数, 只是初始条件的表达式稍微复杂一点.

2.5.3 牛顿运动定律的应用

惯性系的牛顿方程是最基本的, 由此我们又导出了非惯性系、质点系、二体问题和变质量系统的运动方程, 它们是我们解决各种运动问题的基础. 牛顿方程看起来简单, 左边是力, 右边是加速度, 但是要完成牛顿的基本任务, "由运动现象研究自然界的力, 再用这些力解释其他现象", 创造性的思维永远是不可或缺的. 为此, 在本章的余下部分, 我们考虑几个力学问题, 其中力是已知的, 物体简化为质点. 我们先介绍解题的一般步骤, 一旦熟练掌握了, 就习惯成自然. 俗话说 "手巧不如工具妙", 良好的解题习

惯可能使你受益终生. 另一方面也要记住, 俗套的程序永远也替代不了灵光乍现. 下面就介绍力学解题的步骤, 这适合于只包含几个物体的力学系统, 所受的力也是简单的.

(1) 隔离物体.

将系统分为更小的部分, 每个部分只包含一个物体. 隔离的原则是物体的受力容易分析.

(2) 画受力图.

物体的受力图是理解问题的关键. 每个矢量代表一个力, 用约定俗成的符号表示每种力, 同一种力用下标区分. 考虑到物体的大小时, 还要注意作用力的等效作用点. 力用符号表示, 千万不能用数值, 这样最后得到的就是解析表达式, 便于分析、检查.

(3) 建立坐标系.

沿着方便的方向设定坐标轴, 通常取运动方向为正方向, 或者沿着受力的方向. 选择的坐标系要便于运动的描述, 建立坐标系后, 物体的位置就可用坐标表示了.

(4) 写运动方程.

运动方程指的是牛顿方程, 通常在相应的坐标系中写出分量方程. 即使对一个静止的物体, 它的加速度为零, 先写出完整的运动方程, 然后代入已知量也是一个好习惯. 以后运动方程可以换成有关三大定理的方程.

(5) 写约束方程.

在许多问题中, 物体受到约束, 只能沿着特定的路径运动, 例如单摆运动. 或者物体之间有约束, 比如刚性杆约束. 每个约束可以用一个几何方程来描述, 称作约束方程. 写出每个约束方程.

(6) 求解.

运动方程和约束方程应提供足够多的关系式, 使我们能确定每一个未知量. 若方程少于未知量的个数, 这就提示你需要进一步寻找.

最后, 若想走得更远, 请记住爱因斯坦在《物理学的演化》中的话: "提出一个问题往往比解决一个问题更重要, 因为解决一个问题也许仅是一个数学上或实验上的技能而已, 而提出新的问题, 新的可能性, 从新的角度去看旧的问题, 却需要有创造性的想象力, 这标志着科学的真正进步." 因此, 解题完成后要讨论计算结果, 改变条件, 考虑新的可能性. 解决了旧问题, 最好能引出新问题.

下面具体来看几道综合题.

例 2.17 *物块与斜面.*

质量为 M 的光滑斜面放在水平的光滑地面上, 斜面上再放一个质量为 m 的物块.

我们把两者从静止状态释放, 试问物块到达地面前是否会离开斜面?

方法一. 在地面惯性系中.

斜面对物块的支持力垂直斜面, 各个量标记如图 2.25 所示. 对于 m, 有

$$mg - N\cos\theta = ma_\perp,$$
$$N\sin\theta = ma_\parallel.$$

对于 M, 有

$$N\sin\theta = Ma_M.$$

物块相对斜面必然沿斜面运动, 相对加速度 a 沿着斜面, 存在运动约束

$$a_\perp = (a_\parallel + a_M)\tan\theta.$$

解得

$$N = \frac{mg\cos\theta}{1 + \dfrac{m}{M}\sin^2\theta} > 0.$$

N 恒大于零, 表明物块到达地面前不会离开斜面.

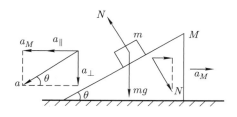

图 2.25　例 2.17 图

方法二. 在斜面非惯性系中.

相对于斜面, 物块离开斜面前必然沿着斜面滑动, 需要考虑平移惯性力, 有

$$N\sin\theta = Ma_M,$$
$$F_i = ma_M,$$
$$N + F_i\sin\theta = mg\cos\theta.$$

从中解得 N, 结论同上.

物块沿斜面滑动的加速度为

$$mg\sin\theta + F_i\cos\theta = ma.$$

评论: 方法一需要用到运动约束关系, 方法二需要用到平移惯性力, 而运动约束关系隐含在方程中.

例 2.18 一桶水以匀角速度 ω 绕竖直的水桶中心轴旋转, 试证当水与桶相对静止时, 桶内水的表面形状是一个旋转抛物面.

解 在随桶转动的参考系中, 整桶水静止不动, 水面具有相对中心轴的旋转对称性, 选取过中心轴的任一竖直剖面, 建立如图 2.26 所示坐标系. 在水的表面取一质元 dm, 分析其受力.

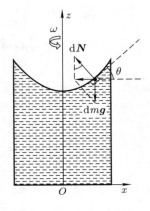

图 2.26 例 2.18 图

质元受重力 dmg、离心力和周围水体对质元的作用力 $d\boldsymbol{N}$, 它们的合力为零. 比较难于理解的是 $d\boldsymbol{N}$. 考虑到水的性质, $d\boldsymbol{N}$ 一定沿着表面的法向朝外, 否则沿着表面的切向分量不为零, 使水沿表面流动, 不能达到平衡. 由力的平衡方程可得

$$\frac{dz}{dx} = \tan\theta = \frac{dm x\omega^2}{dm g} = \frac{\omega^2}{g}x.$$

由此可得

$$dz = \frac{\omega^2}{g}x dx.$$

两边积分, 得

$$z = \frac{\omega^2}{2g}x^2 + C.$$

代入液面最低点的值 $(0, h)$, 即得

$$z = \frac{\omega^2}{2g}x^2 + h.$$

由此可见, 水面为此抛物线绕 z 轴旋转所得曲面, 因此, 整个液面是旋转抛物面.

例 2.19 绳子与滑轮.

滑轮固定不动, 半径为 R, 质量分别为 m_1 和 m_2 的两个物体用无质量且不可伸长的绳子连接, 悬挂在滑轮两侧, 如图 2.27 所示. 设绳子与滑轮接触处的摩擦系数为 μ, $m_1 > m_2$, μ 取何值物体才能运动? 加速度 a 多大? 绳子与滑轮接触处单位长度所受的法向支持力 n 多大?

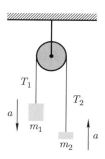

图 2.27 滑轮

解 可能的运动必然是物体 1 下降, 物体 2 上升, 绳长不变, 两者的速度和加速度大小相等, 方向相反. 由于绳子与滑轮有摩擦力, 两侧的张力不等. 两个物体的运动方程分别为

$$m_1 g - T_1 = m_1 a,$$

$$T_2 - m_2 g = m_2 a.$$

为了得到 T_1 和 T_2 的关系, 分析滑轮上的一段线元 $R\mathrm{d}\theta$. 按假设其质量为零, 受力满足平衡方程. 如图 2.28 所示, 沿滑轮的切向分量有

$$(T + \mathrm{d}T)\cos\frac{\mathrm{d}\theta}{2} - T\cos\frac{\mathrm{d}\theta}{2} = \mathrm{d}f = \mu\mathrm{d}N,$$

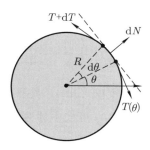

图 2.28 线元 $R\mathrm{d}\theta$ 的受力分析

沿滑轮的法向分量有

$$(T + \mathrm{d}T)\sin\frac{\mathrm{d}\theta}{2} + T\sin\frac{\mathrm{d}\theta}{2} = \mathrm{d}N.$$

按小角近似化简, 得

$$\mathrm{d}T = \mu\mathrm{d}N,$$

$$T\mathrm{d}\theta = \mathrm{d}N.$$

由此得到张力 T 随着角度 θ 变化的微分关系

$$\frac{\mathrm{d}T}{T} = \mu\mathrm{d}\theta.$$

两边积分, 并利用右侧的边条件 $\theta = 0, T = T_2$, 可得

$$T(\theta) = T_2\mathrm{e}^{\mu\theta}.$$

此关系式在实际中有广泛的应用.

再利用左侧边条件 $\theta = \pi, T = T_1$, 可得

$$T_1 = T_2\mathrm{e}^{\mu\pi}.$$

与运动方程联立, 可解得

$$a = \frac{m_1 - \mathrm{e}^{\mu\pi}m_2}{m_1 + \mathrm{e}^{\mu\pi}m_2}g.$$

物体运动则要求 $a > 0$, 可得摩擦系数的取值范围

$$\mu < \frac{1}{\pi}\ln\frac{m_1}{m_2}.$$

单位长度的法向支持力

$$n = \frac{\mathrm{d}N}{\mathrm{d}l} = \frac{T\mathrm{d}\theta}{R\mathrm{d}\theta} = \frac{T}{R} = \frac{2m_1m_2}{m_1 + \mathrm{e}^{\mu\pi}m_2}\frac{g}{R}\mathrm{e}^{\mu\theta}.$$

评论: 由关系式 $T(\theta) = T_2\mathrm{e}^{\mu\theta}$ 可以看出, 只要缠绕的圈数足够多, 即角度 θ 足够大, 张力 $T(\theta)$ 可以无限增大, 因此, 可以用较小的力控制张力很大的物体, 例如拉住轮船的带缆桩. 图 2.29 中的小孩, 利用这个原理就可以轻松地拉住一头牛.

图 2.29　拉牛

如何从有限的实验得到普遍的规律

实验的核心是测量. 我们的五官就是天生的测量工具, 可以感知空间、运动、声音、色彩、芬芳、冷热、软硬等. 用简单的长度工具可以测量长度、高度、深度、宽度、面积和体积等, 用天平和杆秤可以测量物体的重量. 精密的测量一般涉及复杂的实验, 在欧洲核子研究组织 (CERN) 进行的粒子实验甚至需要国际合作. 在精确测量的基础之上, 我们寻找物理量之间的关系, 建立理论, 然后用理论解释已知的现象并预言新现象, 再用实验检验. 若实验证实了理论的预言, 至此我们可以说发现了自然界的基本规律. 因此, 科学建立在实验的基础之上.

宇宙是无穷的, 物质是无限的. 不论做了多少次实验, 对规律的验证都是有限的, 我们不可能对所有的物质进行验证. 现在的问题是, 如何从有限的实验得到普遍的规律?

牛顿在《自然哲学的数学原理》中提出了一整套方案, 我们这里引用书中的四条基本法则以及牛顿的解释, 参见该书的第三编.

法则 1: 除那些真实且已足够说明其现象者外, 不必去寻求自然界事物的其他原因.

正如哲学家所言, 自然界不做无用之事, 少做已足时多做则无用. 因为自然界是简单的, 不爱用多余的原因夸耀自己.

法则 2: 对于自然界中同一类结果, 必须尽可能归之于同一种原因.

例如人和动物的呼吸、石头在欧洲和美洲的下落、炉火和太阳的光、光线在我们的地球和行星上的反射.

法则 3: 物体的属性, 凡既不能增强又不能减弱者, 且为我们实验所及的范围内的一切物体所具有者, 就应视为所有物体的普遍属性.

物体的属性只有通过实验才能为我们所了解, 所以, 凡是与实验完全符合而又既不会减少更不会消失的那些属性, 我们就把它们看作物体的普遍属性.

法则 4: 在实验哲学中, 我们必须把那些从各种现象中运用一般归纳而导出的命题看作完全正确的, 或者非常接近于正确的, 而不管任何与之相反的假说, 除非有其他现象使命题更准确或成为例外.

这条法则我们必须遵守, 以避免假说令归纳的论证失效.

以上是牛顿提出的四条法则及解释, 下面做一些评论. 法则 1 实质上是简单性原则, 只要找到真实够用的原因, 就适可而止, 不必再去无休止地找寻无限多可能的原因. 结合后面的法则 4, 我们要保持适度的警觉, 随时准备修改甚至替换原因.

牛顿通过对许多自然现象的观察和研究, 看到了自然界的统一性, 因此, 在法则 2 中作为一条原则提出来. 同一种原因在牛顿这里还有独特的含义, 他认为自然界的各种现象都是与某些力相联系的, 都可追溯到同一起因. 例如只用万有引力就可以解释地面上有关重力的所有现象, 并打破地上与天上的界限, 用引力同样可以解释天体的各种运动.

法则 3 论述了从有限实验得到物质的普遍属性的普遍性原则, 这是理性的推广.

法则 4 既肯定了归纳法的正确性, 又指出了归纳法的局限性, 要在理论的发展过程中不断修正, 根据新的事物获得更为正确的认识, 因而不会陷入怀疑主义和不可知论. 此条法则可称为相对性原则, 体现了相对真理与绝对真理的辩证关系, 以及规律的检验与发展的关系. 新事物不可穷尽 —— 科学永远在路上!

这四项基本原则 —— 简单性、统一性、普遍性和相对性原则, 概括了探索自然界的因果关系和客观规律的最基本的科学方法. 牛顿用简洁的语言表达了至今依然卓有成效的科学方法论原则, 在现代科学中熠熠生辉、经久不衰!

思 考 题

1. 由惯性质量等于引力质量, 你能想到什么?
2. 从有限的实验寻找普遍的规律, 你能提出什么原则?

习　题

1. 估算月球到地球的距离.

2. 以初速 v_0 将质量为 m 的小球竖直上抛. 空气阻力正比于速率的平方, 可表示为 $-kmv^2$. 试求小球所能达到的高度及回到出发点时的速率.

3. 在 A 点以初速 v_0 将质量为 m 的小球竖直上抛. 同时, 在 A 的正上方高 h 处的 B 点, 有相同的小球从静止下落. 小球所受空气阻力正比于速率 v, 可表示为 $-kv$. 试求两球相遇的条件以及相遇的时间和地点.

4. 半顶角为 θ 的圆锥形筒倒置, 并绕竖直的中心轴以恒定的角速度 ω 旋转, 在筒内侧面距筒顶 l 处放置一个小物块, 如图 2.30 所示. 物块与筒的摩擦系数为 μ, 试问 l 取何值时, 小物块能相对筒静止不动? 若筒不倒置的话, 物块还可能静止吗?

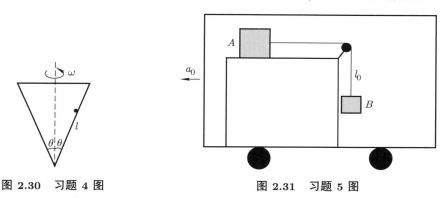

图 2.30　习题 4 图   图 2.31　习题 5 图

5. 车厢内的滑轮装置如图 2.31 所示, 光滑的滑轮固定不动. 物块 A 与水平桌面的摩擦系数为 μ, 物块 A 与 B 的质量满足 $m_A = 10 m_B$, 物块 B 与滑轮的距离是 l_0. 今使车厢有水平朝左的匀加速度 a_0.

   (1) 稳定后物块 A 运动, 连接物块 B 的绳子将倾斜不晃, 求绳中张力 T.

   (2) 若将物块 A 与 B 从静止释放, 物块 A 保持不动, 摩擦系数 μ 要满足什么条件?

   (3) 若将物块 A 与 B 从静止释放, 物块 A 开始滑动, 试确定物块 B 的运动微分方程. 你能求解吗?

6. 略去空气阻力, 近似计算小球在赤道上空 $100\,\mathrm{m}$ 处从静止释放后, 由于科里奥利力的作用, 落地时偏东的距离.

7. 二体问题还可以推广到两个质点都受外力的情形, 证明

$$\boldsymbol{F} = \mu \boldsymbol{a} + \mu \left(\frac{\boldsymbol{F}_{2外}}{m_2} - \frac{\boldsymbol{F}_{1外}}{m_1} \right),$$

从而说明只须 $\dfrac{\boldsymbol{F}_{2外}}{m_2} = \dfrac{\boldsymbol{F}_{1外}}{m_1}$, 则外力不影响两个质点的相对运动.

8. 质量为 M 的跳远运动员拿着质量为 m 的物体跳远, 起跳的仰角为 θ, 初速为 v_0. 到达最高点时, 运动员将手中的物体以相对速度 u 向后水平抛出. 试计算他的跳远成绩增加多少?

9. 将小物块放在水平转盘距中心 $r_1 = 0.10$ m 处, 转盘以 $\beta = 20$ rad/s² 的角加速度绕着过中心的竖直轴旋转, 当角速度达到 $\omega_1 = 7.0$ rad/s 时, 小物块开始滑动. 如果小物块开始时放在距盘心 $r_2 = 0.15$ m 处, 摩擦系数不变, 盘的转动情况同前, 达到多大角速度时, 小物块开始滑动?

10. 炮车以仰角 α 发射一枚炮弹, 二者的质量分别为 M 和 m. 已知炮弹相对炮车的速度为 v_0, 略去炮车与水平地面的摩擦.

    (1) 试求炮车的反冲速度.

    (2) 仰角 α 可调, 计算最大射程和对应的仰角 α.

11. 高台跳水运动员入水后, 宜在向下的速率降到 2 m/s 时翻身, 并以双脚蹬池底向上浮出水面. 运动员在水中所受阻力可近似表示为 $\frac{1}{2}C\rho Sv^2$, 其中 C 是阻力系数, ρ 是人体密度, S 是人体垂直于运动方向的截面积, v 是运动速率. 试为女子高台跳水设计游泳池的深度.

12. 游乐场中的转笼是一个半径 3 m 的直立圆筒, 可绕中央竖直轴旋转, 游客背靠筒壁站立在水平踏板上, 筒壁上有粗糙的网纹以增大游客与筒壁之间的摩擦系数 μ. 当转速达到每分钟 30 转时, 游客脚下踏板脱落. 在转笼参考系中考虑, 为使游客不会掉下来, μ 至少为多大?

13. 质量为 M、长为 L 的匀质绳子以一端为轴, 在水平面内以角速度 ω 旋转, 如图 2.32 所示.

    (1) 略去重力, 在距离转轴 r 处绳中的张力是多少?

    (2) 考虑重力, 试定性画出绳子的形状.

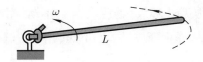

图 2.32   习题 13 图

14. 平面上有四个质点, 质量分别为 1 kg, 2 kg, 3 kg 和 4 kg, 前三个质点的坐标依次为 $(x, y) = (-1, 1)$、$(-2, 0)$ 和 $(3, -2)$, 四个质点的质心位于 $(1, -1)$, 试确定第四个质点的位置.

15. 物块和弹簧组成的系统如图 2.33 所示. 开始时两个物块都处于静止状态, 轻弹簧的压缩量为 l_0, 地面光滑. 试求撤去外力后系统质心可获得的最大加速度和最大速度.

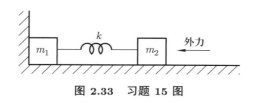

图 2.33   习题 15 图

16. 自动步枪连发时每分钟可射出 120 发子弹, 每颗子弹质量为 7.9 g, 出膛速率为 735 m/s. 试求射击时步枪对持枪人的平均作用力.

17. 内外半径几乎同为 R、质量为 M 的匀质环形圆管, 静止在水平桌面上, 管内某直径的两端各有一个质量同为 m 的静止小球. 今以一个恒力 $\boldsymbol{F}$ 拉环, $\boldsymbol{F}$ 的方向通过环心且与直径垂直, 如图 2.34 所示. 设系统处处无摩擦, 试求两小球碰撞前瞬间的速度大小.

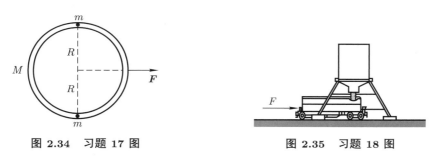

图 2.34   习题 17 图   图 2.35   习题 18 图

18. 如图 2.35 所示, 一辆质量为 M 的空货车在力 F 作用下从静止出发, 同时沙子从静止在导轨上的料斗漏出, 单位时间漏出的沙子质量为常量 b. 当质量为 m 的沙子转移后, 计算货车的速率.

19. 质量为 m_0、初速为 v_0 的飞船在太空尘埃中做无动力的航行, 运动过程中飞船会吸附尘埃, 吸附尘埃的质量与路程成正比, 比例系数为常量 λ.

   (1) 确定飞船停止前通过的总路程.

   (2) 确定飞船运动速度与时间的关系.

20. 如图 2.36 所示, 重力为 W 的倒扣的塑料桶被从喷泉喷出的水柱顶在空中, 单位时间喷出的水的质量为 K, 速率为 v_0. 忽略水从桶内下落的影响.

   (1) 稳定时桶停在空中, 试确定桶的最大高度.

   (2) 若初始时桶停在地面, 试确定桶能达到的最大高度.

21. 盛满水的碗放在倾盆大雨中, 它的表面积是 500 cm², 雨水以 10^{-3} g·cm⁻²·s⁻¹ 的雨量竖直下落, 速率为 5 m/s. 若多余的水从碗边流下, 速度可忽略, 试确定降雨对碗的作用力.

图 2.36 习题 20 图

22. 从地面发射的炮弹在最高点处炸裂成质量相同的两块, 第一块在炸裂后 1 s 落到爆炸点正下方的地面上, 该处与发射点的距离为 1000 m. 已知最高点距地面高度为 19.6 m, 忽略空气阻力, 试求第二块的落地点与发射点的距离.

23. 一水滴顺着竖直墙面滑下, 墙面上覆盖着面密度为 σ 的薄水层. 小水滴下滑过程中吸附所接触墙表面的水. 假设水滴始终呈半球形, 且与墙面无吸附作用, 试证不管初始条件如何, 水滴的加速度都会趋于稳定值, 并求出此值.

24. 等高悬链线的线密度为 λ, 重力加速度为 g, 悬挂点的间距为 $2d$, 当悬链线的长度是多少时悬挂点所受的作用力最小?

第二篇
理　论

第三章　能量守恒定律

能量与我们密切相关, 从身体的活动到日常生活、学习和工作, 都有能量伴随其中. 我们的文明就基于能量的获取和高效利用. 不同的能量通过做功进行转化, 并用所做的功来量度. 能量是联系各领域、各学科的有效手段, 从能量角度考虑问题已成为各学科共同的习惯.

什么是能量? 我们先认识一种最简单、最直观的能量: 物体由于运动而具有的能量 —— 动能. 随着能量家族新成员的不断加入, 自然界逐渐向我们展开一幅既紧密联系又富于层次感的统一的能量画卷.

物体之间的相互作用力通常依赖于物体的相对位置, 例如, 弹力、万有引力、库仑力等, 这使得直接利用牛顿方程解决运动问题变得困难. 而且, 在复杂的机械中, 约束力是未知的, 而约束力一般不做功. 本章发展的处理运动问题的能量方法也开辟了力学的另一条康庄大道 —— 分析力学.

§3.1　动　能　定　理

3.1.1　功与功率

我们先回顾一下伽利略发现的自由落体规律. 物体从静止下落, 重力加速度 g、下落的速度 v、时间 t 和下落高度 h 满足

$$v = gt,$$
$$h = \frac{v^2}{2g}.$$

设物体质量为 m, 我们把这两个公式改写为

$$mgt = mv,$$
$$mgh = \frac{1}{2}mv^2.$$

速度与时间的关系是动量定理, 而速度与位置的关系实际上就是动能定理.

一般情形下, 质点所受的力不是恒力, 运动轨迹也不是直线而是曲线. 根据微元法, 对于质点的小位移, 即线元 $\mathrm{d}r$, 在这小区域内, 变力可近似为恒力, 曲线可近似为直线, 但是对于有限的位移不能这样近似, 需要进行积分运算.

为了确定一般情形下力所做的功, 考虑受变力 $\boldsymbol{F}$ 作用, 沿曲线运动的质点. 根据微元法, 力 $\boldsymbol{F}$ 对质点所做的元功

$$\mathrm{d}W = \boldsymbol{F} \cdot \mathrm{d}\boldsymbol{r}.$$

由元功表达式可以看出, 若要力做功, 必须沿力方向有位移或者沿位移方向有力. 为了计算元功 $\mathrm{d}W$, 力 $\boldsymbol{F}$ 可以沿线元 $\mathrm{d}\boldsymbol{r}$ 方向分解 (见图 3.1), 线元 $\mathrm{d}\boldsymbol{r}$ 也可以沿力 $\boldsymbol{F}$ 方向分解, 还可以将两者都在坐标系中分解

$$\mathrm{d}W = \boldsymbol{F} \cdot \mathrm{d}\boldsymbol{r} = \begin{cases} F_{\parallel}\mathrm{d}r, \\ F\mathrm{d}r_{\parallel}, \\ F_x\mathrm{d}x + F_y\mathrm{d}y + F_z\mathrm{d}z, \end{cases}$$

具体计算视方便而定. 第三种分解方式是在空间直角坐标系中分解, 这才是理论分析中最常用的方法.

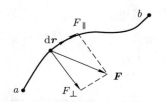

图 3.1　计算元功的一种分解

在国际单位制中, 功有一个专门的单位 —— 焦耳, 记为 J, $1\,\mathrm{J} = 1\,\mathrm{N} \cdot \mathrm{m}$. 功是能量转化的量度, 功的单位也是能量的单位, 能量应用于所有领域, 不同领域都选取适合自己的能量单位. 原子物理和粒子物理中能量的单位是电子伏, 记作 eV, 电量为基本电荷单位 e 的电子经过 $1\,\mathrm{V}$ 的电势差时, 电场力做功的大小即为 $1\,\mathrm{eV}$. 焦耳这个能量单位对宏观的过程比较适用.

例 3.1　重力功.

质点从 a 点沿一条曲线运动到 b 点, 计算重力所做的功.

解　建立如图 3.2 所示的坐标系, 由于重力是恒力, 将线元沿重力方向分解, 有

$$W = \int_a^b (m\boldsymbol{g}) \cdot \mathrm{d}\boldsymbol{r} = \int_{z_a}^{z_b} mg\mathrm{d}z = mg(z_b - z_a) = mgh.$$

重力功只依赖于高度差. 实际上它还有一个重要的性质: 做功与路径无关. 例如沿图 3.2 中虚线从 a 点运动到 b 点, 做功相同.

例 3.2　弹力功.

一根弹簧一端固定, 另一端连接一个物块, 物块从 a 点运动到 b 点, 计算弹力所做的功.

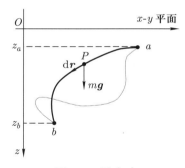

图 3.2　重力功

解　以原点位置对应弹簧无拉伸的平衡状态, 建立如图 3.3 所示坐标系. 弹力可表示为

$$F_x = -kx.$$

弹力做功

$$W = \int_{x_a}^{x_b} F_x \mathrm{d}x = \int_{x_a}^{x_b} (-kx)\mathrm{d}x = \frac{1}{2}k(x_a^2 - x_b^2).$$

由此看出, 弹力功只与物块的初始和终止位置有关, 与经过的路径无关.

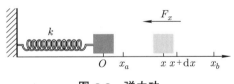

图 3.3　弹力功

由于作用力满足牛顿第三运动定律, 总是成对出现. 我们现在计算非常重要的情形: 一对相互作用力 $\boldsymbol{F}_1$ 和 $\boldsymbol{F}_2$ 的做功之和 $\mathrm{d}W$.

两个质点的相互作用力如图 3.4 所示. 根据牛顿第三运动定律, $\boldsymbol{F}_1 = -\boldsymbol{F}_2$, 因此

$$\mathrm{d}W = \boldsymbol{F}_1 \cdot \mathrm{d}\boldsymbol{r}_1 + \boldsymbol{F}_2 \cdot \mathrm{d}\boldsymbol{r}_2 = -\boldsymbol{F}_2 \cdot \mathrm{d}\boldsymbol{r}_1 + \boldsymbol{F}_2 \cdot \mathrm{d}\boldsymbol{r}_2 = \boldsymbol{F}_2 \cdot \mathrm{d}\boldsymbol{r}_{12}.$$

设作用力沿着两个质点的连线方向, 且不随参考系的变换而变化, 由上式可得, 一对相互作用力做功之和在所有参考系中相同. 这个重要结论在后面有多方面的应用.

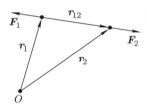

图 3.4　两个质点的相互作用力

例 3.3 万有引力功.

质量分别为 M 和 m 的两个质点间有万有引力作用. 这一对万有引力做功之和在任何参考系都相同, 因此, 我们选择随 M 运动的参考系, 记为 M 系, 建立极坐标系, 如图 3.5 所示. 万有引力表示为

$$\boldsymbol{F} = -G\frac{Mm}{r^3}\boldsymbol{r}.$$

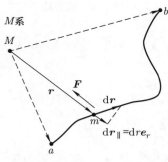

图 3.5   万有引力功

引力的元功为

$$\mathrm{d}W = \boldsymbol{F} \cdot \mathrm{d}\boldsymbol{r} = -G\frac{Mm}{r^3}\boldsymbol{r} \cdot \mathrm{d}\boldsymbol{r} = -G\frac{Mm}{r^3}r|\mathrm{d}\boldsymbol{r}_{\parallel}| = -G\frac{Mm}{r^2}\mathrm{d}r,$$

其中最后一步要注意 $\mathrm{d}r = |\mathrm{d}\boldsymbol{r}_{\parallel}| \neq |\mathrm{d}\boldsymbol{r}|$. 积分即得

$$W = GMm\left(\frac{1}{r_b} - \frac{1}{r_a}\right).$$

此式表明, 一对万有引力做功之和只与两个质点的初态和末态的相对位置 r_a 和 r_b 有关, 与路径无关.

例 3.4 库仑力功.

两个点电荷 Q 和 q 之间存在库仑力, 设 Q 静止, q 所受的库仑力为

$$\boldsymbol{F} = k\frac{Qq}{r^3}\boldsymbol{r}.$$

类似于万有引力, 我们可计算出库仑力对 q 所做的功为

$$W = kQq\left(\frac{1}{r_a} - \frac{1}{r_b}\right),$$

其中 r_a 和 r_b 分别是 q 的初始和终止位置. 库仑力做功依然与路径无关. 这里要注意库仑定律的适用范围, 不能随意变换参考系, 有兴趣的读者可参看电磁学的相关内容.

实际应用中, 我们还重视做功的效率. 单位时间所做的功称为功率, 通常用 P 表示:

$$P = \frac{\mathrm{d}W}{\mathrm{d}t}.$$

代入元功的表达式, 可得

$$P = \frac{\mathrm{d}W}{\mathrm{d}t} = \frac{\boldsymbol{F} \cdot \mathrm{d}\boldsymbol{r}}{\mathrm{d}t} = \boldsymbol{F} \cdot \frac{\mathrm{d}\boldsymbol{r}}{\mathrm{d}t} = \boldsymbol{F} \cdot \boldsymbol{v}.$$

在国际单位制中, 功率也有专门的单位 —— 瓦特, 简称瓦, 记为 W, 1 W= 1 J/s. 工程中常用 kW(千瓦) 为单位, 1 kW = 1000 W.

每台机床、每部机器能够输出的最大功率是一定的, 称为额定功率. 因此, 用机床加工时, 如果切削力较大, 必须选择较小的切削速度. 汽车上坡时, 由于需要较大的驱动力, 这时驾驶员要换用低速挡, 以求在发动机功率一定的条件下, 产生较大的驱动力.

3.1.2 动能定理

将牛顿运动方程代入元功的表达式, 有

$$\mathrm{d}W = \boldsymbol{F} \cdot \mathrm{d}\boldsymbol{r} = m\frac{\mathrm{d}\boldsymbol{v}}{\mathrm{d}t} \cdot \mathrm{d}\boldsymbol{r} = m\frac{\mathrm{d}\boldsymbol{r}}{\mathrm{d}t} \cdot \mathrm{d}\boldsymbol{v} = m\boldsymbol{v} \cdot \mathrm{d}\boldsymbol{v} = mv\mathrm{d}v = \mathrm{d}\left(\frac{1}{2}mv^2\right),$$

其中倒数第二个等式是一个常用结论, 请读者自己证明一下. 定义质点的动能

$$E_\mathrm{k} = \frac{1}{2}mv^2,$$

由此, 我们得到一般情形下的动能定理.

动能定理 力所做的功等于质点动能的增量:

$$\mathrm{d}W = \mathrm{d}E_\mathrm{k}.$$

动能定理还可以这样理解. 先考虑动能的变化

$$\mathrm{d}E_\mathrm{k} = m(v_x\dot{v}_x + v_y\dot{v}_y + v_z\dot{v}_z)\mathrm{d}t.$$

把牛顿方程

$$F_x\boldsymbol{i} + F_y\boldsymbol{j} + F_z\boldsymbol{k} = m\dot{v}_x\boldsymbol{i} + m\dot{v}_y\boldsymbol{j} + m\dot{v}_z\boldsymbol{k}$$

和质点的位移

$$\mathrm{d}\boldsymbol{r} = \boldsymbol{v}\mathrm{d}t = (v_x\boldsymbol{i} + v_y\boldsymbol{j} + v_z\boldsymbol{k})\mathrm{d}t$$

代入动能变化的公式, 就得到动能定理.

在非惯性系中, 引入惯性力做功 $\mathrm{d}W_惯$, 即得非惯性系中动能定理

$$\mathrm{d}W + \mathrm{d}W_惯 = \mathrm{d}E_\mathrm{k}.$$

因此, 在非惯性系中, 同样可用动能定理处理力学问题.

3.1.3 质点系动能定理

质点系动能等于质点系的各个质点的动能之和:

$$E_{\mathrm{k}} = \sum_i E_{\mathrm{k}i},$$

其中 $E_{\mathrm{k}i}$ 是第 i 个质点的动能. 关于质点系的动能有柯尼希 (König) 定理.

柯尼希定理 质点系动能等于质心动能和质点相对质心的动能之和.

证明 设质点系质心速度为 $\boldsymbol{v}_{\mathrm{c}}$, 质点 i 的速度为 $\boldsymbol{v}_i$, 相对质心的速度为 $\boldsymbol{v}_i'$, 有关系 $\boldsymbol{v}_i = \boldsymbol{v}_{\mathrm{c}} + \boldsymbol{v}_i'$, 代入质点系动能的表达式

$$E_{\mathrm{k}} = \sum_i \frac{1}{2} m_i v_i^2 = \sum_i \frac{1}{2} m_i \boldsymbol{v}_i \cdot \boldsymbol{v}_i,$$

可得

$$
\begin{aligned}
E_{\mathrm{k}} &= \sum_i \frac{1}{2} m_i \boldsymbol{v}_{\mathrm{c}} \cdot \boldsymbol{v}_{\mathrm{c}} + \sum_i m_i \boldsymbol{v}_{\mathrm{c}} \cdot \boldsymbol{v}_i' + \sum_i \frac{1}{2} m_i \boldsymbol{v}_i' \cdot \boldsymbol{v}_i' \\
&= \frac{1}{2} m v_{\mathrm{c}}^2 + \boldsymbol{v}_{\mathrm{c}} \cdot \left(\sum_i m_i \boldsymbol{v}_i' \right) + \sum_i \frac{1}{2} m_i v_i'^2.
\end{aligned}
$$

再由相对质心的动量 $\sum_i m_i \boldsymbol{v}_i' = 0$, 即证明了该定理.

用柯尼希定理计算质点系的动能很方便, 特别是刚体的动能.

质点系的受力分为内力和外力. 内力成对出现, 所做的功与参考系无关, 只依赖于参与相互作用的质点之间的相对位移. 将动能定理应用于质点系的各个质点, 内力做功之和 $W_{\text{内}}$ 与外力做功之和 $W_{\text{外}}$ 决定了质点系动能的变化, 由此即得质点系动能定理.

质点系动能定理 内力与外力做功之和等于质点系动能的增量:

$$W_{\text{内}} + W_{\text{外}} = \Delta E_{\mathrm{k}}.$$

对于质点系, 内力不影响质点系动量, 但可以改变质点系动能. 当质点系内部质点之间的距离发生变化或质点系有形变时, 内力可以做功. 例如人体内肌肉收缩可以产生动能. 我们慢慢就会认识到, 内力不仅做功, 而且是质点系获取动能的最主要方式.

从做功的角度来看, 重力的等效作用点是质心, 即质点系各质点重力 $m_i \boldsymbol{g}$ 做功之和等于质点系重力 $m\boldsymbol{g}$ 作用于质心位置所做的功, 证明如下:

$$\sum_i (m_i \boldsymbol{g}) \cdot \mathrm{d}\boldsymbol{r}_i = \boldsymbol{g} \cdot \sum_i m_i \mathrm{d}\boldsymbol{r}_i = \boldsymbol{g} \cdot \mathrm{d} \left(\sum_i m_i \boldsymbol{r}_i \right) = \boldsymbol{g} \cdot \mathrm{d}(m\boldsymbol{r}_{\mathrm{c}}) = m\boldsymbol{g} \cdot \mathrm{d}\boldsymbol{r}_{\mathrm{c}}.$$

平移惯性力类似重力, 其做功的等效作用点也是质心. 在质心系中, 质心静止不动, 没有位移, 平移惯性力不做功, 由此即得质心系中质点系动能定理.

质心系中质点系动能定理　在质心系中, 内力与外力做功之和等于质点系动能的增量:

$$W_内 + W_外 = \Delta E_k.$$

这一定理与惯性系的完全相同, 惯性力虽然存在但是不做功.

例 3.5　爆炸.

内力做功最典型的情形就是爆炸现象. 静止的炸弹动能为零, 当炸弹引爆时, 其他形式的能量通过内力做功的方式产生巨大的动能, 破坏周围的物体. 目前威力最大的炸弹是原子弹和氢弹. 在生物的各种活动中内力做功是比较温和地进行的, 将化学能持续不断地转化为生物运动的动能.

例 3.6　人走路的动能是源于摩擦力做功吗?

解　人起步走路, 前脚悬空, 后脚着地. 水平方向的外力只有摩擦力, 人体质心的加速度是向前的, 不为零, 因此, 人体的动能逐渐增大. 摩擦力作用在鞋底上, 鞋底没有位移, 所以摩擦力做功为零.

人体的动能是哪里来的? 利用质心运动定理可导出质心动能定理, 摩擦力作用在质心上, 所做的功等于人体的质心动能, 而内力的合力为零, 对质心不做功. 对整个人体而言, 摩擦力不做功, 肌肉收缩产生的内力做功, 使人体获得动能, 向前运动. 把内力等效为一对作用力, 向后的力与摩擦力抵消, 向前的力做功.

若没有摩擦力, 人类将寸步难行, 只能借助于变质量系统的运动方式获得动力. 所以摩擦力并非总是做负功, 消耗能量, 生活中能为我们助力前行.

例 3.7　如图 3.6 所示, 长为 L、质量为 M 的平板放在光滑水平面上, 质量为 m 的小木块以水平初速 v_0 滑入平板上表面, 两者间摩擦系数为 μ, 试求小木块恰好未能滑离平板上表面的条件.

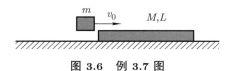

图 3.6　例 3.7 图

解　方法一. 滑动过程中, 木块减速, 平板加速, 因此, 木块不滑离平板的临界条件是, 木块滑到平板右端时两者刚好同速.

小木块运动到平板右端时与平板速度相同, 由系统动量守恒, 有

$$mv_0 = (M + m)v.$$

一对摩擦力做功与参考系无关, 在平板参考系计算, 有

$$W = -\mu mgL.$$

在地面参考系中应用质点系动能定理, 有

$$W = \frac{1}{2}(M+m)v^2 - \frac{1}{2}mv_0^2.$$

联立三个方程, 即得条件

$$v_0^2 = 2\mu \frac{M+m}{M}gL.$$

方法二. 在随平板运动的非惯性系中, 运动过程变得简单, 木块以初速 v_0 滑入, 最后静止在平板右端. 在这个过程中, 摩擦力和惯性力做功.

平板的加速度

$$a_0 = \frac{\mu mg}{M},$$

木块所受的平移惯性力

$$F_i = -m\frac{\mu mg}{M}.$$

由非惯性系中质点系动能定理, 有

$$m\frac{\mu mg}{M}L + \mu mgL = \frac{1}{2}mv_0^2.$$

结果同上.

方法三. 这可当作二体问题处理, 木块以初速 v_0 滑入, 最后静止在平板右端. 相关量直接代入由二体问题的牛顿运动方程导出的动能定理, 有

$$\mu mgL = \frac{1}{2}\frac{Mm}{M+m}v_0^2,$$

结果同上.

同一个力学问题, 我们可以从不同参考系、不同角度来处理, 难易程度不同, 对问题也能够看得更清楚、更全面.

§3.2   保守力与势能

力所做的功往往依赖于经过的路径, 比如摩擦力、空气阻力等. 但是我们已经看到, 几种常见力所做的功都是与路径无关的, 比如弹力、重力、静电力等. 做功与路径无关的力称为保守力, 否则称为非保守力. 不管是惯性系还是非惯性系, 做功与路径无关这一条件是保守力的唯一判据. 从超越力学的更广泛的物理观点来看, 保守力是相互作用保持能量守恒的表现. 实际上, 所有的相互作用, 从基本的层次看, 都是保守力.

做功与路径无关还有一个等价的表述: 沿任意闭合路径做功为零. 这很容易理解, 任何两条不同的路径合在一起就是一条闭合路径. 当沿着其中一条路径反向积分时, 元功 $\boldsymbol{F} \cdot \mathrm{d}\boldsymbol{r}$ 中只有 $\mathrm{d}\boldsymbol{r}$ 反向而变为 $-\mathrm{d}\boldsymbol{r}$, 保守力 $\boldsymbol{F}$ 不变, 沿该路径的积分变为原来的负值. 保守力做功既然与路径无关, 就只能依赖于位置. 以终点为共同的参考点, 保守力做功只依赖起点的位置, 由此我们就确定了一个只与位置有关的标量函数, 称为势能. 对于保守力, 我们可引入势能计算它们的做功.

3.2.1　势能

考虑一个保守力 $\boldsymbol{F}$, 任取一点为参考点 P, 质点从 A 点沿路径 L_1 移动到 B 点, 如图 3.7 所示. 由于做功与路径无关, 我们总可以让质点先从 A 点移动到 P 点, 再从 P 点移动到 B 点. 因此, 为了计算保守力做功, 我们可以先计算质点从空间各点移动到参考点时保守力所做的功.

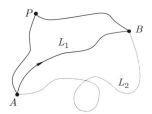

图 3.7　保守力做功

质点从其他位置运动到参考点, 保守力 $\boldsymbol{F}$ 所做的功只与相应的位置有关, 因此只是位置的函数, 我们把它称为质点的势能 E_{p}:

$$E_{\mathrm{p}}(\boldsymbol{r}) = \int_{r}^{\text{参考点}} \boldsymbol{F} \cdot \mathrm{d}\boldsymbol{r}.$$

显然, 参考点的势能为零, 因此, 参考点为势能零点. 选择不同的参考点, 势能也会不同, 但只差一个常量, 而保守力做功只与势能的差值有关, 与参考点的选取无关. 由势能的定义, 参考点的选取可以是任意的, 但为了势能函数表示简单, 通常选保守力为零的点为势能零点. 保守力若是恒力, 势能零点的选取视问题的方便而定.

我们这样定义的势能满足守恒的理念: 质点的位置发生变化时, 若保守力做正功, 则质点的动能增加而势能减少. 根据动能定理, 我们证明这一点. 考虑质点从 $\boldsymbol{r}_1$ 运动到 $\boldsymbol{r}_2$, 根据动能定理, 有

$$\Delta E_{\mathrm{k}} = \int_{r_1}^{r_2} \boldsymbol{F} \cdot \mathrm{d}\boldsymbol{r} = \int_{r_1}^{\text{参考点}} \boldsymbol{F} \cdot \mathrm{d}\boldsymbol{r} + \int_{\text{参考点}}^{r_2} \boldsymbol{F} \cdot \mathrm{d}\boldsymbol{r} = E_{\mathrm{p}}(\boldsymbol{r}_1) - E_{\mathrm{p}}(\boldsymbol{r}_2) = -\Delta E_{\mathrm{p}}(\boldsymbol{r}).$$

当 $\boldsymbol{r}_1 \to \boldsymbol{r}_2$ 时, 我们得到保守力的元功与势能微分的关系

$$\boldsymbol{F} \cdot \mathrm{d}\boldsymbol{r} = -\mathrm{d}E_{\mathrm{p}}(\boldsymbol{r}).$$

这是保守力与势能的基本关系式. 已知保守力, 可计算势能; 反过来, 已知势能, 可计算保守力.

例 3.8　质点系的重力势能等于质心的重力势能.

质点的重力势能是 mgh, 因此重力的等势面是水平面.

质点系的重力势能

$$\sum_i m_i g h_i = \left(\sum_i m_i h_i\right) g = mgh_c,$$

其中 h_c 是质点系质心的高度. 因此, 对于质点系, 计算重力做功只需要考虑质心的高度是否变化. 若运动过程中质心始终位于一个水平面内, 则重力不做功.

例 3.9　弹性势能.

选取弹簧的平衡位置为势能的零点, 则弹性势能

$$E_p = \frac{1}{2}kx^2,$$

如图 3.8 所示.

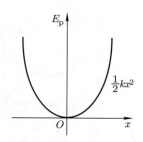

图 3.8　弹性势能

弹性势能的应用广泛. 古代的冷兵器就有强弓硬弩. 弹簧也广泛用于机器的减震系统中. 体育项目中的射箭、撑杆跳、蹦床等也利用了弹性势能.

例 3.10　引力势能.

两个质点 M 和 m 的引力势能

$$E_p(r) = -G\frac{Mm}{r}.$$

无穷远处为势能零点, 如图 3.9 所示. 准确地说, 这是二体引力势能, 为两者共有. 我们熟悉的重力势能是其特例.

例 3.11　离心势能.

质点 m 在以角速度 ω 匀速转动的参考系中所受的离心力

$$F_c = m\omega^2 r,$$

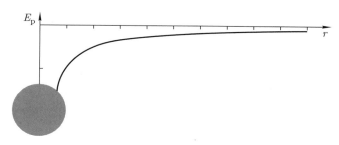

图 3.9 引力势能

其中 r 为质点到转轴的垂直距离, 离心力沿径向朝外. 显然, 离心力也是保守力, 离心势能

$$E_{\mathrm{p}} = -\frac{1}{2}m\omega^2 r^2.$$

势能零点位于转轴上.

3.2.2 由势能计算保守力

势能一般是空间的三元函数, 保守力的元功与势能微分的关系为

$$\boldsymbol{F} \cdot \mathrm{d}\boldsymbol{r} = -\mathrm{d}E_{\mathrm{p}}(\boldsymbol{r}).$$

已知保守力, 可以确定势能, 这是积分关系; 已知势能, 也可以确定保守力, 这是微分关系. 在空间直角坐标系中,

$$\boldsymbol{F} \cdot \mathrm{d}\boldsymbol{r} = F_x\mathrm{d}x + F_y\mathrm{d}y + F_z\mathrm{d}z.$$

而 $\mathrm{d}E_{\mathrm{p}}(r)$ 的全微分

$$\mathrm{d}E_{\mathrm{p}}(\boldsymbol{r}) = \frac{\partial E_{\mathrm{p}}}{\partial x}\mathrm{d}x + \frac{\partial E_{\mathrm{p}}}{\partial y}\mathrm{d}y + \frac{\partial E_{\mathrm{p}}}{\partial z}\mathrm{d}z.$$

比较两式, 可得

$$\boldsymbol{F} = -\frac{\partial E_{\mathrm{p}}(\boldsymbol{r})}{\partial x}\boldsymbol{i} - \frac{\partial E_{\mathrm{p}}(\boldsymbol{r})}{\partial y}\boldsymbol{j} - \frac{\partial E_{\mathrm{p}}(\boldsymbol{r})}{\partial z}\boldsymbol{k}.$$

引入算符

$$\nabla \equiv \frac{\partial}{\partial x}\boldsymbol{i} + \frac{\partial}{\partial y}\boldsymbol{j} + \frac{\partial}{\partial z}\boldsymbol{k},$$

保守力与势能的关系可写成更简洁的形式

$$\boldsymbol{F} = -\nabla E_{\mathrm{p}}.$$

这就是三维的一般情形. 若势能是一元函数, 保守力与势能有更简单的关系

$$F_x = -\frac{\mathrm{d}E_{\mathrm{p}}}{\mathrm{d}x}.$$

我们现在可以用势能函数表示作用力, 这种方法只涉及标量函数, 减少了计算的难度, 在理论物理中更为常用.

为了使势能函数形象直观, 便于做定性分析, 我们引入等势面 (线) 的概念: 势能相等的点形成的曲面 (线) 称为等势面 (线). 重力势能的等势面是水平面, 引力势能的等势面是同心的球面, 保守力与等势面垂直. ∇E_p 确定的方向是势能变化最快的方向, ∇ 又称为梯度算符.

例 3.12 伦纳德 – 琼斯 (Lennard-Jones) 6–12 势.

$$U = \epsilon \left[\left(\frac{r_0}{r} \right)^{12} - 2 \left(\frac{r_0}{r} \right)^6 \right]$$

是常用于描述双原子相互作用的势能函数. 图 3.10 中给出了双原子分子 Cl_2 的势能, 其中 $r_0 = 2.98$ Å, $\epsilon = 2.48$ eV $= 3.97 \times 10^{-19}$ J.

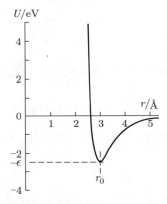

图 3.10 双原子分子 Cl_2 的势能

伦纳德 – 琼斯势的第一项对于 $r < r_0$ 上升得很快, 模拟近距时两个原子之间强烈的 "硬球" 排斥力. 第二项对于 $r > r_0$ 变化得很缓慢, 模拟大距离时两个原子之间长的吸引末端. 两项合在一起产生一个能束缚原子的势.

r_0 处是稳定平衡点, 原子在平衡位置附近可以做小振动. 我们来计算被伦纳德 – 琼斯势束缚的两个质量为 m 的全同原子, 在平衡点附近做小振动的频率.

U 对 r 的一阶导数为

$$\frac{\mathrm{d}U}{\mathrm{d}r} = \frac{\epsilon}{r_0} \left[-12 \left(\frac{r_0}{r} \right)^{13} + 12 \left(\frac{r_0}{r} \right)^7 \right].$$

显然在 $r = r_0$ 处, $\mathrm{d}U/\mathrm{d}r = 0$, 证实了平衡半径是 r_0, 在 U 中代入 $r = r_0$, 在平衡点势阱的深度是 $U(r_0) = -\epsilon$.

对比弹簧的势能函数, 在平衡点附近的等效劲度系数

$$k = \frac{\mathrm{d}^2 U}{\mathrm{d}r^2} \bigg|_{r_0} = \frac{72\epsilon}{r_0^2}.$$

约化质量是 $\mu = \dfrac{m^2}{(2m)} = \dfrac{m}{2}$, 因此振动频率是

$$\omega = \sqrt{\frac{k}{\mu}} = 12\sqrt{\frac{\epsilon}{mr_0^2}}.$$

让我们把这个结果应用到前面介绍的双原子分子 Cl_2 中. 此时 $m = 5.89 \times 10^{-26}$ kg. 由此得到 $\omega = 1.05 \times 10^{14}$ rad/s, 与实验测得的振动频率 1.05×10^{14} rad/s 高度符合.

例 3.13 现有一根劲度系数为 k、自由长度为 L、质量为 m 的均匀柱形弹性体, 将其竖直倒挂, 平衡后计算弹性体的伸长量和弹性势能.

解 竖直悬挂的弹性体, 在自身重力作用下, 不是均匀拉伸, 因而质量分布也不是均匀的. 我们采用微元法解决第一个问题, 相对原长建立坐标系解决第二个问题. 在相对原长建立的坐标系 (见图 3.11) 中, 取 x 处的线元 $\mathrm{d}x$, 其劲度系数

$$k_{\mathrm{d}x} = \frac{L}{\mathrm{d}x}k.$$

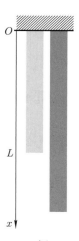

图 3.11 例 3.13 图

平衡后线元 $\mathrm{d}x$ 两端分别受拉力作用, 上端为 $\dfrac{L-x}{L}mg$, 下端为 $\dfrac{L-x-\mathrm{d}x}{L}mg$, 两者相差无穷小量, 因而可看作均匀拉伸, 其伸长量

$$\mathrm{d}l = \frac{\dfrac{L-x}{L}mg}{k_{\mathrm{d}x}} = \frac{mg}{kL^2}(L-x)\mathrm{d}x.$$

积分得到弹性体的伸长量

$$\Delta L = \int_0^L \frac{mg}{kL^2}(L-x)\mathrm{d}x = \frac{mg}{2k}.$$

线元 $\mathrm{d}x$ 所含的弹性势能

$$\mathrm{d}E_{\mathrm{p}} = \frac{1}{2}k_{\mathrm{d}x}(\mathrm{d}l)^2 = \frac{m^2g^2}{2kL^3}(L-x)^2\mathrm{d}x.$$

积分得到弹性体所含的弹性势能

$$E_{\mathrm{p}} = \int_0^L \frac{m^2 g^2}{2kL^3}(L-x)^2 \mathrm{d}x = \frac{m^2 g^2}{6k}.$$

对均匀柱形弹性体, 我们再给出三种情形供大家思考, 如图 3.12 所示.

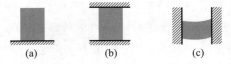

图 **3.12** **均匀柱形弹性体的某三种情形**

历史上, 由于势能函数可以代替力的概念, 的确有几位著名的物理学家, 如马赫 (Mach)、基尔霍夫 (Kirchhoff)、赫兹 (Hertz) 等, 想在力学中废除力的概念. 然而直到现在, 力的概念在力学中仍然广泛采用. 究其原因, 力学中涉及的物体甚至质元都包含大量的原子, 很难用势能函数表示作用力, 即使表示出来也很难用. 而在经典场论和量子力学中, 人们直接采用势能函数来描述相互作用, 根本就不用力的概念, 也就没必要废除. 在粒子物理和量子场论中, "力" 用场及其量子激发态 "粒子" 的语言描述, 起到物质粒子之间传递相互作用的效果.

§3.3　机械能定理

质点系所受的作用力分为内力和外力. 内力总是成对出现, 可分为保守和非保守的相互作用力. 基本力都是保守力. 唯象力中可能有非保守力, 例如摩擦力和阻力. 一对保守内力做功 $\mathrm{d}W_{内保}$ 与其势能的关系为

$$\mathrm{d}W_{内保} = \boldsymbol{F}_1 \cdot \mathrm{d}\boldsymbol{r}_1 + \boldsymbol{F}_2 \cdot \mathrm{d}\boldsymbol{r}_2 = -\mathrm{d}E_{\mathrm{p}}.$$

势能函数与参考系无关, 在各参考系中相同. 将此代入质点系动能定理, 并设非保守内力做功为 $\mathrm{d}W_{内非保}$, 即得

$$\mathrm{d}W_{内非保} + \mathrm{d}W_{外} = \mathrm{d}(E_{\mathrm{k}} + E_{\mathrm{p}}).$$

定义质点系动能与保守内力的势能之和为质点系的机械能:

$$E = E_{\mathrm{k}} + E_{\mathrm{p}},$$

我们就得到了一个很重要、很实用的定理.

质点系机械能定理　所有非保守内力做功与所有外力做功之和等于质点系机械能的增量:

$$\mathrm{d}W_{内非保} + \mathrm{d}W_{外} = \mathrm{d}E.$$

质点系所受的外力若是保守力, 也有对应的势能. 这个势能不能只归质点系所有, 应当与涉及的外部物质共有, 因此, 质点系的机械能未将其包括在内. 但既然外力是保守力, 说明其势能的改变能够完全转化为质点系的动能. 例如小球从高处下落, 地球近似不动, 重力势能的改变完全转化为小球的动能. 处理此类实际问题时, 可将外力的势能并入质点系的机械能之中, 有助于问题的解决. 这样处理要避免概念的混淆. 例如, 光子的引力红移, 光子从强引力场向弱引力场运动时频率会变低. 光子能量与引力势能的能量之和是守恒量, 由此可以算出频率的减小量, 但光子的能量并不包含引力势能. 理解了外力势能的这个性质, 我们就可以放心大胆地用机械能定理去处理实际的运动问题.

若质点系所受的非保守内力和外力都不做功, 则系统的机械能守恒, 此即机械能守恒定律. 之所以这样称呼, 我们是从超越力学的更高层次, 将机械能守恒定律看作普遍的能量守恒定律在力学中的体现. 随着我们不断认识能量家族的新成员, 这一印象将越来越深刻. 若非保守内力做功不为零, 系统的机械能与系统内部其他形式的能量相互转化. 例如系统内部的摩擦力做负功, 将系统的机械能转化为系统的热能, 即摩擦生热.

例 3.14 设质量为 m 的摆球与悬挂点用无质量的刚性杆连接, 在竖直平面内摆球可绕悬挂点做任意大角度的旋转. 分别作单摆的势能和角速度曲线, 从能量和角速度两方面分析单摆的运动.

解 如图 3.13 所示, 对于单摆来说, 杆的拉力 T 始终与速度方向垂直, 因而只有重力做功, 单摆的机械能

$$E = \frac{1}{2}ml^2\dot{\theta}^2 + mgl(1-\cos\theta) = E_{\text{k}} + E_{\text{p}}$$

守恒.

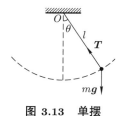

图 3.13 单摆

单摆的机械能 E 由单摆的初始运动状态确定. 单摆的小幅摆动是简谐振动, 我们比较熟悉. 单摆的大幅摆动是非线性振动, 将在第十二章处理, 我们在此只做定性分析.

引入无量纲参量

$$H = \frac{E}{mgl},$$

角速度可表示为

$$\dot{\theta} = \pm\sqrt{\frac{2g}{l}(H - 1 + \cos\theta)}.$$

对于 $H = 0.1, 1.0, 2.0, 3.5$, 画出 $\dot{\theta}$ 随角度的变化曲线. 单摆的机械能 E 与势能单位相同, 可在同一坐标系中画出, 如图 3.14 所示. 在两组坐标系 $(\theta, 能量)$ 和 $(\theta, \dot{\theta})$ 中分析单摆运动是很有启发意义的, 它们分别称为能图和相图, 为我们将来分析更复杂的运动提供了高级、高效的工具.

在图 3.14(a) 中, $\theta = 0$ 是稳定平衡点, 对应于势能的极小值. H 对应于机械能 E, 是水平线, 水平线与势能曲线相差的高度代表动能 E_k, $E_k \geqslant 0$, 由此可以确定 θ 的取值范围, 即运动范围. 显然, 机械能越大, 运动范围就越大, 这也是所有束缚系统的共同特点.

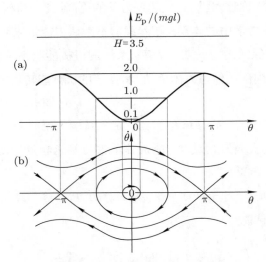

图 3.14　单摆的能图和相图

在图 3.14(b) 中, 各条曲线称为相轨. $H < 2$ 时, 相轨是光滑的闭合曲线. 可以证明, $H \to 0$ 时, 相轨趋近于椭圆. $H = 2$ 时, 相轨是介于周期摆动和单向旋转之间的临界态, 它在 $\theta = \pm\pi$ 处交叉成尖角, 此处是不稳平衡点.

由此看到, 我们不做定量计算, 也能从能图和相图中得到关于运动的极有价值的信息.

下面我们来介绍看势能曲线的方法. 我们以一维势能曲线为例, 说明从势能曲线可以读取的信息.

质点沿直线运动, 只受一个保守力作用, 保守力的势能曲线如图 3.15 所示. 保守力与势能的关系为

$$F_x = -\frac{\mathrm{d}E_p}{\mathrm{d}x}.$$

给定机械能 E, 动能 E_k 与位置的关系满足

$$E_k(x) = E - E_p(x).$$

利用这两个关系, 我们可以分析势能曲线, 得到如下信息:

(1) 转折点. 质点运动到某一位置静止, 然后开始返回的点称为转折点. 确定了转折点, 运动范围就确定了. 例如图 3.15 中, 能量为 E 时, 质点只能在 P_2 或 P_4 附近运动, P_3 成为质点不能逾越的势垒. 能量为 E' 时, 质点可以跨越 P_3, 在更大的范围内运动, 此时 P_1 是其运动范围左边的势垒. 能量为 E'' 时, 质点则可以运动到更大的范围.

(2) 平衡点. 由势能曲线可以看出, P_2 和 P_4 是稳定平衡点, P_1 和 P_3 是不稳平衡点, P_5 是随遇平衡点. 稳定平衡点附近可形成小振动.

(3) 保守力的定性分析. 看势能曲线, 我们可以确定保守力的方向和大小的变化.

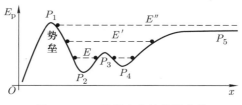

图 3.15 一种保守力的势能曲线

例 3.15 如图 3.16(a) 所示, 长为 L 的匀质软绳绝大部分放在光滑水平桌面上, 仅有很少一部分悬挂在桌面外, 而后绳将从静止开始下滑.

(1) 绳滑下多长时会甩离桌角?

(2) 求桌角的最大支持力.

解 由于桌面光滑, 只有重力做功, 绳子的机械能守恒. 设绳子质量为 m, 下落绳长为 l, 如图 3.16(b)所示, 则

$$\frac{1}{2}mv^2 = \frac{m}{L}lg\frac{l}{2}.$$

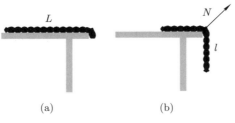

(a)   (b)

图 3.16 匀质软绳下滑

方程两边对时间求导, 可得绳上各点的加速度

$$a = \frac{gl}{L}.$$

桌角处绳中张力

$$T = \frac{m}{L}(L-l)a = mg\frac{l(L-l)}{L^2}.$$

在桌角处取一个线元 $v\mathrm{d}t$, 如图 3.17 所示. 因为张力的合力与动量的改变量都沿着斜向下 45° 的方向, 桌角处桌子对绳子的支持力只能沿着斜向上 45° 的方向. 对线元应用动量定理, 有

$$v\mathrm{d}t\frac{m}{L}v\sqrt{2} = (\sqrt{2}T - N)\mathrm{d}t,$$

由此确定桌角支持力

$$N = \sqrt{2}mg\frac{l(L-2l)}{L^2}.$$

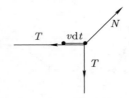

图 3.17　线元受力分析

当 $N = 0$ 时, 绳子甩离桌角, 由此得 $l = L/2$.

当 $l = L/4$ 时, N 最大:

$$N = \frac{\sqrt{2}}{8}mg.$$

请思考:

(1) 若确定了桌角支持力的方向, 还有更简便的方法计算桌角支持力吗?

(2) $l > L/2$ 时 N 为什么是负的?

(3) 能确定绳子甩离桌角后形状如何变化吗?(答案是不能?)

§3.4　碰　　撞

磕磕碰碰在生活中是常见的. 一般情况下, 碰撞过程持续的时间极短, 而相撞物体的动量有明显的变化, 因此, 碰撞力很大, 比常规力 (重力、摩擦力等) 大 2~3 个数量级, 这种力称为冲击力.

例 3.16　如图 3.18 所示, 质量为 0.1 kg 的一个小球, 从 4 m 高处自由落下, 与地面碰撞后反弹到 2 m 高. 设小球与地面接触时间为 0.002 s, 求地面对小球冲击力的平均值.

解 容易求得, 小球的碰前速度的大小是 8.85 m/s, 碰后速度的大小是 6.26 m/s. 地面对小球的冲击力的平均值是 757 N, 比重力 (0.98 N) 要大 2 ~ 3 个数量级. 小球下落和上升的时间分别是 0.90 s 和 0.64 s, 可见冲击力的作用时间 0.002 s 比这两个时间要小 2 ~ 3 个数量级.

因此, 在处理碰撞问题时, 我们通常可以忽略常规力, 而专注于碰撞本身的分析.

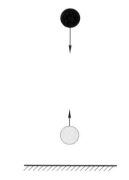

图 3.18 小球与地面的碰撞

我们从做功的角度定性分析物体 1 和物体 2 碰撞的整个过程. 碰撞过程从接触开始, 到分离结束. 如图 3.19 所示, 碰撞分为两个阶段: 压缩阶段和恢复阶段. 开始碰撞时, 物体 1 相对物体 2 有接近的速度, 接触时相互挤压, 各自都有形变, 产生碰撞力, 使得相对速度越来越小, 但还是处于接近的状态, 属于压缩阶段. 当相对速度为零时, 物体 1 和 2 同速, 压缩阶段结束, 达到最大压缩, 开始恢复阶段, 直到分离. 压缩阶段, 碰撞力是内力, 内力做负功, 系统动能减少; 恢复阶段内力做正功, 系统动能开始恢复.

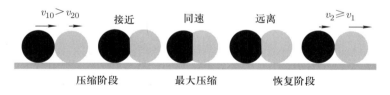

图 3.19 两个物体的碰撞过程

若物体的形变能够完全恢复且碰撞力只依赖于形变的程度, 压缩阶段做的负功和恢复阶段做的正功刚好抵消, 碰撞结束后内力做功为零, 碰撞前后系统的动能不变. 能完全恢复的形变称为弹性形变, 完全不恢复的形变称为完全非弹性形变, 一般物体的碰撞属于部分恢复, 恢复的程度只与材料的属性有关, 与碰撞速度无关, 因而可引入恢复系数来描述恢复的程度. 显然, 完全非弹性碰撞损失的动能最大.

现在考虑最简单的碰撞: 两个质点在一条直线上碰撞.

碰撞的基本问题: 已知碰前系统的运动状态, 确定碰后系统的运动状态.

如图 3.20 所示, 设两个质点 m_1 和 m_2 在一条直线上, 初速是 v_{10} 和 v_{20}, 我们要确定碰后速度 v_1 和 v_2. 两个质点要碰撞, 必须相互靠近, 因而 $v_{10} > v_{20}$. 碰后可能分开, 因而 $v_2 \geqslant v_1$.

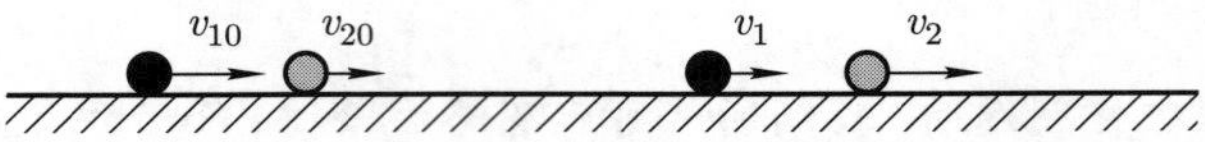

图 3.20 两个质点的碰撞

碰撞的结果依赖于碰撞的类型, 我们通过实验确定不同材料的物体所属的碰撞类型, 先考虑两种极端的碰撞类型.

所有碰撞的动量都守恒:

$$m_1 v_1 + m_2 v_2 = m_1 v_{10} + m_2 v_{20}.$$

(1) 弹性碰撞.

弹性碰撞的动能守恒:

$$\frac{1}{2} m_1 v_1^2 + \frac{1}{2} m_2 v_2^2 = \frac{1}{2} m_1 v_{10}^2 + \frac{1}{2} m_2 v_{20}^2.$$

与动量守恒方程联立求解, 可得两组解, 其中一个是碰前状态, 我们关心的是碰后状态:

$$v_1 = \frac{(m_1 - m_2) v_{10} + 2 m_2 v_{20}}{m_1 + m_2},$$
$$v_2 = \frac{(m_2 - m_1) v_{20} + 2 m_1 v_{10}}{m_1 + m_2}.$$

由此可得

$$v_2 - v_1 = v_{10} - v_{20},$$

即分离与接近的速度大小相等, 或者说, 碰撞前后相对速度大小不变, 方向相反. 此方程在处理弹性碰撞时更常用.

当 $m_1 = m_2$ 时, $v_1 = v_{20}, v_2 = v_{10}$, 即两者交换速度, 如台球中不加旋转的正碰.

当 $m_2 \gg m_1$ 且 $v_{20} = 0$ 时, $v_1 = -v_{10}, v_2 = 0$, 此即反弹, 例如篮球撞击地面.

(2) 完全非弹性碰撞.

碰后两个质点速度相同, $v_1 = v_2$, 可得碰后速度

$$v_1 = v_2 = \frac{m_1 v_{10} + m_2 v_{20}}{m_1 + m_2}.$$

碰后的动能小于碰前的动能, 有最大的动能损失

$$E_{损} = \frac{1}{2} \frac{m_1 m_2}{m_1 + m_2} (v_{10} - v_{20})^2.$$

(3) 非弹性碰撞.

非弹性碰撞介于弹性碰撞与完全非弹性碰撞之间. 引入恢复系数

$$e = \frac{v_2 - v_1}{v_{10} - v_{20}}, \quad 0 < e < 1.$$

实验表明, 对于材料确定的两个小球的碰撞, 在很大的速度范围内, 恢复系数近似为常量, 因此可用于描述非弹性碰撞. 由此可得碰后速度

$$v_1 = v_{10} - \frac{(1+e)m_2(v_{10} - v_{20})}{m_1 + m_2},$$
$$v_2 = v_{20} - \frac{(1+e)m_1(v_{20} - v_{10})}{m_1 + m_2}.$$

碰后的动能损失为

$$E_{损} = \frac{1}{2}(1-e^2)\frac{m_1 m_2}{m_1 + m_2}(v_{10} - v_{20})^2.$$

恢复系数与材料的力学性质相关. 对于弹性碰撞的物体, $e = 1$; 对于完全非弹性碰撞的物体, $e = 0$. 因此, 恢复系数可以统一描述三类碰撞. 此方程与动量守恒方程联立可处理所有碰撞, 当然这只限于两个质点的正碰.

实际物体的碰撞更为复杂, 可以是二维和三维的. 碰撞过程中, 系统的动量总是守恒的, 而动能的变化依赖于碰撞的类型, 具体情况可类似分析. 碰撞实验是我们探索物质微观结构的主要手段, 比如研究质子和中子的相互作用及其内部结构. 通常情况下, 弹性碰撞可研究外部的相互作用, 而更高能的非弹性碰撞, 特别是深度非弹, 则可以研究内部结构. 在天文学领域, 天体也会发生碰撞, 场景更为壮观, 通常会伴随新星或新物质的产生.

例 3.17 如图 3.21 所示, 带电荷 q 的小球 A 从静止开始在匀强电场 E 中运动, 与前方相距 l 的不带电静止小球 B 发生弹性碰撞, 两小球的质量相同, 都为 m. 求从开始到发生 k 次碰撞的过程中电场对小球 A 所做的功.

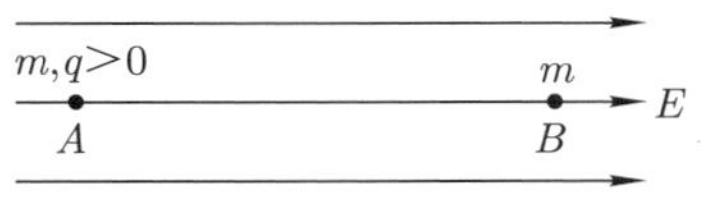

图 3.21 带电与不带电小球的碰撞

解 由 A 和 B 组成的系统所受的外力只有电场力, 为恒力, 其质心做匀加速运动. A 和 B 的碰撞是弹性的, 相对速度大小保持不变, 因此 A 相对 B 的运动是周期运动, 每次碰撞的时间都相同.

先考虑碰撞. 设质点的质量为 m, A 的加速度为

$$a = \frac{qE}{m}.$$

第一次碰撞用时

$$t_1 = \sqrt{\frac{2l}{a}} = \sqrt{\frac{2ml}{qE}}.$$

第一次碰撞用时是周期的一半, 因此, 第 k 次碰撞用时

$$t_k = 2kt_1 - t_1.$$

再考虑质心运动. 系统质心的加速度

$$a_c = \frac{qE}{2m}.$$

第 k 次碰撞时质心的位移

$$s_c = \frac{1}{2}a_c t_k^2.$$

此时 A 球的位移

$$s_A = s_c + \frac{1}{2}l.$$

因此, 电场力对 A 球做功

$$W = (qE)s_A = (2k^2 - 2k + 1)qEl.$$

可以看出, 做功与小球的质量无关, 这是因为位移与质量无关.

§3.5　能量守恒定律

当质点系只受保守力作用时, 它的机械能守恒, 在运动过程中, 动能和势能通过保守力做功而相互转化. 若质点系受非保守力作用, 例如内力中有摩擦力, 它的机械能不再守恒, 会与其他形式的能量通过非保守力做功而相互转化. 虽然摩擦力和阻力一般会耗散机械能, 但是我们获取机械能的主要方式是通过非保守力做功实现的, 例如蒸汽机和内燃机. 总结起来, 有

$$\text{动能} \xleftrightarrow{\text{保守力做功}} \text{势能},$$
$$\text{机械能} \xleftrightarrow{\text{非保守力做功}} \text{其他形式的能量}.$$

摩擦生热是我们熟悉的现象, 古有燧人氏钻木取火, 今有热机的广泛应用. 火的使用从根本上改变了人类的饮食结构, 结束了茹毛饮血的时代. 为理解热运动, 需要引入另一种形式的能量 —— 热能. 回顾历史, 人类新文明的出现几乎都伴随着新能源的发现和利用. 电磁能开启了电气化时代. 进入二十一世纪, 核能有望满足人类对大量能源的需求.

随着能量家族新成员的不断加入, 原来不守恒的过程变得守恒, 缺失的能量被找回, 终于建立起最伟大的守恒定律 —— 能量守恒定律.

《费曼物理学讲义》中写道: "有一个事实, 如果你愿意的话, 也可以说一条定律, 支配着至今我们所知道的一切自然现象. 没有发现这条定律有什么例外 —— 就我们所知, 它是完全正确的. 这条定律称为能量守恒定律. 它指出, 在自然界所经历的种种变化之中, 有一个称为能量的物理量是不变的."

例 3.18 生态系统的能流.

所谓生态系统, 指的是在其间不断进行着能量和物质交换的生物群落与物理环境的整体, 物质在其中循环, 能量在其中流动. 这里之所以不说能量循环, 是因为能量的流动是单向的. 图 3.22 示意了一个池塘生态系统. 而从鱼缸, 到湖泊、草原, 乃至整个地球, 都是不同层次的生态系统.

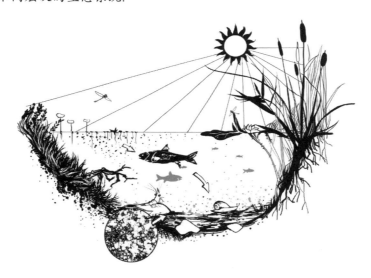

图 3.22 池塘生态系统

能量有很多种, 但追根溯源, 绝大部分生态系统中的能量, 都来自太阳的辐射能, 正所谓 "万物生长靠太阳". 生态系统中有生产者的概念, 指的是各种绿色植物和藻类, 它们利用太阳的辐射能进行光合作用, 每年产生上千亿吨有机物, 这构成了食物链的起点, 能量也经由食物链流转, 形成能流. 还有一个概念是营养水平, 标志了各类生物在能流中的地位. 粗略地说, 绿色植物等生产者位于第一级营养水平, 草食动物位于第二级, 捕食草食动物的食肉动物位于第三级, 以此类推. 当然营养水平的划分不见得这么简单, 比如杂食动物就不好说一定居于哪一级.

每一级营养水平的生物, 自己都要消耗大量能量, 在流动过程中也会丢失一部分, 因此能流当然是递减的. 物质也是一样, 有估计说生产者占有了生物全部有机物质的

99%. 由于生命活动的损耗, 生物所获得的能量只有一小部分会转化为个体重量的增加, 个体的重量和单位面积内种群的总重量, 都称为生物量. 而有人估计, 往上一级营养水平的每次流动, 生物通过体内有机物质储存的能量都只有 10% 左右能够传递下去. 这只是粗糙的估计, 并不准确, 尤其不同生态系统的差异较大. 但无论如何, 生态系统中能量、生物量都是每一级迅速衰减的. 图 3.23 给出了一个所谓生态金字塔, 形象地画出了这种衰减. 由此也可以看出, 营养水平不可能级数很多, 顶级掠食者的数量也会很少.

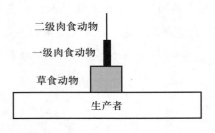

图 3.23　生态金字塔

例 3.19 地球的水循环.

按照现有的生命演化学说, 海洋孕育了最早的生命, "水是生命之源" 这个说法恰如其分. 生物体内含有大量的水, 比如人体内水的重量就占体重的一大半. 水作为生命中最重要的物质之一, 在生态系统内循环传递. 水的循环不限于生物体内, 也涉及大气、陆地、海洋和湖泊等.

海洋占地球表面积的 70% 以上, 水主要以液态储存于海洋之中, 其余的水以固态、液态、气态存在于冰山与冰川、地下水、湖泊与河流、大气, 以及生物体等中. 推动这些水进行循环的能量, 依然主要来自太阳的辐射能. 在日光照射下, 海洋等中的液态水气化, 变成水蒸气进入大气. 当然还有比如动物的呼吸、排泄, 或者植物蒸腾等其他产生水蒸气的途径, 但那些占比很小, 几乎可以忽略. 大气中的水蒸气形成云, 然后随风飘荡 (形成风的能量也来自阳光), 遇到合适的气象条件就会变成雨、雪等降下来. 这些降水大部分还是会直接落到海洋, 小部分落到陆地以及湖泊、河流中. 落到湖泊、河流中的水, 相当一部分 (有人估计在 1/4 左右) 会流回海洋. 落到陆地上的雨雪, 有的直接蒸发回大气, 有的渗到地下进入地下水, 其中一部分也会流回海洋, 有的则被植物吸收、动物饮用. 如此往复, 如图 3.24 所示.

中国有世界屋脊 —— 青藏高原, 总体上地势西高东低, 因而河水大多向东流. "百川东到海, 何时复西归?" 实际上在太阳的助推下, 这西归过程一直在潜移默化地进行. 正因为中国西高东低的地势, 我们的水力发电资源很丰富, 西电东输是典型的现象, 是中国经济腾飞的动力之源.

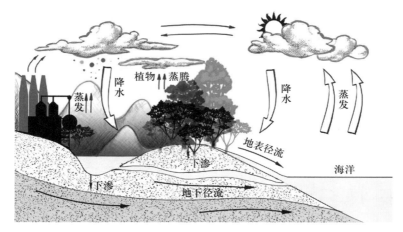

图 3.24 水循环示意图

§3.6 虚 功 原 理

在复杂的机械中, 运动的零件都受到一定的约束. 机车受铁轨的限制, 只能沿轨道运动; 电机转子受轴承的限制, 只能绕轴线转动; 重物由钢索吊住, 不能下落; 物块沿斜面下滑. 限制物体在某些方向上的位移的周围物体称为约束. 例如, 铁轨对于机车、轴承对于电机转子、钢索对于重物、斜面对于物块等, 都是约束.

从力学来看, 约束对物体的作用实际上就是力, 这种力称为约束力. 约束力的方向必然与该约束所能够阻碍的位移方向相反, 由此可以确定约束力的方向或作用线的位置, 至于约束力的大小则是未知的. 在静力学的问题中, 约束力与物体受的其他已知力组成平衡力系, 可用平衡条件求出未知的约束力. 当其他已知力改变时, 约束力一般也会改变, 是被动的, 因此, 约束力之外的力称为主动力.

约束有很多种, 常见的有刚性杆约束, 光滑接触表面约束, 柔软的绳索、链条或胶带等构成的约束, 轴承、铰链约束, 当然还有其他约束. 在工程中, 有些约束比较复杂, 分析时需要进行简化.

例 3.20 人体的力学模型.

对于人体, 在力学研究中, 一般把骨骼简化为刚体, 关节处简化为铰链, 肌肉可看作柔索, 由此可建立人体的力学模型. 以胳膊为例, 手握重物, 小臂平伸, 如图 3.25(a) 所示.

重物的质心位于 C_1, 小臂质心位于 C_2, 小臂骨简化为一直杆, 肘关节 B 处简化为一铰链, 肱二头肌 CD 简化为一柔索, 手臂的力学模型如图 3.25(b) 所示. 给定载荷

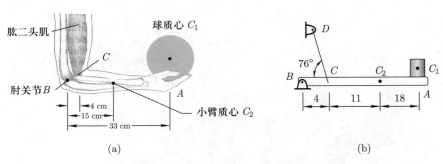

图 3.25 手臂及其力学模型

和尺寸就可计算肱二头肌 CD 与肘关节 B 处的受力.

由于约束力是阻碍物体在某些方向上的位移导致的, 一般情形下, 沿约束力的方向, 物体没有位移, 约束力不做功. 对于运动的约束, 相关约束力总的做功为零. 因此, 从做功的角度分析系统的受力, 这些不做功而又未知的约束力可以不考虑. 实际的物体受力后都有一定程度的变形. 假定初始时物体静止, 变形对应的位移正比于无限小时间间隔的二次方 $\left(\frac{1}{2}a(\Delta t)^2\right)$, 运动物体的位移正比于无限小时间间隔的一次方 $(v\Delta t)$, 因此, 即使考虑到微小的形变, 与主动力的做功相比, 约束力所做的功是高阶小量, 一般情形下还是可以忽略, 这里不考虑冲击力的情形.

我们考虑一个处于力学平衡的、有约束的力学系统. 假设在某个时刻系统有一个微小的、与运动方程和约束条件都兼容的虚拟位移, 称为虚位移. 第 i 个质点的虚位移记作 δr_i, 所受的作用力 F_i 分为主动力 F_i^{a} 和约束力 F_i^{c}, $F_i = F_i^{\mathrm{a}} + F_i^{\mathrm{c}}$, 相应的 $F_i \cdot \delta r_i$ 称为虚功. 由于每个质点都处于力学平衡, $F_i = 0$, 显然, $F_i \cdot \delta r_i = 0$, 对整个系统则有

$$\sum_i F_i \cdot \delta r_i = \sum_i F_i^{\mathrm{a}} \cdot \delta r_i + \sum_i F_i^{\mathrm{c}} \cdot \delta r_i = 0.$$

现在我们假设约束满足条件: 约束力的虚功之和为零, 即

$$\sum_i F_i^{\mathrm{c}} \cdot \delta r_i = 0,$$

由此我们就得到虚功原理.

虚功原理 *所有主动力的虚功之和为零:*

$$\sum_i F_i^{\mathrm{a}} \cdot \delta r_i = 0.$$

注意, 由于存在约束, 所有的虚位移 δr_i 不是完全独立的, 不能由虚功原理得出所有的主动力为零. 通常将各质点的虚位移 δr_i 用独立的虚位移表示, 虚功原理的方程

中, 与独立虚位移相乘的系数显然为零. 有多少个独立的虚位移, 就可列出多少个相应的方程. 虚功原理的妙处在于, 方程只涉及主动力, 不涉及未知的约束力, 因此, 虚功原理是研究静力学平衡问题的另一途径. 如果力学系统不处于力学平衡状态, 可将虚功原理推广为达朗贝尔 (d'Alembert) 原理, 这是分析力学的一个基本原理.

例 3.21 杠杆原理.

杠杆的力臂和受力如图 3.26 所示, 设杠杆有一个微小的转动, 转过的微小角度为 $\delta\varphi$, 考虑到力和位移的方向, 力的虚功之和为零, 可得

$$F_1 l_1 \delta\varphi - F_2 l_2 \delta\varphi = 0.$$

整理后即得杠杆原理: $F_1 l_1 = F_2 l_2$.

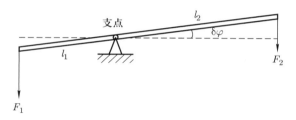

图 3.26 杠杆原理

例 3.22 铰链连接的两个刚性杆.

两个刚性杆用光滑的铰链连接, 如图 3.27 所示. 上杆长 l_1, 质量为 m_1; 下杆长 l_2, 质量为 m_2. 用水平的恒力 F 拉下杆的下端, 试求平衡时两杆与竖直方向的夹角 θ_1 和 θ_2.

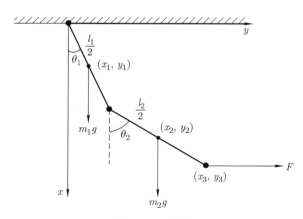

图 3.27 铰链

解 铰链是光滑的, 相应的约束力都不做功. 主动力有两杆各自的重力和水平的

恒力. 设置直角坐标系如图 3.27 所示, 根据虚功原理, 列出虚功方程

$$m_1 g \delta x_1 + m_2 g \delta x_2 + F \delta y_3 = 0.$$

从图 3.27 中容易看出, x_1, x_2 和 y_3 不是完全独立的, 可用两个独立的角度 θ_1 和 θ_2 表示:

$$x_1 = \frac{1}{2} l_1 \cos \theta_1,$$
$$x_2 = l_1 \cos \theta_1 + \frac{1}{2} l_2 \cos \theta_2,$$
$$y_3 = l_1 \sin \theta_1 + l_2 \sin \theta_2.$$

由此可得它们的虚位移关系

$$\delta x_1 = -\frac{1}{2} l_1 \sin \theta_1 \delta \theta_1,$$
$$\delta x_2 = -l_1 \sin \theta_1 \delta \theta_1 - \frac{1}{2} l_2 \sin \theta_2 \delta \theta_2,$$
$$\delta y_3 = l_1 \cos \theta_1 \delta \theta_1 + l_2 \cos \theta_2 \delta \theta_2.$$

将各式代入虚功方程, 整理后可得

$$\left[F \cos \theta_1 - \left(\frac{1}{2} m_1 + m_2 \right) g \sin \theta_1 \right] l_1 \delta \theta_1 + \left(F \cos \theta_2 - \frac{1}{2} m_2 g \sin \theta_2 \right) l_2 \delta \theta_2 = 0.$$

由于 $\delta \theta_1$ 和 $\delta \theta_2$ 是任意的并且是独立的, 它们的系数必然分别等于零, 即得

$$F \cos \theta_1 - \left(\frac{1}{2} m_1 + m_2 \right) g \sin \theta_1 = 0,$$
$$F \cos \theta_2 - \frac{1}{2} m_2 g \sin \theta_2 = 0.$$

由此可以确定两个角度 θ_1 和 θ_2:

$$\tan \theta_1 = \frac{2F}{(m_1 + 2m_2)g},$$
$$\tan \theta_2 = \frac{2F}{m_2 g}.$$

例 3.23   台秤.

台秤是通过砝码重 P, P' 和它们与点 O 的距离来测量物重 Q 的, 其结构如图 3.28 所示. 台秤包含四个杠杆: AB, CD, EF 和 GH. 各杆的尺寸都是已知的:

$$OA = a, \quad OK = d, \quad OB = b, \quad DC = l, \quad DI = \frac{l}{n},$$

并且 $FM : FE = DI : DE'$. 将重物放在 GH 平台上, 求平衡时 Q 与 d 的关系.

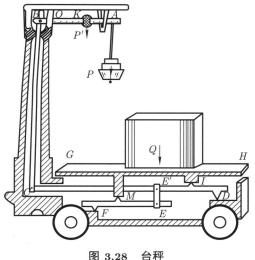

图 3.28　台秤

解　若利用力平衡方程, 每个杠杆需要两个方程: 力和力矩方程. 四个杠杆需要八个方程. 利用虚功原理解决台秤问题, 主动力只有砝码重 P, P' 和物重 Q.

物重 Q 的虚位移 δx 必然引起杆 DC 绕 D 点转过角度 $\delta\varphi$, 杆 FE 和 AB 也有相应的转动. 由比例关系可以证明, I 点和 M 点的虚位移相等, 这表明平台有一个平动位移, 就等于物重 Q 的虚位移 δx, 且 $\delta x = DI \times \delta\varphi$, 再通过杠杆 DC 与 AB 的关系, 可确定 P' 和 P 的虚位移, 分别为 $\frac{nd}{b}\delta x$ 和 $\frac{na}{b}\delta x$, 方向都是向上的. 将这些结果代入虚功方程, 有

$$Q\delta x - P'\frac{nd}{b}\delta x - P\frac{na}{b}\delta x = 0.$$

由此可确定 Q 与 d 的关系

$$Q = P'\frac{nd}{b} + P\frac{na}{b}.$$

这就是对于一定尺寸 (a, b, n) 设计的台秤, 适当选定砝码 P 和 P' 后, Q 与 d 成线性关系. 重物不论放在平台上的什么地方, 上述关系都满足.

由于不需要计算约束力, 虚功原理中独立方程的个数比力的平衡方程的个数减少了很多, 机械越复杂, 虚功原理的优越性就越明显.

思　考　题

1. 你了解哪些能量和能源?

2. 从能量守恒角度解释黄果树瀑布.

3. 为什么老鼠每天摄取的食物量超过自己的体重, 而猫吃的远没有那么多?

习　题

1. 如图 3.29 所示, 质量为 M 的一个大人站在岸边, 河中央有一个质量为 m 的小孩. 绳子悬挂在河中央的上方, 河对岸 P 与他们所在的位置构成一个半径为 R 的圆弧. 若大人能够顺利地抱起小孩并摆到对岸, 他离岸的最小速度是多少?

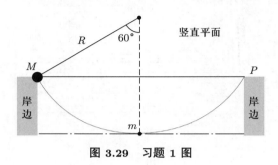

图 3.29　习题 1 图

2. 某人心脏每搏动一次泵出 80 ml 血液, 一次搏动过程中心脏主动脉平均压强为 120 mmHg. 已知此人脉搏为每分钟 70 次, 试求此人心脏的功率.

3. 一个小球位于光滑的球面顶部, 受到微扰后由静止状态下滑, 球面半径为 R. 小球下落的高度为多大时开始脱离球面?

4. 如图 3.30 所示, 高为 h、倾角为 ϕ 的光滑斜面, 以恒定速度 $\boldsymbol{u}$ 水平朝右运动, 在斜面顶部有一质量为 m 的小木块从相对静止状态开始滑到底部.
   (1) 计算小木块相对斜面的末速度大小 v'.
   (2) 在地面系中计算小木块动能增量 ΔE_k.
   (3) 在地面系中计算斜面支持力 $\boldsymbol{N}$ 对小木块所做的功 W_N.
   (4) 在地面系中验证 $W_N + W_g = \Delta E_k$, 其中 W_g 是重力对小木块所做的功.

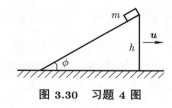

图 3.30　习题 4 图

5. 杂技演员站在蹦床上不动时, 网下沉 0.20 m. 已知网的下沉量与正压力的平方根成正比, 当演员从 10.0 m 高处自由下落时, 蹦床网将受到的最大压力是杂技演员自身重力的多少倍 (给出三位有效数字)?

6. 一根非线性弹簧的弹性力的大小为 $F = k_1 x + k_2 x^3$, x 表示弹簧的伸长量, k_1 为正.
   (1) $k_2 > 0$ 和 $k_2 < 0$ 时弹簧的劲度系数 $\dfrac{\mathrm{d}F}{\mathrm{d}x}$ 有何不同.

(2) 计算出将弹簧由 x_1 拉长至 x_2 时外力对弹簧所做的功.

7. 圆柱形容器内装有气体, 容器内壁光滑, 质量为 m 的活塞将气体密封. 气体膨胀前后的体积分别为 V 和 $2V$, 膨胀前的压强为 p_1, 活塞初速率为 v_0.

   (1) 已知气体膨胀时气体压强与体积满足 $pV=$ 常量, 试求气体膨胀后活塞的末速率.

   (2) 若气体膨胀时气体压强与体积满足 $pV^\gamma=$ 常量, γ 为常量, 试求气体膨胀后活塞的末速率.

8. 测量子弹速率的一个简单方法是冲击摆. 如图 3.31 所示, 它包含一个质量为 M 的木块, 将被子弹射入. 木块悬挂在长为 l 的线上, 子弹的冲击使它摆过一个最大角度 ϕ. 子弹的初始速率是 v, 质量是 m.

   (1) 在子弹停止移动后, 木块运动得有多快?

   (2) 通过测量 m, M, l 和 ϕ, 如何确定子弹的速率.

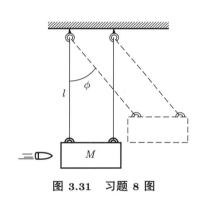
图 3.31　习题 8 图

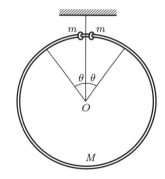
图 3.32　习题 9 图

9. 如图 3.32 所示, 用细线将一质量为 M 的匀质光滑的大圆环悬挂起来, 两个质量均为 m 的小圆环套在大圆环上. 若两个小圆环沿相反的方向在大圆环顶部自静止下滑. 为使下滑过程中大圆环能上升, 求大小圆环的质量比及上升的临界角.

10. 车厢在水平地面上以速度 v_0 匀速行驶, 车厢内有一个半径为 R 的光滑半球面, 顶部有一个质量为 m 的小球. 开始时小球静止, 如图 3.33 所示, 而后因微扰下滑离开球面, 试求此过程中球面支持力 N 对小球所做的功.

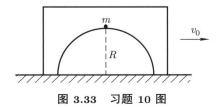
图 3.33　习题 10 图

11. 如图 3.34 所示, 质量同为 m 的两个小球和质量为 M 的小球用不可伸长的轻绳连在一起, 三者在一条直线上, 质量为 M 的小球位于中心, 静止地放在光滑的桌面上.

   (1) 初始时刻, 令质量为 M 的小球沿垂直绳的方向有水平初速度 v_0, 质量为 m 的两个小球相遇时的速率有多大?

   (2) 质量为 M 和 m 的小球之间的绳长为 l, 计算相遇前任意位置时绳中的张力 T.

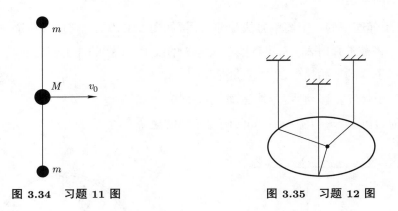

图 3.34　习题 11 图　　　　　　　图 3.35　习题 12 图

12. 用三根等长的轻线, 将质量均匀分布的圆环对称地悬挂在天花板下, 构成一根扭摆, 小角度扭转周期为 T_0. 再用三根轻质辐条在圆环中心固定一个与环质量相等的小球, 如图 3.35 所示, 保持扭转幅度相同, 新系统扭转周期记为 T, 试求 T 与 T_0 的比值 γ.

13. 如图 3.36 所示, 两个等高的小定滑轮相距 2 m, 物块 A 和 B 的质量各为 1 kg, 它们之间用轻绳连接, 在绳的水平段中点处挂一根质量 1.9 kg 的小物块 C, 开始时均处于静止状态, 而后 C 被释放, 三物块同时开始运动, 当 C 下降 0.75 m 时, 试求

   (1) A, B 和 C 的速度各是多少,

   (2) A, B 和 C 的加速度各是多少.

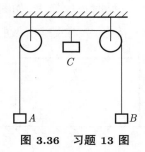

图 3.36　习题 13 图

14. 一个足够深的长 L、宽 b 的矩形盛水鱼缸放在车厢内, 缸的长边方向与车厢运动方向一致. 火车匀速行进时, 水面与缸口相距 h. 某时刻火车开始做加速度为常量 a 的直线运动. 设缸中水面始终近似为平面形状, 为使水不会溢出, 求 a 的最大可取值.

15. 核电站的原子能反应堆需要用低速热中子维持缓慢的链式反应, 反应释放的却是高速快中子. 反应堆利用快中子与石墨棒中的碳原子 (^{12}C) 不断碰撞使快中子逐渐减速, 最后成为所需要的热中子. 设快中子与热中子的平均动能分别为 2.0×10^6 eV 和 0.025 eV, 每次碰撞前碳原子均处于静止状态, 碰撞为弹性, 至少经过多少次碰撞, 快中子可成为低速热中子?

16. 质量为 m、速率为 u 的氘核与质量为 $2m$ 的静止 α 粒子发生完全弹性碰撞, 碰后氘核的运动方向与原方向成 $90°$ 角.

    (1) 确定 α 粒子的运动方向和速度大小.

    (2) 氘核给 α 粒子传递百分之多少的能量?

17. 质量线密度为 λ 的均匀绳子盘绕在光滑的水平桌面上. 一端被以匀速率 v_0 向上拉起, 如图 3.37 所示.

    (1) 确定作用在绳子端点的随 y 变化的拉力.

    (2) 比较拉力的功率与绳子机械能的变化率.

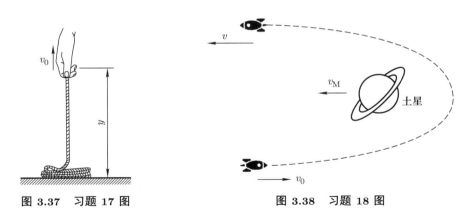

图 3.37　习题 17 图　　　　　　图 3.38　习题 18 图

18. 引力助推就是利用行星的引力场来给太空飞船加速, 将它甩向下一个目标, 也就是把行星当作 "引力助推器". 如图 3.38 所示, 土星以相对于太阳的轨道速率 $v_M = 9.6$ m/s 运行, 一艘飞船以相对于太阳的速率 $v_0 = 10.4$ m/s 朝着土星飞行. 由于土星的引力, 飞船绕过土星沿着与原来相反的方向离去, 试求飞船离去时相对太阳的速率 v.

19. 质量为 m 的均匀圆环形光滑细管道放在光滑水平面上, 管道内有两个质量同为 m

的小球 A 和 B 位于一条直径的两端. 开始时管道静止, A 和 B 沿着切向有相同速度 v_0, 如图 3.39 所示. 设 A 和 B 之间碰撞的恢复系数 $e = \sqrt{3}/3$, 试求:

(1) A 和 B 第一次碰撞前瞬间的相对速度大小 u;

(2) A 和 B 第二次碰撞前瞬间的速度大小.

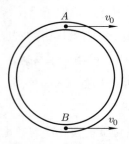

图 3.39   习题 19 图

20. 假设质量为 M 的一个人蹲在光滑的冰面上, 怀里有两个质量分别为 m_1 和 m_2 的小球. 他先以相对自身为 v_0 的速度沿冰面扔出小球 m_1, 然后沿同一方向再以相对自身为 $2v_0$ 的速度扔出另一个小球 m_2. 若要求小球 m_2 能够追上小球 m_1, 两个小球的质量需要满足什么条件?

21. 某直升机的质量 $M = 5543$ kg, 螺旋桨的转动大约可使 $S = 110$ m^2 面积内的空气近似以 v_0 速度向下运动, 从而使飞机悬停在空中. 已知空气密度 $\rho_0 = 1.20$ kg/m^3, 求 v_0 的大小, 并计算发动机的最小功率.

22. 两个核子之间的相互作用势能可表示为汤川 (Yukawa) 势

$$U(r) = -\frac{r_0}{r}U_0 \mathrm{e}^{-r/r_0},$$

其中 $r_0 = 1.5 \times 10^{-15}$ m, $U_0 = 50$ MeV.

(1) 计算两个核子之间相互作用力的表达式.

(2) 计算当 $r = 2r_0, 5r_0, 10r_0$ 时的作用力与 $r = r_0$ 时的作用力之比, 由此可见这种力的短程特征.

23. 如图 3.40 所示, 一个质量为 M 的小珠套在光滑的水平横杆上, 另一个质量为 m

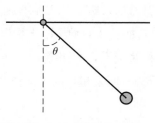

图 3.40   习题 23 图

的小球用长度为 l、不可伸长的轻绳连在小珠上. 握住小珠与小球, 使绳子沿横杆拉直, 然后突然释放, 求图中所示位置绳中的张力.

24. 如图 3.41 所示, 一个小球从光滑的台阶上弹起, 每个台阶高 h、宽 L. 若要求小球在每个台阶只弹起一次, 且不错过每个台阶, 并最终形成稳定运动, 即都落在台阶的同一个位置, 都弹起相同的高度, 设每次碰撞的恢复系数为 e, 试确定初始时小球从台阶上弹起的速度的取值范围.

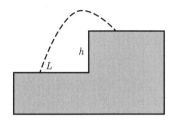

图 3.41　习题 24 图

第四章　角动量守恒定律

　　一般物体的运动, 既有平动, 又有转动, 比如陀螺、车轮、门窗, 以及运动会中的跳水、跳高、体操、投掷铁饼、冰上项目等. 物质由原子组成, 原子由原子核和电子组成, 电子被原子核的库仑力约束在有限的范围内, 在原子核的库仑场中绕着原子核运动, 电子的轨道角动量是描述原子能级的一个基本物理量. 类似地球的自转, 电子和其他粒子都存在内部运动, 它们内禀的自旋角动量也是描述粒子基本属性的物理量之一. 在天文学领域, 太阳系各行星都有公转和自转. 太阳也有自转. 太阳表面不同的纬度处, 自转速度不一样. 在赤道处, 太阳自转一周需要 25.4 天, 而在纬度 40° 处需要 27.2 天, 到了两极地区, 自转一周则需要 35 天左右. 浩瀚的宇宙中广泛存在着涡旋星系. 因此, 转动现象在各个层次和领域中都普遍存在.

　　力学中研究转动的出发点就是由牛顿运动方程导出的角动量定理. 质点角动量定理的提出比较晚, 大约在量子力学出现以后. 历史上, 角动量守恒的表现形式是面积守恒定律, 比如开普勒第二定律. 我们将由角动量定理导出与转动有关的所有定理, 包括很早就发现的杠杆原理. 这样的处理使力学理论体系脉络清晰、简单直接.

§4.1　角动量定理

　　在物体的转动中最基本的是质点的转动, 我们先仔细分析这一运动. 说到转动, 总是意味着质点绕着某一点的转动, 该点称为参考点, 以 O 表示. 设质点相对参考点的位置矢量为 r, 速度为 v. 所谓转动, 意味着位置矢量的方向发生改变, 所以质点必须具有相对位置矢量的横向速度. 于是, 经过一段时间后, 位置矢量必然扫过一定的面积 S, 如图 4.1 所示. 我们循着物理学老前辈的足迹, 引入掠面速度 κ: 位置矢量 r 在单位时间扫过的面积

$$\kappa = \frac{\mathrm{d}S}{\mathrm{d}t} = \frac{1}{2}|r \times v|.$$

　　我们引入的角动量是动力学量, 既要与掠面速度有关, 又必须包含质点的质量. 因此我们这样引入角动量: 质点相对参考点 O 的角动量 L 定义为

$$L = r \times mv = r \times p.$$

角动量是矢量, 它的方向垂直于位置矢量和速度所确定的平面. 角动量、位置和速度三者满足右手定则, 如图 4.2 所示. 由角动量的定义可知, 它与掠面速度成正比.

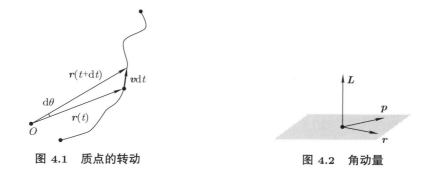

图 4.1 质点的转动　　　图 4.2 角动量

再看看什么决定角动量的变化. 我们计算角动量随时间的变化率:

$$\frac{\mathrm{d}\boldsymbol{L}}{\mathrm{d}t} = \frac{\mathrm{d}(\boldsymbol{r}\times\boldsymbol{p})}{\mathrm{d}t} = \frac{\mathrm{d}\boldsymbol{r}}{\mathrm{d}t}\times\boldsymbol{p} + \boldsymbol{r}\times\frac{\mathrm{d}\boldsymbol{p}}{\mathrm{d}t}.$$

上式第一项由于速度平行于动量, 显然为零. 由牛顿运动方程, 在第二项中, 动量的变化率是质点所受的力, 由此我们引入一个新的物理量 —— 力矩:

$$\boldsymbol{M} = \boldsymbol{r}\times\boldsymbol{F}.$$

因而由牛顿运动方程, 我们就导出了三大定理的最后一个定理 —— 角动量定理.

角动量定理　相对同一参考点, 质点所受的力矩等于质点角动量的变化率:

$$\boldsymbol{M} = \frac{\mathrm{d}\boldsymbol{L}}{\mathrm{d}t}.$$

或者采用牛顿的书写方式:

$$\boldsymbol{M} = \dot{\boldsymbol{L}}.$$

我们将会看到, 处理转动的所有公式都是从角动量定理导出的, 它是处理转动的基本出发点.

关于角动量定理, 我们做如下说明:

(1) 角动量和力矩都依赖于参考点的选取, 二者必须对应同一参考点.

(2) 参考点必须是静止不动的点. 如果参考点运动, 在推导角动量的变化率时, 第一项未必为零, 角动量定理不成立.

(3) 角动量和力矩既然都依赖于参考点, 参考点的选取就很讲究, 合适的参考点能使方程简化.

在杠杆原理中我们对力矩已经很熟悉了, 其大小等于力乘力臂, 但是在这里, 力矩是矢量, 我们还要考虑它的方向. 在熟悉的动量定理中, 动量沿着速度的方向, 哪个方向有速度, 哪个方向就有动量; 冲量沿着力的方向, 哪个方向有作用力, 哪个方向就有冲量. 力矩和角动量的方向有些独特, 力矩既不沿着力的方向, 也不沿着位置矢量的方向, 而是沿着两者所确定的平面的法向, 角动量也是沿着位置矢量和动量所确定的平面的法向. 应用角动量定理解决力学问题时需要一个适应、熟悉的过程.

若质点相对参考点 O 的位置矢量为 $\boldsymbol{r}$, 受力为 $\boldsymbol{F}$, 两者确定的平面则如图 4.3 所示, 力矩 $\boldsymbol{M}$ 的方向垂直于图平面朝外, 大小为

$$M = rF\sin\theta = Fh,$$

其中 $h = r\sin\theta$ 是点 O 到力 $\boldsymbol{F}$ 作用线的距离, 称为力臂. 将 $\boldsymbol{r}$ 和 $\boldsymbol{F}$ 在空间直角坐标系中分解, $\boldsymbol{M}$ 可用行列式表示:

$$\boldsymbol{M} = \boldsymbol{r} \times \boldsymbol{F} = \begin{vmatrix} \boldsymbol{i} & x & F_x \\ \boldsymbol{j} & y & F_y \\ \boldsymbol{k} & z & F_z \end{vmatrix}.$$

熟悉行列式运算的话, 可直接写出力矩的各个分量, 例如, $M_z = xF_y - yF_x$. 角动量也可类似处理.

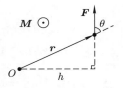

图 4.3 力矩的方向

由角动量定理可以看出, 角动量守恒的条件是力矩为零. 与动量定理类似, 我们还可以考虑角动量某一分量的守恒, 例如, 若 $M_z = 0$, 则 $L_z = $ 常量.

例 4.1 质点的匀速直线运动.

如图 4.4 所示, 相对于不在质点运动直线上的一个参考点 O, 质点受力为零, 所受的力矩自然为零, 质点的角动量守恒, 掠面速度为常量. 相对参考点 O, 质点也在转动.

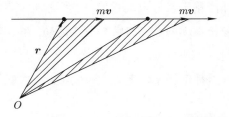

图 4.4 质点做匀速直线运动时的角动量

例 4.2 有心力.

质点所受的力 **F** 若始终指向一个固定点, 则称 **F** 为有心力, 对应的固定点称为力心. 只受有心力作用的质点, 选力心为参考点, 则力矩为零, 它的角动量是守恒量.

质点做匀速圆周运动, 所受合力为向心力, 圆心是力心, 质点相对圆心的角动量守恒, 若选圆心以外的其他点, 质点的角动量就不再守恒. 同样一个运动, 质点的角动量可以守恒, 也可以不守恒, 参考点的选取很关键.

例 4.3 牛顿《自然哲学的数学原理》第一编, 第 II 部分, 命题 I, 定理 I: 对于受向心力作用、在轨道上运动的物体, 从固定不动的力心连到物体的半径扫过的面积位于固定不动的平面内且与时间成正比.

下面是牛顿的证明.

如图 4.5 所示, 将时间分成相等的小段, 且在第一个时间段内物体由于内禀力 (即惯性) 画出直线 AB. 在第二个时间段内, 物体若不受到阻碍将一直前进到 c, 画出等于 AB 的线 Bc, 因此往中心 S 引半径 AS, BS 和 cS, 则相等的面积 ASB 和 BSc 被画出. 然而当物体到达 B 时, 假设向心力的作用是一次性且巨大的冲击, 使物体偏离直线 Bc 而沿直线 BC 前进. 引 cC 与 BS 平行, 交 BC 于 C, 则第二个时间段完成时, 物体在 C 被发现, 与三角形 ASB 位于同一平面. 连接 SC, 因 SB 与 Cc 平行, 三角形 SBC 的面积将等于三角形 SBc 的面积, 于是也等于三角形 SAB 的面积. 类似可证, 如果向心力相继作用在 C, D, E 等等, 使物体在各自的时间片段内各自画出直线 CD, DE, EF 等等, 它们全都位于同一个平面, 且三角形 SCD 的面积等于三角形 SBC 的面积, SDE 的面积等于 SCD 的面积, SEF 的面积等于 SDE 的面积. 因此, 在相等的时间内, 相等的面积在固定不动的平面内被画出, 通过组合, 任意的面积和 $SADS$ 或 $SAFS$ 都正比于画出它们的时间. 现在使三角形的数目无限增加且其宽

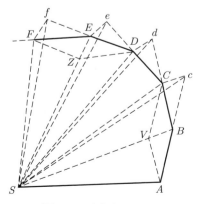

图 4.5 牛顿证明用图

度无限减小, 它们最终的周线 ADF 为曲线, 向心力使物体连续地偏离这条曲线的切线, 且从不间断, 所画出的任意面积 $SADS$ 或 $SAFS$ 都与画出的时间成正比, 将正比于此情形的那些时间. 此即所证.

例 4.4 用角动量定理导出单摆的摆动方程.

解 单摆的相关物理量如图 4.6 所示. 设垂直纸面朝外的方向为 z 轴正向. 以悬挂点 O 为参考点, 张力 T 的力矩为零, 重力的力矩只有 z 轴分量

$$M_z = -mgl\sin\theta.$$

摆球的角动量也只有 z 轴分量 (v 以从中心向右摆动为正方向)

$$L_z = mlv = ml^2\frac{\mathrm{d}\theta}{\mathrm{d}t}.$$

应用角动量定理, 即得

$$\frac{\mathrm{d}^2\theta}{\mathrm{d}t^2} = -\frac{g}{l}\sin\theta.$$

若摆动的最大角度为小角度, 则可用小角近似, 有 $\sin\theta \approx \theta$, 单摆的摆动方程可简化为

$$\frac{\mathrm{d}^2\theta}{\mathrm{d}t^2} = -\frac{g}{l}\theta.$$

此为简谐振动, 摆动周期为

$$T = \frac{2\pi}{\omega} = 2\pi\sqrt{\frac{l}{g}}.$$

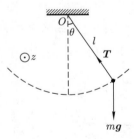

图 4.6 单摆

关于力矩, 有两种力比较特殊: 有心力和恒力. 选有心力的力心为参考点, 有心力的力矩为零. 对于恒力, 与恒力垂直的力矩分量为零.

利用三大定理处理力学问题, 与用牛顿运动方程得到的结果必然相同. 我们逐渐会认识到, 一般而言, 用三大定理处理力学问题更容易. 动量定理与动能定理相当于对牛顿运动方程积分一次, 角动量定理处理的问题中, 力矩经常为零. 从计算的角度来看: 微分容易积分难, 三大定理来分担.

例 4.5　如图 4.7 所示，水平大圆盘绕中心竖直轴以角速度 ω 旋转. 在圆盘系中，质量为 m 的小球从中心出发，沿阿基米德螺线运动，$r = \alpha\theta$，在运动过程中小球相对 O 点的角动量 $\boldsymbol{L}$ 守恒. 试求小球所受真实力的横向分量和径向分量.

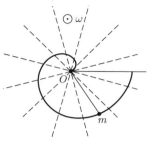

图 4.7　例 4.5 图

解　在圆盘系中建立极坐标系，在极坐标系中写出角动量守恒方程

$$L = mr^2\dot\theta,$$

由此得到

$$\dot\theta = \frac{L}{m}r^{-2}.$$

再由阿基米德螺线方程，可得

$$\dot r = \alpha\dot\theta = \alpha\frac{L}{m}r^{-2}.$$

r 和 θ 随时间的变化率都只与 r 有关，对 $\dot r$ 和 $\dot\theta$ 再求导可得

$$\ddot\theta = -2\alpha\frac{L^2}{m^2}r^{-5},$$
$$\ddot r = -2\alpha^2\frac{L^2}{m^2}r^{-5}.$$

做了这些准备，我们就可以计算小球的加速度了. 在圆盘系中，小球所受的合力为 $\boldsymbol{F}+m\omega^2\boldsymbol{r}+2m\boldsymbol{v}\times\boldsymbol{\omega}$，合力的横向分量为 $F_\theta-2mv_r\omega$，径向分量为 $F_r+mr\omega^2+2mv_\theta\omega$. 角动量 $\boldsymbol{L}$ 守恒，横向力为零，

$$F_\theta = 2mv_r\omega = 2\alpha\omega L r^{-2}.$$

径向力应等于 ma_r，有

$$F_r = m(\ddot r - r\dot\theta^2) - mr\omega^2 - 2mv_\theta\omega = -mr\omega^2 - 2L\omega r^{-1} - \frac{L^2}{m}(1+2\alpha^2 r^{-2})r^{-3}.$$

在圆盘系中，虽然角动量守恒，由于惯性力的存在，真实力的横向分量并不为零.

例 4.6 半径 R、内壁光滑的球面固定在地面上, 如图 4.8 所示, 一个质量为 m 的小球在过球心的水平大圆周上贴着内壁释放, 沿着圆周切线方向的速度大小为 v_0, 求小球的最大速率.

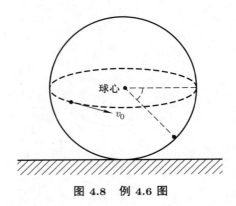

球心

v_0

图 4.8　例 4.6 图

解 由于球面内壁光滑, 小球只受球面的支持力, 指向球心. 小球还受到重力作用, 竖直向下. 支持力不做功, 重力是保守力, 整个运动过程中小球的机械能守恒. 如图 4.8 所示, 设小球所在位置到球心的连线与所在竖直平面内水平线的夹角为 θ, 以球心为重力势能的零点, 则机械能守恒方程可写为

$$\frac{1}{2}mv_0^2 = -mgR\sin\theta + \frac{1}{2}mv^2.$$

由机械能守恒方程可看出, 小球在最低点达到最大速率. 在最低点, 小球的速度沿着所在水平面圆周的切线. 以球心为参考点, 支持力的力矩为零, 重力的力矩沿竖直方向分量为零, 因此, 在整个运动过程中, 小球竖直方向的角动量分量守恒, 考虑最低点和初始位置, 竖直方向的角动量分量守恒方程为

$$mv_0R = mvR\cos\theta.$$

将此方程的 v 代入能量守恒方程, 得到关于 $\sin\theta$ 的方程, 整理后可得

$$-\sin^2\theta + \frac{2gR}{v_0^2}\sin\theta(1-\sin^2\theta) = 0.$$

分析运动过程, 可看出 $\sin\theta \neq 0$, 方程两边消去 $\sin\theta$, 可得

$$\sin^2\theta + \frac{v_0^2}{2gR}\sin\theta - 1 = 0.$$

略去大于1的根, 可得

$$\sin\theta = \frac{-\dfrac{v_0^2}{2gR} + \sqrt{\left(\dfrac{v_0^2}{2gR}\right)^2 + 4}}{2}.$$

代入机械能守恒方程, 我们就确定了最大速率

$$v = \frac{\sqrt{2}}{2} v_0 \sqrt{1 + \sqrt{1 + \left(\frac{4gR}{v_0^2}\right)^2}}.$$

由于初始时小球所受合力向下, 不管初速有多大, 小球都将向斜下方运动. 当小球的速度 $v_0 \to \infty$ 时, $\theta \to 0$.

对于本题, 给定初始 v_0, 你能确定小球的轨道方程吗?

§4.2 质点系角动量定理

质点系角动量等于质点系中各质点的角动量之和:

$$\boldsymbol{L} = \sum_i \boldsymbol{L}_i,$$

其中 $\boldsymbol{L}_i$ 是质点系中第 i 个质点的角动量. 质心角动量

$$\boldsymbol{L}_{\mathrm{c}} = \boldsymbol{r}_{\mathrm{c}} \times m\boldsymbol{v}_{\mathrm{c}},$$

其中 m 为质点系的总质量.

现在我们确定质点系角动量与质心角动量的关系. 设质心位置为 $\boldsymbol{r}_{\mathrm{c}}$, 质心速度为 $\boldsymbol{v}_{\mathrm{c}}$, 质点 i 的位置为 $\boldsymbol{r}_i$, 相对质心的位置为 $\boldsymbol{r}_i'$, 有关系 $\boldsymbol{r}_i = \boldsymbol{r}_{\mathrm{c}} + \boldsymbol{r}_i'$, 质点 i 的速度为 $\boldsymbol{v}_i$, 相对质心的速度为 $\boldsymbol{v}_i'$, 有关系 $\boldsymbol{v}_i = \boldsymbol{v}_{\mathrm{c}} + \boldsymbol{v}_i'$, 则

$$\boldsymbol{L} = \sum_i (\boldsymbol{r}_{\mathrm{c}} + \boldsymbol{r}_i') \times m_i(\boldsymbol{v}_{\mathrm{c}} + \boldsymbol{v}_i').$$

展开后得到四项:

$$\boldsymbol{L} = \sum_i \boldsymbol{r}_{\mathrm{c}} \times m_i\boldsymbol{v}_{\mathrm{c}} + \sum_i \boldsymbol{r}_{\mathrm{c}} \times m_i\boldsymbol{v}_i' + \sum_i \boldsymbol{r}_i' \times m_i\boldsymbol{v}_{\mathrm{c}} + \sum_i \boldsymbol{r}_i' \times m_i\boldsymbol{v}_i'.$$

第一项即质心角动量, 第二项和第三项为零, 因为相对质心的动量和位置矢量都为零, 第四项即相对质心的角动量. 于是, 质点系的角动量等于质心角动量加上相对质心的角动量:

$$\boldsymbol{L} = \boldsymbol{L}_{\mathrm{c}} + \boldsymbol{L}',$$

其中 $\boldsymbol{L}' = \sum_i \boldsymbol{r}_i' \times m_i\boldsymbol{v}_i'$, 以质心为参考点. 例如, 地球有公转和自转, 地球的总角动量等于公转产生的轨道角动量加上自转产生的自转角动量. 还可以看出, 若质点系的动量为零, 即质心速度为零, 质点系的角动量与参考点的选取无关, 都等于 $\boldsymbol{L}'$. 我们也可以直接证明这个结论.

类似地, 在其所受合力为零时, 质点系所受的力矩与参考点的选取无关. 最典型的是一对力偶, 比如双手握方向盘, 均匀用力, 左右手的力量近似大小相等、方向相反.

质点系所受作用力分为内力和外力. 内力总是成对出现, 先看一对内力的力矩之和.

两个质点之间一对作用力和反作用力相对同一参考点的力矩之和为零, 证明如下 (见图 4.9):

$$\boldsymbol{r}_1 \times \boldsymbol{F}_1 + \boldsymbol{r}_2 \times \boldsymbol{F}_2 = -\boldsymbol{r}_1 \times \boldsymbol{F}_2 + \boldsymbol{r}_2 \times \boldsymbol{F}_2$$
$$= (\boldsymbol{r}_2 - \boldsymbol{r}_1) \times \boldsymbol{F}_2 = \boldsymbol{r}_{12} \times \boldsymbol{F}_2 = 0.$$

因此, 质点系内力的力矩之和为零, 内力不影响质点系的角动量, 即得质点系角动量定理.

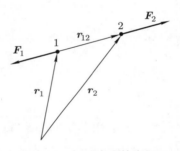

图 4.9 一对内力的力矩

质点系角动量定理 相对同一参考点, 质点系所受的外力矩等于质点系角动量的变化率:

$$\boldsymbol{M}_{外} = \frac{\mathrm{d}\boldsymbol{L}}{\mathrm{d}t}.$$

由质点系角动量定理可以看出, 质点系角动量守恒的条件是外力矩为零. 与质点系动量定理类似, 我们还可以考虑质点系角动量某一分量的守恒, 例如若 $M_{外z} = 0$, 则 $L_z = $ 常量.

地面上所有物体都受重力的作用. 质点系所受重力的力矩为

$$\sum_i \boldsymbol{r}_i \times (m_i \boldsymbol{g}) = \left(\sum_i m_i \boldsymbol{r}_i\right) \times \boldsymbol{g} = (m \boldsymbol{r}_\mathrm{c}) \times \boldsymbol{g} = \boldsymbol{r}_\mathrm{c} \times (m \boldsymbol{g}).$$

因此, 质点系各质点所受重力 $m_i \boldsymbol{g}$ 相对任一参考点的力矩之和, 等于质点系所受重力之和 $m \boldsymbol{g}$ 作用于质心处对该参考点的力矩. 综合前面的结果我们看到, 质点系各质点所受重力的冲量、做功、重力势能以及力矩诸方面, 都可以等效于质点系所受重力之和作用在质心位置. 因此, 质心是质点系所受重力的等效作用点.

最后再考虑质心系. 从力矩的角度, 平移惯性力的等效作用点还是质心, 证明如下:

$$\boldsymbol{M}_{惯} = \sum_i \boldsymbol{r}_i \times (-m_i \boldsymbol{a}_c) = \left(\sum_i m_i \boldsymbol{r}_i\right) \times (-\boldsymbol{a}_c) = \boldsymbol{r}_c \times (-m\boldsymbol{a}_c).$$

因此, 在质心系中, 若选质心为参考点, 平移惯性力的力矩为零. 于是得到质心系中质点系角动量定理.

质心系中质点系角动量定理 以质心为参考点, 质点系所受的外力矩等于相对质心的质点系角动量随时间的变化率.

例 4.7 质量为 M 的均匀吸管放在光滑桌面上, 一半在桌面外. 质量为 m 的小虫停在左端, 而后爬到右端, 如图 4.10 所示. 随即另一小虫轻轻地落在该端, 吸管并未倾倒, 试求第二个小虫的质量.

图 4.10 例 4.7 图

解 设吸管长为 L, 小虫相对吸管速度为 u, 吸管相对桌面左行速度为 v. 由系统的动量守恒, 有

$$m(u - v) = Mv.$$

吸管移入桌面的长度

$$x = \int_0^t v \mathrm{d}t = \frac{m}{M+m} \int_0^t u \mathrm{d}t = \frac{m}{M+m} L.$$

由此可见, 吸管移入的长度与小虫如何爬到右端的运动方式无关.

分两种情况讨论:

(1) 当 $M \leqslant m$ 时, $x \geqslant L/2$, 吸管全部进入桌面, 第二个小虫的质量可取任何值.

(2) 当 $M > m$ 时, $x < L/2$, 吸管和二个小虫相对桌边的重力矩应该满足

$$(m + m')g\left(\frac{L}{2} - x\right) < Mgx.$$

由此得到第二个小虫质量的可取值

$$m' < \frac{M+m}{M-m}m.$$

§4.3 角动量守恒定律

由质点系角动量定理, 我们得到与牛顿运动方程有关的最后一个守恒定律 —— 角动量守恒定律.

角动量守恒定律 若系统所受外力矩恒为零, 则系统的角动量守恒.

对于角动量守恒定律, 我们同样理解为, 它是在整个物理学中普遍适用的角动量守恒定律在力学中的体现. 例如一个孤立系统, 内部不管发生什么变化, 存在什么相互作用, 系统的角动量都是守恒的. 实际上, 对质量、动量和角动量这些概念, 现代物理都有更进一步的发展和更深刻的理解.

三大守恒定律是跨越自然科学各个领域的普遍法则, 任何系统、过程都必须严格遵守. 这些定律不仅不会与已知领域里的具体定律相矛盾, 还会指导我们去探索未知的领域.

例 4.8 跳水运动员.

跳水运动员的脚尖离开跳板那一刻, 他身体质心的位置和速度就确定了. 此后不管他在空中做什么动作, 质心的轨迹都是同一条抛物线, 即质心的运动与内力无关. 如图 4.11 所示, 运动员实际做了一个向前翻腾的动作. 在随质心一起运动的质心系中, 以质心为参考点, 运动员的角动量是守恒的.

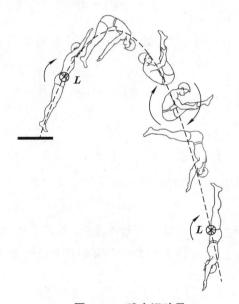

图 4.11 跳水运动员

当运动员在空中团身抱膝时, 身体的质量朝质心集中, 为保持角动量守恒, 角速度必须变大, 从而能快速转过动作需转的周数. 若不能完成团身抱膝, 角速度就不能较大提升, 在同样的滞空时间内, 规定动作就不能按时完成, 还会影响入水动作.

入水时, 为了更好地控制入水角度, 运动员将提前打开身体, 身体伸直, 角速度变小, 转动变慢, 便于以最佳入水角度落入池中, 溅起的水花较小. 中国跳水运动员还有一个独特的压水花技术: 入水时不是垂直入射, 而是略微偏离竖直方向, 这样可以将前面溅起的水花用身体压下去, 观感更佳.

例 4.9 太空转体.

北京时间 2021 年 12 月 9 日 15 时 40 分, "天宫课堂"第一课正式开讲. 这是中国空间站首次太空授课活动. 在约 60 分钟的授课中, 神舟十三号飞行乘组航天员翟志刚、王亚平、叶光富生动展示了空间站的工作和生活场景, 演示了微重力环境下细胞学实验、人体运动、液体表面张力等神奇现象, 并讲解了实验背后的科学原理.

我们集中分析其中一项实验: 太空转体. 航天员叶光富通过转动右手臂的方式可以实现在太空中转动身体. 在空间站内, 人体处于失重状态, 可以认为不受任何外力作用, 身体可以悬浮在空中, 质心静止不动. 当手臂活动时, 产生的力属于内力, 内力不影响质心的运动, 不管手脚等怎么活动, 质心依然静止不动. 内力的力矩为零, 因此人体的角动量守恒.

当手臂运动时, 手臂相对质心有角动量, 而身体的总角动量守恒, 始终为零, 因此, 身体的其他部位必须具有与手臂的角动量等值、反向的角动量, 才能保证角动量守恒. 我们只要确定了手臂的角动量, 再将其等值反向, 就能确定身体其他部位的角动量.

如图 4.12 所示, 在手臂上取质元 m_i, 以质心为参考点, 计算手臂的角动量. 为了便于分析手臂的角动量, 将质心到质元 m_i 的位置矢量分为三部分: $\boldsymbol{R}+\boldsymbol{l}+\boldsymbol{r}$, 我们分别考虑对应三部分的角动量. 与 $\boldsymbol{r}$ 对应的角动量最容易计算, 设手臂绕着轴 $\boldsymbol{l}$ 快速旋

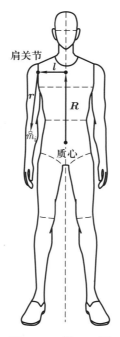

图 4.12 例 4.9 图

转, 这部分角动量将使身体绕着过质心且平行于 l 的轴反向缓慢地单向旋转, 这是因为身体质量较大, 离质心的距离较远. 与 l 对应的角动量将使身体绕着轴 R 进动式旋转. 与 R 对应的角动量对身体的影响最小, 这是由于其角动量的大小和方向都交替地变化, 又使身体绕着过质心且平行于 l 的轴小幅振动.

手和脚等其他部位的转动也可类似分析. 总之, 利用角动量守恒定律, 我们可以定性分析人体大致的运动. 如果不用角动量, 只用作用力来分析, 则对于涉及转动的情形, 很难得到明确的结论.

例 4.10 潮汐对地月系统的影响.

若球体的质量分布只依赖到球心的距离, 这种质量分布就具有球对称性. 容易理解和证明, 球外一个质点对球体的万有引力相对任一参考点的力矩等效于球体的质量集中在球心所对应的力矩. 因此, 对于质量球对称分布的球体, 在球体的质心系中, 以质心 (即球心) 为参考点, 外部引力的力矩为零, 因而不会影响球体的角动量.

地球的极半径约比赤道半径短 1/300, 同时地球自转的赤道面、地球绕太阳公转的黄道面和月球绕地球公转的白道面, 这三者并不在一个平面内. 由于这些因素, 在月球、太阳和行星的引力作用下, 使地球在空间产生了复杂的运动. 这里只考虑月球引起的潮汐的影响.

设某时刻潮汐形成的海水表面位形本应如图 4.13 中虚线所示, 但是由于引潮力的滞后效应和地球与海水之间内摩擦力的影响, 使得潮汐实际形成的海水表面位形如图 4.13 中实线所示. 地球的质量分布不再对称, 月球的引力相对地球球心的力矩不再为零. 为做定性分析, 图 4.13 中两个外引力 F_1 和 F_2 均指向月球, 且 F_1 较大. 它们相对地球球心的力矩之和不再为零, 使地球自转的角动量减小, 角速度变慢. 对地月系统来说, 总角动量是守恒的, F_1 和 F_2 的反作用力将使月球的角动量增大, 使得月球缓慢远离地球.

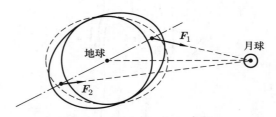

图 4.13　潮汐对地月系统的影响

地球自转角速度的变化分为三种. 第一种是长期减慢, 这种变化使日长在一个世纪内大约增长 $1 \sim 2$ ms. 引起地球自转长期减慢的另一个因素是潮汐引起的地球与海水之间的内摩擦力. 这就导致了每一天的长度不断增加, 而每一年的天数不断减少.

科学家发现, 3.7 亿年以前的泥盆纪中期, 地球上的一年大约为 400 天左右. 据推算, 2 亿年后, 一年仅有 300 天, 一天会变成 30 小时. 第二种是周期性变化. 地球自转角速度有季节性的周期变化, 春天变慢, 秋天变快, 此外还有半年周期的变化. 周年变化的振幅约为 $20 \sim 25$ ms, 主要是由风的季节性变化引起的. 第三种是不规则变化, 原因待查.

思 考 题

1. 杠杆原理的应用非常广泛, 你能发现哪些应用?

2. 在体育运动中, 找出一些能用角动量定理解释的现象.

3. 银河系为什么像一个扁平的大铁饼?

4. 全球变暖的主要原因是人类在近一个世纪以来大量使用矿物燃料 (如煤、石油、天然气等), 排放出大量的 CO_2 等多种温室气体. 这些温室气体导致全球气候变暖, 两极的冰雪融化, 由此引起的海平面上升会影响地球的自转角速度吗?

习　　题

1. 质量为 m 的小球在某时刻具有水平朝右的速度, 如图 4.14 所示. 试求
   (1) 以 A, B, C 为参考点, 小球所受的力矩,
   (2) 以 A, B, C 为参考点, 小球的角动量.

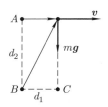

图 4.14　习题 1 图

2. 证明:
   (1) 质点系动量为零时, 其角动量与参考点的选取无关;
   (2) 质点系所受的合力为零时, 其力矩与参考点的选取无关.

3. 证明质量球对称分布的球体, 所受的外部引力相对任一参考点的力矩之和, 等于球体质量集中于球心处所受外部引力相对该参考点的力矩.

4. 如图 4.15 所示, 质量可略、长为 $2l$ 的跷跷板, 静坐着两少年, 质量分别为 m_1 和 m_2, 左重右轻, 左端少年用脚蹬地, 获得顺时针方向角速度 ω_0. ω_0 至少多大时, 右

端少年可着地? 用机械能守恒方程可以解决这个问题吗?

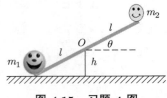

图 4.15　习题 4 图

5. 半径为 R 的圆环固定在水平桌面上, 不可伸长的轻质细绳全部缠绕在圆环外侧, 绳的末端有一个质量为 m 的小球, 开始时小球紧贴圆环. $t = 0$ 时使小球获得背离环心的水平速度 v, 于是细绳从外侧打开. 设打开过程中细绳始终处于伸直状态, 且相对圆环无滑动, 小球与桌面无摩擦.

   (1) 计算 $t > 0$ 时小球相对环心的角动量 L.

   (2) 利用小球的运动, 验证角动量定理.

6. 质量为 m 的小球用弹性绳固定在光滑水平面上的 A 点, 弹性绳的劲度系数为 k, 自由伸展的长度为 l_0. 初始时小球位于 B 点, 速度为 v_0, 与 AB 连线的夹角为 θ, AB 的距离为 $l_0/2$, 如图 4.16 所示. 当小球的速率为 v 时, 它与 A 点的距离最大, 且等于 $3l_0/2$, 试求小球的速率 v 和 v_0. 反过来, 其他条件不变, 给定 v_0, 你能确定最大距离和最小速率吗?

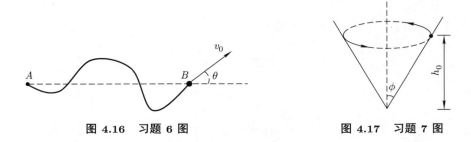

图 4.16　习题 6 图　　　　　　　　图 4.17　习题 7 图

7. 如图 4.17 所示, 在半顶角为 ϕ 的倒立固定圆锥面的光滑内壁上, 一个小球在距离锥顶 h_0 处做水平圆周运动.

   (1) 试求圆周运动的速率 v_0.

   (2) 若在某时刻, 小球的速度不改变方向地从 v_0 增大到 $\sqrt{1 + \alpha}v_0$, 其中 $\alpha > 0$, 小球随即离开原轨道但不会离开锥面的内壁, 试问小球是否会在距离锥顶某个高度 h 处做水平圆周运动?

   (3) 接上问, 小球若不再做圆周运动, 试求运动过程中小球相对锥顶能达到的最大和最小高度.

8. 质量皆为 m 的三个质点分别位于边长为 a 的正三角形的三个顶点上, 初始时皆以初速度 $v_0 = \sqrt{\dfrac{Gm}{a}}$ 沿着三边逆时针运动. 设质点之间只受万有引力作用, 试求它们与系统质心的最小和最大距离.

9. 约束在某参考系 x-y 平面上运动的质点系, 任一时刻的动量记作 $\boldsymbol{p}$. 证明:

   (1) 若 $\boldsymbol{p} = 0$, 则该时刻质点系相对所有参考点的角动量相同;

   (2) 若 $\boldsymbol{p} \neq 0$, 则在 x-y 平面上必有一条相应的瞬时直线, 使得该时刻质点系相对此直线上任一点的角动量都为零.

10. 光滑水平面上有一个小孔 O, 不可伸长的轻绳穿过小孔, 两者之间无摩擦. 开始时绳 OA 段的长度为 r_0, A 端连接质量为 m 的小球, 小球绕点 O 以速率 v_0 做圆周运动, 如图 4.18 所示.

   (1) 试求此时 B 端所受的竖直向下的拉力 T_0.

   (2) 将 B 端拉力从 T_0 极缓慢地增大到 $2T_0$, 试求最终小球绕点 O 做圆周运动的速率.

   (3) 直接计算拉力所做的功, 并与动能的增量对比.

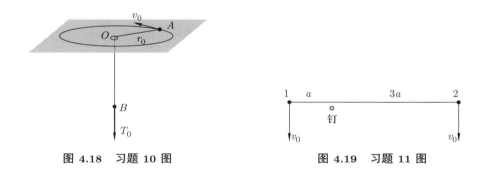

图 4.18 习题 10 图   图 4.19 习题 11 图

11. 质量同为 m 的小球 1 和 2 用长 $4a$ 的不可伸长的细线相连, 同以速度 v_0 沿着与线垂直的方向在光滑的水平面上运动, 线处于伸直状态. 在运动过程中, 线上距离小球 1 为 a 的一点与固定在水平面上的竖直光滑细钉相遇, 如图 4.19 所示. 设在以后的运动过程中两球不相碰, 试求

    (1) 小球 1 与钉的最大距离(给出四位有效数字),

    (2) 线中的最小张力.

12. 质量同为 m 的两个小球固定在一根轻弹簧的两端, 放在光滑的水平桌面上, 弹簧处于原长状态, 长为 l_0, 劲度系数为 k. 现使两小球同时获得与连线垂直的等值反向初速度 v_0, 如图 4.20 所示. 若在此后的运动过程中测得弹簧的最大长度为 l, 试求两小球的初速度大小 v_0. (你能确定两小球的轨道方程吗?)

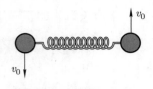

图 4.20   习题 12 图

13. 两个质量分别为 m 和 $2m$ 的小孩, 以相同的速率 v_0 沿相反的方向滑行, 滑行路线之间的垂直距离为 l_0. 当他们距离最近时, 各抓住长为 l_0 的不可伸长的绳子一端, 然后相对旋转.

    (1) 如果他们都收拢绳子, 当绳长为 $l_0/2$ 时, 两人的相对速率是多少?

    (2) 此时的他们的总动能是多少? 多余的动能是哪里来的?

第五章　最小作用量原理

牛顿力学简单、直观. 质点受力, 在力的方向就有速度的变化. 当牛顿力学应用于更复杂的力学系统或有约束力的机械时, 在不同的坐标系中牛顿运动方程有不同的形式, 这使加速度的表示很烦琐, 未知的约束力使情况变得更糟. 拉格朗日开创的分析力学为我们提供了另一种方法, 它在经典力学的范围内与牛顿力学等价, 然而在超出力学的范围, 在物理学的各个学科中, 它提供了一组相同形式的方程, 可以处理不同的物理系统, 从而在物理学中实现了最大程度的统一, 分析力学的语言成为在整个物理学中更为通用的语言. 分析力学辅以牛顿力学, 使我们如虎添翼, 可以在更广阔的领域解决更复杂的问题.

§5.1　变　分　法

我们先看几个有趣的问题, 它们分属不同的领域.

(1) 两点之间最短的路径.

在平面上给定两点, 在它们之间哪一条路径最短? 我们都知道答案, 怎么证明呢?

如图 5.1 所示, 给定两点 $(x_1, y_1), (x_2, y_2)$, 以及连接两点的一条路径 $y = y(x)$, 我们的任务是找到一条最短的路径并证明它是直线.

路径上一个线元的长度

$$ds = \sqrt{dx^2 + dy^2}.$$

由于

$$dy = \frac{dy}{dx}dx = y'(x)dx,$$

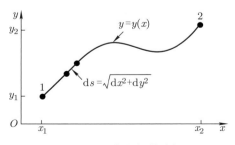

图 5.1　两点之间的路径

线元长度改写为

$$ds = \sqrt{1 + y'(x)^2}dx.$$

点 1 和点 2 之间路径的总长度为

$$L = \int_1^2 ds = \int_{x_1}^{x_2} \sqrt{1 + y'(x)^2}dx.$$

我们的问题就表示成一个数学的积分极值问题, 变量是两点之间一条路径的函数 $y = y(x)$. 微积分中有找函数极小值的标准方法, 即找到自变量的一个值, 使其函数值最小. 但我们现在是找一个函数, 使得积分取最小值.

(2) 费马 (Fermat) 原理.

在均匀介质中, 光沿直线传播, 即在均匀介质中, 光线为一直线. 在两个介质的分界面上, 光的传播满足反射和折射定律, 如图 5.2 所示. 反射定律即入射角等于反射角, $i = r$. 折射率定义为

$$n = \frac{c}{v},$$

其中 c 和 v 分别是光在真空和介质中的传播速度. 折射定律可表示为

$$\frac{\sin i}{\sin i'} = \frac{n'}{n}.$$

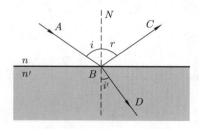

图 5.2 光的反射和折射

这样, 光在均匀介质中的传播问题就解决了. 但是, 研究光在非均匀介质中的传播问题具有更普遍的意义. 为此, 必须回答这样一个问题: 光由任一介质中的点 1 传播到点 2 沿着什么路径? 法国数学家费马在 1657 年致友人的一封信中表达了这样的一个观念: "自然界总是按最短路径运行."

将这一观念应用于光的传播, 可表述为: 光沿着所需时间为极值的路径传播. 在均匀介质中, 用费马原理可导出反射和折射定律. 在非均匀介质中, 折射率是变化的, $n = n(x, y, z)$, 光从点 1 传播到点 2 所用时间可表示为

$$传播时间 = \int_1^2 dt = \int_1^2 \frac{ds}{v} = \frac{1}{c}\int_1^2 n(x, y, z)ds.$$

问题转化为, 找到一个路径函数, 使得光线沿此路径传播的时间为极值.

(3) 最速降线.

最速降线是历史上第一个出现的变分法问题, 也是变分法发展的一个标志. 此问题是 1696 年约翰·伯努利在写给他哥哥雅各布·伯努利 (Jacob Bernoulli) 的一封公开信中提出的. 问题的提法是: 设点 1 和点 2 是竖直平面上不在同一竖直线上的两点, 且点 1 高于点 2, 在所有连接点 1 和点 2 的平面曲线中, 求出一条曲线, 使仅受重力作用且初速为零的质点从 1 到 2 沿这条曲线运动时所需时间最短.

如图 5.3 所示, 设重力加速度为 g, 下落高度为 y 时质点速度 $v = \sqrt{2gy}$, 质点从 1 到 2 所用时间可表示为

$$\text{时间} = \int_1^2 \frac{\mathrm{d}s}{v} = \frac{1}{\sqrt{2g}} \int_0^{y_2} \frac{\sqrt{x'(y)^2 + 1}}{\sqrt{y}} \mathrm{d}y.$$

问题转化为, 找到一个路径函数, 使得质点沿此路径运动的时间为极值.

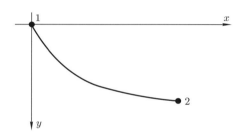

图 5.3　最速降线问题

在一元函数微积分中, 当自变量变化时, 我们找函数的极值点, 条件是函数的一阶导数为零. 在我们现在的问题中, 当函数变化时, 积分值也随着变化, 我们现在要找的是积分的极值点, 即确定一个函数, 使积分取极值. 函数自变量 x 的微小改变称为微分, 记为 $\mathrm{d}x$. 为了与之区别, 函数 y 的微小改变称为变分, 记为 δy. 以函数为变量, 确定积分极值的方法称为变分法. 实际上, 积分值随函数而变化, 即以函数为变量, 称为泛函, 泛函 S 的变化称为变分, 记为 δS.

变分学中最简单、力学中最重要的变分问题为

$$S = \int_{x_1}^{x_2} f[y(x), y'(x), x]\mathrm{d}x,$$

其中 $y(x)$ 是连接两点 (x_1, y_1) 和 (x_2, y_2) 的未知函数, $y(x_1) = y_1, y(x_2) = y_2$. 在所有可能的函数中, 我们要找到使积分 S 取极值的函数.

设 $y(x)$ 变到一个新函数 $y(x) + \varepsilon \eta(x)$, 这里 $\eta(x)$ 是与 $y(x)$ 同类的函数, 并在各点都有连续导数, ε 是无穷小量, 且 $\eta(x_1) = 0, \eta(x_2) = 0$, 则 $\delta y = \varepsilon \eta(x)$. 根据变分的定

义, 我们进行下列运算:

$$\frac{\mathrm{d}}{\mathrm{d}x}(\delta y) = \varepsilon\eta'(x),$$

$$\delta\left(\frac{\mathrm{d}y}{\mathrm{d}x}\right) = [y(x) + \varepsilon\eta(x)]' - y'(x) = \varepsilon\eta'(x).$$

由此可见

$$\frac{\mathrm{d}}{\mathrm{d}x}(\delta y) = \delta\left(\frac{\mathrm{d}y}{\mathrm{d}x}\right),$$

即对于给定的函数 $y(x)$, 变分和微分两种运算可以交换次序. 对于定积分运算也有类似性质:

$$\delta S = \int_{x_1}^{x_2} f[y(x) + \varepsilon\eta(x), y'(x) + \varepsilon\eta'(x), x]\mathrm{d}x - \int_{x_1}^{x_2} f[y(x), y'(x), x]\mathrm{d}x$$

$$= \int_{x_1}^{x_2} \delta f[y(x), y'(x), x]\mathrm{d}x.$$

由此可见, 函数的积分和变分两种运算也可以交换次序.

将 $f[y(x) + \varepsilon\eta(x), y'(x) + \varepsilon\eta'(x), x]$ 按泰勒级数展开, 得

$$f[y(x), y'(x), x] + \varepsilon\frac{\partial f}{\partial y}\eta(x) + \varepsilon\frac{\partial f}{\partial y'}\eta'(x) + \varepsilon \text{ 的高阶项}.$$

由于 ε 是无穷小量, 略去 ε 的高阶项, 可得

$$\delta f = \varepsilon\frac{\partial f}{\partial y}\eta(x) + \varepsilon\frac{\partial f}{\partial y'}\eta'(x).$$

将 δf 的表达式代入 δS, 并将 δf 第二项分部积分, 可得

$$\delta S = \int_{x_1}^{x_2} \varepsilon\frac{\partial f}{\partial y}\eta(x)\mathrm{d}x + \left[\varepsilon\frac{\partial f}{\partial y'}\eta(x)\right]_{x_1}^{x_2} - \int_{x_1}^{x_2} \varepsilon\frac{\mathrm{d}}{\mathrm{d}x}\left(\frac{\partial f}{\partial y'}\right)\eta(x)\mathrm{d}x.$$

由于边界点是固定的, $\eta(x_1) = \eta(x_2) = 0$, 上式中间一项为零, 整理后得

$$\delta S = \int_{x_1}^{x_2} \varepsilon\eta(x)\left[\frac{\partial f}{\partial y} - \frac{\mathrm{d}}{\mathrm{d}x}\left(\frac{\partial f}{\partial y'}\right)\right]\mathrm{d}x.$$

泛函 S 取极值的必要条件是 $\delta S = 0$, 由于 $\delta y = \varepsilon\eta(x)$ 是独立的变分, 唯一的可能是, 对所有满足 $x_1 \leqslant x \leqslant x_2$ 的 x, 都有

$$\frac{\partial f}{\partial y} - \frac{\mathrm{d}}{\mathrm{d}x}\left(\frac{\partial f}{\partial y'}\right) = 0.$$

此即变分问题的欧拉 (Euler) – 拉格朗日方程.

例 5.1 用变分问题的欧拉 – 拉格朗日方程确定最速降线.

解 在前面最速降线的介绍中, 我们已经得到被积函数

$$f(x, x', y) = \frac{\sqrt{x'(y)^2 + 1}}{\sqrt{y}},$$

唯一的差别是这里为 y 自变量. 代入欧拉 – 拉格朗日方程, 有

$$\frac{\partial f}{\partial x} = \frac{\mathrm{d}}{\mathrm{d}y} \left(\frac{\partial f}{\partial x'} \right).$$

被积函数与 x 无关, $\partial f / \partial x = 0$, 因此由方程得出结论, $\partial f / \partial x'$ 为常量. 先对被积函数求偏导再将其平方, 得到

$$\frac{x'^2}{y(x'^2 + 1)} = 常量 = \frac{1}{2a},$$

其中引入 a 是为了最后结果的表达式简单. 解出 x':

$$x' = \sqrt{\frac{y}{2a - y}}.$$

积分, 得

$$x = \int \sqrt{\frac{y}{2a - y}} \mathrm{d}y.$$

做一个巧妙的变量代换 $y = a(1 - \cos \theta)$, 积分变为

$$x = a \int (1 - \cos \theta) \mathrm{d}\theta = a(\theta - \sin \theta) + 常量,$$

我们就得到了所求路径的参数表达式. 选择点 1 为坐标原点, $x_1 = y_1 = 0$, 由 y 的参数表达式可得, θ 的初始值为零, 再由 x 的参数表达式即得常量为零, 由此得到路径参数方程的最终形式

$$\begin{cases} x = a(\theta - \sin \theta), \\ y = a(1 - \cos \theta), \end{cases}$$

其中的 a 由路径经过的第二点 (x_2, y_2) 确定.

参数方程描述的曲线见图 5.4. 图中画出了超出第二点的一条完整曲线, 原来它就是摆线 —— 半径为 a 的圆盘沿着 x 轴在其下纯滚动, 盘边上一点所形成的轨迹. 这条曲线的另一个惊人的性质是等时性: 点 2 位于曲线上点 1 和点 3 之间的任一点, 质点从此静止释放, 运动到点 3 的时间相同, 即运动时间与振幅无关. 这一点与简谐振动相同, 简谐振动的周期都与振幅无关.

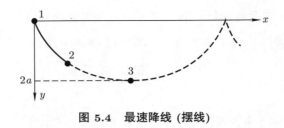

图 5.4　最速降线 (摆线)

§5.2　最小作用量原理

质点在三维空间不受约束地运动, 它的自由度是 3, 描述它的位置需要 3 个独立的坐标. 如果限定质点在曲面上运动, 它的自由度是 2, 描述它的位置需要 2 个独立坐标. 如果限定质点在曲线上运动, 它的自由度是 1, 描述它的位置只需要 1 个独立坐标, 例如从曲线上某一点开始测量的曲线长度. 对于 n 个自由度的力学系统, 需要 n 个独立的变量 $q_1, q_2, \cdots, q_n$. 这些变量, 不一定是我们最熟悉的直角坐标系的坐标 —— 笛卡儿坐标, 根据问题的特殊情况, 有时选取其他坐标更为方便, 甚至选取某些参量, 例如曲线的长度等. 任意 n 个可以完全描述系统位置的变量 q_i 称为该系统的广义坐标, 其对时间的导数 $\dot{q}_i$ 称为广义速度.

实验表明, 同时给定系统的位置和速度就可以确定系统的状态, 原则上也可以预测系统以后的运动, 或者反推以前的运动.

现在我们将欧拉–拉格朗日方程推广到多自由度的力学系统. 每个力学系统都用一个确定的函数 —— 拉格朗日量 $L(q_1, q_2, \cdots, q_n, \dot{q}_1, \dot{q}_2, \cdots, \dot{q}_n, t)$ (简写为 $L(q, \dot{q}, t)$) 表示, 这里自变量是时间 t. 力学系统运动规律的最一般表述是最小作用量原理.

最小作用量原理　系统在时刻 $t = t_1$ 和 $t = t_2$ 分别处于两个位置 $q(1)$ 和 $q(2)$, 系统从 t_1 到 t_2 的运动使得积分

$$S = \int_{t_1}^{t_2} L(q, \dot{q}, t)\mathrm{d}t$$

取最小值.

积分 S 称为作用量, 因而此原理称为最小作用量原理. 相应的欧拉–拉格朗日方程的推导与一个函数变量的完全相同. 推导过程还是采用令作用量取极值的变分法, 这里之所以取最小值是为了自由质点的质量为正值. 所得的 n 个欧拉–拉格朗日方程在力学中称为拉格朗日方程:

$$\frac{\mathrm{d}}{\mathrm{d}t}\frac{\partial L}{\partial \dot{q}_i} - \frac{\partial L}{\partial q_i} = 0 \quad (i = 1, 2, \cdots, n).$$

如果给定力学系统的拉格朗日量, 则拉格朗日方程建立了加速度、速度和坐标之间的

关系, 是系统的运动方程.

最小作用量原理告诉我们, 给定了力学系统的拉格朗日量, 系统的运动就由拉格朗日方程决定. 可以说, 一个力学系统的拉格朗日量蕴含了该力学系统的所有重要的信息. 所以, 构建和分析拉格朗日量成为我们的首要任务.

构建系统的拉格朗日量需要从更基本、更深的层次来考虑, 我们暂时止步于此, 直接给出惯性系中几种典型系统的拉格朗日量. 对这些深层次的概念感兴趣的读者可以查阅理论力学的教材.

(1) 自由质点的拉格朗日量.

质点不受力的作用, 做匀速直线运动或静止, 它的拉格朗日量为

$$L = \frac{1}{2}mv^2.$$

(2) 自由质点系的拉格朗日量.

既无相互作用又不受外力的质点系的拉格朗日量为

$$L = \sum_i \frac{1}{2}m_i v_i^2.$$

几个孤立系统的拉格朗日量的可相加性使得质量的定义是有意义的, 而拉格朗日量乘以常数相当于改变质量的单位. 由最小作用量原理, 质量也不能是负的.

(3) 质点系的拉格朗日量.

首先考虑孤立质点系. 孤立质点系是指内部质点之间有相互作用, 但不受外部物体作用的质点系. 质点之间的相互作用可用一个只与质点位置有关的函数来描述, 函数的表达式由相互作用的性质确定, 记作 $-U$, U 称为相互作用系统的势能. 将此函数加到自由质点系的拉格朗日量里, 就得到孤立质点系拉格朗日量的一般表达式

$$L = \sum_i \frac{1}{2}m_i v_i^2 - U(\boldsymbol{r}_1, \boldsymbol{r}_2, \cdots).$$

势能只依赖于所有质点在同一时刻的分布, 意味着其中一个质点位置的改变立刻影响到其他质点, 即相互作用是瞬时传播的. 这与绝对时空观和伽利略相对性原理是自洽的. 而用广义坐标表示的拉格朗日量的一般形式为

$$L = T(q, \dot{q}) - U(q).$$

现在考虑一个非孤立质点系 A, 它与运动已知的质点系 B 相互作用. 在这种情形下, 也可以说, A 在给定的外场 (由 B 提供) 中运动. 假定系统 $A + B$ 是孤立的, 我们可写出系统 $A + B$ 的拉格朗日量

$$L = T_A(q_A, \dot{q}_A) + T_B(q_B, \dot{q}_B) - U(q_A, q_B),$$

其中与 B 有关的坐标和速度都是已知的, 即都是时间的函数. 因此, 在外场中运动的质点系的拉格朗日量具有通常的形式, 差别就在于势能可能显含时间:

$$L = \sum_i \frac{1}{2} m_i v_i^2 - U(\boldsymbol{r}_1, \boldsymbol{r}_2, \cdots, t).$$

而用广义坐标表示的拉格朗日量的一般形式为

$$L = T(q, \dot{q}) - U(q, t).$$

综上所述, 拉格朗日量的通用形式为

$$L = \text{动能} - \text{势能}.$$

最后, 我们可能还需要考虑不能用势能函数表示的相互作用, 需要直接将这类相互作用加到拉格朗日方程中.

§5.3　拉格朗日方程

利用最小作用量原理, 我们导出了拉格朗日方程

$$\frac{\mathrm{d}}{\mathrm{d}t} \frac{\partial L}{\partial \dot{q}_i} - \frac{\partial L}{\partial q_i} = 0 \quad (i = 1, 2, \cdots, n),$$

并给出了常见力学系统的拉格朗日量. 它们与牛顿运动方程有什么关系呢?

为了逐步深入理解拉格朗日方程, 我们先考虑比较熟悉的情形. 质点在保守力场中运动, 拉格朗日量为

$$L = \frac{1}{2} m(v_x^2 + v_y^2 + v_z^2) - U(x, y, z).$$

计算拉格朗日量对坐标和速度的偏导, 有

$$\frac{\partial L}{\partial v_x} = m v_x = p_x,$$
$$\frac{\partial L}{\partial x} = -\frac{\partial U}{\partial x} = F_x.$$

代入拉格朗日方程, 得到

$$\frac{\mathrm{d}}{\mathrm{d}t} p_x = F_x.$$

类似可得另外两个分量, 写成矢量形式, 即得

$$\frac{\mathrm{d}}{\mathrm{d}t} \boldsymbol{p} = \boldsymbol{F} = -\nabla U.$$

这就是我们熟悉的牛顿方程. 因此, 在经典力学的领域, 分析力学与牛顿力学是等价的.

如果拉格朗日量用极坐标表示,

$$L = \frac{1}{2}m(\dot{r}^2 + r^2\dot{\theta}^2) - U(r,\theta),$$

计算拉格朗日量对 $\dot{\theta}$ 的偏导, 有

$$\frac{\partial L}{\partial \dot{\theta}} = mr^2\dot{\theta},$$

此即质点的角动量. 代入拉格朗日方程, 有

$$\frac{\mathrm{d}}{\mathrm{d}t}(mr^2\dot{\theta}) = -\frac{\partial U}{\partial \theta},$$

其中 $-\partial U/\partial\theta$ 必为质点所受的力矩, 此即质点的角动量定理.

如果用广义坐标表示拉格朗日量 $L(q_1,q_2,\cdots,q_n,\dot{q}_1,\dot{q}_2,\cdots,\dot{q}_n,t)$, 它对广义速度 $\dot{q}_i$ 的偏导

$$p_i = \frac{\partial L}{\partial \dot{q}_i}$$

称为与广义坐标 q_i 共轭的广义动量. 拉格朗日量对广义坐标的偏导

$$F_i = \frac{\partial L}{\partial q_i}$$

称为广义力. 采用上述符号, 拉格朗日方程可以写成

$$\dot{p}_i = F_i.$$

在空间直角坐标系中, 在无约束情形下, 此即牛顿运动方程.

例 5.2 弹性摆.

如图 5.5 所示, 设弹簧质量可略, 劲度系数为 k, 原长为 l_0, 质点的质量为 m. 系统在竖直平面内运动, 用拉格朗日方程导出系统的运动方程.

解 弹性摆有两个自由度, 取极坐标 r 和 θ 为广义坐标, 则系统的拉格朗日量为

$$L = \frac{1}{2}m(\dot{r}^2 + r^2\dot{\theta}^2) - \frac{1}{2}k(r-l_0)^2 + mgr\cos\theta,$$

其中重力势能的零点取点 O 所在的水平面. 将拉格朗日量代入 r 和 θ 的拉格朗日方程, 即得系统的运动微分方程

$$m\ddot{r} - mr\dot{\theta}^2 + k(r-l_0) - mg\cos\theta = 0,$$
$$\frac{\mathrm{d}}{\mathrm{d}t}(mr^2\dot{\theta}) + mgr\sin\theta = 0.$$

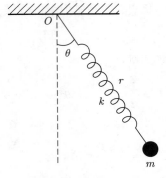

图 5.5 弹性摆

第一个方程即极坐标系中径向的牛顿运动方程, 第二个方程即角动量定理. 第二个方程改写一下, 有

$$2mr\dot{\theta} + mr\ddot{\theta} + mg\sin\theta = 0.$$

可以看出, 这就是极坐标系中横向的牛顿运动方程.

弹性摆的运动方程是非线性的微分方程组, 求解需要借助数值计算的方法. 即使是小角度摆动, 我们略去二阶以上的小量, 方程简化为

$$m\ddot{r} + k(r - l_0) = 0,$$
$$r\ddot{\theta} + g\theta = 0,$$

径向运动是简谐振动, 横向的运动依然还是比较复杂. 而大角度摆动时会导致非线性运动常见的混沌现象.

前面我们用牛顿力学解决的力学问题, 用分析力学都可以处理. 但分析力学的优势在于可以用统一的方法跨学科处理更复杂的问题.

§5.4　对称性与守恒量

前面已经给出了常见力学系统拉格朗日量的一般形式, 既然拉格朗日量蕴含了力学系统所有重要的信息, 我们接着就来分析拉格朗日量.

(1) 能量.

在时间上做一个平移 $t \to t + t_0$, 孤立系统应保持不变, 所以孤立系统的拉格朗日量不显含时间.

拉格朗日量对时间的全导数

$$\frac{\mathrm{d}L(q_i, \dot{q}_i)}{\mathrm{d}t} = \sum_i \frac{\partial L}{\partial q_i} \dot{q}_i + \sum_i \frac{\partial L}{\partial \dot{q}_i} \ddot{q}_i.$$

如果 L 含有时间, 右端还应该有 $\partial L/\partial t$. 由拉格朗日方程, 有

$$\frac{\partial L}{\partial q_i} = \frac{\mathrm{d}}{\mathrm{d}t}\frac{\partial L}{\partial \dot{q}_i}.$$

用它替换 $\mathrm{d}L/\mathrm{d}t$ 右端的第一项, 可得

$$\frac{\mathrm{d}L}{\mathrm{d}t} = \sum_i \frac{\mathrm{d}}{\mathrm{d}t}\frac{\partial L}{\partial \dot{q}_i}\dot{q}_i + \sum_i \frac{\partial L}{\partial \dot{q}_i}\ddot{q}_i = \sum_i \frac{\mathrm{d}}{\mathrm{d}t}\left(\frac{\partial L}{\partial \dot{q}_i}\dot{q}_i\right).$$

由此可得

$$\frac{\mathrm{d}}{\mathrm{d}t}\left(\sum_i \frac{\partial L}{\partial \dot{q}_i}\dot{q}_i - L\right) = 0.$$

因而可知

$$E = \sum_i \frac{\partial L}{\partial \dot{q}_i}\dot{q}_i - L$$

在孤立系统的运动过程中保持不变, 称为系统的能量.

　　能量守恒的条件是拉格朗日量不显含时间, 所以能量守恒不仅对于孤立系统成立, 对处于定常外场 (与时间无关) 中的系统也成立. 能量守恒的系统也称为保守系统.

　　孤立 (或处于定常外场中) 系统的拉格朗日量可写成

$$L = T(q,\dot{q}) - U(q),$$

其中 $T(q,\dot{q})$ 是广义速度的二次函数. 由齐次函数的欧拉定理可得

$$\sum_i \frac{\partial L}{\partial \dot{q}_i}\dot{q}_i = \sum_i \frac{\partial T}{\partial \dot{q}_i}\dot{q}_i = 2T.$$

将此代入 E 的表达式, 即得

$$E = T(q,\dot{q}) + U(q).$$

可用笛卡儿坐标表示为

$$E = \sum_i \frac{1}{2}m_i v_i^2 + U(\boldsymbol{r}_1, \boldsymbol{r}_2, \cdots).$$

可见, 系统的能量可以表示为本质上不同的两项之和: 依赖于速度的动能和依赖于坐标的势能. 最后再用广义动量表示系统的能量:

$$E = \sum_i p_i \dot{q}_i - L.$$

　　总之, 若拉格朗日量不显含时间, 则系统的能量

$$E = T(q,\dot{q}) + U(q)$$

守恒. 像牛顿力学一样, 对于能量守恒的系统, 我们可以直接写出能量守恒方程.

(2) 动量.

孤立系统在空间做任意的整体平移时, 其力学性质应保持不变. 因此将孤立系统做一个整体的任意无穷小平移 $\boldsymbol{\varepsilon}$, 即 $\boldsymbol{r}_i \to \boldsymbol{r}_i + \boldsymbol{\varepsilon}$ 时, 拉格朗日量应保持不变, 即

$$\delta L = \sum_i \frac{\partial L}{\partial \boldsymbol{r}_i} \cdot \delta \boldsymbol{r}_i = \boldsymbol{\varepsilon} \cdot \sum_i \frac{\partial L}{\partial \boldsymbol{r}_i} = 0,$$

其中

$$\frac{\partial L}{\partial \boldsymbol{r}_i} = \frac{\partial L}{\partial x_i} \boldsymbol{i} + \frac{\partial L}{\partial y_i} \boldsymbol{j} + \frac{\partial L}{\partial z_i} \boldsymbol{k}.$$

由于 $\boldsymbol{\varepsilon}$ 是不为零的、任意的无穷小平移, 这就要求

$$\sum_i \frac{\partial L}{\partial \boldsymbol{r}_i} = 0,$$

此即系统所受的合力为零. 再由拉格朗日方程, 得到

$$\sum_i \frac{\mathrm{d}}{\mathrm{d}t} \frac{\partial L}{\partial \boldsymbol{v}_i} = 0.$$

因此, 我们得到一个系统的守恒量

$$\boldsymbol{P} = \sum_i \frac{\partial L}{\partial \boldsymbol{v}_i}.$$

$\boldsymbol{P}$ 在孤立系统的运动过程中保持不变, 称为系统的动量.

由质点系的拉格朗日量, 系统动量守恒的物理意义是系统所受合力为零. 对于两个质点组成的系统, 我们得到牛顿第三运动定律: 两个质点的相互作用力大小相等, 方向相反.

动量是矢量, 我们还可以考虑某个方向上的动量分量守恒.

(3) 角动量.

孤立系统在空间做任意的整体转动时, 其力学性质应保持不变. 因此, 孤立系统做一个整体的任意无穷小转动 $\delta\boldsymbol{\varphi}$ 时, 拉格朗日量应保持不变, $\delta L = 0$. 如图 5.6 所示, 无穷小转动引起的质点位移可表示为

$$\delta \boldsymbol{r} = \delta \boldsymbol{\varphi} \times \boldsymbol{r}.$$

所有质点的速度也会改变, 与位置矢量的变化规律相同:

$$\delta \boldsymbol{v} = \delta \boldsymbol{\varphi} \times \boldsymbol{v}.$$

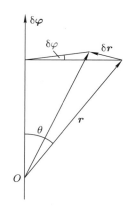

图 5.6 无穷小转动与位移

将这些变化代入 δL, 可得

$$\delta L = \sum_i \left(\frac{\partial L}{\partial \boldsymbol{r}_i} \cdot \delta \boldsymbol{r}_i + \frac{\partial L}{\partial \boldsymbol{v}_i} \cdot \delta \boldsymbol{v}_i \right) = 0.$$

先做代换

$$\frac{\partial L}{\partial \boldsymbol{v}_i} = \boldsymbol{p}_i,$$

再由拉格朗日方程得

$$\frac{\partial L}{\partial \boldsymbol{r}_i} = \dot{\boldsymbol{p}}_i.$$

由此得到

$$\sum_i (\dot{\boldsymbol{p}}_i \cdot (\delta \boldsymbol{\varphi} \times \boldsymbol{r}_i) + \boldsymbol{p}_i \cdot (\delta \boldsymbol{\varphi} \times \boldsymbol{v}_i)) = 0.$$

置换因子的次序并将对时间的导数移到求和符号之外, 得

$$\delta \boldsymbol{\varphi} \cdot \sum_i (\boldsymbol{r}_i \times \dot{\boldsymbol{p}}_i + \boldsymbol{v}_i \times \boldsymbol{p}_i) = \delta \boldsymbol{\varphi} \cdot \frac{\mathrm{d}}{\mathrm{d}t} \sum_i (\boldsymbol{r}_i \times \boldsymbol{p}_i) = 0.$$

由 $\delta \boldsymbol{\varphi}$ 的任意性, 即得

$$\frac{\mathrm{d}}{\mathrm{d}t} \sum_i (\boldsymbol{r}_i \times \boldsymbol{p}_i) = 0.$$

因此, 我们得到一个系统的守恒量

$$\sum_i \boldsymbol{r}_i \times \boldsymbol{p}_i = 常量.$$

它在孤立系统的运动过程中保持不变, 称为系统的角动量.

类似于动量, 我们也可以考虑某个方向上的角动量分量守恒.

任何孤立系统都有三个重要的守恒量: 能量、动量和角动量, 它们分别与时间的均匀性、空间的均匀性和空间各向同性的对称相对应. 所谓对称, 就是在某种操作下的不变性. 对称性的分析在现代物理中越来越重要.

思 考 题

1. 你认为自然界最基本的法则是什么?
2. 最小作用量原理对拉格朗日量有什么要求?

习 题

1. 在空间直角坐标系中写出斜抛物体的拉格朗日量, 确定三个坐标满足的拉格朗日方程, 并证明它们就是你熟悉的斜抛物体的运动方程.

2. 写出单摆的拉格朗日量, 并用拉格朗日方程导出单摆的摆动方程. 用牛顿运动方程和角动量定理也可导出单摆的摆动方程, 比较三种方法的异同.

3. 设有两个自由度的力学系统, 其动能和势能可以表示为

$$E_{\mathrm{k}} = \frac{1}{2}\frac{\dot{q}_1^2}{a + bq_2^2} + \frac{1}{2}\dot{q}_2^2, \quad E_{\mathrm{p}} = c + dq_2^2.$$

式中 a, b, c 和 d 均为正的常量. 试确定此系统的运动.

4. 在竖直平面内, 长为 l 的单摆的悬挂点固定在半径为 a, 以角速度 ω 匀速转动的圆盘边上, 重力加速度为 g, 如图 5.7 所示. 计算笛卡儿坐标系中摆球的速度和加速度分量, 并确定角度 θ 的角加速度.

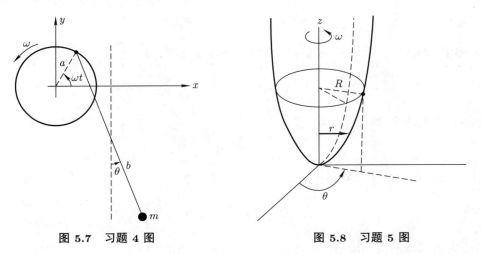

图 5.7   习题 4 图   图 5.8   习题 5 图

5. 如图 5.8 所示, 质量为 m 的珠子沿着光滑的抛物线 $z = cr^2$ 滑动, 抛物线绕着竖直轴以角速度 ω 匀速转动, 重力加速度为 g.
   (1) 确定珠子的运动微分方程.
   (2) 确定珠子的能量.

(3) 若珠子能做半径为 R 的圆周运动, 确定系数 c.

6. 质量为 m 的小球用不可伸长的轻绳悬挂于 O 点, 绳长为 $4l$, 两侧有固定的光滑曲面, 表面曲线是摆线, 参数方程为 $x = l(\theta - \sin\theta)$, $y = l(1 - \cos\theta)$, 其中 $\theta = 0$ 对应 O 点. 将小球从一侧以任一角度 φ 静止释放, 如图 5.9 所示.

(1) 选择合适的广义坐标, 写出系统的拉格朗日量.

(2) 计算系统的振动周期, 并证明与摆动幅度无关.

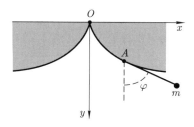

图 5.9　习题 6 图

第三篇
应　用

第六章 有心力

自然界作用力的最基本形式是有心力, 万有引力、库仑力和弹力都是有心力. 这是极其重要的力学问题, 关联到两大极为不同的领域: 天体运动和粒子的散射, 例如 α 粒子被原子核散射. 天体运动的正确解释给人们带来的震撼余波犹在, 而卢瑟福 (Rutherford) 的原子有核模型则打开了探索物质微观世界的大门.

§6.1 开普勒三定律

站在地球, 仰望星空, 观察一晚上, 你会发现, 恒星平稳地划过天空. 观察一个月, 月球沿着天空中相对恒星的路径平稳而规则地移动, 并呈现周期性的月相变化. 观察一年, 太阳沿着黄道近乎匀速地前行, 日复一日保持着几乎不变的亮度. 太阳和月球的运动简单而有序. 在天空中, 用眼睛还能观察到五个其他的天体: 金星、木星、水星、火星、土星, 它们的运动却不太容易理解. 然而正是它们的运动最终揭示了整个太阳系运行的规律, 并从根本上改变了人类对宇宙的看法.

在中国古代, 五大行星是和太阳、月亮并列的, 称为日月五星, 总称七政.《尚书·尧典》中记载: "在璇玑玉衡, 以齐七政." 在战国时期就有五星的说法, 当时不叫金木水火土, 而是分别叫作太白、岁星、辰星、荧惑、镇星.

金星是天空中除太阳和月亮外最亮的星体, 名为太白星. 水星最靠近太阳, 运行速度最快. 几个时辰内, 水星会转移位置, 故此称为辰星. 火星位置较难预测, 亮度不稳定, 名为荧惑星. 木星较大, 易观测, 公转周期是 11.857 地球年. 古代用木星周期来纪年, 故称之岁星. 土星周期较长, 大致是 29.457 地球年. 中国古代天文, 已有二十八星宿. 土星差不多每年经过一个星宿, 好像每年坐镇二十八宿中的一宿, 故称为镇星.

中国古代的天文知识也相当普及. 明末清初的学者顾炎武在他的《日知录》中写道: "三代以上, 人人皆知天文. '七月流火', 农夫之辞也. '三星在户', 妇人之语也. '月离于毕', 戍卒之作也. '龙尾伏辰', 儿童之谣也. 后世文人学士, 有问之而茫然不知者矣." 我们的确有一个美好的科学童年!

汉代阴阳五行家把五大行星配上五行: 金、木、水、火、土.《史记·天官书》记载: "天有五星, 地有五行." 五行金、水、木、火、土配五色白、黑、绿、红、黄. 古代天文官, 观测太白星呈白黄色, 故称金星. 辰星呈深灰色, 故称水星. 荧惑星呈红褐色, 故称火星. 镇星呈黄棕色, 故称土星. 岁星呈现橙、白、青等不同颜色云雾带, 故称木星.

古人将天象配人事, 有星象之说. 西方也有占星术, 开普勒除了帝国数学家的职业之外, 第二职业就是占星术士. 星象学或占星术是古代研究天文学的一条道路, 但将天象与皇权、人事联系在一起的占星术, 貌似高深莫测, 实则阻碍了对天文学和历法的研究.

另一条道路就是观察、研究行星的运行规律. 行星的运动不像太阳和月亮那样有规律. 它们的亮度在变化, 在天空的位置也不固定. 行星从不偏离黄道太远, 通常与太阳一样, 自西向东横穿天球. 然而, 它们在行进过程中时而加速, 时而减速, 有时还会逆行, 图 6.1 所示为某两年间火星的轨迹.

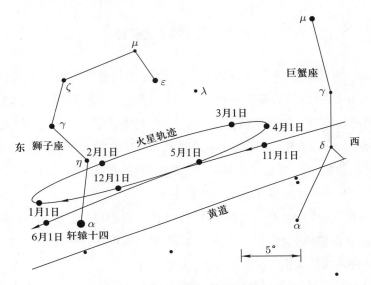

图 6.1   火星在某两年间的轨迹

在对行星的这些特殊运动的解释中, 最典型的是从古代流传到中世纪的托勒密模型, 这是源自亚里士多德的地心模型: 地球是宇宙的中心, 所有其他天体绕着地球运动, 各自处在不同的天球上. 为解释行星的运动, 人们引入均轮和本轮: 每颗行星沿着本轮小圆匀速运动, 本轮的圆心沿着均轮大圆匀速运动. 托勒密模型能够解释行星的运动, 也具有较好的预测能力, 至少符合当时的观测精度. 亚里士多德学派还提出了地球不动的证据: 如果地球在移动, 我们就会感觉到; 在一年之中, 恒星的位置会有所变化.

亚里士多德学派的证据中, 第一点可以根据惯性原理反驳. 伽利略的《关于托勒密和哥白尼两大世界体系的对话》一书中描述萨尔维阿蒂大船中发生的一切, 可以看作对第一点的一个生动形象的反驳. 感觉不到地球运动恰恰是惯性原理的体现. 至于第二点, 恒星视差是存在的, 但是, 直到十九世纪中期才有确定的测量, 这是由于恒星太过遥远, 视差的大小不超过 $1''$. 这也是一个典型实例, 由于依据的数据不够精确, 正确的推理却导致错误的结论.

历史上也记录了一些古希腊天文学家关于天体运动的不同论断. 最著名的是阿利斯塔克 (Aristarchus, 约前 310—前 230). 他认为所有的行星, 包括地球, 都绕着太阳转动, 此外地球每天还绕着自己的轴自转一圈. 结合了地球的公转和自转, 他认为这会造成天空的视运动. 但是, 亚里士多德的影响太大, 追随者众多, 他的著作也传播得太广泛. 在十六世纪之前, 地心说基本上不受质疑, 直至意大利的文艺复兴时期才带来松动, 继而引发科学的革命.

哥白尼在大学就养成了使用天文仪器观察天象的习惯, 此后更是立志改革天文学. 在弗劳恩堡总教堂担任牧师期间, 他思考了他的行星系统的细节, 对大量复杂的计算进行整理, 并逐步使手稿臻于完善. 由于担心来自学术和教会两方面的反对, 他年复一年地不断修订手稿, 最终在朋友的劝说下, 于 1543 年临终前出版了《天体运行论》. 在他的体系中, 地球绕自己的轴转动, 同时又作为行星之一绕着太阳旋转. 哥白尼设想的太阳系的总排列示于他的著名的宇宙图 (见图 6.2) 中.

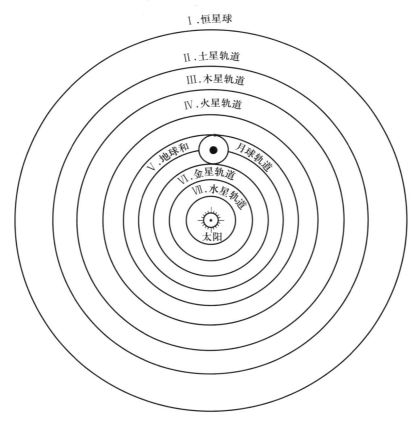

图 6.2　哥白尼的宇宙图

哥白尼在《天体运行论》中写道: "太阳居于群星的中央. 在这个辉煌无比的庙堂

中, 这盏明灯现在能够同时普照一切, 难道谁还能把它放在另一个比这更好的位置上吗? …… 因此, 太阳俨然高踞王位之上, 君临围绕他的群星."

自从哥白尼发表他的日心说之后, 它在科学上的实用以及它与观察事实的联系大为增强. 对哥白尼来说, 日心说仅仅代表行星最对称的排列, 以及用于解释行星运动的最简单方式. 但是, 对开普勒来说, 这是他发现行星运动定律的必要前提; 对牛顿来说, 它开辟了一条合理解释这些定律的道路; 对拉普拉斯 (Laplace) 等天体演化学家来说, 认为太阳中央有一个母体, 最初是在离心力或引潮力的作用下从中抛射出行星物质.

第谷有一个与古人提出的任何观点都不相同的想法: 如果能足够精确地测得行星在天空中实际的位置, 那么这些有关行星运动本性的争论就会得到最好的解决. 这个想法非同小可, 如果想要发现什么东西, 仔细做一些实验比冗长的哲学争辩好得多. 第谷改进和制作了许多精良的观测仪器, 在丹麦国王赐给他的赫威恩岛上建造了城堡和天文台, 从 1576 年到 1597 年一直进行观测. 1600 年初, 第谷邀请开普勒做他的助手, 临终前在病榻上把自己积累的宝贵观测资料交给了开普勒. 两人都是杰出的, 才华高度互补. 第谷是观察家, 留下了二十卷天文观测数据, 时间跨度 35 年; 开普勒是年轻的理论家, 也有一卷学术著作.

第谷逝世前不久, 当时的皇帝授予开普勒 "帝国数学家" 的称号. 然而, 由于薪俸削减, 且不是定期发放, 开普勒一直处于经济困难的窘境, 不得不再去教书和搞占星术来挣点外快. "如果女儿 '占星术' 不挣来两份面包, 那么 '天文学' 母亲就准会饿死." 据传他曾经这样说过. 在业余时间, 开普勒就研究行星运动的问题, 一是要建立一套与哥白尼学说一致的行星理论, 二是要根据第谷的观测结果编制出行星运行的表, 以取代当时通用的那些很不准确的星表. 在 1609 年, 他首先对火星提出了前两条行星运动定律:

(1) 火星画出一个以太阳为一个焦点的椭圆;

(2) 从太阳到火星的连线在相等的时间内扫过相等的面积.

此后, 开普勒将他的两条行星定律明确地推广到其余行星、月球以及木星的美第奇卫星 (伽利略卫星). 最终, 开普勒的第三条定律载于他的《世界的和谐》(1619 年) 一书中, 这也是关于行星运动的最后一条伟大定律. 这条定律是:

(3) 各个行星周期的平方与各自离开太阳的平均距离的立方成正比.

开普勒因而被尊称为天体的立法者.

在整个科学史上, 罕有能与从哥白尼到牛顿的天文学发展相匹敌的时期. 哥白尼把地球看作太阳系里的一颗行星, 以这一革命性思想为开端, 经过伽利略、第谷、开普勒等人的工作, 最后导致牛顿对物理世界的大综合. 牛顿在《自然哲学的数学原理》一书中令人信服地证明, 整个宇宙服从同一条万有引力定律和相同的运动定律.

§6.2 天 体 运 动

行星运动三定律发表后, 包括开普勒在内的许多人都思考过行星做椭圆运动的原因. 关于牛顿发现万有引力的最早记载可以追溯到 1666 年. 由于伦敦瘟疫肆虐, 高峰时每周有一万人死亡, 9 月甚至在一天内造成 7000 人丧命. 在剑桥学了四年后, 牛顿于 1665 年 6 月底被迫离开剑桥, 回到老家的乌尔索普庄园, 一住就是 18 个月. 牛顿后来回忆说, 这是他一生中最富创意的时光, 后人称为牛顿的奇迹年.

据牛顿回忆, 某天他正坐在苹果树下沉思, 一个苹果突然落到地上. 他就想, 为什么苹果总是垂直下落 (也就相当于朝着地球中心下落), 而不是往旁边或是往上跑呢? 由此他又想到, 这一定是因为地球在吸引着苹果, 而这个吸引力是指向地球中心而不是任何一侧的. 推而广之, 物质之间应该普遍存在着吸引力, 这种吸引力是相互的, 它应该与相互吸引的物质的量成正比, 可以延伸到整个宇宙.

有人问牛顿是如何做出这些前所未有的发现的? 他回答说: "我经常将问题摆在面前, 等待第一缕曙光缓缓出现, 渐渐变成圆满、明亮的光辉." 经过长年累月的持续思考, 1666 年的这一缕曙光终于在 1687 年随着《自然哲学的数学原理》的问世而变得圆满!

我们重新叙述开普勒的行星运动三定律.

第一定律 (轨道定律) 行星围绕太阳运动的轨道为椭圆, 太阳位于椭圆的一个焦点上.

第二定律 (面积定律) 行星与太阳的连线在相等的时间内扫过相等的面积.

第三定律 (周期定律) 各行星椭圆轨道半长轴的三次方与运动周期的平方之比为相同的常量.

第一定律确定行星运动的轨道, 第二定律说明行星在轨道上如何运动, 第三定律确定不同行星运动之间的关系.

我们知道太阳系有众多天体, 它们之间都存在着万有引力. 解决行星运动的问题必须先做简化. 由于太阳的质量比其他天体的质量大得多, 约占太阳系总质量的 99.86%, 我们在考虑行星运动的问题时, 只考虑太阳的引力, 略去其他天体的引力. 行星运动问题解决后, 我们再逐步考虑其他天体的影响.

假定太阳的质量 M 为无穷大, 太阳静止不动, 行星在太阳的引力场中运动. 太阳和行星的大小与两者的间距相比是很小的, 我们可以把它们看作质点. 以太阳为原点, 设行星的初态为 r_0 和 v_0. r_0 和 v_0 确定了一个平面, 引力沿着两者的连线, 在此平面的法向分量为零, 因此, 行星将会始终在这个平面内运动. 我们在这个运动平面建立极坐标系, 极轴方向任意, 如图 6.3 所示.

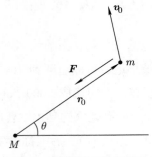

图 6.3   太阳对行星的引力

由于万有引力是保守的有心力, 行星的能量和角动量守恒:

$$\frac{1}{2}m(v_r^2 + v_\theta^2) - G\frac{Mm}{r} = E,$$

$$mrv_\theta = L,$$

其中 E 和 L 由行星的初态确定. 由此得到

$$v_r = \pm\sqrt{\left(\frac{2E}{m} + 2G\frac{M}{r}\right) - \left(\frac{L}{mr}\right)^2},$$

$$v_\theta = \frac{L}{mr}.$$

径向速度 v_r 为正表示行星由近日点运动到远日点, 为负表示由远日点返回近日点, 我们先取正值. 将径向速度和横向速度代入极坐标的微分轨道方程

$$\frac{\mathrm{d}r}{\mathrm{d}\theta} = r\frac{v_r}{v_\theta},$$

可得

$$\frac{\mathrm{d}r}{\mathrm{d}\theta} = \frac{mr^2}{L}\sqrt{\frac{2E}{m} + 2G\frac{M}{r} - \frac{L^2}{m^2r^2}}$$

$$= r^2\sqrt{\left(\frac{GMm^2}{L^2}\right)^2\left(1 + \frac{2EL^2}{G^2M^2m^3}\right) - \left(\frac{1}{r} - \frac{GMm^2}{L^2}\right)^2}.$$

引入参量

$$p = \frac{L^2}{GMm^2}, \quad \varepsilon = \sqrt{1 + \frac{2EL^2}{G^2M^2m^3}},$$

并做变量代换

$$u = \frac{1}{r} - \frac{1}{p},$$

微分轨道方程简化为

$$\mathrm{d}\theta = -\frac{\mathrm{d}u}{\sqrt{(\varepsilon/p)^2 - u^2}}.$$

积分可得

$$\theta = \arccos\frac{pu}{\varepsilon} + \theta_0,$$

其中 θ_0 为积分常量. 适当选取参考方向, 总可以使 θ_0 为零. v_r 为负时可类似计算, 最终我们得到行星运动的轨道方程

$$r = \frac{p}{1 + \varepsilon\cos\theta}.$$

这是太阳位于焦点的圆锥曲线, 有三种可能 (见图 6.4):

(1) $E > 0$ 时, $\varepsilon > 1$, 轨道为双曲线之一, M 位于内焦点.

(2) $E = 0$ 时, $\varepsilon = 1$, 轨道为抛物线, M 位于焦点.

(3) $E < 0$ 时, $\varepsilon < 1$, 轨道为椭圆, M 位于其中一个焦点. 圆是特殊的椭圆, $\varepsilon = 0$.

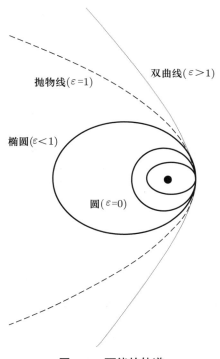

图 6.4　可能的轨道

太阳系中行星受太阳引力束缚, 当 $E < 0$ 时, $\varepsilon < 1$, 轨道为椭圆, 太阳位于其中一个焦点, 这就是开普勒第一定律. 行星的椭圆轨道如图 6.5 所示. 由轨道方程可知,

$\theta = 0$ 时, 行星位于近日点; $\theta = \pi$ 时, 行星位于远日点. 对于椭圆, $c = \sqrt{a^2 - b^2}$, 因此

$$a - c = r\big|_{\theta=0} = \frac{p}{1+\varepsilon},$$
$$a + c = r\big|_{\theta=\pi} = \frac{p}{1-\varepsilon}.$$

椭圆的离心率

$$e = \frac{c}{a} = \varepsilon,$$

椭圆的半长轴

$$a = \frac{p}{1-\varepsilon^2} = \frac{GMm}{-2E}.$$

可见, 半长轴由行星的能量决定, 与角动量无关.

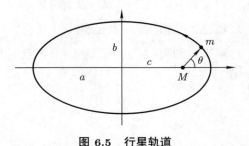

图 6.5　行星轨道

各大行星的轨道离心率见表 6.1.

表 6.1　太阳系行星轨道离心率

水星	0.206	金星	0.007
地球	0.017	火星	0.093
木星	0.048	土星	0.055
天王星	0.051	海王星	0.007

从表 6.1 中可见, 除了水星和火星, 其他行星的轨道离心率都接近于零, 轨道几乎是圆的. 哈雷彗星在 1986 年绕过太阳, 它的离心率是 0.967, 周期为 76 年.

行星无论取哪一种轨道, 相对太阳的角动量都是守恒的, 开普勒第二定律就是角动量守恒的体现.

例 6.1　太阳质量为 M, 行星椭圆轨道半长轴为 a、半短轴为 b, 行星的轨道运动周期为 T, 试导出开普勒第三定律.

解　如图 6.6 所示, 选择长轴的两点: 近日点 1 和远日点 2, 这是速度与径矢垂直

的唯一的两点. 对于这两点, 能量和角动量守恒:

$$\frac{1}{2}mv_1^2 - G\frac{Mm}{a-c} = \frac{1}{2}mv_2^2 - G\frac{Mm}{a+c},$$
$$\frac{1}{2}(a-c)mv_1 = \frac{1}{2}(a+c)mv_2.$$

解得

$$v_1 = \frac{a+c}{b}\sqrt{\frac{GM}{a}},$$
$$v_2 = \frac{a-c}{b}\sqrt{\frac{GM}{a}}.$$

由此得到掠面速度

$$\kappa = \frac{1}{2}(a-c)v_1 = \frac{1}{2}b\sqrt{\frac{GM}{a}}.$$

行星的轨道运动周期

$$T = \frac{\pi ab}{\kappa} = 2\pi a\sqrt{\frac{a}{GM}}.$$

由此即得开普勒第三定律

$$\frac{a^3}{T^2} = \frac{GM}{4\pi^2}.$$

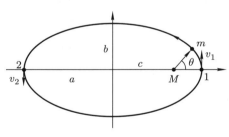

图 6.6　例 6.1 图

我们不仅证明了开普勒第三定律, 而且确定了常量的表达式. 因此, 用开普勒第三定律, 我们可以确定太阳的质量. 不仅如此, 用开普勒第三定律, 我们还可以进一步确定宇宙中一个神秘的天体 —— 黑洞的质量.

黑洞的质量巨大, 甚至光都不能从它的引力场逃逸. 我们不能用经典力学处理它, 必须用广义相对论的时空概念来描述. 尽管如此, 黑洞外围的引力场仍然满足牛顿的万有引力定律. 在银河系中心, 已经确认了一个黑洞的存在, 实验观测到恒星 S2 绕着一个对光学望远镜不可见的天体在椭圆轨道上运动, 如图 6.7 所示. 这个黑洞命名为 Sgr A*. 恒星 S2 的轨道是巨大的, 半长轴 $a \approx 11$ 光日 $\approx 2.9 \times 10^{11}$ km, 轨道的离心率 $e \approx 0.88$, 轨道运动周期是 15.8 年, 由此算出黑洞的质量为 4×10^6 太阳质量[①].

————————
[①]Reid M J. Is there a supermassive black hole at the center of the Milky Way. Int. J. Mod. Phys. D, 2009, 18: 889.

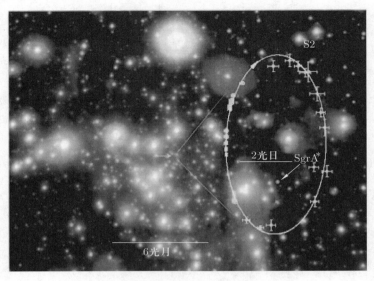

图 6.7　黑洞

例 6.2　略去地球大气的阻力, 在地球引力作用下, 贴近地面沿圆轨道运动的飞行器速度称为第一宇宙速度, 记作 v_1; 从地面向上发射飞行器, 使它能远离地球而去的最小发射速度称为第二宇宙速度, 记作 v_2; 从地面向上发射飞行器, 使它能相继脱离地球和太阳的引力束缚, 远离太阳系而去的最小发射速度称为第三宇宙速度, 记作 v_3. 地球半径, $R_{\mathrm{E}} = 6.37 \times 10^6$ m, 地球的公转轨道半径 $r = 1.50 \times 10^{11}$ m, 太阳质量 $M_{\mathrm{S}} = 1.99 \times 10^{30}$ kg, 重力加速度 $g = 9.8$ m/s^2. 试求(1) v_1, (2) v_2, (3) v_3.

解　(1) 飞行器质量记为 m, 圆轨道的半径是地球半径, 引力充当向心力, 有

$$\frac{m v_1^2}{R_{\mathrm{E}}} = mg.$$

由此得到第一宇宙速度

$$v_1 = \sqrt{g R_{\mathrm{E}}} \approx 7.9 \times 10^3 \ \mathrm{m/s} = 7.9 \ \mathrm{km/s}.$$

(2) 地球的质量记为 M_{E}, 飞行器远离地球而去, 最小速度满足到无穷远时动能和引力势能皆为零:

$$\frac{1}{2} m v_2^2 - G \frac{M_{\mathrm{E}} m}{R_{\mathrm{E}}} = 0.$$

由此得到第二宇宙速度

$$v_2 = \sqrt{\frac{2 G M_{\mathrm{E}}}{R_{\mathrm{E}}}} = \sqrt{2 g R_{\mathrm{E}}} = \sqrt{2}\, v_1 \approx 11.2 \times 10^3 \ \mathrm{m/s} = 11.2 \ \mathrm{km/s}.$$

(3) 确定第三宇宙速度时, 采用一个近似. 设飞行器距离地球约 $100 R_{\mathrm{E}}$ 时可看作距离地球无穷远, 此距离与地球的轨道半径相比, 仍是小量. 因此, 我们先让飞行器远

离地球而去, 它相对地面的速度从 v_3 降为 v_3', 满足

$$\frac{1}{2}mv_3^2 - G\frac{M_{\mathrm{E}}m}{R_{\mathrm{E}}} = \frac{1}{2}mv_3'^2.$$

发射飞行器必须利用地球的轨道速度:

$$u_{\mathrm{E}} = \sqrt{\frac{GM_{\mathrm{S}}}{r}}.$$

沿着地球轨道运动的方向发射, 飞行器相对太阳的速度

$$u = v_3' + u_{\mathrm{E}}.$$

为使飞行器恰好能脱离太阳的引力束缚, 要求 u 必须满足

$$\frac{1}{2}mu^2 - G\frac{M_{\mathrm{S}}m}{r} = 0.$$

联立各式可得第三宇宙速度

$$v_3 = \sqrt{2gR_{\mathrm{E}} + (3 - 2\sqrt{2})G\frac{M_{\mathrm{S}}}{r}} \approx 16.6 \times 10^3 \ \mathrm{m/s}.$$

例 6.3 假设质点间的吸引力大小与间距 r 的关系为 $F = GMmr^\alpha$, 其中 α 为待定常数, 试就下面行星椭圆轨道的两种情况分别确定 α:

(1) 如果太阳在椭圆轨道的一个焦点上;

(2) 如果太阳位于椭圆的中心.

解 (1) 分析图 6.8 中的 1 和 2 两处, 吸引力是有心力, 角动量或掠面速度守恒:

$$v_1(A - C) = v_2(A + C),$$
$$m\frac{v_1^2}{\rho_1} = GMm(A - C)^\alpha,$$
$$m\frac{v_2^2}{\rho_2} = GMm(A + C)^\alpha.$$

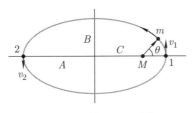

图 6.8 例 6.3(1) 图

在 1 和 2 处, 轨道的曲率半径相等, $\rho_1 = \rho_2$. 在方程中消去 v_1 和 v_2, 可得

$$(A + C)^{2+\alpha} = (A - C)^{2+\alpha}.$$

对于椭圆, $C \neq 0$, 因此必有 $\alpha = -2$, 这意味着吸引力必须是牛顿的万有引力.

(2) 如图 6.9 所示, 当太阳位于椭圆的中心时, 1 和 2 完全相同, 所以需要选 1 和 3 两处:

$$v_1 A = v_3 B,$$
$$m \frac{v_1^2}{\rho_1} = GMmA^\alpha, \quad \rho_1 = \frac{B^2}{A},$$
$$m \frac{v_3^2}{\rho_3} = GMmB^\alpha, \quad \rho_3 = \frac{A^2}{B}.$$

方程中消去 v_1 和 v_3, 可得

$$A^{\alpha-1} = B^{\alpha-1}.$$

对于椭圆, $A \neq B$, 因此必有 $\alpha = 1$, 吸引力具有弹性力的特点.

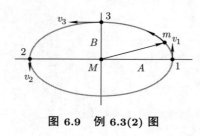

图 6.9　例 6.3(2) 图

例 6.4 航天器变轨技术.

发射后的卫星等航天器经常需要改变轨道 —— 变轨. 哪种变轨方式最有效呢?

卫星变轨依靠的是自身携带的发动机, 发动机点火就对卫星施加一个作用力. 由变质量系统的运动方程可知, 作用力的大小为

$$F_{\text{助推}} = \alpha v_r,$$

其中 v_r 为相对卫星的喷气速度, α 为单位时间喷出的燃料质量, 对一定型号的发动机来说是定值. 若助推力与卫星速度始终垂直, 则只改变速度的方向, 不改变大小, 卫星的能量不变. 因此, 助推力改变卫星能量最有效的方式就是沿速度方向施加作用力. 再看做功的效率. 卫星速度最大时, 功率最大. 所以, 地球卫星变轨的最佳方式是在近地点沿切向加速.

中国的探月工程进展非常顺利. 航天器从地球到月球的过程中进行了多次变轨, 如图 6.10 所示. 航天器在接近月球需要制动时, 在近月点反向制动是最有效的.

2020 年 4 月 24 日, 中国行星探测任务被命名为 "天问系列", 首次火星探测任务被命名为 "天问一号", 后续行星任务依次编号. 2020 年 7 月 23 日 12 时 41 分, 长征

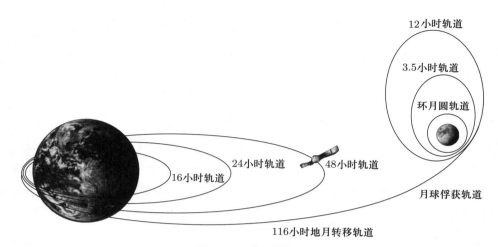

图 6.10　航天器探月

五号遥四运载火箭托举着我国首次火星探测任务 "天问一号" 探测器, 在中国文昌航天发射场点火升空. 2021 年 5 月 15 日 7 时 18 分, 科研团队根据 "祝融号" 火星车发回的遥测信号确认, "天问一号" 着陆巡视器成功着陆于火星乌托邦平原南部预选着陆区, 我国首次火星探测任务着陆火星取得圆满成功. 2021 年 5 月 22 日 10 时 40 分, "祝融号" 火星车已安全驶离着陆平台, 到达火星表面, 开始巡视探测. 图 6.11 为 "天问一号" 探测器在中间过程靠太阳引力进行无动力航行的示意图.

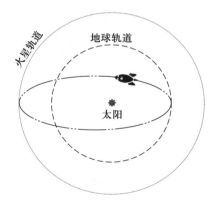

图 6.11　"天问一号" 探测器无动力航行轨迹

§6.3　卢瑟福散射

　　公元前四世纪, 古希腊哲学家德谟克利特 (Democritus) 提出原子概念, 并把它当作物质的最小单元. 原子一词源自希腊文, 意思是 "不可分割的". 但是直到二十世纪初随着近代物理学的发展, 物理学家才真正开始探索原子的内部结构.

在二十世纪初, 从实验事实已经知道, 电子是所有原子的组成部分, 物质通常是电中性的, 可见原子中还有带正电的部分. 电子的质量比整个原子的质量小得多, 大概是氢原子质量的两千分之一. 原子内部的结构如何呢? α 粒子散射实验给出了解答.

卢瑟福在 1898 年研究放射性时发现了 α 射线和 β 射线. 后来的研究证明, α 射线中的粒子 (α 粒子) 就是氦原子核, 是放射性物质中发出的快速粒子, 其质量是电子质量的 7300 多倍. 1908 年卢瑟福建议他的助手盖革 (Geiger) 和学生马斯登 (Marsden) 做 α 粒子散射实验. 实验发现一个重要现象: 用准直后的 α 粒子轰击厚度仅为 0.00004 cm 的金箔时, 有两万分之一的 α 粒子偏转方向超过 90°, 其中有接近 180° 的. 卢瑟福为此冥思苦想了几个星期, 经过推算, 从理论上证明, 只有原子内的正电荷集中于一点才能产生 α 粒子大角度散射的结果. 卢瑟福由此提出了原子的有核模型. 他的理论推算发表于 1911 年. 此后盖革和马斯登改进了实验, 于 1913 年发表了全面的数据, 进一步肯定了卢瑟福的理论. 卢瑟福的原子有核模型为理解原子的内部结构迈出了坚实的一步.

电荷分别为 Z_1e 和 Z_2e 的两个点电荷存在相互作用, 电荷 Z_1e 所受的库仑力 $\boldsymbol{F}_1$ 满足库仑定律:

$$\boldsymbol{F}_1 = kZ_1eZ_2e\frac{\boldsymbol{r}_1 - \boldsymbol{r}_2}{|\boldsymbol{r}_1 - \boldsymbol{r}_2|^3}.$$

设 Z_2e 的质量很大, 电荷 Z_1e 的质量为 m, 后面可用约化质量代替. 如果两个点电荷都为正电荷, 它们的作用力是满足平方反比关系的斥力, 势能为正, 能量总是大于零, 质点的轨道是双曲线. 能量和角动量守恒方程分别为

$$\frac{1}{2}m(v_r^2 + v_\theta^2) + k\frac{Z_1Z_2e^2}{r} = E,$$
$$mrv_\theta = L.$$

轨道方程的推导过程与万有引力类似, 可得

$$r = \frac{p}{\varepsilon\cos\theta - 1},$$

其中

$$p = \frac{L^2}{kZ_1Z_2me^2}, \quad \varepsilon = \sqrt{1 + \frac{2EL^2}{k^2Z_1^2Z_2^2me^4}}.$$

在无穷远处, 质点的库仑势能为零,

$$E = \frac{1}{2}mv_0^2.$$

散射过程角动量守恒,

$$L = mv_0b = b\sqrt{2mE}.$$

粒子从无穷远处入射, 散射后又到无穷远处, 出射方向和入射方向的夹角称为散射角 Θ, 如图 6.12 所示, 可证

$$\sin\frac{\Theta}{2} = \frac{1}{\varepsilon}.$$

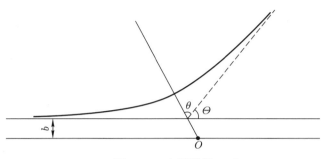

图 6.12   电荷散射

因此,

$$\cot^2\frac{\Theta}{2} = \varepsilon^2 - 1.$$

由此得到碰撞参数 b 和散射角 Θ 的关系

$$b = \frac{kZ_1Z_2e^2}{2E}\cot\frac{\Theta}{2}.$$

最后我们推导与实验测量有关的微分截面和立体角的关系. 微分截面定义为

$$\mathrm{d}\sigma = 2\pi b|\mathrm{d}b|.$$

如图 6.13 所示, 微分立体角 $\mathrm{d}\Omega$ 与 $\mathrm{d}\Theta$ 的关系为

$$\mathrm{d}\Omega = \frac{(2\pi r\sin\Theta)(r\mathrm{d}\Theta)}{r^2} = 2\pi\sin\Theta\mathrm{d}\Theta.$$

将上面的关系式代入, 我们就得到卢瑟福散射公式

$$\mathrm{d}\sigma = \left(\frac{kZ_1Z_2e^2}{4E}\right)^2\frac{\mathrm{d}\Omega}{\sin^4\dfrac{\Theta}{2}}.$$

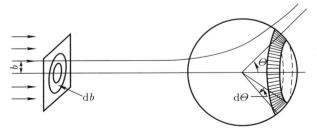

图 6.13   散射微分截面

散射到特定角度的粒子数与微分截面成正比, 可以测量在特定角度的粒子数, 从而验证卢瑟福散射公式是否成立.

因为 α 粒子的质量是电子质量的 7300 多倍, α 粒子碰到电子, 就像飞行着的子弹碰到一粒尘埃一样, 运动方向不会发生明显的改变. 由于金箔很薄, α 粒子穿过金箔时只发生一次碰撞. 实验结果如图 6.14 所示.

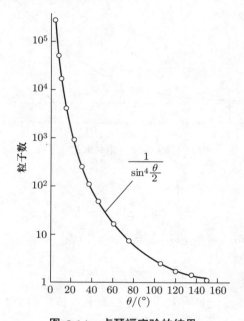

图 6.14 卢瑟福实验的结果

α 粒子散射实验可以说是经典力学应用到原子领域的最后辉煌. 现在已经表明, 原子结构和微观世界需要用量子力学来处理. 值得一提的是, 用量子力学导出的散射公式与卢瑟福散射公式完全相同!

§6.4 三 体 问 题

大部分实际问题, 包括太阳系行星运动的问题, 都属于多体问题. 除了多个物体的相互作用外, 有时还需要考虑个体的质量分布, 特别是非球对称的情形. 较为乐观的是, 不管问题多么复杂, 我们总能找到解决办法. 我们现在只考虑相对简单一些的多体问题: 由 N 个质点组成的系统, 已知质点所受的作用力和系统的初态, 确定系统的演化. 这里, 我们分析牛顿多体问题, 即作用力是牛顿的万有引力. 设质点 m_i 的位置矢量是 r_i, 系统中质点的运动方程具有形式

$$m_i\ddot{r}_i = -G\sum_{j\neq i} m_i m_j \frac{r_i - r_j}{|r_i - r_j|^3}.$$

很早人们就认识到, 即使是看起来很简单的牛顿三体问题, 它的通解也不存在. 这就迫使以庞加莱 (Poincaré) 为代表的伟大数学家们采用定性和几何的方法研究运动微分方程的性质. 另一条途径就是数值计算. 由于计算机计算能力的飞跃, 我们几乎可以对任何微分方程计算出给定初始条件下的数值解.

在不能解决的多体问题中, 三体问题不仅是最简单的, 也是实用价值最高的. 因此, 它被研究得最透彻. 在牛顿三体问题中, 每个质点都受到另外两个质点的引力. 方程是耦合的, 即每个质点的运动微分方程都包含另外两个质点的坐标. 同时, 方程还是非线性的, 这类方程我们将在第十二章专门介绍.

1973 年, 布鲁克 (Broucke) 和拉斯 (Lass) 提出了一个重要的简化方案, 在三体问题的研究过程中, 这个简化竟然被忽视了两个世纪之久! 以三体的质心为原点, 以三体构成的三角形的三个边为变量, 如图 6.15 所示, 显然有 $s_1 + s_2 + s_3 = 0$. 三体的运动方程可改写为

$$\ddot{\boldsymbol{s}}_i = -mG\frac{\boldsymbol{s}_i}{s_i^3} + m_i\boldsymbol{C},$$

其中, $i = 1, 2, 3, m = m_1 + m_2 + m_3$, 而矢量 $\boldsymbol{C}$ 为

$$\boldsymbol{C} = G\left(\frac{\boldsymbol{s}_1}{s_1^3} + \frac{\boldsymbol{s}_2}{s_2^3} + \frac{\boldsymbol{s}_3}{s_3^3}\right).$$

表示成对称形式的三个耦合方程在一般情况下不能求解, 但是对某些简化的情形是可以求解的.

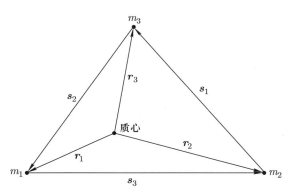

图 6.15 三体问题简化方案

例 6.5 欧拉共线解.

三个质点位于一条直线上, 从而 $\boldsymbol{C}$ 也共线, 方程的耦合可以解除. 图 6.16 中给出的是欧拉的负能 (即束缚态) 解, 质量满足 $m_1 : m_2 : m_3 = 1 : 2 : 3$. 三个质点的轨道都是椭圆, 有共同的焦点和周期.

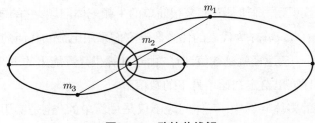

图 6.16 欧拉共线解

例 6.6 拉格朗日正三角形解.

如果三个质点位于正三角形的顶点上, 则 $C = 0$, 运动方程脱耦, 简化为

$$\ddot{\boldsymbol{s}}_i = -mG\frac{\boldsymbol{s}_i}{s_i^3}.$$

如图 6.17 所示, 三个质点各自沿着共面的椭圆轨道运动, 有共同的焦点和周期. 在运动过程中, 三个质点始终呈正三角形, 但是正三角形的边长和方位发生变化. 图中的质量满足 $m_1 : m_2 : m_3 = 1 : 2 : 3$.

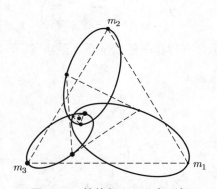

图 6.17 拉格朗日正三角形解

对于总能量大于和等于零的情形, 人们也已经找出了各种解.

最后我们考虑受限的三体问题: 两个质点的质量很大并形成束缚态, 第三个质点的质量很小, 其运动由前两个质点的引力决定. 例如, 地月系统中的航天器.

例 6.7 拉格朗日点.

我们考虑简单的情形: 两个质量很大的质点 M_1 和 M_2 的间距不变, 绕着二者的质心匀速旋转. 以此质心为原点, 建立随质点转动的参考系. 拉格朗日发现, 在此转动参考系中, 第三个质点 m 相对 M_1 和 M_2 可达到平衡, 共有五个平衡点, 我们现在来确定这些平衡点的位置.

设 M_1 和 M_2 的间距为 a, 绕质心转动的角速度为 ω, 则有

$$\mu a\omega^2 = G\frac{M_1 M_2}{a^2},$$

$$\omega^2 = G\frac{M_1 + M_2}{a^3}.$$

M_1 和 M_2 以角速度 ω 绕质心转动, m 限定在 M_1 和 M_2 的运动平面内. 以质心为原点, M_1 和 M_2 的连线为 x 轴, 建立转动参考系, 角速度 $\boldsymbol{\omega}$ 沿着 z 轴. 由质心定义, 可确定 M_1 和 M_2 的位置:

$$x_1 = \frac{M_2}{M_1 + M_2}a,$$

$$x_2 = -\frac{M_1}{M_1 + M_2}a.$$

在转动参考系中, m 运动在 x-y 平面, 考虑惯性力, 它的运动方程为

$$m\ddot{\boldsymbol{r}} = \boldsymbol{F}_1 + \boldsymbol{F}_2 - m\boldsymbol{\omega} \times (\boldsymbol{\omega} \times \boldsymbol{r}) - 2m\boldsymbol{\omega} \times \dot{\boldsymbol{r}}.$$

在笛卡儿坐标系写出运动方程的分量形式:

$$\ddot{x} = -G\frac{M_1(x - x_1)}{[(x - x_1)^2 + y^2]^{3/2}} - G\frac{M_2(x - x_2)}{[(x - x_2)^2 + y^2]^{3/2}} + G\frac{(M_1 + M_2)x}{a^3} + 2\omega\dot{y},$$

$$\ddot{y} = -G\frac{M_1 y}{[(x - x_1)^2 + y^2]^{3/2}} - G\frac{M_2 y}{[(x - x_2)^2 + y^2]^{3/2}} + G\frac{(M_1 + M_2)y}{a^3} - 2\omega\dot{x}.$$

在转动参考系中, m 的离心势能

$$V_c = -\frac{1}{2}m\omega^2(x^2 + y^2).$$

m 的有效势能

$$V = -\frac{GM_1 m}{[(x - x_1)^2 + y^2]^{1/2}} - \frac{GM_2 m}{[(x - x_2)^2 + y^2]^{1/2}} - \frac{G(M_1 + M_2)m(x^2 + y^2)}{2a^3}.$$

m 的平衡点的位置满足

$$\begin{cases} \dfrac{\partial V}{\partial x} = 0, \\ \dfrac{\partial V}{\partial y} = 0. \end{cases}$$

为了简化计算, 引入参量

$$\xi = \frac{x}{a}, \quad \eta = \frac{y}{a}, \quad \xi_1 = \frac{M_2}{M_1 + M_2}, \quad \xi_2 = -\frac{M_1}{M_1 + M_2} = \xi_1 - 1,$$

m 的有效势能可以表示为

$$V = \frac{G(M_1 + M_2)m}{a}\left\{ \frac{\xi_2}{[(\xi - \xi_1)^2 + \eta^2]^{1/2}} - \frac{\xi_1}{[(\xi - \xi_2)^2 + \eta^2]^{1/2}} - \frac{1}{2}(\xi^2 + \eta^2) \right\}.$$

由 $\partial V/\partial x = 0, \partial V/\partial y = 0$ 可得

$$-\frac{\xi_2(\xi - \xi_1)}{[(\xi - \xi_1)^2 + \eta^2]^{3/2}} + \frac{\xi_1(\xi - \xi_2)}{[(\xi - \xi_2)^2 + \eta^2]^{3/2}} = \xi,$$

$$-\frac{\xi_2\eta}{[(\xi - \xi_1)^2 + \eta^2]^{3/2}} + \frac{\xi_1\eta}{[(\xi - \xi_2)^2 + \eta^2]^{3/2}} = \eta.$$

先找 x 轴上的平衡点, 此时 $\eta = 0$, 上式第二个方程自动满足, 第一个方程简化为

$$-\frac{\xi_2(\xi - \xi_1)}{|\xi - \xi_1|^3} + \frac{\xi_1(\xi - \xi_2)}{|\xi - \xi_2|^3} = \xi.$$

这是一个关于 ξ 的 5 次方程, 有三个实根, ξ_A, ξ_B 和 ξ_C, 以及一对复根, 如图 6.18 所示.

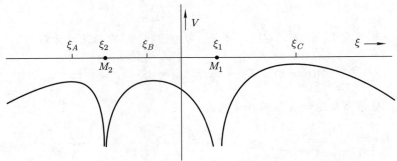

图 6.18 x 轴上的平衡点

再找不在 x 轴上的平衡点, 此时 $\eta \neq 0$.

适当整理两个平衡方程, 可得

$$(\xi - \xi_1)^2 + \eta^2 = 1,$$

$$(\xi - \xi_2)^2 + \eta^2 = 1.$$

另外两个平衡点在这两个单位圆的交点上, 即 m 与 M_1 和 M_2 成正三角形.

我们将这五个平衡点称作拉格朗日点, 三个在 M_1 和 M_2 的连线上, 两个位于正三角形的顶点, 如图 6.19 所示. m 处在拉格朗日点上, 可相对 M_1 和 M_2 静止不动, 保持稳定的构型.

拉格朗日万万想不到, 他的发现在两百年后会有重要的应用. 设两个大质量质点为日地系统, 其中 L_2 点位于日地连线上地球外侧约 150 万千米处. 在 L_2 点的卫星消耗很少的燃料即可长期驻留, 这是探测器、太空望远镜定位并观测太阳系和外太空的理想位置, 在工程和科学上具有重要的实际应用和科学探索价值, 是国际深空探测的热点.

"嫦娥二号" 卫星于 2011 年 6 月 9 日在探月任务结束后飞离月球轨道, 飞向第二拉格朗日点继续进行探测, 飞行距离 150 万千米, 预计需 85 天. 北京时间 2011 年 8 月

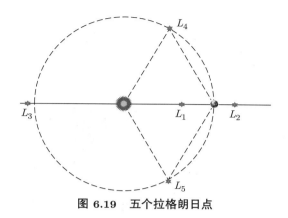

图 6.19 五个拉格朗日点

25 日, 经过 77 天的飞行, "嫦娥二号" 在世界上首次实现从月球轨道出发, 受控准确进入距离地球约 150 万千米远的拉格朗日 L_2 点的环绕轨道. 2014 年 11 月 23 日服务舱实施月球借力轨道机动控制, 飞向地月 L_2 点, 这是我国飞行器首次飞抵地月 L_2 点.

2021 年 12 月 25 日, 韦布太空望远镜在法属圭亚那库鲁基地成功发射升空, 最终将定位在日地的 L_2 点. 韦布装有 4 个科学仪器: 1 个近红外相机、1 个近红外光谱仪、1 个中红外成像光谱仪、1 个组合精细制导传感器和光谱仪, 使其在可见光、近红外和中红外 (0.6 ∼ 28.5 µm) 区均能进行观测. 韦布太空望远镜的主要的任务是调查作为大爆炸理论的残余红外线证据 (宇宙微波背景辐射), 即观测今天可见宇宙的初期状态. 2022 年 7 月 11 日, 美国宇航局 (NASA) 发布了韦布太空望远镜拍摄到的第一张照片: 星系团 SMACS 0723. 它包含了数千个星系, 距离地球 46 亿光年, 是迄今为止拍摄到的宇宙最深的图像.

人类探索宇宙的脚步永不止息!

思　考　题

1. 太阳系会发生混沌现象吗?
2. 除了公转与自转, 地球还有哪些主要的运动?

习　　题

1. 由太阳和某一行星构成的两体引力系统, 考虑引力对太阳的影响, 开普勒三定律应做哪些修正?
2. 宇宙飞船从远处以初速 v_0 朝着质量为 M、半径为 R 的行星飞去, 行星中心到 v_0 方向线的距离称为瞄准距离, 记为 $b, b \leqslant R$ 时, 飞船可落到行星的表面, 即被行星俘获. $b > R$ 时由于万有引力作用, 飞船也可能如图 6.20 所示, 落到行星表面, 被行星俘获.

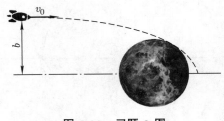

图 6.20　习题 2 图

(1) 计算飞船可被行星俘获的最大瞄准距离 b_0.

(2) 飞船只要瞄准正前方以行星中心为圆心、以 b_0 为半径的圆截面上任一点, 都会被行星俘获, 因此称 $S = \pi b_0^2$ 为行星的俘获截面, 试求 S.

3. 从地球表面以第一宇宙速度朝着与竖直方向成 φ 角的方向发射一个小球, 略去空气阻力和地球自转的影响, 试问小球能上升多高?

4. 小行星 1 和 2 的质量相同, 小行星 1 绕太阳的轨道是一个圆, 小行星 2 绕太阳的轨道是一个椭圆. 已知圆的半径等于椭圆的半长轴, 试比较两者的能量.

5. 小行星的抛物线轨道方程为 $y^2 = 2px$, 太阳位于焦点 $x = p/2$, $y = 0$ 处. 太阳质量记为 M, 试求小行星在抛物线顶点处的速度.

6. 质量分别为 m_1 和 m_2 的两个质点相距 l, 开始时均处于静止状态, 它们之间只有万有引力作用.

(1) 设 m_1 固定不动, m_2 将经多长时间后与 m_1 相碰?

(2) 设 m_1 也可以运动, 两者将经多长时间相碰?

7. 一陨石在地表上方高为 $h = 4.2 \times 10^3$ km 的圆形轨道上绕地球运动, 另一质量小很多的小陨石突然与它发生正碰, 碰后大陨石损失掉 2% 的动能. 假定碰撞不改变大陨石的运动方向和质量, 地球半径 $R = 6.4 \times 10^3$ km, 试求碰后大陨石到地心的最小距离.

8. 行星绕着恒星做圆周运动. 设恒星在很短时间内发生爆炸, 通过强辐射流使其自身的质量减少到原来质量的 $1/\gamma$, 行星的轨道随即变为椭圆, 试求该椭圆的离心率.

9. 质点所受作用力是平方反比的有心力:

$$\boldsymbol{F} = k\frac{\boldsymbol{r}}{r^3}.$$

除了角动量, 还有一个守恒的矢量 —— 龙格 – 楞次 (Runge-Lenz) 矢量

$$\boldsymbol{A} = \boldsymbol{p} \times \boldsymbol{L} - mk\frac{\boldsymbol{r}}{r},$$

其中 $\boldsymbol{p}$ 是动量, $\boldsymbol{L}$ 是角动量.

(1) 证明 A 是守恒量, 即 $\mathrm{d}A/\mathrm{d}t = 0$.

(2) 计算 A^2.

(3) 计算 $r \cdot A$.

(4) 在极坐标系中导出质点的轨道方程.

10. 如图 6.21 所示, 质量为 $4m$ 的空间站与质量为 m 的飞船对接成功后, 在距离地心 $2R$ 的圆轨道上运行, R 为地球半径. 现将两者通过点火 (即相互作用) 沿轨道的切向分离. 分离后的飞船接近地面时刚好与地面相切.

(1) 计算飞船分离后的速度大小.

(2) 若要求点火分离所消耗的能量最小, 计算分离后空间站轨道的离心率.

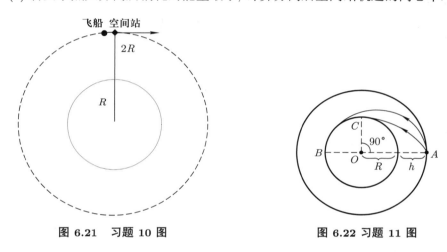

图 6.21 习题 10 图   图 6.22 习题 11 图

11. 质量 $m = 1.20 \times 10^4$ kg 的飞船在距月球表面 $h = 100$ km 的高度绕月球做圆周运动. 如图 6.22 所示, 飞船采用两种方式在月球着陆:

(1) 在 A 点向前短时间喷气, 使飞船与月球相切地到达 B 点;

(2) 在 A 点向外侧沿月球半径短时间喷气, 使飞船与月球相切地到达 C 点.

设相对飞船的喷气速度为 $u = 1.00 \times 10^4$ m/s. 月球半径 $R = 1700$ km, 月球表面的重力加速度 $g = 1.70$ m/s^2. 试求两种登月方式各自需要的燃料质量.

12. 质量为 m 的行星绕质量为 M 的恒星运动, 恒星简化为一个质点, 在以恒星为球心的球形大空间范围内均匀地分布着稀薄的宇宙尘埃, 尘埃的密度 ρ 很小, 可以忽略行星与尘埃的直接碰撞作用.

(1) 以球心为参考点, 对于角动量为 L 的圆形行星轨道, 其半径 r_0 应满足什么方程 (列出方程即可)?

(2) 考虑对上述圆轨道稍有偏离 (角动量不变, r 稍微偏离 r_0) 的另一轨道, 试解释它是一条做进动的椭圆轨道, 进动方向与行星的运行方向相反, 并求出进动的

角速度 (用 r_0 表示).

13. 牛顿三体问题.

(1) 若三个质点位于正三角形的顶点上, 则 $\boldsymbol{C} = 0$, 方程解除耦合, 可以求解, 试证明质点 1 满足方程

$$\ddot{\boldsymbol{r}}_1 = -G\frac{M'\boldsymbol{r}_1}{|\boldsymbol{r}_1|^3},$$

并确定 M' 与质点质量的关系.

(2) 若三个质点共线, 同样可以解除耦合, 方程可解. 质点 2 位于另外两个质点之间, 设 $\boldsymbol{s}_1 = \lambda \boldsymbol{s}_3, \boldsymbol{s}_2 = -(1+\lambda)\boldsymbol{s}_3$, 确定 λ 与质点质量满足的关系式, 写成如下形式:

$$f(\lambda, m_1, m_2, m_3) = 0.$$

第七章　刚体

刚体的运动可分为质心的平动和刚体绕质心或固定点的转动, 分别满足质心运动定理和质点系角动量定理:

$$ma_{\rm c} = \sum_i \boldsymbol{F}_i,$$
$$\dot{\boldsymbol{L}} = \sum_i \boldsymbol{r}_i \times \boldsymbol{F}_i,$$

其中角动量和力矩的参考点可以是质心, 也可以是刚体上一个固定不动的点. 对于刚体有固定点的情形, 只须用相对固定点的质点系角动量定理, 就可以确定刚体的运动—— 转动.

由质心运动定理求刚体质心的运动等同于质点力学, 所以不再进一步讨论. 本章主要分析刚体的转动, 即由质点系角动量定理导出关于刚体各种转动的所有运动方程, 并介绍一些典型的应用.

§7.1　刚体的平衡

刚体的平衡条件在解决实际工程问题中有着非常重要的意义, 在设计各种结构和机构静力计算中是必须考虑的, 在工程中有着广泛的应用.

7.1.1　刚体的平衡方程

静止的刚体既没有平动, 也没有转动. 因此, 由质心运动定理和质点系角动量定理可得刚体平衡的条件:

$$\sum_i \boldsymbol{F}_i = 0,$$
$$\sum_i \boldsymbol{r}_i \times \boldsymbol{F}_i = 0.$$

合力为零的力矩与参考点的选取无关, 所以我们可以简单地说, 刚体平衡的条件是合力为零, 合力矩为零. 刚体的平衡方程最多只有六个, 故只能解出六个未知量. 若刚体受到某种限制时, 比如所有作用力都位于同一个平面内, 则只需三个方程: 两个力的平衡方程和垂直此平面的一个力矩平衡方程.

例 7.1　长为 l、质量为 m 的匀质梯子, 下端搁在摩擦系数为 μ 的地面上, 上端靠在光滑的墙壁上, 梯子的倾角为 θ. 质量为 M 的消防员爬到距离梯子下端 l_1 的地方, 如图 7.1 所示.

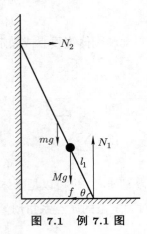

图 7.1　例 7.1 图

(1) 地面的摩擦力是多大?

(2) 若消防员能安全爬到梯子顶端, 倾角需要满足什么条件?

解　(1) 梯子的受力如图 7.1 所示. 梯子保持静止, 水平和竖直方向的合力为零:

$$N_2 - f = 0,$$
$$N_1 - (mg - Mg) = 0.$$

梯子不转动, 力矩为零. 以梯子与地面的接触点为参考点, 力矩平衡方程为

$$N_2 l \sin\theta - mg\frac{l}{2}\cos\theta - Mgl_1\cos\theta = 0.$$

联立求解, 可得

$$f = \left(\frac{1}{2}m + \frac{l_1}{l}M\right)g\cot\theta.$$

(2) 考虑临界状态: 消防员爬到顶端, 摩擦力趋于最大静摩擦力, 有

$$\left(\frac{1}{2}m + M\right)g\cot\theta \leqslant \mu N_1 = \mu(mg + Mg).$$

由此即得

$$\theta \geqslant \arctan\left(\frac{\frac{1}{2}m + M}{\mu(m + M)}\right).$$

考虑到消防员快速向上爬梯子时对梯子的作用力, 实际的倾角和摩擦系数均应更大一些才能确保安全.

例 **7.2**　天平的灵敏度.

天平的主要结构是通过刀口架在立柱上的一根横梁, 两端挂有秤盘. 横梁不是一根细杆, 否则一旦两边重量稍有不等, 横梁就会翻转并从刀口上跌落下来, 而不是稳定在一个倾斜的位置上. 为此, 横梁的重心 (质心) 必须在刀口的下方. 通常灵敏天平的横梁下方都固联一根摆动指针, 针上装有一个螺丝, 用于调节质心的高低, 如图 7.2 所示.

设刀口在 O 点, 横梁的臂长为 l, 本身质量为 M_0, 质心在 C 点, $\overline{OC} = h$. 两边的质量略微不等, 分别为 m 和 $m + \Delta m$, 此时横梁的倾角为 φ, 如图 7.3 所示. 横梁相对支点的平衡方程为

$$(m + \Delta m)gl \cos \varphi - mgl \cos \varphi - M_0 gh \sin \varphi = 0.$$

由此得到

$$\tan \varphi = \frac{\Delta m l}{M_0 h}.$$

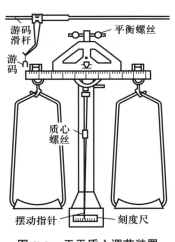

图 **7.2**　天平质心调节装置

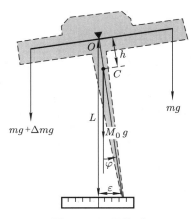

图 **7.3**　天平位形

实际测量的不是角度 φ, 而是刻度板上的读数 ε. 设 L 代表刻度板距刀口的长度, 则读数

$$\varepsilon = L \tan \varphi = \frac{\Delta m l L}{M_0 h}.$$

天平的灵敏度定义为

$$S = \frac{\varepsilon}{\Delta m} = \frac{lL}{M_0 h}.$$

为了提高灵敏度, 可以把质心螺丝向上旋, 以减小 h. 当然灵敏度不能过高, 否则容易翻转, 因为天平失衡后的制动也需要一个过程, 通常会在倾角 φ 处摆动. 为了让天平尽快停止摆动, 可以加适当的阻尼, 使天平最快静止, 参见振动一章.

7.1.2　刚体平衡的稳定性

刚体的平衡分为三种: 稳定平衡、不稳平衡和随遇平衡. 多数情况下, 刚体处于稳定平衡的状态. 实际的环境总是存在随机的扰动, 例如飘忽不定的风、无处不在的振动等等. 我们希望刚体能够抵抗这些扰动, 保持住平衡状态.

不倒翁、平衡鸟是儿童喜闻乐见的玩具 (见图 7.4), 利用的就是质心较低, 能使它们处于稳定平衡状态, 受到扰动后, 围绕着平衡点摇晃, 而不会倾倒.

山顶的巨石处于不稳平衡状态, 山谷的巨石则处于稳定平衡状态, 所以山顶的巨石最终会落入山谷.

高大的树木一般都比较正直, 树冠较小, 所以其质心位于树根的正上方并且偏低, 整棵树处于稳定平衡状态 (见图 7.5). 倾斜的树木想保持静止就要困难得多, 越大越难, 所以不可能长得高大.

仔细观察大自然, 我们还可以找到很多这样的例子.

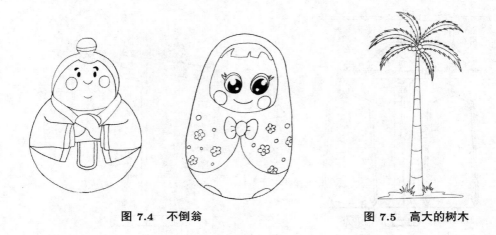

图 7.4　不倒翁　　　　　　　　　图 7.5　高大的树木

§7.2　刚体的定轴转动

刚体绕着一个固定轴的转动, 称为定轴转动, 自由度是 1, 描述其转动只须引入一个角坐标, 角动量定理也只须考虑沿转轴的角动量分量方程.

7.2.1　转动定理

在定轴上任取一点为原点, 建立空间直角坐标系, 如图 7.6 所示. 质点 m_i 的位置矢量 r_i 可分解为沿转轴的 z_i 和垂直转轴的 R_i. 质点 m_i 以 R_i 为半径做圆周运动.

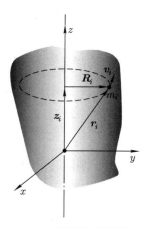

图 7.6 刚体的定轴转动

刚体的动能

$$E_{\mathrm{k}} = \sum_i \frac{1}{2} m_i v_i^2 = \sum_i \frac{1}{2} m_i (\omega R_i)^2 = \frac{1}{2} \left(\sum_i m_i R_i^2 \right) \omega^2.$$

定义刚体相对转轴的转动惯量

$$I = \sum_i m_i R_i^2.$$

若刚体的质量是连续分布的, 上式求和需要换成积分:

$$I = \int_V r^2 \mathrm{d}m,$$

其中 V 表示刚体质量的分布区域, r 是质元 $\mathrm{d}m$ 到转轴的距离. 引入转动惯量后, 刚体的动能的表达式更简单:

$$E_{\mathrm{k}} = \frac{1}{2} I \omega^2.$$

刚体的角动量

$$\boldsymbol{L} = \sum_i \boldsymbol{r}_i \times (m_i \boldsymbol{v}_i) = \sum_i \boldsymbol{R}_i \times (m_i \boldsymbol{v}_i) + \sum_i \boldsymbol{z}_i \times (m_i \boldsymbol{v}_i),$$

其中第一项沿着转轴, 第二项垂直转轴. 由此我们看到角动量的独特之处: 一般情况下, 角动量与角速度不平行. 在定轴转动中, 我们只须考虑沿转轴的角动量分量 L_z:

$$L_z = \sum_i R_i m_i (\omega R_i) = I \omega.$$

由此即得刚体定轴转动所遵循的转动定理

$$M_z = I \beta,$$

其中 M_z 是力矩的 z 分量, β 是角加速度. 以后为了方便, 略去下标, 记为

$$M = I\beta.$$

刚体的定轴转动与质点的一维直线运动都是 1 个自由度, 两类运动可以直接类比:

$$\theta, I, M, M = I\beta \longleftrightarrow x, m, F, F = ma.$$

处理质点直线运动的经验可以直接用于刚体的定轴转动, 不同之处就是刚体的转动惯量是一个更复杂的物理量, 既依赖质量分布, 又依赖转轴的位置和方向, 我们需要先分析、计算刚体的转动惯量.

7.2.2 转动惯量

刚体定轴转动时动能和角动量都与转动惯量有关, 我们先直接计算常见刚体细杆、圆盘和球体的转动惯量.

例 7.3 质量为 m、长为 l 的匀质细杆, 转轴垂直细杆, 分别对 (1) 转轴通过质心, (2) 转轴通过一端两种情况, 求细杆的转动惯量.

解 (1) 转轴通过质心, 建立如图 7.7 所示坐标.

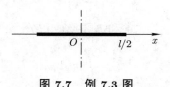

图 7.7　例 7.3 图

质量分布在一条直线上, 先取线元 $\mathrm{d}x$, 对应的质元

$$\mathrm{d}m = \frac{\mathrm{d}x}{l}m.$$

代入转动惯量公式, 有

$$I_{\mathrm{c}} = 2\int_0^{l/2} x^2 \mathrm{d}m = 2\int_0^{l/2} x^2 \left(\frac{\mathrm{d}x}{l}m\right) = \frac{1}{12}ml^2.$$

(2) 转轴通过端点 (标记为 A), 只是积分范围不同, 其他同上:

$$I_A = \int_0^l x^2 \mathrm{d}m = \int_0^l x^2 \left(\frac{\mathrm{d}x}{l}m\right) = \frac{1}{3}ml^2.$$

例 7.4 对圆环与匀质圆盘, 转轴过圆心且与圆平面垂直, 求它们的转动惯量.

解 对于圆环, 由于各点到转轴的距离相同, 直接有

$$I_{\mathrm{c}} = mR^2.$$

匀质圆盘可以认为由细圆环组成, 如图 7.8 所示, 则有

$$I_c = \int_0^R r^2 \mathrm{d}m = \int_0^R r^2 \left(\frac{2\pi r \mathrm{d}r}{\pi R^2} m \right) = \frac{1}{2} m R^2.$$

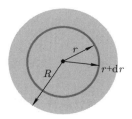

图 7.8 圆盘的转动惯量

若转轴不通过圆心, 也不与圆盘平面垂直, 直接计算它们的转动惯量就比较困难. 利用转动惯量的两个定理, 可以很容易地计算这些转动惯量. 这两个重要的定理是平行轴定理和垂直轴定理.

取两个互相平行、间距为 d 的转轴, 其中一个转轴通过刚体质心 C, 如图 7.9 所示. 对刚体的任一质元 m_i, 分别向两个轴引入垂直矢量, 满足

$$\boldsymbol{R}_i = \boldsymbol{R}_i(C) + \boldsymbol{d}.$$

代入转动惯量公式, 有

$$I_{MN} = \sum_i m_i \boldsymbol{R}_i \cdot \boldsymbol{R}_i = \sum_i m_i \boldsymbol{R}_i(C) \cdot \boldsymbol{R}_i(C) + 2\sum_i m_i \boldsymbol{R}_i(C) \cdot \boldsymbol{d} + \sum_i m_i \boldsymbol{d} \cdot \boldsymbol{d}$$

$$= \sum_i m_i R_i^2(C) + 2 \left[\sum_i m_i \boldsymbol{R}_i(C) \right] \cdot \boldsymbol{d} + m d^2,$$

其中 m 为刚体的质量. 由于

$$\sum_i m_i \boldsymbol{R}_i(C) = m \boldsymbol{R}_c(C) = 0,$$

将刚体相对于过质心的转轴 PQ 的转动惯量记为

$$I_c = I_{PQ} = \sum_i m_i R_i^2(C),$$

即得刚体转动惯量的平行轴定理

$$I_{MN} = I_c + m d^2.$$

前面计算的匀质细杆的转动惯量显然满足平行轴定理. 由平行轴定理还可以得到一个推论: 沿着任何方向, 相对于过质心的转轴的转动惯量最小. 这是减小转动惯量的最有效措施.

对于平板刚体, 建立如图 7.10 所示坐标系, 平板位于 x-y 平面上, 刚体相对于三个轴的转动惯量满足

$$I_x + I_y = \sum_i m_i y_i^2 + \sum_i m_i x_i^2 = \sum_i m_i r_i^2 = I_z.$$

由此即得垂直轴定理

$$I_x + I_y = I_z.$$

平行轴定理适合所有刚体, 垂直轴定理只适合平板刚体.

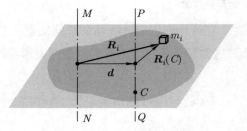

图 7.9　平行轴定理推导用图

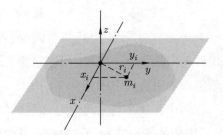

图 7.10　垂直轴定理推导用图

例 7.5　由柯尼希定理导出刚体的平行轴定理.

解　绕任意固定轴 MN 转动的刚体的动能

$$E_k = \frac{1}{2} I_{MN} \omega^2.$$

此轴到刚体质心的距离为 d, 刚体质心的速度 $v_c = \omega d$, 质心的动能

$$E_{kc} = \frac{1}{2} m v_c^2 = \frac{1}{2} m d^2 \omega^2.$$

刚体相对质心的转动角速度也为 ω (后面有证明), 相对质心的动能

$$E_k' = \frac{1}{2} I_c \omega^2.$$

柯尼希定理给出

$$E_k = E_{kc} + E_k'.$$

代入各式, 即得平行轴定理

$$I_{MN} = I_c + m d^2.$$

例 7.6　计算质量为 m、半径为 R 的匀质薄球壳相对任一直径的转动惯量.

解 如图 7.11 所示, 取质元 m_i, 球壳相对三个坐标轴的转动惯量为

$$I_x = \sum_i m_i(y_i^2 + z_i^2),$$
$$I_y = \sum_i m_i(z_i^2 + x_i^2),$$
$$I_z = \sum_i m_i(x_i^2 + y_i^2).$$

三式相加, 得

$$I_x + I_y + I_z = 2\sum_i m_i(x_i^2 + y_i^2 + z_i^2) = 2mR^2.$$

由质量分布的球对称性, $I_x = I_y = I_z = I_c$, 因此

$$I_c = \frac{2}{3}mR^2.$$

利用这个结果, 通过积分, 还可求得匀质球体相对于过球心转轴的转动惯量

$$I_c = \frac{2}{5}mR^2.$$

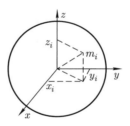

图 7.11 例 7.6 图

掌握了常见刚体的转动惯量公式, 再应用平行轴定理和垂直轴定理, 其他情形的转动惯量公式就能较容易地得到.

7.2.3 应用

建筑物和机械中能活动的部件, 大多数都做定轴转动. 推拉窗户、开关门、转动把手都是我们比较熟悉的操作.

例 7.7 质量为 m、长为 l 的匀质细杆绕水平光滑固定轴在竖直平面内自由摆动. 杆在水平位置静止释放后, 当摆角为 θ 时, 求

(1) 杆的旋转角速度和角加速度,

(2) 转轴对杆的约束力.

解 (1) 轴的约束力不做功, 重力是保守力, 杆的机械能守恒:

$$mg\frac{l}{2}\sin\theta = \frac{1}{2}I_O\omega^2,$$

其中 $I_O = \frac{1}{3}ml^2$. 因而可得

$$\omega = \sqrt{\frac{3g}{l}\sin\theta}.$$

由此可计算角加速度:

$$\beta = \frac{\mathrm{d}\omega}{\mathrm{d}t} = \frac{\mathrm{d}\omega}{\mathrm{d}\theta}\frac{\mathrm{d}\theta}{\mathrm{d}t} = \omega\frac{\mathrm{d}\omega}{\mathrm{d}\theta} = \frac{3g}{2l}\cos\theta.$$

此式也可由角动量定理直接得出:

$$mg\frac{l}{2}\cos\theta = I_O\beta,$$

但是角速度需要积分才能得到. 还是那句话, 求导容易积分难, 三大定理来分担.

(2) 轴对杆的约束力分解为径向和横向部分, 如图 7.12 所示. 由质心运动定理得径向分量

$$N_1 - mg\sin\theta = ma_{c心},$$

$$a_{c心} = \omega^2\frac{l}{2}.$$

由此可得

$$N_1 = \frac{5}{2}mg\sin\theta.$$

横向分量

$$mg\cos\theta - N_2 = ma_{c切},$$

$$a_{c切} = \beta\frac{l}{2}.$$

由此可得

$$N_2 = \frac{1}{4}mg\cos\theta.$$

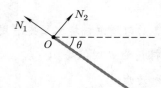

图 7.12　例 7.7 图

细杆摆动到竖直位置时, 径向约束力最大, $N_1 = \dfrac{5}{2}mg$. 起始时, 横向约束力最大, $N_2 = \dfrac{1}{4}mg$, 但比杆水平静止, 处于平衡时所需的力少了一半.

例 7.8 如图 7.13 所示, 滑轮的质量为 M, 半径为 R, 当作匀质圆盘. 滑轮与轴无摩擦, 与轻绳有摩擦、无滑动. 两侧物体的质量分别为 m_1 和 m_2, $m_1 > m_2$, 求物块的加速度和摩擦系数 μ 的取值范围.

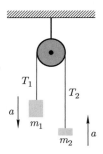

图 7.13 例 7.8 图

解 由于 $m_1 > m_2$, 可能的运动必是 m_1 下降, m_2 上升, 有

$$m_1 g - T_1 = m_1 a,$$

$$T_2 - m_2 g = m_2 a,$$

$$T_1 R - T_2 R = I\beta,$$

其中转动惯量 $I = \dfrac{1}{2}MR^2$. 由绳约束关系可得

$$a = R\beta.$$

由此得到

$$a = \frac{2(m_1 - m_2)}{M + 2(m_1 + m_2)}g,$$

$$T_1 = \frac{(M + 4m_2)m_1}{M + 2(m_1 + m_2)}g,$$

$$T_2 = \frac{(M + 4m_1)m_2}{M + 2(m_1 + m_2)}g.$$

考虑临界状态, 由第二章的例 2.19, 可得对应最大静摩擦力的摩擦系数

$$\mu_0 = \frac{1}{\pi}\ln\frac{T_1}{T_2}.$$

由此得到摩擦系数的取值范围是

$$\mu \geqslant \mu_0 = \frac{1}{\pi}\ln\frac{T_1}{T_2} = \frac{1}{\pi}\ln\frac{(M + 4m_2)m_1}{(M + 4m_1)m_2}.$$

例 7.9 如图 7.14 所示, 在水平的光滑细杆上, 套着两个半径相同, 质量分别为 m_1 和 m_2 的匀质圆柱体. 开始时圆柱体 1 以角速度 ω_0 绕细杆转动, 同时以速度 v_0 朝圆柱体 2 运动, 圆柱体 2 静止. 两者发生弹性碰撞, 碰撞力在接触面上均匀分布, 接触面之间的摩擦系数 μ 处处相同. 求碰撞后两者的速度和角速度.

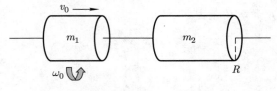

图 7.14　例 7.9 图

解 两个圆柱体的碰撞是正碰, 碰撞力不影响各自相对质心的转动动能.

两个圆柱体平动动能守恒:

$$m_1 v_0 = m_1 v_1 + m_2 v_2,$$
$$\frac{1}{2} m_1 v_0^2 = \frac{1}{2} m_1 v_1^2 + \frac{1}{2} m_2 v_2^2.$$

由此可得

$$v_2 = \frac{2 m_1 v_0}{m_1 + m_2}.$$

平均碰撞力满足

$$\overline{N} \Delta t = m_2 v_2.$$

平均力矩

$$\overline{M} = \int_0^R \mu \left(\frac{\overline{N}}{\pi R^2} 2\pi r \mathrm{d}r \right) r = \frac{2}{3} \mu \overline{N} R.$$

圆柱体 1、圆柱体 2 的平均角加速度分别为

$$\overline{\beta}_1 = \frac{\overline{M}}{I_1} = \frac{4 \mu \overline{N}}{3 m_1 R},$$
$$\overline{\beta}_2 = \frac{4 \mu \overline{N}}{3 m_2 R}.$$

碰撞后, 二者的角速度分别为

$$\omega_1 = \omega_0 - \overline{\beta}_1 \Delta t = \omega_0 - \frac{8 \mu m_2 v_0}{3 R (m_1 + m_2)},$$
$$\omega_2 = \overline{\beta}_2 \Delta t = \frac{8 \mu m_1 v_0}{3 R (m_1 + m_2)}.$$

有了这些结果, 我们可以讨论不同情形.

上述结果适合 $\omega_2 \leqslant \omega_1$, 要满足条件

$$v_0 \leqslant \frac{3R\omega_0}{8\mu}.$$

若不满足上述条件, 则摩擦力必在二者角速度相等时消失. 碰撞力和摩擦力都是内力, 系统的角动量守恒,

$$\omega_1 = \omega_2 = \frac{I_1\omega_0}{I_1 + I_2} = \frac{m_1\omega_0}{m_1 + m_2}.$$

通过本题的模型, 我们可以理解刚体的碰撞比质点的碰撞复杂, 碰后刚体的平动和转动都会受到影响.

§7.3 刚体的平面运动

若刚体的每一点都在一个平面上运动, 则称这种运动为刚体的平面运动. 显然, 刚体各点所在的平面是互相平行的. 在所有刚体的运动中, 平面运动是最简单的. 一个特例是二维的纯平动, 没有转动. 另一个特例是定轴转动. 一般的平面运动, 既有平动, 又有转动, 转轴必须垂直于平面. 所以刚体的平面运动可以分解为刚体质心的平面运动和刚体绕质心的转动. 刚体的质心运动满足质心运动定理. 质心系中, 以质心为参考点的质点系角动量定理与惯性系的相同, 因为平移惯性力的等效作用点是质心, 其力矩为零. 刚体绕质心的转动是定轴转动, 转动定理与惯性系的相同, 其唯一差别是转轴必须通过质心. 刚体的平面运动满足

$$\sum_i \boldsymbol{F}_i = m\boldsymbol{a}_c,$$
$$M = I_c\beta.$$

刚体做平面运动时, 与平面垂直的任意一条线上, 各点的运动完全相同. 因此, 我们只须分析一个平面上各点的运动即可, 通常选取质心所在的平面.

7.3.1 角速度和瞬心

我们先证明, 刚体的角速度与参考点无关.

设某时刻刚体任意一点 P 的速度为 v, 刚体中两个不同参考点 A 和 B 在同一时刻的速度分别为 v_A 和 v_B, 又设以 A 为参考点时刚体的角速度为 ω_A, 以 B 为参考点时刚体的角速度为 ω_B, 如图 7.15 所示. 刚体上任意一点 P 的速度与 A, B 两点的速

度满足

$$v = v_A + \omega_A \times r_{AP},$$

$$v = v_B + \omega_B \times r_{BP},$$

$$v_B = v_A + \omega_A \times r_{AB}.$$

P 点的速度无论以哪个参考点表示都是相等的, 因此

$$v_A + \omega_A \times r_{AP} = v_B + \omega_B \times r_{BP}.$$

代入 v_B, 可得

$$\omega_A \times r_{BP} = \omega_B \times r_{BP}.$$

由于 P 点的选择是任意的, 即 r_{BP} 是任意的, 所以得到

$$\omega_A = \omega_B.$$

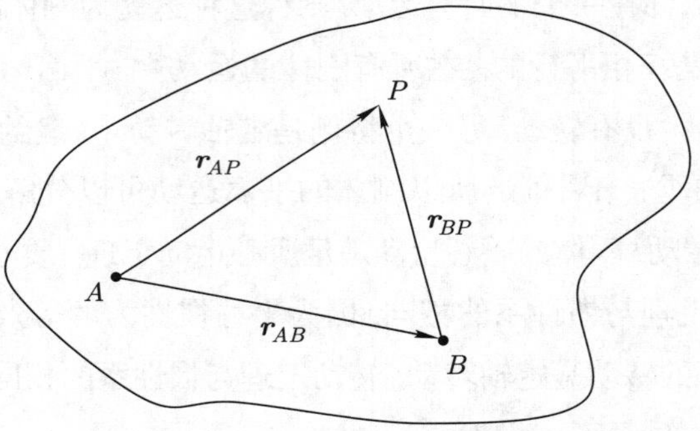

图 7.15　刚体角速度与参考点无关

相对刚体上任意一点, 周围所有质点均以相同的角速度在旋转, 因此我们可以说刚体的角速度. 刚体各点的速度一般情况下是不相同的, 不能说刚体的速度.

刚体做平面运动时, 由于质心速度与角速度垂直, 我们总可以找到速度为零的一点, 整个刚体绕着此点转动, 速度为零的点称为瞬心. 各点的速度都与到瞬心的连线垂直, 可以用这个性质确定刚体的瞬心. 对整个刚体而言, 瞬心对应的是一个瞬时转轴.

如图 7.16 所示, 靠墙滑动的细杆, 左端点的速度沿着墙面, 右端点的速度沿着地面, 与这两个速度垂直的直线交于 M 点, M 点即为此刻刚体的瞬心, 细杆此刻绕着 M 点转动. 随着细杆的滑动, 瞬心向右、向下移动.

一个物体在另一个物体的表面只滚动而不滑动, 称为纯滚. 由此即得纯滚的约束条件: 接触点的相对速度为零. 物体做纯滚运动时, 接触点即为瞬心, 如图 7.17 所示. 例如, 行驶汽车的车轮不滑动时, 车轮与地面的接触点是瞬心.

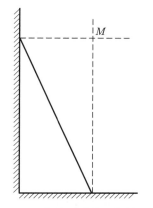

图 7.16　靠墙滑动的细杆的瞬心　　　　图 7.17　纯滚运动的瞬心

7.3.2 应用

在工程中, 许多机械的运动是平面运动, 或者可以简化成平面运动, 因此, 刚体的平面运动有广泛的应用. 另外, 掌握了刚体平面运动的理论和方法后, 可以处理更复杂的运动, 因此它是研究刚体复杂运动的基础.

例 7.10　如图 7.18 所示, 两个质量同为 m、半径同为 R 的匀质实心滑轮, 用不可伸长轻绳连接, 轻绳在两个滑轮上都缠绕多圈, 定滑轮可无摩擦地转动. 将系统从静止释放, 求下面滑轮的平动加速度.

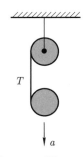

图 7.18　例 7.10 图

解　上面的滑轮只有转动, 有

$$TR = I\beta_1,$$
$$I = \frac{1}{2}mR^2.$$

下面的滑轮既有转动又有平动. 质心运动有

$$mg - T = ma,$$

绕质心的转动有

$$TR = I\beta_2.$$

两个滑轮用不可伸长的轻绳连接, 用绳约束关系可得

$$a = (\beta_1 + \beta_2)R.$$

联立求解, 得

$$a = \frac{4}{5}g.$$

例 7.11 半径为 R 的乒乓球在水平地面上向右运动并逆时针转动, 如图 7.19 所示. 乒乓球与地面的摩擦系数为 μ, 试求乒乓球最后达到的稳定运动状态.

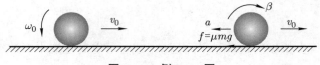

图 7.19 例 7.11 图

解 根据图 7.19 的标注, 可列出如下平动和转动的方程:

$$f = ma,$$
$$fR = I\beta,$$
$$f = \mu mg,$$
$$I = \frac{2}{3}mR^2,$$

由此解出

$$a = \mu g,$$
$$\beta = \frac{3\mu g}{2R}.$$

经过时间 t 后, 右行速度和逆时针方向的角速度分别为

$$v = v_0 - \mu gt,$$
$$\omega = \omega_0 - \frac{3\mu g}{2R}t.$$

需要分三种情况讨论:

(1) 经一段时间后, 速度和角速度同时为零, 由此可得

$$v_0 = \frac{2}{3}\omega_0 R.$$

此后乒乓球处于静止状态.

(2) 经一段时间后, 有 $v > 0$, $\omega = 0$, 此时

$$v_0 > \frac{2}{3}\omega_0 R.$$

此后, 摩擦力仍朝左, 右行速度减小, 顺时针角速度增大, 有

$$v_2 = v_1 - \mu g t,$$
$$\omega_2 = \beta t = \frac{3\mu g}{2R}t.$$

此消彼长, 当满足 $v_2 = \omega_2 R$ 的条件后, 摩擦力消失, 小球达到右行纯滚状态:

$$\omega_2 = \frac{3}{5R}\left(v_0 - \frac{2}{3}\omega_0 R\right),$$
$$v_2 = \frac{3}{5}\left(v_0 - \frac{2}{3}\omega_0 R\right).$$

(3) 经一段时间后, 有 $v = 0, \omega > 0$, 此时

$$v_0 < \frac{2}{3}\omega_0 R.$$

此后, 摩擦力仍朝左, 左行速度增大, 逆时针角速度减小, 有

$$v_2 = \mu g t,$$
$$\omega_2 = \omega_1 - \frac{3\mu g}{2R}t.$$

此消彼长, 当满足 $v_2 = \omega_2 R$ 的条件后, 摩擦力消失, 小球达到左行纯滚状态:

$$v_2 = \frac{2}{5}\left(\omega_0 R - \frac{3}{2}v_0\right),$$
$$\omega_2 = \frac{2}{5R}\left(\omega_0 R - \frac{3}{2}v_0\right).$$

但是, 在实际中, 我们从来没见过乒乓球一直滚下去, 为什么呢? 除了空气阻力, 更重要的是存在滚动摩擦. 在计算中, 我们有一个隐含的假定: 乒乓球和地面都是刚体. 实际上, 在滚动过程中, 乒乓球和地面都有微小的形变. 为了便于分析, 我们姑且假设只有地面有微小的形变, 如图 7.20 所示. 滚动的物体对地面的压力使地面变形, 在接触部位的前面陆续变形, 后面的形变陆续恢复, 这就导致支持力的等效作用点前移, 方向向后偏转, 从而既阻碍其平动, 又阻碍其转动, 最终使物体停下来.

例 7.12 长为 l 的匀质细杆直立在光滑地面上, 因不稳定而倾倒. 在细杆全部着地前, 它的下端是否会跳离地面?

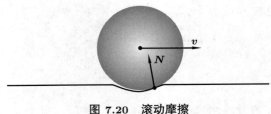

图 7.20 滚动摩擦

解 开始时地面支持力大于零, 设细杆下落过程中下端不跳离地面, 我们按此计算支持力. 杆跳离地面的临界条件是

$$N = 0.$$

杆在倾倒过程中无水平外力, 杆的质心竖直向下运动. 按图 7.21 所示几何关系, 质心速度与角速度满足

$$v_c = \omega \frac{l}{2} \sin\theta.$$

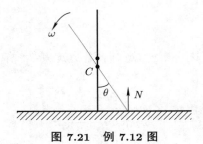

图 7.21 例 7.12 图

下落过程中支持力与速度垂直, 不做功, 细杆的机械能守恒, 有

$$mg\frac{l}{2}(1-\cos\theta) = \frac{1}{2}mv_c^2 + \frac{1}{2}I_c\omega^2,$$

$$I_c = \frac{1}{12}ml^2.$$

将角速度代入, 方程两边对时间求导, 可得质心加速度

$$a_c = \frac{3g(\sin^2\theta + 3\sin^4\theta + 2\cos\theta - 2\cos^2\theta)}{(1+3\sin^2\theta)^2}.$$

地面支持力

$$N = mg - ma_c = \frac{3\cos^2\theta - 6\cos\theta + 4}{(1+3\sin^2\theta)^2}mg = \frac{3(\cos\theta-1)^2 + 1}{(1+3\sin^2\theta)^2}mg > 0.$$

由此可见假设是正确的, 杆的下端不会跳离地面.

例 7.13 物体落地为什么会翻转?

你可能见过,下落的物体与地面碰撞后经常会翻转,下端碰地后会绕着物体的质心向上转动. 之所以如此,原因就在于地面在碰撞点对物体的支持力不通过质心,从而相对质心有一个力矩,如图 7.22 所示,该力矩使得碰后物体获得一个角速度.

设刚体落地速度为 v_0,与光滑地面的碰撞是弹性的,图 7.22 中已经标出各量,碰后物体质心速度以向上为正.

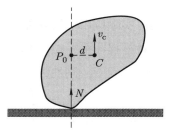

图 7.22 例 7.13 图

碰后质心速度 v_c 满足

$$\overline{N}\Delta t = m(v_0 + v_c),$$

碰后物体的角速度 ω 满足

$$(\overline{N}\Delta t)d = I_c\omega,$$

由碰撞过程前后机械能守恒,有

$$\frac{1}{2}mv_c^2 + \frac{1}{2}I_c\omega^2 = \frac{1}{2}mv_0^2.$$

由此解得

$$v_c = \frac{I_c - md^2}{I_c + md^2}v_0,$$
$$\omega = \frac{2md}{I_c + md^2}v_0.$$

由此可见,碰后质心的速度可正、可负、可为零,取决于支持力的力臂 d. 当 $d = 0$ 时,物体反弹,无转动,与质点的碰撞相同,而其他情况并非如此. 但是,有一点的速度总是等值反向,即 P_0 点:

$$v = v_c + \omega d = v_0.$$

进一步,我们可以处理两个刚体之间的碰撞,以及在碰撞过程中存在摩擦力的情形. 例如乒乓球运动里的前冲弧圈球,如图 7.23 所示. 击球后,乒乓球有一个向前的平动速度,还有一个顺时针转动的角速度. 与球台碰撞时,若乒乓球接触点的合成速度向后, 球台就对乒乓球施加一个向前的摩擦力, 碰后乒乓球的水平速度增加, 因而反射角大于入射角, 乒乓球更快更低地从球台弹出.

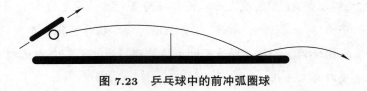

图 7.23　乒乓球中的前冲弧圈球

关于刚体的碰撞, 我们介绍在实际应用中很重要的一个概念 —— 打击中心. 先做一个小实验. 如图 7.24 所示, 刚性杆挂在水平的光滑横梁上, 用锤子敲击刚性杆, 随着打击的位置不同, 打击后会看到三种情形: 刚性杆的悬挂点向左动、向右动和静止不动. 为什么会如此呢?

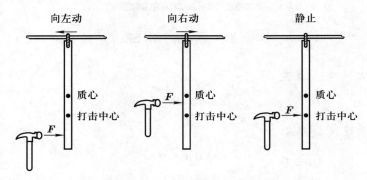

图 7.24　打击刚性杆的三种情况

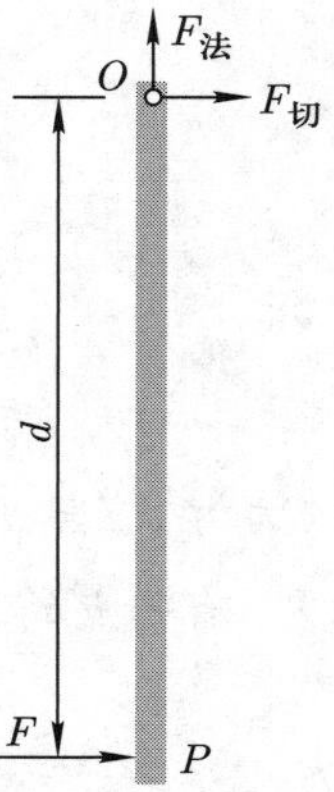

锤子敲击时, 对刚性杆施加一个水平向右的冲击力. 打击后, 刚性杆获得向右的质心速度和逆时针转动的角速度. 两者在悬挂点合成的速度若向左, 杆则向左动, 否则向右动, 合成速度为零时则不动. 这是从运动的角度解释, 下面举例从动力学的角度说明.

例 7.14　以水平力 F 打击悬挂在 O 点的长为 l 的匀质细杆, 打击点为 P. 若打击点选择合适, 则打击过程中轴对细杆的切向力 $F_切$ 为 0, 该点称为打击中心. 确定打击中心到轴的距离 d.

解　如图 7.25 所示, 细杆在水平力 F 打击下做定轴转动, 有

$$Fd = I\beta.$$

图 7.25　例 7.14 图

细杆相对 O 点的转动惯量

$$I = \frac{1}{3}ml^2.$$

质心切向加速度

$$a_{c切} = r_c\beta = \frac{1}{2}l\beta.$$

质心的切向运动方程为

$$F + F_{切} = ma_{c切}.$$

根据条件, 切向力为零, $F_{切} = 0$, 代入方程, 可得

$$d = \frac{2}{3}l.$$

在实际的打击、碰撞过程中, 打击力比常规力大一到两个数量级, 若切向力不为零, 则与打击力同数量级, 对轴承或固定它的部件将会产生巨大的破坏. 手握棍棒打击东西, 打击点最好是棍棒的打击中心, 这样对手臂的反作用力不大.

石匠抡大锤打击钢钎或巨石, 若是刚性杆, 打击时反作用力是巨大的, 会震坏手臂或使大锤脱手. 但是, 劳动人民的智慧是无穷的! 实际中, 大锤的柄是柔韧性极好的桑木条或柳枝, 反作用力大部分不会传导到手上, 从而保证了作业的安全.

§7.4　刚体的定点转动

若刚体上有一点固定不动, 整个刚体只能绕着这点转动, 则称这种运动为定点转动. 一个特例是定轴转动, 角速度沿着定轴, 方向不变. 一般的定点转动需要考虑角速度的大小和方向的变化, 是 3 个自由度的转动. 刚体的定点转动在航海和航天中有一个重要的应用 —— 惯性导航. 地球本身也有各种复杂的转动, 会对一些精密的测量产生影响. 我们平常喜欢的地面、冰面上的陀螺或者指尖陀螺, 只是一些小玩具而已.

7.4.1　刚体定点转动的角动量

以定点为原点, 建立一个固定在刚体上, 随刚体一起转动的空间直角坐标系, 称为本体坐标系. 刚体的角动量

$$\boldsymbol{L} = \sum_i \boldsymbol{r}_i \times (m_i\boldsymbol{v}_i) = \sum_i \boldsymbol{r}_i \times m_i(\boldsymbol{\omega} \times \boldsymbol{r}_i) = L_x\boldsymbol{i} + L_y\boldsymbol{j} + L_z\boldsymbol{k},$$

其中

$$\begin{cases} L_x = I_{xx}\omega_x + I_{xy}\omega_y + I_{xz}\omega_z, \\ L_y = I_{yx}\omega_x + I_{yy}\omega_y + I_{yz}\omega_z, \\ L_z = I_{zx}\omega_x + I_{zy}\omega_y + I_{zz}\omega_z, \end{cases}$$

$$\begin{cases} I_{xx} = \sum_i m_i(y_i^2 + z_i^2), \quad I_{xy} = I_{yx} = -\sum_i m_i x_i y_i, \\ I_{yy} = \sum_i m_i(z_i^2 + x_i^2), \quad I_{xz} = I_{zx} = -\sum_i m_i x_i z_i, \\ I_{zz} = \sum_i m_i(x_i^2 + y_i^2), \quad I_{zy} = I_{yz} = -\sum_i m_i z_i y_i. \end{cases}$$

这里引入一个新的物理量 —— 惯量张量, 它的每个元素都依赖两个坐标轴的方向, 属于二阶张量. 矢量是张量的一种, 属于一阶张量. 张量是矢量的推广, 在物理学中有重要的应用, 是理论物理、连续介质力学的必备工具, 是物理学中更通用的语言. 惯量张量的矩阵形式为

$$\begin{pmatrix} I_{xx} & I_{yx} & I_{zx} \\ I_{xy} & I_{yy} & I_{zy} \\ I_{xz} & I_{yz} & I_{zz} \end{pmatrix}.$$

惯性张量是对称张量, 适当选择坐标轴的方向, 其矩阵总可以化简为对角形式, 相应的坐标轴称为惯量主轴, 此时非对角项全部为零, 惯量张量的矩阵可以简化为

$$\begin{pmatrix} I_1 & 0 & 0 \\ 0 & I_2 & 0 \\ 0 & 0 & I_3 \end{pmatrix}.$$

对应惯量主轴的新坐标系仍用原来的符号, 刚体的角动量可以表示为

$$\boldsymbol{L} = I_1 \omega_x \boldsymbol{i} + I_2 \omega_y \boldsymbol{j} + I_3 \omega_z \boldsymbol{k}.$$

由这个表达式可以看出, 角动量与角速度一般情况下并不平行, 平行是特例, 包含下列三种情形: $I_1 = I_2 = I_3$, 例如球对称的刚体; 角速度沿着惯量主轴的分量只有一个不为零; 两个主轴的转动惯量相等, 沿第三个主轴的角速度分量为零.

7.4.2   欧拉方程

刚体做定点转动时, 固定在刚体上的坐标系也随着转动, 角动量的变化源于两方面: 角速度的变化和坐标轴的转动, 因而有

$$\frac{\mathrm{d}\boldsymbol{L}}{\mathrm{d}t} = I_1 \dot{\omega}_x \boldsymbol{i} + I_2 \dot{\omega}_y \boldsymbol{j} + I_3 \dot{\omega}_z \boldsymbol{k} + (\omega_x \boldsymbol{i} + \omega_y \boldsymbol{j} + \omega_z \boldsymbol{k}) \times \boldsymbol{L}.$$

这是第一章我们推导转动参考系的速度变换时就熟知的结果. 利用质点系角动量定理, 我们得到刚体定点转动的欧拉方程:

$$\begin{cases} I_1 \dot{\omega}_x - (I_2 - I_3)\omega_y \omega_z = M_x, \\ I_2 \dot{\omega}_y - (I_3 - I_1)\omega_z \omega_x = M_y, \\ I_3 \dot{\omega}_z - (I_1 - I_2)\omega_x \omega_y = M_z. \end{cases}$$

推导方程容易, 但是求解难. 因为包含二次项 $\omega_z\omega_y$ 等, 欧拉微分方程是非线性的, 只有三种情形可以找到解析解:

(1) 自由运动, 刚体所受力矩为零.

(2) 对称的重陀螺, $I_1 = I_2 \neq I_3$, 刚体只受重力作用, 且质心位于惯量椭球的对称轴上.

(3) $I_1 = I_2 = 2I_3$, 刚体只受重力作用, 且质心位于惯量椭球的赤道面上.

欧拉方程也可以在随刚体一起转动的参考系中导出. 在这个转动参考系中, 刚体各点的位置不变, 速度为零, 角动量为零, 因而力矩为零. 但是转动参考系是非惯性系, 除了真实力的力矩, 还需要考虑惯性离心力和横向力的力矩. 综上, 可得方程

$$0 = \boldsymbol{M} - \sum_i \boldsymbol{r}_i \times [\boldsymbol{\omega} \times (\boldsymbol{\omega} \times \boldsymbol{r}_i)]m_i - \sum_i \boldsymbol{r}_i \times [(\dot{\omega}_x\boldsymbol{i} + \dot{\omega}_y\boldsymbol{j} + \dot{\omega}_z\boldsymbol{k}) \times \boldsymbol{r}_i]m_i.$$

对上式右边第二项利用惯量主轴的结果, 并整理上式, 即得欧拉方程.

例 7.15 刚体转动平衡状态的稳定性.

开始时刚体处于平衡状态, 绕着过质心的 x 主轴旋转, $\omega_x = $ 常量, $\omega_y = \omega_z = 0$. 受到扰动后转轴稍微偏离主轴, 即 ω_y 和 ω_z 不再为零, 但与 ω_x 相比很小, 试讨论刚体此后的运动.

解 刚体所受力矩为零, 欧拉方程为

$$I_1\dot{\omega}_x - (I_2 - I_3)\omega_y\omega_z = 0,$$
$$I_2\dot{\omega}_y - (I_3 - I_1)\omega_z\omega_x = 0,$$
$$I_3\dot{\omega}_z - (I_1 - I_2)\omega_x\omega_y = 0.$$

设 ω_y 和 ω_z 在开始时很小, 因此第一个欧拉方程的第二项为二阶小量, 可以忽略, 有

$$I_1\dot{\omega}_x = 0.$$

于是 $\omega_x = $ 常量.

将第二个欧拉方程求导, 再将第三个欧拉方程的 $\dot{\omega}_z$ 代入, 得到

$$\ddot{\omega}_y + \frac{(I_2 - I_1)(I_3 - I_1)}{I_2 I_3}\omega_x^2\omega_y = 0,$$

或表示成

$$\ddot{\omega}_y + A\omega_y = 0,$$

其中

$$A = \frac{(I_2 - I_1)(I_3 - I_1)}{I_2 I_3}\omega_x^2$$

是常量. 当转动惯量 I_1 是三个主转动惯量 I_1, I_2 和 I_3 中最大或最小的时, $A > 0, \omega_y$ 的方程是简谐振动方程, 即 ω_y 以小振幅 (由初始条件决定) 做角频率为 $\sqrt{A}$ 的简谐振动. 同理可证, ω_z 也是以小振幅做简谐振动. 因此, 上述情形是稳定的.

当 I_1 是居中的转动惯量时, $A < 0, \omega_y$ 和 ω_z 的方程都包含这种形式的解:

$$\omega_y = c_1 \mathrm{e}^{\sqrt{-A}t},$$
$$\omega_z = c_2 \mathrm{e}^{\sqrt{-A}t}.$$

所以它们将随时间指数式增大, 故刚体的转动是不稳定的.

其他情形可类似讨论.

我们可以做一个小实验. 取一本未开封或捆紧的书, 让它依次绕着过质心的三个主轴转动, 如图 7.26 所示, 然后自由下落. 可以看到, 对 a 轴 (转动惯量最大) 和 c 轴 (转动惯量最小) 的转动是稳定的. 而绕 b 轴转动时, 书将突然翻倒, 通常以它的宽面着地. 不信试试看.

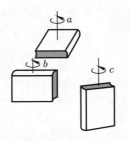

图 7.26 书的三种转动

刚体的本体坐标系随着刚体一起转动, 为确定各坐标轴的方向, 我们引入欧拉角. 设本体坐标系 $Ox'y'z'$ 在开始时与空间坐标系 $Oxyz$ 重合, 定点为坐标原点 O. 三个欧拉角分别描述了三次独立转动所转过的角度, 如图 7.27 所示. 第一次转动, 绕 Oz 轴转过 φ 角, 称为进动角. 此时 Ox' 所在位置标记为 ON. 第二次转动, 绕 ON 转过 θ 角, 称为章动角. 第三次转动, 绕此时的 Oz' 转过 ψ 角, 称为自转角.

三次转动的角速度 $\dot{\varphi}, \dot{\theta}$ 和 $\dot{\psi}$ 分别沿着三个转轴 Oz, ON 和 Oz'. 三个角速度沿着本体坐标系的三个坐标轴分解, 得到欧拉运动学方程:

$$\begin{cases} \omega_x = \dot{\theta}\cos\psi + \dot{\varphi}\sin\theta\sin\psi, \\ \omega_y = -\dot{\theta}\sin\psi + \dot{\varphi}\sin\theta\cos\psi, \\ \omega_z = \dot{\psi} + \dot{\varphi}\cos\theta. \end{cases}$$

力矩一般情况下是欧拉角和时间的函数. 欧拉方程与欧拉运动学方程联立, 原则上可以求解刚体的定点转动, 但至今只发现在三种情形下可解.

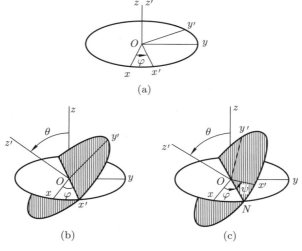

图 7.27 欧拉角

例 7.16 地球的进动与章动.

地球的角动量分为两部分: 地球绕太阳公转的轨道角动量和绕自身极轴转动的自转角动量. 这里讨论的是地球自转角动量, 它与黄道面法线有 23.5° 的夹角. 若地球是严格的球形, 它将不受附近物体的力矩. 因此, 它的自转角动量为常量 —— 自转轴总是指向相同的方向.

实际的地球不是严格的球形, 而是略扁的. 它的平均半径近似为 6400 km, 但是它的赤道半径比极半径大 21 km. 由于地球的自转轴相对黄道面是倾斜的, 这就使地球受到一个小的力矩. 力矩来自太阳和月亮与非球形地球的万有引力作用, 如图 7.28 所示, 图中画出了 12 月冬至日太阳的力矩, 夏至日的力矩也是如此, 而在春分和秋分时力矩为零. 该力矩使地球自转轴缓慢地改变方向, 产生进动和章动.

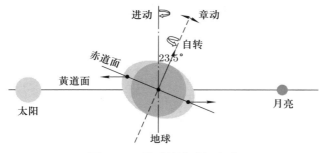

图 7.28 地球的进动与章动

地球进动的周期是 25770 年, 约 26000 年, 再过 13000 年, 地球的自转轴将不再指向北极星, 而是指向织女星. 猎户座和天狼星这些冬季熟悉的指路明星, 届时会闪耀在仲夏的天空.

当太阳在它从南到北的表观行程中直射赤道时, 春分就到了. 由于自转轴的进动, 在固定的恒星背景上, 太阳春分点的位置每年由东向西移位 50.2″. 古人已经知晓春分点和秋分点的这个移动, 这一现象称为岁差.

英国天文学家布拉得雷 (Bradley) 于 1748 年分析了 20 年的观察资料后, 发现地球自转轴也有章动, 周期为 18.6 年, 幅度为 9.211″. 中国古代历法把 19 年称为一 "章", 此即中译名 "章动" 的来源.

例 7.17 陀螺的进动与章动.

陀螺是我们熟悉而又感到神奇的玩具. 静止的陀螺直立放置, 将很快倒向一侧. 高速旋转的陀螺不仅不倒, 还会绕着竖直轴缓慢旋转, 有时还会轻轻摇晃. 地面上的陀螺, 由于摩擦力的存在, 陀螺的尖端不动; 冰面上的陀螺, 尖端会略微晃动.

为了简单, 考虑地面上绕着自转轴高速旋转的陀螺, 尖端不动, 属于定点转动. 陀螺是轴对称的, 相对自转轴有较大的转动惯量. 相对定点, 只有陀螺所受的重力产生力矩, 重力的等效作用点是质心. 在图 7.29 所示位置, 陀螺所受的重力矩垂直纸面向外, 高速旋转的陀螺的角动量, 由于轴对称性, 沿着自转角速度 ω 的方向, 两者垂直, 重力矩只改变角动量的方向, 不改变大小, 因此, 陀螺会绕着竖直轴进动. 更细致的分析表明, 陀螺还有章动. 图 7.30 中显示了三种情形, 分别对应不同的初始条件, 其中带箭头的曲线为轴上端的运动轨迹.

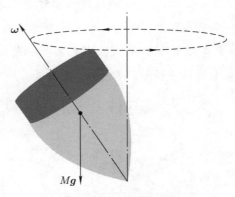

图 7.29 陀螺进动

开始时, 控制陀螺, 使它只绕着自转轴高速旋转, 然后释放, 陀螺的运动就对应中间的情形. 我们还可以这样理解, 进动的能量是从哪里来的? 陀螺只有靠降低质心, 将重力势能转化为进动的动能. 于是, 陀螺先下降, 进动, 再上升, 达到初始的最高点后进动停止, 接下来重复以前的过程.

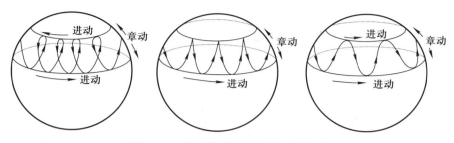

图 7.30 陀螺进动和章动的三种情形

若初始条件合适, 陀螺可以只有进动, 没有章动, 此时进动的角速度满足

$$\Omega = \frac{M}{I\omega\sin\theta},$$

其中 M 是重力矩, ω 是自转角速度, I 是相对自转轴的转动惯量, θ 是章动角. 这个结果可以由欧拉方程结合欧拉运动学方程, 根据解的要求而得出, 也可以由图 7.29 所示各量的关系, 根据质点系角动量定理直接得到:

$$(I\omega\sin\theta)\Omega\mathrm{d}t = M\mathrm{d}t.$$

其他情形较为复杂, 需要真正求解欧拉方程, 留待读者们将来完成.

例 7.18 常平架陀螺仪.

轴对称的刚体绕着对称轴高速旋转, 若所受外力矩为零, 则它的角动量守恒. 由于角动量与角速度平行, 这使得角速度保持不变, 从而对称轴的方向保持不变. 常平架陀螺仪利用的就是这个原理.

如图 7.31 所示, 边缘厚重的轴对称物体 4 称为陀螺仪, 可绕对称轴高速旋转, 其转轴装在一个常平架上. 常平架由支架 1 上的两个圆环 2 和 3 组成. 外环 2 和内环 3 可绕互相垂直的转轴自由转动, 陀螺仪装在内环 3 上. 三个轴之间两两垂直, 而且都通过陀螺仪的质心. 这样, 陀螺仪就不受重力的力矩, 于是常平架的平动不影响陀螺仪. 由于陀螺仪能在空间任意取向, 常平架的转动也不影响陀螺仪. 因此, 常平架的任意运动都不会影响陀螺仪.

实际中, 陀螺仪还是不可避免地会受到一些较小的外力矩 (如轴承处的摩擦), 但是由于它高速转动, 角动量很大, 这些小的外力矩引起的角动量改变可以忽略不计. 这样的话, 陀螺仪转轴的方向就可以长时间保持不变.

常平架陀螺仪方向不变的特性有许多重要的应用. 将常平架陀螺仪装在导弹、飞机、坦克或舰船中, 以陀螺仪的方向为标准, 可随时指引方向. 常平架陀螺仪曾是惯性导航的必备元件, 近些年一些利用新原理的陀螺仪, 如激光陀螺仪、光纤陀螺仪等逐渐取代了其地位.

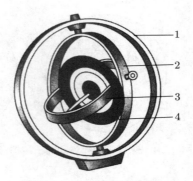

图 7.31 常平架陀螺仪

例 7.19 翻转陀螺.

翻转陀螺是老少咸宜的一款玩具, 不仅能展示普通陀螺的屹立不倒, 而且还有另外一个本领 —— 翻转. 形如图 7.32 所示的对称陀螺, 令其大头朝下在地面上绕对称轴转动, 若转轴偏离竖直方向, 不仅会产生绕竖直轴的进动, 而且还会整体朝下翻转, 使得小头着地旋转, 此后不再翻转. 试解释这一现象, 并估算翻转所需的时间.

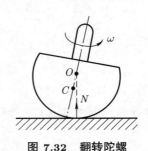

图 7.32 翻转陀螺

解 与普通陀螺不同, 翻转陀螺的大头球面的球心 O 在质心 C 之上, 它们都位于对称轴上. 以陀螺的质心 C 为参考点, 我们定性分析陀螺的运动.

陀螺绕对称轴以角速度 ω 逆时针转动, 地面支持力 N 指向 O 点, N 的力矩使陀螺的对称轴绕竖直轴顺时针转动, 这与普通陀螺的进动方向刚好相反. 翻转的关键是地面的摩擦力, $f = \mu mg$, 其中 μ 是摩擦系数, m 是陀螺质量, g 是重力加速度. 摩擦力的方向取决于陀螺与地面接触点的速度方向, 接触点的速度又取决于两个转动引起的速度之和, 自转引起的速度垂直纸面向里, 进动引起的速度垂直纸面朝外.

用 θ 表示自转轴与竖直轴的夹角, 即章动角. 若要章动角 θ 变大, 摩擦力的力矩方向必须朝右, 摩擦必须垂直纸面里, 因此, 接触点的速度方向垂直纸面朝外. 自转引起的速度是垂直纸面向里的, 自转角速度只有小到一定程度才能保证接触点的速度朝外. 这已被实际情形证实, 高速旋转的陀螺并不翻转, 当自转角速度小到一定程度时, 陀螺才开始翻转. 图 7.33 展示了这一翻转过程.

图 7.33   陀螺翻转过程

我们粗略估算翻转所需的时间. 设球面半径为 R, 球心与质心接近. 摩擦力的力矩

$$M_f = \mu mgR,$$

角动量的变化近似满足

$$\mathrm{d}L = L\mathrm{d}\theta = I\omega\mathrm{d}\theta = \frac{2}{3}mR^2\omega\mathrm{d}\theta = M_f\mathrm{d}t.$$

翻转所需的时间为

$$t = \int_0^\pi \frac{2R}{3\mu g}\mathrm{d}\theta = \frac{2\pi R\omega}{3\mu g}.$$

实际上, 只要满足质心在接触面的球心之下, 其他物体也可以变成翻转陀螺, 例如长椭球的鹅卵石、煮熟的鸡蛋. 大家可以找类似的物体试一试.

思 考 题

1. 体育运动中, 与转动有关的典型动作有哪些?
2. 学完这章后, 请再思考一下, 除了公转与自转, 地球还有哪些主要的运动.

习 题

1. 如图 7.34 所示, 四只熊猫被三根轻杆吊在屋顶上, 达到平衡. 每根轻杆左右两端到悬挂点的距离之比都是 1:3, 熊猫 1 的质量是 48 kg, 求其他熊猫的质量.

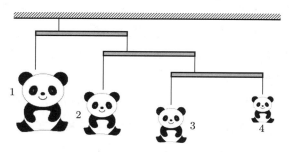

图 7.34   习题 1 图

2. 四块匀质砖块长为 L, 按图 7.35 所示方式摞在一起, 上面的砖比下面的砖向右伸出一部分, 达到平衡, 求 a_1, a_2, a_3, a_4 和 h 的最大值.

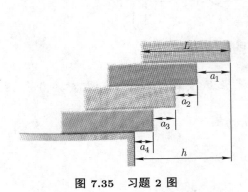

图 7.35 习题 2 图

图 7.36 习题 3 图

小腿肌肉

小腿骨骼

3. 小腿和足部的骨骼肌肉结构如图 7.36 所示, 我们分析脚尖点地的动作. 脚后跟在小腿肌肉的作用下略微离地, 足部在 P 点与地面接触. 设 $a = 5\,\text{cm}, b = 15\,\text{cm}$, 人的重量 $W = 900\,\text{N}$. 试确定

(1) 小腿肌肉作用在 A 点的力的方向和大小,

(2) 小腿骨骼作用在 B 点的力的方向和大小.

4. 如图 7.37 所示, 用夹子去夹半径为 R 的匀质球体. 已知夹子两臂与球表面间的静摩擦系数为 μ, 若球可以不动, 略去重力, 试求图中的长度 l.

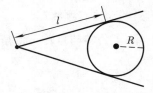

图 7.37 习题 4 图

5. 已知质量为 m、半径为 R 的匀质薄球壳相对直径轴的转动惯量为 $\frac{2}{3}mR^2$, 试求质量为 m、内外半径分别为 R_1 和 R_2 的匀质球壳相对直径轴的转动惯量.

6. 秦半两钱如图 7.38 所示, 象征着古代天圆地方的宇宙观, 兼有一统天下之意. 我们来计算有如此形状的匀质圆盘的转动惯量. 用半径为 R、中心方孔边长为 a, 面密度为 σ 的匀质圆盘代表 "秦半两".

(1) 计算圆盘相对于过中心点且垂直于圆盘平面的转轴的转动惯量 I_1.

(2) 计算圆盘相对于过中心点且平行于圆平面的转轴的转动惯量 I_2.

7. 两根质量为 m、长为 l 的相同匀质细杆对称地连接成丁字尺造型, 如图 7.39 所示. 过杆上每一点设置垂直于丁字尺平面的转轴, 试求相对这些转轴的转动惯量的最

图 7.38 秦半两钱

图 7.39 习题 7 图

小值和最大值.

8. 匀质正方形薄板的质量为 m、边长为 a, 如图 7.40 所示, 在板平面上设置过中心 O 的转轴 MN, 试求板相对该轴的转动惯量.

图 7.40 习题 8 图

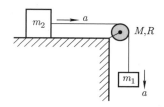

图 7.41 习题 9 图

9. 系统和参量如图 7.41 所示, 物块与水平桌面之间无摩擦, 轻绳与实心匀质滑轮 (当作匀质圆盘) 之间无相对滑动, 滑轮与转轴之间无摩擦, 试求物块的加速度.

10. 两个质量分别为 m_1 和 m_2、半径分别为 R_1 和 R_2 的匀质圆盘, 各自可绕互相平行的固定水平轴无摩擦地转动, 轻质皮带紧围在两个圆盘外侧, 如图 7.42 所示. 今对圆盘 1 相对其转轴施加外力矩 M, 圆盘和皮带都被带动, 圆盘与皮带间无相对滑动, 试求圆盘 1 和 2 各自的转动角加速度 β_1 和 β_2.

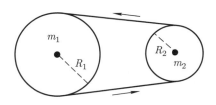

图 7.42 习题 10 图

11. 某刚体可绕着过 A 点的水平固定轴无摩擦地自由转动, 开始时刚体静止地处于图 7.43 所示位置, 它的质心 C 到转轴的垂线刚好处于水平状态. 刚体自由释放后, 已知 C 到达最低处时转轴对刚体的支持力是刚体重力的 α 倍, $\alpha > 1$, 试求整个过程中转轴提供的最大水平支持力是刚体重力的多少倍?

12. 长度为 2 的刚性细杆 AB, 两端被约束在 $y = x^2$ 的固定轨道上运动. 当 AB 杆恰

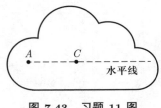

图 7.43 习题 11 图

好与 x 轴平行时, A 端的速度大小为 v_A, 试确定此时 AB 杆中点的速度大小.

13. 半径为 R、质量为 m 的匀质球体静止于倾角为 φ 的斜面上, $t = 0$ 时开始纯滚下来, 试求 t 时刻瞬心的加速度, 并确定球体与斜面之间的摩擦系数.

14. 半径为 R、质量为 m 的匀质圆环, 以角速度 ω_0 旋转. 现将圆环轻轻地放在水平地面上, 圆环与地面间的摩擦系数处处相同.

(1) 求运动稳定后圆环的动量大小及对环心的角动量大小.

(2) 用功的定义式直接计算过程中摩擦力所做的总功, 验证此功等于圆环的动能增加量.

15. 如图 7.44 所示, 质量为 m 的平板在水平拉力 F 的作用下沿水平地面运动, 板与地面间的摩擦系数为 μ. 板上放置一个半径为 R、质量为 M 的匀质圆柱体, 圆柱体与板间的摩擦系数也为 μ.

(1) 若圆柱体在板上的运动是纯滚, 求板的加速度.

(2) 为使圆柱体在板上仍做纯滚, 试求 F 的最大值.

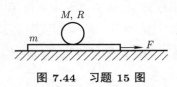

图 7.44 习题 15 图

16. 有两个相同的匀质球体 A 和 B, 开始时 B 球静止在水平地面上, A 球在此地面上朝着 B 球做匀速纯滚, A 和 B 随即发生弹性碰撞. 碰后 A 和 B 因与地面间有摩擦, 最后都达到稳定的匀速纯滚状态.

(1) 若 A 和 B 间碰撞时无摩擦, 试求全过程中系统动能损失的百分比.

(2) 若 A 和 B 间碰撞时有摩擦, 试求全过程中系统动能损失的百分比及其最大百分比.

17. 长为 L、质量为 M 的匀质细杆 AB, 某时刻在水平桌面上绕着它的中点 C 以角速度 ω 逆时针方向旋转, 同时 C 又具有与杆垂直的水平向右的速度 $\boldsymbol{v}_C$, 如图 7.45 所示. 细杆各部位与桌面间的摩擦系数同为 μ, 试求该时刻 C 点加速度 $\boldsymbol{a}_C$ 的大小和方向, 以及细杆的角加速度 β 的大小和方向.

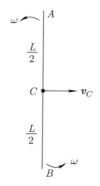

图 7.45　习题 17 图

18. 匀质细杆 AB 开始时静止地靠墙竖立在水平地面上, 后因微扰而倾斜滑动, 参见前面的图 7.16. 墙面和地面光滑, 试确定细杆与竖直墙面的夹角达何值时杆将离墙.

19. 如图 7.46 所示, 两个质量比为 4:1 的小球用长为 l 的轻质细杆相连, 重球在上, 与竖直方向成 30° 的夹角自由落下, 下端轻球触地前的速度为 v_0, 碰撞为弹性碰撞, 地面光滑. 试求细杆落地前能翻转成竖直的条件.

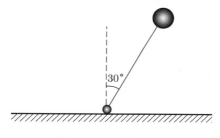

图 7.46　习题 19 图

20. 一根长为 L、质量为 M 的匀质细杆静止在光滑的桌面上, 一个质量为 m、初速为 v_0 的小球沿垂直细杆的方向与细杆发生弹性碰撞, 碰撞点距离细杆中心的距离为 b.

    (1) 细杆绕过中心且垂直细杆的轴的转动惯量是多少?

    (2) 碰后细杆的速度和角速度大小是多少?

    (3) 定义细杆碰撞的等效质量 m_e 满足: 其动量等于细杆获得的动量, 其动能等于细杆获得的动能, 细杆的最小等效质量是多少?

21. 如图 7.47 所示, 质量为 m、半径为 r 的小球从半径为 R 的固定球面顶端自静止开始滚动, 小球与球面的摩擦系数为 μ.

    (1) 计算小球做纯滚动的最大角度.

(2) 计算小球离开球面时的角度.

(提示: 在 (1) 和 (2) 中只给出角度所满足的关系式即可)

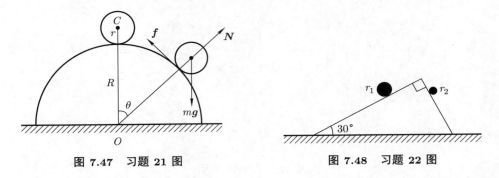

图 7.47　习题 21 图　　　　　　　图 7.48　习题 22 图

22. 两个实心的匀质小球质量都为 m, 半径分别为 r_1 和 r_2, 将它们放在直角三角形斜面上, 如图 7.48 所示. 三角形斜面质量为 M, 放置在光滑的水平面上, 小球与斜面的摩擦系数都为 μ. 试计算两个小球都做纯滚运动所需的最小摩擦系数.

23. 如图 7.49 所示, 竖直平面内有一半径为 R 的光滑固定圆环, 质量为 m、长为 R 的匀质细杆质心经过圆环底部时角速度为 ω_0, 细杆逆时针转动.

    (1) 计算细杆相对经过圆心且垂直圆环平面的轴的转动惯量.

    (2) 若要求细杆质心通过圆环顶部, 且两端始终不离开圆环, 最小的角速度 ω_0 是多大?

    (3) 细杆质心通过顶部时, 两端所受圆环的支持力是否都为零?

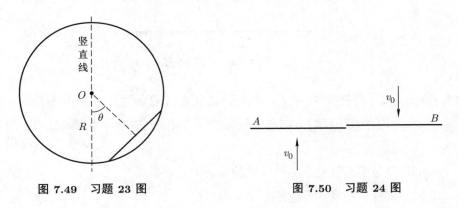

图 7.49　习题 23 图　　　　　　　图 7.50　习题 24 图

24. 光滑的水平桌面上有两根匀质细杆 A 和 B, 长度均为 l, 质量分别为 m_A 和 m_B. 如图 7.50 所示, 两杆互相平行, 以相同的速度 v_0 靠近, 并在相邻的端点处碰撞. 试求细杆 B 质心速度的取值范围.

25. 质量为 m、半径为 r 的匀质球放在倾角为 θ 的斜面上, 球与斜面的摩擦系数为 μ, 试确定小球如何运动.

26. 质量为 m、半径为 r 的匀质球放在倾角为 θ 的斜面底端, 开始时球心速度为零, 球相对过球心且与斜面平行的水平轴以角速度 ω_0 转动, 如图 7.51 所示. 已知球与斜面之间的摩擦系数 $\mu > \tan\theta$, 球在摩擦力作用下会沿斜面向上运动, 试确定球能上升的最大高度.

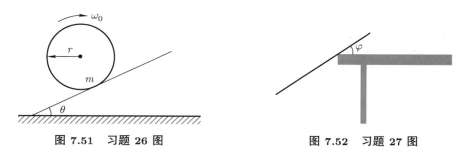

图 7.51　习题 26 图　　　　　图 7.52　习题 27 图

27. 长为 $2l$ 的匀质细杆放在水平桌面上, 2/3 位于桌面之外, 从静止释放后, 杆绕着桌角转动但不滑动, 直到倾角 φ 达到 φ_0 时, 细杆相对桌角滑动, 如图 7.52 所示.

    (1) 试确定细杆与桌角之间的摩擦系数 μ.

    (2) 若桌角是光滑的, 细杆同样从静止释放, 你能确定细杆在离开桌子之前如何运动吗?

28. 欧拉盘. 如果在一个坚硬的水平面上把一枚硬币立起来, 然后使它绕着竖直轴快速旋转, 旋转一会后硬币的盘面会越来越倾斜, 并产生越来越大的声音. 你可以先用一枚硬币做这个小实验, 感受一下, 然后分析它的运动. 考虑半径为 R、质量为 m 的匀质薄圆盘, 盘面与水平面的夹角为 φ, 如图 7.53 所示. 圆盘的中心对称轴绕着竖直方向以角速度 ω_{p} 进动, 同时盘也绕着自己的中心轴以角速度 ω_0 旋转, 使得圆盘与水平面的接触点静止不动. 试确定 φ 为小角度时 ω_{p} 的大小.

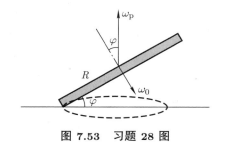

图 7.53　习题 28 图

第八章　固体

　　刚体是世间最硬的物体, 无论承受多大的力都不会变形, 当然这只是理想的模型, 现实中并不存在, 只在有些力学问题中近似成立. 实际的固体受力后都会变形, 变形的程度与受力的关系比较复杂, 有些甚至没有简单的一一对应关系, 并且还与温度密切相关. 从最硬到最软的物体, 所谓的至刚至柔, 大概可以排列如下:

刚体—弹性体—塑性体—黏弹性体—黏性流体—理想流体.

液体和气体统称为流体, 其他术语稍后解释. 与流体相比, 固体的形态和性能最为丰富多样, 又能起到支撑和固形的作用. 因此, 固体材料广泛应用于建筑、工程和机械设备中. 本章只考虑固体的力学性质.

　　我们用 3 个独立的坐标就可以描述质点的运动, 刚体的运动则需要 6 个. 对于固体和流体, 我们却不能这样处理了. 固体和流体的质量都是连续分布的, 统称连续介质. 介质内任意相邻两点的间距和方位都可以改变, 没有固定的约束关系. 各点的速度、密度等物理量随着位置和时间而变化, 是空间坐标和时间的连续函数, 是场量. 因此, 连续介质的平衡、运动问题就归结为确定速度、密度、压强、温度等场量如何变化.

　　场量的分析方法是微元法, 在连续介质中取一个体元作为研究对象. 连续介质力学研究的是介质的宏观性质. 体元理解为与所考虑的介质体积相比充分小, 与分子之间的距离相比却充分大. 这样的体元包含大量的分子, 对体元所赋予的物理量进行统计平均后能得到确定的值. 从宏观上看, 对体元所赋予的物理量在体元内部可看作均匀不变的, 从而可以把体元近似看成几何上的一个点. 因此, 在宏观上我们把体元当作一个质点, 但是点的位移并不是个别分子的位移, 而是指包含大量分子的体元的整体位移. 体元的受力分为两类: 作用在体元内每一点的体力, 例如重力、惯性力等; 只作用在体元表面的面力, 例如水的压强. 各种类型的面力后面会陆续介绍. 设体元 $\mathrm{d}V$ 处的密度为 ρ、位移为 $\boldsymbol{u}$, 单位质量的体力为 $\boldsymbol{F}_{\text{体}}$, 单位体积的面力为 $\boldsymbol{F}_{\text{面}}$, 由牛顿运动方程可列出体元满足的运动方程:

$$\rho \mathrm{d}V \frac{\partial^2 \boldsymbol{u}}{\partial t^2} = \boldsymbol{F}_{\text{体}} \rho \mathrm{d}V + \boldsymbol{F}_{\text{面}} \mathrm{d}V.$$

两边消去 $\mathrm{d}V$, 可得连续介质的运动方程

$$\rho \frac{\partial^2 \boldsymbol{u}}{\partial t^2} = \rho \boldsymbol{F}_{\text{体}} + \boldsymbol{F}_{\text{面}}.$$

针对不同的连续介质, 考虑介质所受的各种体力和面力, 即得相应介质的运动方程. 重力加速度为 g, 若介质所受的体力为重力, 则 $\boldsymbol{F}_{体} = \boldsymbol{g}$.

一般来说, 只用运动方程还不足以解决实际问题, 还要辅以关于质量、动量、能量、角动量的方程, 以及关于介质力学性质的方程.

§8.1 应 力

固体不受外力时, 内部的分子处于热平衡状态, 这时候固体的各部分都处于力学平衡. 从固体内任取一个体元, 固体的其余部分作用在体元上的合力为零. 当发生形变时, 分子之间的相对位置将会改变, 固体不再处于原来的平衡状态, 内部会产生作用力, 这些作用力倾向于使固体回复到平衡状态. 形变时产生的这些作用力属于内力, 称作应力. 若固体没有形变, 内部就没有应力.

应力是由分子力引起的. 分子力的影响范围大致是分子间距的数量级, 在宏观的层次上, 其作用半径近似为零, 可以认为, 固体内任一部分受相邻部分的力只作用在这部分的表面上, 因此属于面力. 此面力是表面两侧大量原子的相互作用引起的, 但是在研究介质的宏观运动时, 不可能计算界面两侧大量原子之间的相互作用, 我们只能考虑宏观的统计平均, 即单位面积上的受力. 因此, 将应力定义为单位面积上所受的作用力.

应力涉及两个矢量, 即面元的法向单位矢量和力矢量, 力分解为法向的正应力和切向的剪切应力, 如图 8.1 所示. 法向单位矢量有三个分量, 在每个法向分量描述的面元上, 力又可以分解为三个分量. 因此, 描述一点的应力需要九个元素, 用张量的语言来描述是最方便的. 我们给出三种表示: 第一种是下标表示; 第二种是矩阵表示, 矩阵中列出了每个分量; 第三种是工程领域通用的一种表示, 我们用 σ 表示正应力, 用 τ 表示剪切应力. 应力张量可表示为:

$$\sigma_{ij} = \begin{pmatrix} \sigma_{11} & \sigma_{12} & \sigma_{13} \\ \sigma_{21} & \sigma_{22} & \sigma_{23} \\ \sigma_{31} & \sigma_{32} & \sigma_{33} \end{pmatrix} = \begin{pmatrix} \sigma_x & \tau_{xy} & \tau_{xz} \\ \tau_{yx} & \sigma_y & \tau_{yz} \\ \tau_{zx} & \tau_{zy} & \sigma_z \end{pmatrix}.$$

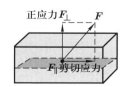

图 8.1 正应力与剪切应力

应力张量是二阶张量, 第一个下标表示面元的法向分量, 第二个下标表示力的分量, $i, j = 1, 2, 3$. 第一种表示是理论分析中最常用的. 正应力 σ 的两个下标相同, 为了简单, 只用一个下标表示. 在 P 点选取一个长方体的体元, 各棱边与坐标轴平行, 则作用在长方体各面上的应力分量的符号和方向如图 8.2 所示. 同一法向的两个对面的应力分量属于一对作用力和反作用力, 因此, 它们的方向相反. 正应力以引起拉伸时为正, 引起压缩时为负, 按照这个规定, 正应力和剪切应力沿着坐标轴的正向时取正值, 沿反向时取负值.

关于应力张量, 我们陈述两个结论: 给定一点的应力张量, 可以确定过该点任一面元上所受的作用力; 应力张量是二阶对称张量, 即 $\tau_{zx} = \tau_{xz}, \tau_{xy} = \tau_{yx}, \tau_{yz} = \tau_{zy}$. 首先证明第一个结论.

由于我们考虑的是某一点应力的性质, 在图 8.3 所示的四面体中, 可以认为面上每一点的应力都相同, 每个面上的作用力等于相应的应力分量乘以面积. 任给一个面 ABC, 我们由应力张量确定这个面上所受的作用力.

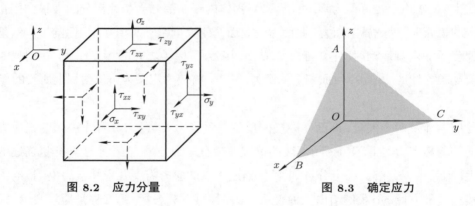

图 8.2 应力分量　　　　　　　　图 8.3 确定应力

另外三个坐标面上的作用力可由应力张量确定, 整个四面体处于平衡状态, 受力为零. 由力平衡方程, 面 ABC 上的受力可以完全确定. 第一个结论得证.

第二个结论可由力矩平衡方程证明. 体元 $\mathrm{d}x\mathrm{d}y\mathrm{d}z$ 所受的合力矩为零. 例如对于力矩的 x 分量, 这涉及剪切应力 τ_{yz} 和 τ_{zy} 以及四个面, 相应的力矩

$$\tau_{yz}\mathrm{d}x\mathrm{d}y\mathrm{d}z - \tau_{zy}\mathrm{d}x\mathrm{d}y\mathrm{d}z = 0,$$

由此即得 $\tau_{yz} = \tau_{zy}$. 其他分量可类似证明.

现在计算固体内的任一体元 $\mathrm{d}x\mathrm{d}y\mathrm{d}z$ 所受应力的合力, 应力各分量的方向如图 8.2 所示. 此时应力理解为坐标的函数. 我们先计算合力的 x 分量, 贡献来源于全部面元, 即六个面, 共三组对面: x 法向的正应力 σ_x 的合力, y 法向的剪切应力 τ_{yx} 的合力,

z 法向的剪切应力 τ_{zx} 的合力. 对所有分力求和, 即得合力的 x 分量为

$$[\sigma_x(x + \mathrm{d}x) - \sigma_x(x)]\mathrm{d}y\mathrm{d}z + [\tau_{yx}(y + \mathrm{d}y) - \tau_{yx}(y)]\mathrm{d}x\mathrm{d}z$$

$$+[\tau_{zx}(z + \mathrm{d}z) - \tau_{zx}(z)]\mathrm{d}x\mathrm{d}y$$

$$= \left(\frac{\partial \sigma_x}{\partial x} + \frac{\partial \tau_{yx}}{\partial y} + \frac{\partial \tau_{zx}}{\partial z} \right) \mathrm{d}x\mathrm{d}y\mathrm{d}z.$$

因此, 单位体积所受应力的 x 分量就是

$$\frac{\partial \sigma_x}{\partial x} + \frac{\partial \tau_{yx}}{\partial y} + \frac{\partial \tau_{zx}}{\partial z}.$$

其他分量可类似推导. 这是作用在体元 $\mathrm{d}x\mathrm{d}y\mathrm{d}z$ 上的面力的合力的通用表达式. 由上式可以看出, 合力正比于应力随空间坐标的变化, 变化越大, 合力越大.

再考虑体力, 以重力为例. 体元所受的重力是 $\rho\boldsymbol{g}\mathrm{d}x\mathrm{d}y\mathrm{d}z, \boldsymbol{g}$ 为重力加速度. 设 $\boldsymbol{u}(u_1, u_2, u_3)$ 为形变后点 P 的位移, 体元加速度的 x 分量为

$$\frac{\partial^2 u_1}{\partial t^2}\rho\mathrm{d}x\mathrm{d}y\mathrm{d}z.$$

只受应力和重力作用的体元运动方程 x 分量为

$$\frac{\partial \sigma_x}{\partial x} + \frac{\partial \tau_{yx}}{\partial y} + \frac{\partial \tau_{zx}}{\partial z} + \rho g_x = \rho\frac{\partial^2 u_1}{\partial t^2}.$$

另外两个分量方程可类推.

考虑介质所受的各种面力和体力后, 可得介质的运动方程, 由运动方程可得相应的平衡方程.

§8.2 应　　变

固体受力时形状都会发生变化. 作用在固体表面的力总可以沿法向和切向分解, 从而使固体沿着法向和切向发生形变. 通常的四种形变, 即伸缩、剪切、扭转和弯曲, 都可以归结为法向和切向形变.

8.2.1 拉伸实验

在材料力学实验中, 用圆柱形试件可以确保整个实验段处于均匀的受力状态. 如图 8.4 所示, 设圆柱体长为 L、截面积为 S, 两端的拉力 F 均匀作用在截面上, 圆柱伸长 ΔL. 显然, 力的作用效果依赖于截面的大小, 引入应力的概念, $\sigma = F/S$. 同样的应力, 拉伸的效果还依赖于圆柱体的长度, 为了反映材料的共性而不依赖具体的长度, 应该考虑相对拉伸的程度 $\varepsilon = \Delta L/L$, 称为应变.

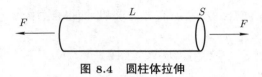

图 8.4　圆柱体拉伸

图 8.5 给出了一条典型的应力与应变的关系曲线. 曲线大致可分为几段. A 点对应材料的比例极限 σ_p, 在 OA 段, 应力与应变呈线性关系. 过了 A 点, 应力与应变不再成比例, 进入了非线性阶段. B 点对应材料的弹性极限 σ_e, 如果去掉拉力, 形变将完全恢复. 过了 B 点, 对某些材料, 如低碳钢, 这时出现一段应力不变而应变可以增长的屈服阶段, 故对应的应力又称为屈服应力 σ_s. B 点之后, 即使去掉拉力, 形变也不能完全恢复, 试件将保持一段永久伸长. 这一部分称为塑性形变. 过 C 点后, 试件出现中间变细的颈缩现象, 直至断裂. D 点对应载荷达到最大时的应力, 称为强度极限 σ_b. 在材料的正常使用中, 绝大多数情形都在 OA 段, 甚至靠近 O 点附近. 因此, 我们通常将固体看作弹性介质, 这也包含我们将要考虑的流体. 若材料在各个方向上都有相同的性质, 则称为各向同性, 否则称为各向异性. 为了简化基本概念的介绍, 我们下面只讨论各向同性的材料.

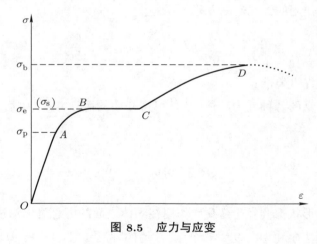

图 8.5　应力与应变

8.2.2　弹性模量

设有一根长为 l、宽为 w、截面积为 S 的方形柱, 两端均匀受力 F.

若柱体沿法向均匀受力 F, 如图 8.6 所示, 应力与应变满足线性关系

$$\frac{F}{S} = Y \frac{\Delta l}{l}.$$

F/S 称为正应力, 应力的方向以拉伸为正. $\Delta l/l$ 称为正应变. 比例系数称为杨氏模量, 用 Y 表示.

若柱体沿切向均匀受力 F, 如图 8.7 所示, 设转过的角度 φ 是小角度, 应力与角度满足线性关系

$$\frac{F}{S} = G\frac{\Delta l}{l}.$$

图 8.6 正应力与正应变

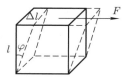

图 8.7 剪切应力与剪切应变

F/S 称为剪切应力, $\varphi = \Delta l/l$ 称为剪切应变, φ 为小角度, 比例系数称为剪切模量, 用 G 表示.

当柱体沿着纵向拉伸时, 它将在垂直伸长的方向上收缩, 如图 8.8 所示, 相对收缩与相对伸长满足关系

$$\frac{\Delta w}{w} = -\nu\frac{\Delta l}{l}.$$

比例系数称为泊松 (Poisson) 比, 用 ν 表示. 许多材料的泊松比都可以取为 0.25, 而对于结构钢, 通常把它取为 0.3.

这三个弹性模量不是独立的. 考虑应力如图 8.9 所示的长方体的形变, 各面上的应力大小都是 σ. 用平行于 x 轴而与 y 轴及 z 轴各成 45° 的平面截取单元体 $abcd$, 单元体 $abcd$ 的截面是正方形, 各边与 y 轴和 z 轴各成 45°. 这个单元体各面上的正应力都是零, 而剪切应力都是 σ, 这种应力状态称为纯剪. 各种效应可线性叠加, 不计二阶小量, 可得关系

$$G = \frac{Y}{2(1+\nu)}.$$

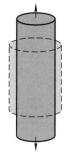

图 8.8 收缩与伸长

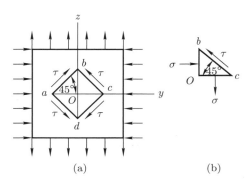

图 8.9 长方体在应力下的形变

对于各向同性的弹性介质, 上面引入的各个弹性模量中, 只有两个是独立的, 其他量可用这两个量表示. 独立的两个弹性模量可以任选, 应用中视方便而定. 因此, 杨氏模量和泊松比就完全描述了各向同性介质的弹性.

8.2.3　应变张量

固体受到外力时, 内部各点会有不同程度的形变. 不受力时固体中的一个小正方形, 受力后会平移、转动和变形, 如图 8.10 所示, 正方形对角线的长度和方向都发生了变化, 形变还可以改变体元的体积. 若是刚体, 正方形对角线的长度不变, 只能平移和转动.

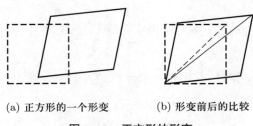

(a) 正方形的一个形变　　　(b) 形变前后的比较

图 8.10　正方形的形变

固体中任意一点的位置用位置矢量 r 表示, 在空间直角坐标系中其分量为 $x_1 = x, x_2 = y, x_3 = z$. 固体发生形变后, 点 r 的位移为 u, 在空间直角坐标系中其分量为 (u_1, u_2, u_3). 现在考虑固体中相邻的两点, 形变后的长度 $\mathrm{d}l$ 可表示为

$$\mathrm{d}l^2 = (\mathrm{d}x_1 + \mathrm{d}u_1)^2 + (\mathrm{d}x_2 + \mathrm{d}u_2)^2 + (\mathrm{d}x_3 + \mathrm{d}u_3)^2,$$

其中

$$\mathrm{d}u_1 = \frac{\partial u_1}{\partial x_1}\mathrm{d}x_1 + \frac{\partial u_1}{\partial x_2}\mathrm{d}x_2 + \frac{\partial u_1}{\partial x_3}\mathrm{d}x_3 = \frac{\partial u_1}{\partial x_i}\mathrm{d}x_i,$$

其余类推. 上式中最后一项采用了爱因斯坦的记法, 相同下标代表求和. 利用张量表示, 长度 $\mathrm{d}l$ 可表示为

$$\mathrm{d}l^2 = \mathrm{d}x_i\mathrm{d}x_i + 2\epsilon_{ik}\mathrm{d}x_i\mathrm{d}x_k,$$

其中

$$\epsilon_{ik} = \frac{1}{2}\left(\frac{\partial u_i}{\partial x_k} + \frac{\partial u_k}{\partial x_i} + \frac{\partial u_l}{\partial x_i}\frac{\partial u_l}{\partial x_k}\right).$$

张量 ϵ_{ik} 称为应变张量, 显然是二阶对称的.

实际上, 在固体的几乎所有形变中, 应变都是小的, 即 $\dfrac{\partial u_i}{\partial x_k}$ 都是小量. 在小应变情形下, 略去二阶小量, 应变张量 ϵ_{ik} 可以表示为

$$\epsilon_{ik} = \frac{1}{2}\left(\frac{\partial u_i}{\partial x_k} + \frac{\partial u_k}{\partial x_i}\right).$$

我们看看应变张量各分量的几何含义. 考虑固体内的任一体元 $\mathrm{d}x\mathrm{d}y\mathrm{d}z$, 如图 8.11 所示.

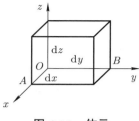

图 8.11 体元

先看应变张量的对角分量. 我们以 $\epsilon_{11} = \partial u_1/\partial x_1$ 为例, 说明对角分量的几何含义. 在原点 O, 位移的 x 分量是 u_1, OA 的原长是 $\mathrm{d}x_1$, 点 A 位移的 x 分量是

$$u_1 + \frac{\partial u_1}{\partial x_1}\mathrm{d}x_1,$$

因此, OA 的伸长量是 $\dfrac{\partial u_1}{\partial x_1}\mathrm{d}x_1$, 沿 x 方向的单位伸长是

$$\frac{\partial u_1}{\partial x_1}.$$

同样可以证明, 沿 y 方向和 z 方向的单位伸长是 $\dfrac{\partial u_2}{\partial x_2}$ 和 $\dfrac{\partial u_3}{\partial x_3}$.

有了沿坐标轴三个方向的单位伸长 $\dfrac{\partial u_1}{\partial x_1}, \dfrac{\partial u_2}{\partial x_2}$ 和 $\dfrac{\partial u_3}{\partial x_3}$, 我们就可以计算体元体积 $\mathrm{d}V = \mathrm{d}x\mathrm{d}y\mathrm{d}z$ 的变化. 变形后的体元体积为

$$\mathrm{d}V' = \mathrm{d}V \left(1 + \frac{\partial u_1}{\partial x_1}\right)\left(1 + \frac{\partial u_2}{\partial x_2}\right)\left(1 + \frac{\partial u_3}{\partial x_3}\right).$$

略去高阶小量, 我们得到

$$\mathrm{d}V' = \mathrm{d}V \left(1 + \frac{\partial u_1}{\partial x_1} + \frac{\partial u_2}{\partial x_2} + \frac{\partial u_3}{\partial x_3}\right).$$

体积的相对变化为

$$\frac{\mathrm{d}V' - \mathrm{d}V}{\mathrm{d}V} = \frac{\partial u_1}{\partial x_1} + \frac{\partial u_2}{\partial x_2} + \frac{\partial u_3}{\partial x_3} = \epsilon_{ii}.$$

张量的对角分量之和 ϵ_{ii} 是与坐标系无关的不变量, 给定了体积的相对变化.

再看应变张量的非对角分量, 例如

$$\epsilon_{12} = \frac{1}{2}\left(\frac{\partial u_1}{\partial x_2} + \frac{\partial u_2}{\partial x_1}\right) = \frac{1}{2}\left(\frac{\partial u_1}{\partial y} + \frac{\partial u_2}{\partial x}\right).$$

相对于 $\mathrm{d}x$ 和 $\mathrm{d}y$, 其他量都是小量. 如图 8.12 所示, 利用小角近似, 直角 AOB 减小的角度是

$$\frac{\partial u_1}{\partial y} + \frac{\partial u_2}{\partial x}.$$

这是平面 x-z 与 y-z 之间的剪切应变. ϵ_{12} 贡献 $\angle AOB$ 减小的角度的一半, ϵ_{21} 贡献另一半. 平面 x-y 与 x-z 之间以及平面 x-y 与 y-z 之间的剪切应变也可同样求得.

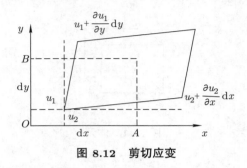

图 8.12　剪切应变

有了这三个坐标轴方向的单位伸长和三个与坐标轴方向相关的剪切应变, 任何方向的单位伸长和任何两方向夹角的改变都可以算出. 总之, $\epsilon_{11}, \epsilon_{22}$ 和 ϵ_{33} 描述正应变, $\epsilon_{ik}, i \neq k$ 描述剪切应变. 因此, 应变张量 ϵ_{ik} 完全描述了固体内部各点的形变.

§8.3　胡 克 定 律

《考工记》是我国第一部手工艺技术汇编, 有人考证它成书于春秋末年. 东汉经学家郑玄对《考工记·弓人》中 "量其力, 有三钧" 这样注解: "假令弓力胜三石, 引之中三尺, 弛其弦, 以绳缓摞之. 每加物一石, 则张一尺." 这是中国古代对弹力较早的认识.

1678 年, 胡克根据单向拉伸实验的结果, 发表了《论弹簧》的文章. 这是首次科学系统地讨论物质弹性的文献, 文中包含了胡克的实验结果. 他测量了普通弹簧、怀表弹簧、黄铜丝等负荷与伸长量的关系, 还分析了负载下杆的弯曲. 由这些实验, 胡克得出结论: "很显然, 在每个弹性体中的自然规则或定律是, 不论物体的各部分是稀疏或分离, 还是凝聚或挤压, 它自身恢复到自然位置的力或威力总是正比于它移动的距离或空间. 这不只是在这些物体中观测到, 而是在所有其他的任何弹性体中都是这样, 如金属、木材、石头、炕土、头发、犄角、丝绸、骨头、肌腱、玻璃等类似的东西." 胡克的结论可简单概括为: 物体所受的作用力与形变的程度成正比. 这个结论现在称为胡克定律, 是整个弹性力学的基础.

设有一个长方体, 各边平行于坐标轴, 法线沿 x 方向的两个对面受均匀分布的正应力 σ_x, 长方体沿 x 方向的单位伸长为 ϵ_{11}, σ_x 与 ϵ_{11} 满足胡克定律

$$\sigma_x = Y\epsilon_{11},$$

其中 Y 是杨氏模量. 一维的胡克定律后来由柯西 (Cauchy) 推广到三维情形:

$$\sigma_{ij} = c_{ijkl}\epsilon_{kl},$$

其中下标遵守爱因斯坦约定. 式中 c_{ijkl} 称为广义弹性常数. 这是一个三维空间的四阶张量, 共有 81 个元素. 考虑到对称性, 对于各向异性的材料, 只有 21 个独立的常数. 对于各向同性的材料, 只有两个独立的常数, 这是我们前面已知的结论. 因此, 对于各向同性的材料, 杨氏模量和泊松比完全确定了应力与应变的关系.

下面我们对于各向同性的材料, 利用胡克定律推导应力与应变的关系.

仍考虑前面提到的各棱边平行于坐标轴, 在两个对面上受均匀分布的正应力 σ_x 的长方体体元 (见图 8.2), 就像拉伸实验中那样. 在弹性范围内, 体元在 x 方向的单位伸长可以表示为

$$\epsilon_{11} = \frac{\sigma_x}{Y}.$$

工程结构中所用的材料都具有很大的杨氏模量, 因而 ϵ_{11} 是很小的量. 例如, 在结构钢中, 它通常都小于 0.001.

体元在 x 方向的伸长将伴有侧向的应变分量, 即收缩:

$$\epsilon_{22} = -\nu\frac{\sigma_x}{Y}, \quad \epsilon_{33} = -\nu\frac{\sigma_x}{Y}.$$

设体元在各面上同时受到均匀分布的正应力 $\sigma_{11}, \sigma_{22}, \sigma_{33}$ 的作用, 则总的应变分量可由上述方程求得, 计算中应变当作一阶小量, 略去二阶小量, 就得到与实验测量一致的方程

$$\epsilon_{11} = \frac{1}{Y}[\sigma_x - \nu(\sigma_y + \sigma_z)],$$
$$\epsilon_{22} = \frac{1}{Y}[\sigma_y - \nu(\sigma_x + \sigma_z)],$$
$$\epsilon_{33} = \frac{1}{Y}[\sigma_z - \nu(\sigma_x + \sigma_y)].$$

再考虑剪切应变与剪切应力的关系. 如果体元的所有各面都有剪切应力作用, 如图 8.12 所示, 则任何两个相交面的夹角的改变只与相应的剪切应力的分量有关, 于是我们有

$$\epsilon_{12} = \frac{\tau_{xy}}{G}, \quad \epsilon_{23} = \frac{\tau_{yz}}{G}, \quad \epsilon_{31} = \frac{\tau_{zx}}{G}.$$

正应变与剪切应变是各自独立的. 由三个正应力分量和三个剪切应力分量引起的一般情形的应变, 可用叠加法求得.

由应变与应力的关系, 可以反解出应力与应变的关系, 代入运动方程, 即得弹性介质的运动方程

$$\frac{\partial^2 \boldsymbol{u}}{\partial t^2} = \boldsymbol{F}_{体} + \frac{G}{(1-2\nu)\rho}\nabla(\nabla \cdot \boldsymbol{u}) + \frac{G}{\rho}\nabla^2\boldsymbol{u}.$$

这实际上就是三维弹性介质的波动方程, 后面会专门讨论.

§8.4 扭转和弯曲

8.4.1 扭转

机械中的传动轴、石油钻机中的钻杆、旋进的螺丝刀、卡文迪什扭秤中的石英丝等都是在外力作用下发生扭转形变的. 直杆所受的载荷经过简化后是作用在垂直于杆轴的平面内的力偶, 杆的这种受力状态称为扭转.

选取长为 l、半径为 R 的一段圆柱体, 上下两个端面分别受到沿着轴向的等值、反向力矩后发生扭转. 设圆柱体的横截面扭转后仍然保持为平面 (平截面假设), 就像刚性平面一样绕中轴线转动, 形变前后的半径保持直线, 横截面的圆周仍保持圆形. 圆柱体两端面相对转过的角度称为圆柱体的扭转角, 用 θ 表示, 设 θ 为小角度.

如图 8.13 所示, 在圆柱体内考虑半径为 r、厚度为 $\mathrm{d}r$ 的同轴小圆筒, 形变前在圆筒上任取一条与中轴线平行的直线, 形变后该直线与原来直线的夹角近似为

$$\varphi = \frac{r\theta}{l}.$$

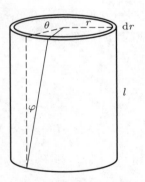

图 8.13　圆柱体扭转

显然, 由于其两端面的旋转, 圆柱体发生了剪切形变. 对于半径为 r、厚度为 $\mathrm{d}r$ 的同轴小圆筒, φ 即为圆筒的剪切应变, 剪切应力 τ 沿着圆周的切向, 大小为

$$\tau = G\frac{r\theta}{l}.$$

总的剪切应力 τ 的力矩 $\mathrm{d}M$ 为

$$\mathrm{d}M = \tau(2\pi r\mathrm{d}r)r,$$

其中 $2\pi r\mathrm{d}r$ 为圆筒横截面的面积. 积分即得

$$M = \frac{\pi G R^4}{2l}\theta.$$

对于扭转的圆筒, 上述分析也是适用的. 设圆筒的内外半径分别为 R_1 和 R_2, 则有

$$M = \frac{\pi G}{2l}(R_2^4 - R_1^4)\theta.$$

圆柱内的剪切应力与半径成正比, 外层的剪切应力较大, 力臂也大, 抵抗扭转形变的任务主要由外层材料来承担, 靠近中轴线的材料几乎不起作用. 因此, 对承受扭转形变的构件, 可采用空心柱体以节约材料和减轻重量.

当圆柱体的质量一定时, 半径越大、长度越短, 则扭转角越小. 因此, 短而粗的圆柱体具有较强的抵抗扭转形变的能力.

一定质量而形状不同的物体中, 圆筒抵抗扭转形变的能力最强. 竹子是这方面的典型.

8.4.2 弯曲

建筑物的横梁、跳水的跳板和跳台、塔吊的悬臂等都是在外力作用下发生弯曲形变的. 物体的形状和受力多种多样, 弯曲形变的方式和内部应力的分布也各有不同. 我们先分析一种简单情形, 然后再讨论比较复杂的.

如图 8.14(a) 所示, 选取一根矩形横截面的梁, 略去自重. 在靠近两端的支撑处, 左右对称地施加相同的力, 这等效于在每端施加了一个力偶, 设力偶矩为 M. 这类似于, 我们两手握住一根棍子的两端, 用力使棍子弯曲. 为说明弯曲形变的特点, 在梁内取两个很接近的横截面 AB 和 $A'B'$, 中轴线垂直于这些横截面. 实验表明, 当横截面的尺度比梁的长度小很多且弯曲不大的情况下, 形变后 AB 和 $A'B'$ 仍然可当作平面, 只是相对转过一定的角度, 如图 8.14(b) 所示. 因此, 弯曲后, 靠近上侧发生压缩形变, 越往

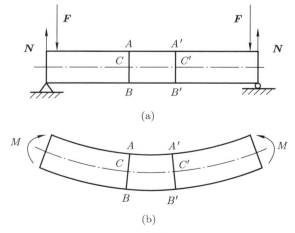

(a)

(b)

图 8.14 矩形横截面梁的弯曲

上压缩得越厉害; 靠近下侧发生拉伸形变, 越往下拉伸得越厉害. 弹性体的形变是连续的, 因而位于中间的 CC' 层必然是既不压缩也不拉伸, 称为中性层.

根据胡克定律, 应力与应变成正比. 根据弯曲的情形, 中性层以上的各层将出现压缩应力, 中性层以下的各层将出现拉伸应力, 越靠近上下边缘应力越大. 梁内部的应力分布表明, 上下靠近两侧的介质抵抗弯曲形变的贡献最大, 一是应力大, 二是力臂大, 而中性层不起作用.

设梁弯曲成曲率半径为 R 的弧形, 在横截面 AB 上建立坐标系, y 轴位于中性层内, 如图 8.15 所示, z 处的拉伸应变为

$$\varepsilon = \frac{(R+z)\theta - R\theta}{R\theta} = \frac{z}{R},$$

其中 θ 为 AB 与 $A'B'$ 所成角度. 此处的应力为

$$\sigma = Y\varepsilon = Y\frac{z}{R}.$$

此横截面的应力的力矩与 M 平衡, 有

$$M = 2\int_0^{h/2} \sigma(b\mathrm{d}z)z.$$

积分即得曲率

$$\frac{1}{R} = \frac{12M}{Ybh^3}.$$

根据梁内部的应力分布制作的一种钢筋混凝土横梁, 上部钢筋较少而下部钢筋较多, 如图 8.16 所示. 这样能够充分利用混凝土的抗压能力和钢筋的抗拉能力.

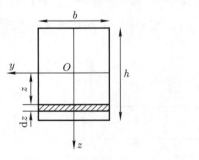

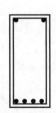

图 8.15　横截面　　　　　　　图 8.16　钢筋混凝土横梁的设计

根据曲率公式, 增加梁的高度可以显著提升梁的抗弯能力, 这也是由应力分布决定的. 应力分布公式定量地给出了前面定性的结论: 上下靠近两侧的介质抵抗弯曲形变的贡献最大, 相对中性层对称的两侧构成力偶, 应力大且力臂大, 从而力矩更大, 而中性层附近的材料对力矩没有多大贡献. 因此, 工程技术上广泛采用工字钢、空心钢管等构件, 这样既安全可靠又能减轻重量、节约材料.

§8.5 生 物 力 学

在自然界中, 植物和动物经过长期的进化和适应, 其自身的结构和性能在许多方面已经达到近乎完美的程度, 甚至远远超越人工制造的机械的性能, 值得我们借鉴和学习, 从而有了仿生学这门学科.

8.5.1 竹子

竹子挺拔修长, 四季青翠, 傲雪凌霜, 备受国人喜爱, 与梅、兰、菊并称 "四君子", 它们各有特色:

梅: 剪雪裁冰, 一身傲骨, 是为高洁志士;

兰: 空谷幽香, 孤芳自赏, 是为世上贤达;

竹: 筛风弄月, 潇洒一生, 是为谦谦君子;

菊: 凌霜自行, 不趋炎势, 是为世外隐士.

这里我们关心的是竹子的力学性质. 竹子是自然界存在的一种典型的具有良好力学性能的植物. 狂风能轻易将大树吹断, 但不会折断竹子. 其原因主要有以下三点:

(1) 竹纤维材料强度高、弹性好且密度小, 比强度是钢材的 $3 \sim 4$ 倍, 具有较高的抗拉强度和抗压强度;

(2) 竹子截面是环形的, 外弯面受拉且内弯面受压, 具有较强的抗弯刚度;

(3) 竹节处的外部环箍与内部横隔板可增加承载面积, 同时也能提高竹筒的横向承载能力.

竹子是体轻质坚的优质材料, 收缩率很小, 而弹性和韧性却很高, 顺纹抗拉强度和抗压强度 (即强度极限) 分别为 180 MPa 和 80 MPa, 分别是杉木的 2.5 倍和 1.5 倍. 浙江石门出产的刚竹, 其顺纹抗拉强度高达 280 MPa, 是普通钢材的一半. 一般竹材的密度是 $(0.6 \sim 0.8) \times 10^3$ kg/m^3, 而钢材的密度是 7.8×10^3 kg/m^3. 因此, 虽然钢材的抗拉强度是一般竹材的 $2.5 \sim 3$ 倍, 但若按单位质量计算抗拉强度, 即比抗拉强度, 则竹材是钢材的 $3 \sim 4$ 倍, 享有 "植物钢铁" 的美称.

竹子的抗弯和抗扭能力强. 根据弯曲、扭转的公式, 空心杆的抗弯和抗扭能力要比同样截面积的实心杆大得多. 更为神奇的是, 竹子每隔一段距离就有一个竹节, 竹节的外部有环箍, 内部有弯曲的横隔板, 这可起到补强的作用, 使竹子不易局部失稳. 实验表明, 有节整竹比无节竹段, 其抗弯强度可提高 20%, 它对减少竹子的形变量 —— 挠度和转角, 起到极大的作用. 而且, 竹子在反复弯曲形变下的疲劳寿命大大高于木材, 这也与竹节有关. 竹节内弯曲的横隔板使它受力后很难变形. 因此, 整根竹子体轻质坚, 达到极致, 是大自然鬼斧神工的杰作!

竹子具有独特的生长方式: 出土前母笋的节数就已确定, 出土后不再增加新节, 只是增加节间距离, 一节比一节高, 但一节比一节细, 形成内外径均呈线性变化的近似"等强度梁". 考虑一根悬臂梁, 在固定端处悬臂梁所受弯矩最大, 在自由端弯矩为零. 按弯矩的大小分配材料是最经济的方案, 所谓好钢用在刀刃上. 因此, 一般的大毛竹 (10 ~ 15 节) 高度可达 20 多米, 却依然摆动自如, 高而不折. 著名建筑大师贝聿铭从郑板桥的《兰竹图》中得到启发, 设计了高达 315 m 的 70 层的中银大厦. 这一 "仿竹杰作", 巍然屹立于多台风的香港, "千磨万击还坚劲, 任尔东西南北风".

竹壁从外向里, 分为竹青、竹肉和竹黄三部分. 竹子的表面呈现青色的是竹青, 由抗拉强度很高的纤维质构成. 对于抗剪, 竹节又起到关键的作用. 坚硬实心的竹节将竹身分成一段一段的区格, 在每个区格的端部提供较强的形变约束, 从而也能大大提高竹子的抗剪能力.

"瞻彼淇奥, 绿竹猗猗. 有匪君子, 如切如磋, 如琢如磨." 让这美好的竹子长留心间!

8.5.2　骨骼

在自然界中, 生物的大小相差悬殊, 从大象腿到蚊子的纤纤细足, 它们的形态也截然不同. 为什么没有这样的生物: 它们只是大小不同, 形态完全相同? 十八世纪英国作家斯威夫特 (Swift) 写了一本著名的讽刺小说《格列佛游记》, 书中叙说主人公格列佛在小人国和大人国的奇遇. 依据书中的描述, 大人与小人的形体比例都与我们一样, 这可能吗?

如果人的身体增大到原来的十倍, 与身体相关的各种功能也按这个比例变化吗?

先看简单的几何体: 线段、矩形、长方体和圆柱体. 若所有几何体的长度 (如边长、棱长) 增大为原来的 2 倍, 如图 8.17 所示, 增大的几何体与原来的大小之比分别为 $2, 2^2, 2^3, 2^3$, 除了线段, 其他的几何体并不是线性地变化.

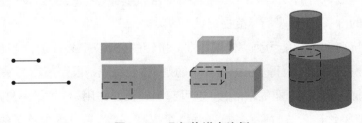

图 8.17　几何体增大比例

与几何体类似, 我们身体的各种功能也不是线性地变化. 设变化前后构成身体的材质不变, 它们的物理、化学性质相同, 具体地说, 力学性质相同, 例如, 骨骼单位截面积能够承受的最大压力相等. 原来身体的特征长度为 l_0, 比如, 选取身高、肩宽等, 体重 W 应该正比于身体的体积, 记为 $W = al_0^3$, a 为比例系数. 同样, 骨骼的承受力 T 与骨骼的横截面积成正比, 记为 $T = bl_0^2$, b 为比例系数. 它们的比为

$$\frac{W}{T} = \frac{al_0}{b}.$$

现在让人体增高到原来的 3 倍, 即 $3l_0$, 身体依然保持原来的灵活性, 即体重与承受力的比值相等, 设变化后的骨骼直径是原来的 x 倍, 满足

$$\frac{a(3l_0)^3}{b(xl_0)^2} = \frac{al_0}{b},$$

由此得到

$$x = \sqrt{27} \approx 5.2.$$

这意味着骨骼要变得更粗壮些, 是原来的 5.2 倍, 否则骨骼承受的应力就是原来的 3 倍! 若身体都按原来的比例增大, 骨骼将变得更脆弱, 人的动作也会更加迟缓.

伽利略在《关于两门新科学的对话》中描述了一种情形: 一个骨头增大到原来的三倍, 而功能与小骨头在小动物身上的相同. 伽利略在书中写道: "从这里给出的两个图形, 你们可以看到, 这增大了的骨头显得多么不成比例 (见图 8.18). 于是很显然, 若想在一个巨人中保持普通人身材那样的肢体比例, 他就必须找到一种更硬、更结实的材料来制造那个巨人的骨骼, 或者必须承认巨人的强度比普通人有所减弱. 否则, 若身高大大增加, 他就会被自身的体重压垮而跌落. 另一方面, 若物体的尺寸缩小了, 这个物体的强度却不会按相同的比例缩小; 相反, 物体越小, 其相对强度越大. 我相信一只小狗能背得动两三只它那样大小的狗, 而怀疑马能驮得动同样大小的另一匹马."

图 8.18 两种骨头

例 8.1 大小跳蚤跳得一样高.

跳蚤是小型、无翅、善跳跃的寄生性昆虫, 成虫通常生活在哺乳动物身上, 少数寄生在鸟类身上. 跳蚤的食量很大, 一只跳蚤成虫一天可吸入相当于其体重 15 倍的血液. 跳蚤的成虫可以 12 个月不吃任何东西, 一有机会便通过吸血来获得养分.

　　跳蚤后腿发达、粗壮, 善于跳跃, 最高可跳 19.7 cm, 最远可跳 33 cm. 跳蚤可以跳过它们身长 350 倍的距离.

　　有人就想, 如果跳蚤增大几十倍、甚至上百倍, 它将打破我们创造的所有跳高、跳远纪录, 并使人类望尘莫及!

　　跳蚤的爆发力虽然超常, 但依然遵循一般原理, 跳蚤的爆发力与腿部肌肉的横截面积成正比, 因此与自身特征长度的平方成正比, 爆发力的作用距离与身体的长度成正比, 于是爆发力所做的功与自身特征长度的立方成正比. 再看跳跃的高度, 动能转化为重力势能, 等于自身的体重乘以所跳的高度, 而体重与自身特征长度的立方成正比. 根据动能定理, 爆发力所做的功转化为跳蚤起跳的动能, 动能又转化为重力势能. 最终的结果是, 起跳的高度与跳蚤的大小无关, 大小跳蚤跳得一样高!

8.5.3　动物的新陈代谢

　　无论低等还是高等的生物, 它们的基本结构单位都是细胞. 生命的各种活动, 如生长、发育、遗传、变异等, 都是在细胞代谢的基础上实现的. 生命的细胞通过代谢活动, 不断从环境中取得能量和各种必需的产物, 来维持它们高度复杂有序的结构.

　　细胞氧化葡萄糖、脂肪酸或其他有机物以获取能量并产生二氧化碳的过程称为细胞呼吸. 细胞生长、分裂时需要合成许多物质, 因而需要耗能. 恒温动物体温的维持也需要能量. 细胞的主动运输也是一种耗能过程. 某些特殊的生物, 如萤火虫、电鳗等的光能、电能也是由呼吸产生的能量转化而来. 动物的奔跑跳跃等活动所消耗的能量, 也都来自呼吸作用中产生的三磷酸腺苷 (ATP). 细胞呼吸产生的能量除了约 40% 供生命活动所需外, 其余约 60% 均变为热能而散失 (只有恒温动物利用热能来保持体温).

　　既然整个生物体都由细胞构成, 动物体内产生的能量就与自身的体积成正比. 另一方面, 按照牛顿的冷却定律, 单位时间从体表散失的热量正比于皮肤的面积和温差, 这要靠体内产生的热量来补偿. 假设动物的特征长度为 l, 其他因素保持不变, 只考虑体表散热和体内产能的比例关系, 有

$$\frac{体表散热}{体内产能} \propto \frac{l^2}{l^3} \propto \frac{1}{l}.$$

　　在动物王国中, 恒温动物都能够维持一个稳定的温度, 具有相同的密度. 动物的代谢率定义为单位时间单位质量产生的能量. 体型越小的动物, 体表的面积与体积的比越大, 散热与产能的比就越高, 细胞代谢就需要更快一些. 反过来, 体型较大的动物, 供热系统更有效率也更经济, 细胞代谢可以更慢一些. 大象的代谢率若与蜂鸟一样, 它的体温将很快升至烤箱的温度, 会变成一只烤象. 蜂鸟晚上若不进食且保持白天的热量损失率, 将活不到黎明, 因此, 它们夜间将进入休眠的状态, 体温只比外面空气温度高

一点点.

动物内部产生的热量只能通过体表散失, 它们的代谢率应该与散热的快慢保持一致, 所以动物的代谢率 Y 与体表的面积成正比, 体重 m 与体积成正比, 因而代谢率

$$Y \propto m^{2/3}.$$

对哺乳动物的实验观测结果表明, 更接近的关系式为 $Y \propto m^{3/4}$. 我们可以这样理解这个结果: 代谢的能量中有 60% 转化为热能而散失, 还有 40% 供生命活动所需, 这部分 $\propto m$, 所以总的结果大于 2/3.

每次心跳中心脏抽送的血液量正比于心脏的体积, 因而正比于体重, 单位时间抽送的血液量应该与代谢率成正比. 设心跳的频率为 ν, 则有

$$m\nu \propto Y,$$

由此得到

$$\nu \propto m^{-1/3}.$$

这意味着大型哺乳动物具有较低的脉搏频率. 例如, 亚洲象心率每分钟 30 次, 而最小的哺乳动物鼩鼱的心率竟达每分钟 $800 \sim 1200$ 次. 如果进一步对哺乳动物的心率与它们的寿命做比较, 寿命与心率的乘积对所有哺乳动物都大体相同. 这就是说, 不管身体大小如何, 每个哺乳动物一生中心跳的次数大体相同!

思　考　题

1. 请排列你所熟悉的从最硬到最软的材料.
2. 在生物界, 与生物大小有关的差异还有哪些?

习　题

1. 如图 8.19 所示的直杆的长度为 l, 杨氏模量为 Y, 在左端面均匀施加作用力 F, 在中间截面和右端面各均匀施加外力 $F/2$, 计算杆的内力和总伸长量.

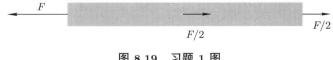

图 8.19　习题 1 图

2. 杆件悬挂, 下端受轴向的竖直拉力 F, 其原长为 l, 横截面积为 S, 材料的密度为 ρ.

(1) 考虑重力, 证明相对于杆件的原长, 横截面内的应力为

$$\sigma(x) = \frac{F}{S} + \rho g x.$$

(2) 计算杆的总伸长量 Δl, 证明

$$\Delta l = \frac{Fl}{SY} + \frac{\rho g l^2}{2Y}.$$

3. 等应力杆. 所谓等应力杆是指不同截面上应力值都相同的杆. 使用等应力杆能够使材料的强度性能得到最大限度的发挥. 设杆的容重 (单位体积所受重力) 为 γ_0, 并在杆的下端作用有集中载荷 (即作用于一点的悬挂物体对杆的反作用力) P, 如图 8.20 所示. 确定杆的截面积如何变化.

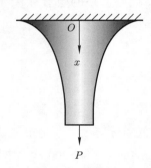

图 8.20　习题 3 图

4. 梁长为 L, 宽为 b, 厚度为 h, 弯曲后曲率半径为 R, 材料的杨氏模量为 Y, 计算梁的形变势能.

5. 实心钢轴 $ABCDE$ 的直径 $d = 30$ mm, 可以绕 A, E 两点的轴承自由转动. 轴在 C 处被齿轮驱动, 所施加的力矩 $T_2 = 450$ N·m, 方向如图 8.21 所示. B 处和 D 处的齿轮被轴驱动, 分别有抵抗力矩 $T_1 = 275$ N·m 和 $T_3 = 175$ N·m, 与 T_2 的力矩方向相反. BC 和 CD 段分别有长度 $L_{BC} = 500$ mm 和 $L_{CD} = 400$ mm, 剪切模量 $G = 80$ GPa. 确定每部分的最大剪切应力和 BD 之间的扭转角度.

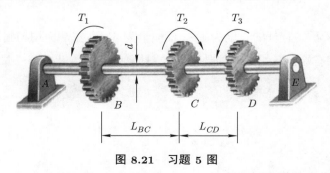

图 8.21　习题 5 图

第九章　流体

液体和气体统称流体. 大气圈和海洋是地球上最大的流体系统, 与我们息息相关, 我们时时刻刻生活在其中. 人体内部还有呼吸系统和血液、体液等循环系统. 因此, 理解流体的性质和运动规律, 对认识我们周围的环境和我们自己都是必需的. 本章介绍流体的基本性质和运动规律, 并定性分析日常生活中与流体有关的一些重要现象.

§9.1　流体概论

9.1.1　流体的性质及分类

所有流体都由分子或原子组成, 从微观的角度来看, 分子有平动、转动和振动, 这就是通常所说的热运动. 流体的宏观性质是大量分子微观性质的统计平均, 所以在介绍流体宏观性质的时候, 常常从微观的角度加以说明. 流体的宏观性质主要是流动性、压缩性和黏性.

(1) 流动性.

固体都有一定的形状, 只有受到外力时形状才会改变. 流体的特点是容易变形. 一杯水倒入容器中就是容器的形状, 所谓水无常形. 静止固体的截面可以承受法应力和剪切应力, 形变后固体处于力的平衡状态. 流体在静止时不能承受切向的应力, 不管多小的切向应力, 只要持续地施加, 都能使流体流动, 产生任意大的形变. 因此, 静止的流体只有法向的应力, 没有切向的应力. 流体的这个宏观性质称为流动性.

流体和固体的界限并不是很分明. 有许多物质, 在某些方面像固体, 在另一些方面又像流体. 油漆在放置一段时间后, 具有弹性固体的性质, 在摇晃和刷漆时却失去弹性, 发生很大的形变, 完全像流体. 沥青在正常条件下像固体, 用锤子敲打后会碎裂, 但在地面上长期放置后会摊成扁平的一片, 其行为又像流体.

流体的宏观性质与分子的结构和分子间作用力直接相关. 当两个分子的中心间距 d 很小 (对于简单型分子, 数量级为 10^{-10} m) 时, 其相互作用是很强的量子力, 既可能是吸引力, 又可能是排斥力, 这取决于电子层 "交换" 的可能性. 若电子交换是可能的, 分子间是吸引力并构成化学键; 若电子交换是不可能的, 分子间是很强的排斥力, 并随着 d 的增大而迅速衰减. 当中心间距再大一些, (比如 $10^{-9} \sim 10^{-8}$ m), 分子之间是微弱的吸引力. 于是, 没有形成化学键的两个分子之间的相互作用力如图 9.1 所示.

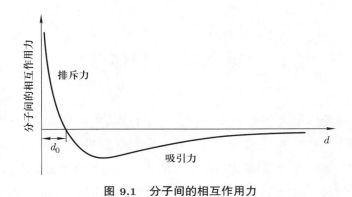

图 9.1 分子间的相互作用力

我们可以利用图 9.1 说明固、液、气三态的差别. 当温度很低时, 分子热运动不是很剧烈, 分子只能在平衡点 d_0 附近做小幅的振动, 但分子之间的排列保持不变, 此时物质表现为固态, 具有一定的形状和体积. 当温度升高时, 分子运动加剧, 分子间距变大. 达到一定温度时, 分子间的作用力已不能维持分子在固定的平衡位置附近做微小的振动, 但还能维持分子不分散远离, 近似保持一定的距离, 分子之间的排列被打乱, 没有固定不变的约束关系, 一个分子与其他分子的距离虽然大致不变, 但可以被不同的分子约束, 此时物质表现为液态. 处于液态的分子没有固定的平衡位置, 因而整个物体的形状不能保持不变, 但仍然有一定的体积. 当温度再升高时, 分子运动更为剧烈, 分子之间可以完全摆脱约束关系, 其运动接近于自由运动, 只在偶尔相遇, 即发生碰撞时才有相互作用, 此时即为气态. 在常温常压下, 气体分子平均距离的数量级为 $10d_0$, 气体可以当作理想气体. 能自由运动的气体, 当然就没有固定的形状和体积.

(2) 压缩性.

在流体的运动过程中, 由于压强、温度等因素的变化, 流体的体积 (或密度) 或多或少会有所改变. 流体的体积或密度随压强、温度变化的性质称为压缩性. 真实流体都是可以压缩的, 它们的压缩程度依赖于流体的性质和外界条件.

液体在通常的压强或温度下压缩性很小. 例如, 水在 100 个标准大气压下, 体积仅缩小 0.5%, 温度从 20°C 升高到 100°C, 体积会增加 4%. 因此, 在一般情况下, 液体可以近似地看成不可压缩的. 但是在某些特殊问题, 例如水中爆炸或水击等问题中, 液体必须当作可压缩的.

气体的压缩性比液体大得多, 所以在一般情况下应该当作可压缩流体. 但是, 如果压强差较小, 并且没有很大的温度差, 实际气体所产生的体积变化也不大. 在此情形, 也经常近似地将气体视为不可压缩的. 例如, 假设 1% 的体积变化可以忽略, 则对于常温下的气流, 只要其速度不超过 50 m/s, 高度不超过 100 m, 就可以当作不可压缩的气体. 气流速度为 150 m/s 时, 体积的改变约为 10%; 气流速度达到声速 (340 m/s) 的量级时, 流动的特征就与不可压缩流体的情形完全不同了.

液体和气体在压缩性上的差别可以用微观模型说明. 在液体中, 分子间存在一定的作用力, 使分子不分散远离, 保持一定的体积. 因此, 液体很难压缩. 对气体来说, 分子之间的作用力非常微弱, 不能保持固定的形状和体积, 在同样的条件下, 气体的体积可以发生较大的改变.

综上, 流体都是可压缩的, 但对液体或在一定条件下低速运动、温差又不大的气体而言, 在一般情形下可近似地当作不可压缩的. 因此, 根据压缩性, 可将流体分成可压缩流体和不可压缩流体. 应该特别强调, 不可压缩流体在实际中是不存在的, 它只是真实流体在某些条件下的近似模型. 个别的流体运动问题, 靠近固体边界时, 流体当作可压缩的, 远离边界时常常可以看作不可压缩的.

(3) 黏性.

虽然流体在静止时不能承受切向力, 但在运动时, 对相邻两层流体间的相对运动却是抵抗的, 这种抵抗力由黏性应力描述. 流体所具有的这种抵抗两层流体相对滑动或抵抗形变的性质称为黏性. 黏性的大小依赖于流体的性质, 并随温度发生显著的变化.

实验表明, 黏性应力的大小与黏性及相对速度成正比. 当流体的黏性较小, 运动的相对速度也不大时, 与其他类型的力, 如惯性力相比, 所产生的黏性应力常可忽略不计. 实际中最重要的流体如空气、水等的黏性都是很小的. 这时, 我们可以近似地把流体看成无黏性的, 这样的流体称为理想流体. 显然, 理想流体对于切向形变没有任何抗拒能力. 因此, 根据黏性, 我们可以将流体分成理想流体和黏性流体两大类. 真正的理想流体在实际中是不存在的, 它只是实际流体在某些条件下的一种近似模型.

除了黏性, 流体还有热传导、扩散等性质. 当流体中存在着温度差时, 热量将从温度高的区域流向温度低的区域, 这种现象称为热传导. 当流体混合物中某一组元存在着浓度差时, 该组元的物质将从浓度高的地方扩散到浓度低的地方, 这种现象称为扩散.

流体的扩散、黏性、热传导等宏观现象是分子输运性质的统计平均. 由于分子的热运动, 在各层流体之间将交换质量、动量和能量, 使不同流体层内的相关物理量均匀化, 这种现象称为流体的输运性质. 质量输运在宏观上表现为扩散现象, 动量输运表现为黏性, 能量输运则表现为热传导.

理想流体忽略了黏性, 即忽略了分子运动的动量输运性质, 因此, 在理想流体中经常也不考虑质量和能量输运, 即扩散和热传导, 因为它们的微观机制相同.

9.1.2 流体运动的描述

研究流体的运动可以直接照搬我们以前熟悉的方法: 跟踪流体中每个质点的位置. 这种方法称为拉格朗日法. 流动中质点的轨迹称为迹线.

在流体运动中, 我们常常对每个质点的运动轨迹不感兴趣, 而是关心流体在特定区域内的流动情况. 研究流体的流动时, 经常关注的是在某区域内流体速度的分布以及这一分布随时间的变化, 这种方法称为欧拉法. 速度随位置和时间的变化可表示为

$$\begin{cases} v_x = v_x(x, y, z, t), \\ v_y = v_y(x, y, z, t), \\ v_z = v_z(x, y, z, t). \end{cases}$$

若速度不随时间变化, 称为定常流动, 否则称为非定常流动.

为了对每一特定时刻的流动状态有一个清晰直观的图像, 我们引入流线的概念. 流线是这样的曲线: 其上每一点的切线都沿着速度的方向, 满足微分方程

$$\mathrm{d}x : \mathrm{d}y : \mathrm{d}z = v_x : v_y : v_z.$$

对于定常流动, 流线与迹线重合. 若流动随时间变化, 流线和迹线一般是不重合的, 因为流线给出的是同一时刻各点的速度方向, 而迹线给出的是不同时刻质点的速度方向.

需要注意的是, 对于同一个流动情形, 在不同的参考系中观测的结果会有差异. 例如圆柱在流体中运动的情形, 在相对未受扰动的流体静止的参考系, 与相对圆柱静止的参考系中, 流线和迹线的图像是完全不同的.

如果我们在一个小的闭合曲线上对所有的点画流线, 这些流线就围成一个细管, 如图 9.2 所示. 此管具有这样的性质: 在所考虑的那个时刻, 管中的流体就好像在一个固体管中流动, 不会流出管壁. 由流线所围成的管道称为流管. 对于定常流动, 流管是固定不变的, 里边的流体永远在管中流动, 好像真实的固体管道一样. 流体的流线分布一旦确定, 在我们的眼前就展现出一幅生动活泼的流动图像.

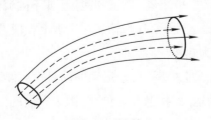

图 9.2　流管

9.1.3 运动方程

由牛顿第二运动定律, 流体中体元的质量乘以加速度必定等于作用在此体元上的力. 设单位体积所受的力为 $\boldsymbol{f}$, 则有

$$\rho \times 加速度 = \boldsymbol{f}.$$

我们把这个力密度写成下述三项之和: 压强、保守力和黏性力, 后面会陆续给出它们的具体表达式.

在流体运动的欧拉描述中, 我们计算流体质元的加速度. 如图 9.3 所示, 在任一流速场中, 考虑 t 时刻位于 (x, y, z) 的一个质元, 经过时间 Δt 后, 其位移为 $\boldsymbol{v}\Delta t$, 位于 $(x + v_x\Delta t, y + v_y\Delta t, z + v_z\Delta t)$, 速度的改变量 $\Delta \boldsymbol{v}$ 为

$$\boldsymbol{v}(x + v_x\Delta t, y + v_y\Delta t, z + v_z\Delta t, t + \Delta t) - \boldsymbol{v}(x, y, z, t).$$

因此,

$$\Delta \boldsymbol{v} = v_x\Delta t \frac{\partial \boldsymbol{v}}{\partial x} + v_y\Delta t \frac{\partial \boldsymbol{v}}{\partial y} + v_z\Delta t \frac{\partial \boldsymbol{v}}{\partial z} + \Delta t \frac{\partial \boldsymbol{v}}{\partial t}.$$

可见速度的变化来自两部分: 位移 $\boldsymbol{v}\Delta t$ 引起的, 以及时间变化 Δt 引起的. 因而加速度 $\Delta \boldsymbol{v}/\Delta t$ 为

$$v_x \frac{\partial \boldsymbol{v}}{\partial x} + v_y \frac{\partial \boldsymbol{v}}{\partial y} + v_z \frac{\partial \boldsymbol{v}}{\partial z} + \frac{\partial \boldsymbol{v}}{\partial t},$$

或者简写为矢量形式

$$质元的加速度 = (\boldsymbol{v} \cdot \nabla)\boldsymbol{v} + \frac{\partial \boldsymbol{v}}{\partial t}.$$

注意, 即使 $\partial \boldsymbol{v}/\partial t = 0$, 也就是说, 对于定常流动, 质元仍然有加速度.

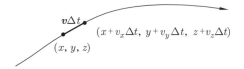

图 9.3 流体中的质元

利用矢量分析的恒等式

$$(\boldsymbol{v} \cdot \nabla)\boldsymbol{v} = (\nabla \times \boldsymbol{v}) \times \boldsymbol{v} + \frac{1}{2}\nabla(\boldsymbol{v} \cdot \boldsymbol{v}),$$

若 $\nabla \times \boldsymbol{v} = 0$, 我们就说流动是无旋的. 上述写法的优点是, 将 $(\boldsymbol{v} \cdot \nabla)\boldsymbol{v}$ 中的位势部分和涡旋部分区分开, 这在解决具体问题时常常是方便的.

9.1.4 定常流动

流体定常流动时速度场不随时间变化，

$$\boldsymbol{v} = \boldsymbol{v}(x, y, z),$$

加速度也不随时间变化，

$$\boldsymbol{a} = (\boldsymbol{v} \cdot \nabla)\boldsymbol{v} + \frac{\partial \boldsymbol{v}}{\partial t} = (\boldsymbol{v} \cdot \nabla)\boldsymbol{v} = \boldsymbol{a}(x, y, z).$$

定常流动时, 所有时刻的流线都相同, 质元将沿着一条不随时间变化的流线运动, 迹线自然与流线重合. 此时, 质元沿流线运动, 速度仍然可以变化, 加速度可以不为零, 但是任一时刻的加速度只与位置有关. 若不是定常流动, 质元经过 $\mathrm{d}t$ 时间后, 将从 t 时刻的流线进入 $t + \mathrm{d}t$ 时刻的一条新流线, 这就导致流线与迹线一般是不重合的.

现在介绍在理论分析和实际应用中都很重要的一个概念 —— 流量: 单位时间通过某一曲面的流体体积或质量, 分别称为体积流量和质量流量. 流量的定义为

$$\begin{cases} \text{体积流量 } Q_V = \iint_{(S)} \boldsymbol{v} \cdot \mathrm{d}\boldsymbol{S}, \\ \text{质量流量 } Q_m = \iint_{(S)} \rho \boldsymbol{v} \cdot \mathrm{d}\boldsymbol{S}, \end{cases}$$

其中 $\boldsymbol{v}$ 为面元 $\mathrm{d}\boldsymbol{S}$ 上的流速, S 为某一曲面, 即积分的区域, 若是管道, 面元取流动方向为正, 若是闭合曲面, 则取外法向为正. 生活中燃气收费按体积, 自来水收费按质量.

对于流速场中的一根如图 9.4 所示的细流管, 截面上各点速度近似相等, 从一个截面流入的质量流量一定等于从另一个截面流出的质量流量:

$$\rho_1 v_1 \Delta S_1 = \rho_2 v_2 \Delta S_2.$$

此即连续性方程, 体现的是物质的质量守恒. 若流体是不可压缩的, $\rho_1 = \rho_2$, 通过细流管任一截面的体积流量相等:

$$v_1 \Delta S_1 = v_2 \Delta S_2.$$

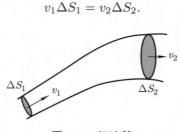

图 9.4 细流管

对于流体, 连续性方程的一般表述是, 单位时间从一个闭合曲面流出的流体质量等于闭合曲面内流体减少的质量. 这是质量守恒在流体运动中的表现.

9.1.5 流体的压强

流体静止或平衡时, 流体内的应力特别简单. 由于流体的流动性, 流体在静止时只有法向的应力, 没有切向的应力. 在流体内部, 应力处处与它所作用的面垂直, 如图 9.5 所示.

在流体内任取一个小三棱柱, 顶面、底面与各棱边垂直. 两端面上的压力大小相等、方向相反, 所以彼此平衡. 由于有共同的长度, 棱柱侧面上的压力与棱柱截面 (见图 9.6) 对应的边长成正比, 比例系数即对应的法向的应力. 再考虑力的方向, 法向的应力与侧面垂直, 侧面压力的和为零, 所以三个侧面压力构成一个三角形, 并与截面三角形相似. 由此可推导出, 各侧面的法向的应力相等.

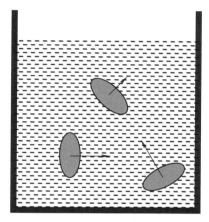

图 9.5 流体内部的应力与作用面垂直

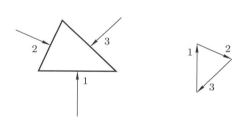

图 9.6 棱柱侧面上的压力

综上, 静止流体内任一点的应力只须用一个数值表示, 即单位面积上的压力, 称为压强, 通常用 p 表示. 压强的单位有很多, 在不同的领域有各自适合的习惯性单位. 压强的国际单位是帕斯卡, 简称帕, 记为 Pa, 1 Pa = 1 N/m². 气象上常用 hPa (百帕) 为大气压的单位, 1 标准大气压 $= 1.01325 \times 10^5$ Pa $= 1013.25$ hPa. 读者可以在手机上查一查今天的气压是多少 hPa.

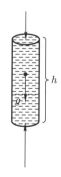

图 9.7 水柱受力分析

例 9.1 湖水深处的压强.

设水的密度为 ρ, 重力加速度为 g, 水的高度差为 h, 如图 9.7 所示. 由受力平衡条件可得, 压强差

$$\Delta p = \rho g h.$$

代入相关的数据, 水每加深 10 m, 压强大约增加一个标准大气压.

潜水的深度和压强是成正比的, 其次还要考虑水温、呼吸、体力的情况. 所以在没有任何潜水装备的情况下, 没受过专业训练的普通人最深可以下潜到 10 m 左右, 受过专业训练的人最深可以下潜到 20 m 左右.

例 9.2　设大气温度处处相同, 海平面处大气压为 p_0, 大气密度为 ρ_0, 试导出大气压 p 随高度 h 的变化关系.

解　理想气体的状态方程为

$$pV = \frac{M}{\mu}RT,$$

其中 μ 为大气的摩尔质量. 大气密度

$$\rho = \frac{M}{V} = \frac{\mu p}{RT}.$$

重力导致的压强差

$$\mathrm{d}p = -\rho g \mathrm{d}h.$$

两边积分, 有

$$\int_{p_0}^{p} \frac{\mathrm{d}p}{p} = -\int_{0}^{h} \frac{\mu g}{RT} \mathrm{d}h.$$

最后得到压强随高度变化的公式

$$p = p_0 \mathrm{e}^{-\frac{\mu g}{RT}h} = p_0 \mathrm{e}^{-\frac{\rho_0 g}{p_0}h}.$$

代入相关数据, 压强降到地面一半的高度约为 5.5 km.

高原反应是人体急速进入海拔 3000 m 以上高原, 暴露于低压、低氧环境后产生的各种不适, 是高原地区独有的常见病. 常见的症状有头痛、失眠、食欲减退、疲倦、呼吸困难等.

例 9.3　阿基米德原理.

传说阿基米德曾被国王委派去鉴定纯金王冠是否掺假. 他苦想多日也没有结果. 最终某天在跨进澡盆时, 看见水面上升, 突然得到启发, 通过王冠排出的水量解决了国王的怀疑 (见图 9.8), 并由此发现了浮力的奥秘. 在著名的《论浮体》一书中, 他按照各种固体的形状和比重的变化来确定其浮于水中的位置, 并总结出后来闻名于世的阿基米德原理.

阿基米德原理　放在液体中的物体受到向上的浮力, 其大小等于物体所排开的液体的重量.

阿基米德发现的浮力原理, 奠定了流体静力学的基础, 从此使人们对物体的沉浮有了科学的认识.

图 9.8 阿基米德原理

例 9.4 *浮力和浮心.*

浮力对物体的力学效果可以等效为浮力作用于浮心的效果. 浮力的浮心位于被物体所排开的同体积、同形状的流体的质心 (即重心) 上.

物体浮于水面上, 其重心和浮心一般是不重合的, 图 9.9 中显示了重心在浮心之下和之上两种情形. 两种情形虽然都能达到平衡, 但平衡的稳定性是不同的. 重心在下的是稳定平衡, 物体受到各种随机的扰动后, 将围绕平衡点振动. 重心在上的是不稳平衡, 物体受到扰动后会翻转.

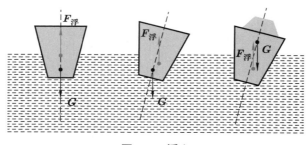

图 9.9 浮心

平衡的稳定性问题在造船业中有重要应用.

例 9.5 帕斯卡 (Pascal) 定律.

帕斯卡定律由法国科学家帕斯卡在 1653 年提出, 并利用这一原理制成水压机. 为了纪念他对大气压研究所做的贡献, 压强的单位以帕斯卡命名.

帕斯卡定律 不可压缩静止流体中任一点受外力产生压强增值后, 此压强增值瞬间传至静止流体各点.

各种油压和水压机械都是根据帕斯卡定律制成的. 若一个流体系统中有大小两个活塞, 在小活塞上施以小推力, 通过流体中的压强传递, 在大活塞上就会产生较大的推力, 如图 9.10 所示. 据此定律, 可制造水压机, 用于压力加工; 制造千斤顶, 用于顶举重物; 制造液压制动闸, 用于刹车等.

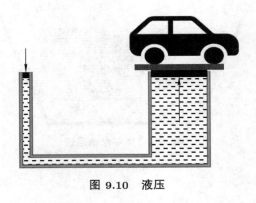

图 9.10 液压

§9.2 理想流体

9.2.1 理想流体的运动方程

利用应力张量的一般结果, 单位体积的压力为 $-\nabla p$. 设保守力具有单位质量的势能 E_p, 例如, 单位质量的重力势能为 gh. 综合连续介质的运动方程和流体的加速度公式, 可得理想流体的运动方程

$$(\nabla \times \boldsymbol{v}) \times \boldsymbol{v} + \frac{1}{2}\nabla(\boldsymbol{v}\cdot\boldsymbol{v}) + \frac{\partial \boldsymbol{v}}{\partial t} = -\frac{1}{\rho}\nabla p - \nabla E_p.$$

令 $\boldsymbol{\Omega} = \nabla \times \boldsymbol{v}$, 矢量场 $\boldsymbol{\Omega}$ 称为涡度. 如果涡度处处为零, 我们就说流动是无旋的. 由场论中的斯托克斯 (Stokes) 定理可以得到, 涡度等于单位面积的环量 (速度沿闭合回路的积分). 由此通过计算可以得出, 如果将一小片灰尘放入涡度处处为 $\boldsymbol{\Omega}$ 的地方, 它就会以角速度 $\boldsymbol{\Omega}/2$ 旋转. 或者考虑牛顿的旋转水桶实验, 这时 $\boldsymbol{\Omega}$ 等于局部角速度的两倍.

9.2.2 伯努利方程

理想流体的运动方程在定常和无旋两种情形下可以积分出来.

(1) 定常流动情形, 即 $\partial \boldsymbol{v}/\partial t = 0$.

以 $\boldsymbol{v}$ 点乘运动方程, $\boldsymbol{\Omega}\times\boldsymbol{v}$ 项与速度方向垂直, 与 $\boldsymbol{v}$ 点乘后为零. 为了简单, 我们这里只考虑不可压缩的流体, 即 ρ 为常量, 运动方程变为

$$\boldsymbol{v}\cdot\nabla\left\{\frac{p}{\rho} + E_p + \frac{1}{2}v^2\right\} = 0.$$

上述方程表明, 若沿着流体速度方向有一个小位移, 括号内的量不变. 也就是说, 对于沿着流线的所有点, 我们可以写出

$$p + \rho E_p + \frac{1}{2}\rho v^2 = 常量 \text{ (沿流线)}.$$

这就是伯努利方程. 一般来说, 方程右边的常量, 虽然沿着一条给定流线是完全相同的, 但是对于不同流线可以是不同的.

(2) 定常的无旋流动情形, 即 $\partial \boldsymbol{v}/\partial t = 0, \boldsymbol{\Omega} = 0$.

如果理想流体的流动既是定常的, 又是无旋的, 运动方程简化为

$$\nabla\left\{\frac{p}{\rho} + E_{\mathrm{p}} + \frac{1}{2}v^2\right\} = 0,$$

使得

$$p + \rho E_{\mathrm{p}} + \frac{1}{2}\rho v^2 = 常量\ (处处).$$

对于整个定常无旋的区域, 该常量都有相同值.

(3) 应用.

最常见的情形是重力场中理想流体的运动, 这里只考虑不可压缩的理想流体, 此时伯努利方程为

$$p + \rho g h + \frac{1}{2}\rho v^2 = \begin{cases} 常量\ (定常有旋, 沿流线), \\ 常量\ (定常无旋, 处处). \end{cases}$$

伯努利方程是能量守恒的体现. 选取从 x_1 到 x_2 的一段细流管内的流体, 如图 9.11 所示, 计算压强做功, 利用机械能定理可导出伯努利方程.

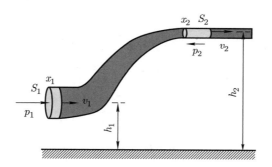

图 9.11 利用做功推导伯努利方程

对于不可压缩的理想流体, 根据连续性方程, 在时间间隔 Δt 内, 流入左端和流出右端的体积 ΔV 相同:

$$\Delta V = S_1 v_1 \Delta t = S_2 v_2 \Delta t,$$

这部分流体的动能增量 ΔE_{k} 为时间间隔 Δt 前后流体动能的差值. 由于中间部分的流体是两者共同具有的, 因此

$$\Delta E_{\mathrm{k}} = \frac{1}{2}\rho \Delta V v_2^2 - \frac{1}{2}\rho \Delta V v_1^2.$$

同理, 重力势能的增量

$$\Delta E_{\mathrm{p}} = \rho \Delta V g h_2 - \rho \Delta V g h_1.$$

压强做功

$$\Delta W = p_1 \Delta V - p_2 \Delta V.$$

根据质点系机械能定理, $\Delta W = \Delta E_{\mathrm{k}} + \Delta E_{\mathrm{p}}$, 代入各个量即得伯努利方程.

参考图 9.11, 同理, 这部分流体的动量增量

$$\Delta \boldsymbol{p} = \rho \Delta V \boldsymbol{v}_2 - \rho \Delta V \boldsymbol{v}_1 = Q_m(\boldsymbol{v}_2 - \boldsymbol{v}_1)\Delta t.$$

根据质点系动量定量, 这部分动量增量由流管流体所受合外力 $\boldsymbol{F}_{\text{合}}$ 提供的冲量产生, 由此我们得到理想流体定常流动时的动量定理

$$\boldsymbol{F}_{\text{合}} = Q_m(\boldsymbol{v}_2 - \boldsymbol{v}_1).$$

合外力 $\boldsymbol{F}_{\text{合}}$ 包括流管两端面外的流体施加的压力之和、流管侧面外的流体施加的压力之和以及流管内流体所受的重力.

在实际中很少遇到定常有旋的流动, 因此, 我们真正感兴趣而又常见的流动大多属于定常无旋流动.

例 9.6   *孔口出流.*

一个很大的容器盛满水, 在水深 h 处的器壁上开一个小孔, 水从小孔流出, 求小孔射流的流速.

解   如果我们从孔口处追踪容器中的流线, 就会发现它们都通到自由面 —— 水面. 由于自由面的面积远远大于小孔的面积, 根据连续性方程, 自由面的流速近似为零, 因此, 短时间内可认为自由面是静止的, 这样的话, 不同时刻容器内水流的情形相同, 即运动是定常的. 对图 9.12 所示的流线应用伯努利方程, 有

$$p_0 + \rho g h + 0 = p_0 + 0 + \frac{1}{2}\rho v^2,$$

其中 p_0 为大气压. 由此得

$$v = \sqrt{2gh},$$

即孔口处流速与质元从液面自由下落到孔口时的速度相同.

在实际的流体中由于黏性阻力, 射流的速度要小一些. 若管嘴是圆形的, 则射流速度是理想流体的 0.98 倍左右. 另外, 射流的截面积从孔口处开始不断收缩, 到一定距离后才形成几乎平行的流线. 于是, 射流截面积 $= a \times$ 孔口面积, a 称为收缩系数. 对于圆孔来说, a 一般取值 $0.61 \sim 0.64$. 考虑到收缩后, 孔口的流量为

$$Q = a\sqrt{2gh} \times \text{孔口面积}.$$

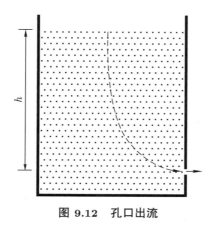

图 9.12　孔口出流

例 9.7　驻点压.

如图 9.13 所示, 均匀气流以等速定常地绕过某物体流动. 气流受阻后在物体前缘中心 O 点停滞为零, O 点称为驻点, 该点压强 p_0 称为驻点压强. 设前方较远处未受扰动气流的压强和速度分别为 p_∞ 与 V_∞. 对通过驻点 O 的流线应用伯努利方程, 有

$$p_0 = p_\infty + \frac{1}{2}\rho V_\infty^2,$$

其中 p_∞ 称为静压, $\frac{1}{2}\rho V_\infty^2$ 称为动压, 驻点压强 p_0 称为总压. 上式表明, 总压等于静压与动压之和, 驻点压强最大.

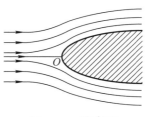

图 9.13　驻点压

例 9.8　皮托 (Pitot) 管.

用实验方法直接测量气流的速度是比较困难的, 但是用测压计可以很容易测量气流的压强. 测出压强后可用伯努利方程间接地计算出气体的速度. 这样的实验仪器通常称为皮托管. 图 9.14 是皮托管的示意图, 它由一个圆头的双层套管组成. 在圆头中心 A 处开一个与内套管相连的小孔, 连接测压计的一头, 孔的直径为 $0.3D \sim 0.6D$, D 为皮托管的外径. 在外套管的侧表面距 A 点 $3D \sim 8D$ 处沿周向均匀地开一排与外管壁垂直的静压孔, 连接测压计的另一头.

将皮托管安放在待测速度的定常气流中, 使管轴与气流方向平行, 管头对着来流. 气流在 A 点停止, A 点即为驻点, 相应的压强为总压, A 点是总压孔. 由于管子很细,

在管壁开孔 B 处, 气流几乎不受扰动地流过, B 处的流速与压强与来流的速度 V_∞ 与压强 p_∞ 相等, B 点为静压孔. 根据伯努利方程得

$$V_\infty = \sqrt{\frac{2(p_0 - p_\infty)}{\rho}}.$$

总压与静压之差 $p_0 - p_\infty$ 由测压计中水银柱的高度求出, 由此可求出气流的速度.

由于总压孔有一定的面积, 皮托管前端总压孔所反映的总压是这部分面积上的平均压强, 并非速度刚好为零的那一点的压强, 因而比总压 p_0 略小. 另一方面, 静压孔位于半圆球头部的后面, 静压还未完全恢复到与前方来流一样, 会稍高于 p_∞, 同时由于皮托管后部支杆对气流的阻滞, 会使静压 p_∞ 略有升高, 这些综合因素使测得的压差并不正好是 $p_0 - p_\infty$, 而是需要乘上一个很接近 1 的修正系数 ξ $(0.98 \sim 1.05)$, 即

$$V_\infty = \sqrt{\frac{2\xi(p_0 - p_\infty)}{\rho}}.$$

这个 ξ 值要通过精确的校正才能求得, 在一般要求不太严的实验情况下可取为 1.

测量水的流速还可以用一个很简易的装置, 如图 9.15 所示, 有

$$v = \sqrt{2gh}.$$

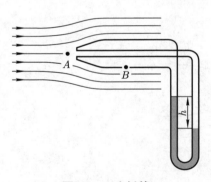
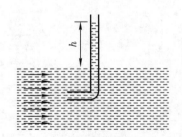

图 9.14　皮托管　　　　　　　图 9.15　测水的流速的简易装置

例 9.9 文丘里 (Venturi) 流量计.

文丘里流量计是管流中测量流量的一种简便装置. 它由变截面管和测量压强差的装置组成, 如图 9.16 所示.

设管道 1 处的截面积、流速和压强分别为 S_1, v_1 和 p_1. 管道 2 处的截面积、流速和压强分别为 S_2, v_2 和 p_2. 由连续性方程和伯努利方程, 可得

$$v_1 S_1 = v_2 S_2,$$
$$p_1 + \frac{1}{2}\rho v_1^2 = p_2 + \frac{1}{2}\rho v_2^2.$$

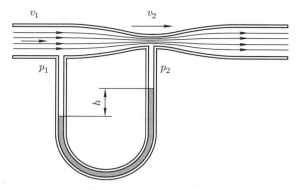

图 9.16 文丘里流量计

由此可确定流过管道的体积流量

$$Q_V = v_1 S_1 = S_1 S_2 \sqrt{\frac{2(p_1 - p_2)}{\rho(S_1^2 - S_2^2)}}.$$

由于黏性等因素的影响, 上式需要乘上一个小于 1 的修正常数.

伯努利方程的应用十分广泛, 绝大多数与流动有关的现象都可以用伯努利方程给出定量或定性的解释. 在刮大风的天气, 你仔细观察, 细致分析, 用伯努利方程就可以解释很多现象. 最后给一个土拨鼠的例子. 在草原上一年四季都有风, 如图 9.17 所示, 看看土拨鼠为了解决居室的通风问题, 想了什么办法? 土拨鼠都会巧妙利用伯努利方程, 你若不会, 请朗诵《诗经·鄘风·相鼠》.

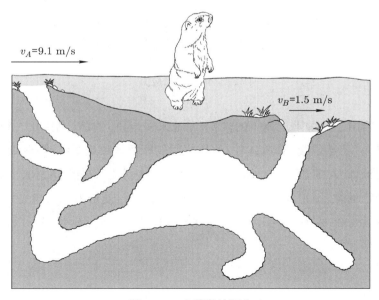

图 9.17 土拨鼠的洞穴

§9.3 黏 性 流 体

9.3.1 纳维 – 斯托克斯方程

实际的流体或多或少都有黏性. 当相邻两层流体做相对滑动, 即剪切形变时, 在相反的方向上会产生一对切向应力, 阻碍形变的发生. 因此, 切向应力与剪切形变速度之间存在一定的关系. 在固体表面, 流体相对于固体表面的流速总是恰好为零, 这被所有相关实验证实. 例如, 大型风扇的表面, 长期工作后会积聚一薄层灰尘. 即使扇叶在空气中高速穿行, 空气相对扇叶的流速在扇叶的表面也恰好趋于零, 表面附近最小的尘埃不会被扰动, 可以沉积下来. 不信的话, 你可以试着吹一下桌面的尘土, 虽然大的灰尘能吹走, 小的灰尘不管怎么用力都吹不走, 需要用到抹布.

如图 9.18 所示, 设两个平行板之间充满某种流体, 一块板固定, 另一块板以低速率 v_0 做平行的匀速运动. 测量保持上板匀速运动的力, 会发现这力 F 与板的面积 A、v_0/d 成正比, 其中 d 为两板之间的距离. 因此, 剪切应力 F/A 正比于 v_0/d:

$$\frac{F}{A} = \eta \frac{v_0}{d}.$$

这就是牛顿黏性定律, 比例系数 η 称为流体的黏度.

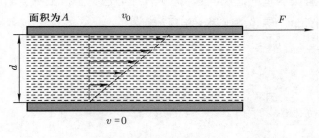

图 9.18 剪切应力

表 9.1 给出了几种常见流体的黏度. 总地来说, 液体的黏度是 10^{-3} 数量级, 而气体的黏度是 10^{-5} 数量级. 作为比较, 固体之间的摩擦系数是 10^{-1} 数量级. 因此, 在固体之间填充液体, 可显著地减小摩擦力, 若充满气体则效果更佳. 人体的关节表面覆盖一层光滑透明的软骨, 称为关节软骨, 软骨内有润滑液, 使得关节头与关节窝之间的摩擦系数大约为 0.02 左右, 摩擦力介于固体与液体之间. 关节软骨还可以缓冲撞击, 增加关节的灵活性.

表 9.1　流体的黏度

液体	$t/°\mathrm{C}$	$\eta/(\mathrm{Pa \cdot s})$	气体	$t/°\mathrm{C}$	$\eta/(\mathrm{Pa \cdot s})$
水	20	1.01×10^{-3}	空气	20	18.1×10^{-6}
水银	20	1.55×10^{-3}	水蒸气	100	12.7×10^{-6}
酒精	20	1.20×10^{-3}	二氧化碳	20	14.7×10^{-6}
轻机油	15	11.3×10^{-3}	氢	20	8.9×10^{-6}
重机油	15	66×10^{-3}	氦	20	19.6×10^{-6}

流体的黏度还显著地依赖于温度, 但很少随压强发生变化. 黏度与温度的关系对于液体和气体来说是截然不同的. 对于液体, 随着温度的升高, 黏度下降; 对于气体, 当温度升高时, 黏度反而上升.

对于一般情形, 总可以考虑流体中一个小的矩形体元, 其上下两个表面都平行于流速, 如图 9.19 所示. 作用在上表面的剪切应力由下式给出:

$$\frac{\Delta F}{\Delta A} = \eta \frac{\Delta v_x}{\Delta y} = \eta \frac{\partial v_x}{\partial y},$$

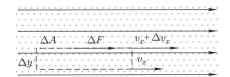

图 9.19　对矩形体元的剪切应力

其中 $(\partial v_x)/\partial y$ 是剪切应变的变化率, 因此对于流体来说, 剪切应力与剪切应变的变化率成正比. 考虑到应力是对称张量, 其分量可写为

$$S_{yx} = \eta \left(\frac{\partial v_y}{\partial x} + \frac{\partial v_x}{\partial y} \right).$$

当然, 还有关于 S_{yz} 和 S_{zx} 的相应表达式. 在可压缩流体的普遍情况下, 应力中还存在与体积变化有关的其他项, 普遍的表达式为

$$S_{ij} = \eta \left(\frac{\partial v_i}{\partial x_j} + \frac{\partial v_j}{\partial x_i} \right) + \eta' \delta_{ij} (\nabla \cdot \boldsymbol{v}).$$

通常, 黏性系数随位置的变化并不重要, 因而可以忽略, η 和 η' 可以看作常量, 这样, 单位体积的黏性力就仅含有速度的二次微商. 我们得到

$$\boldsymbol{f}_{黏} = \eta \nabla^2 \boldsymbol{v} + (\eta + \eta') \nabla (\nabla \cdot \boldsymbol{v}).$$

将黏性力的表达式代入运动方程, 即得黏性流体所满足的纳维 (Navier) – 斯托克斯方程

$$\rho \left((\nabla \times \boldsymbol{v}) \times \boldsymbol{v} + \frac{1}{2} \nabla (\boldsymbol{v} \cdot \boldsymbol{v}) + \frac{\partial \boldsymbol{v}}{\partial t} \right) = -\nabla p - \rho \nabla E_{\mathrm{p}} + \eta \nabla^2 \boldsymbol{v} + (\eta + \eta') \nabla (\nabla \cdot \boldsymbol{v}).$$

这是一个极其复杂的非线性偏微分方程, 同时也达到了本书难度的巅峰! 有关实际流体的一些现象几百年前就已发现, 但其机理至今依然悬而未决.

9.3.2　雷诺数

由于黏性流体运动的复杂性, 对其的理论研究必须与实验相结合. 流体力学的实验手段主要是通过室内的风洞、船池、水工模型等设备模拟自然界的流体运动. 实物的尺寸一般来说都是较大的. 例如飞机和轮船都是庞然大物, 在实验室里不太可能制造这样的实物, 也不经济. 因此, 人们通常做一个比实物小得多的几何相似模型, 在模型上实验, 测量所需的实验数据. 这样自然就产生了模拟的运动与被模拟的运动是否相似的问题. 或者说, 在什么条件下, 模型和原型周围的流体运动是相似的? 例如, 我们在风洞中模拟一架飞机在空中匀速平飞, 如果飞机的几何形状、航速和高度给定, 那么模型尺寸和实验条件应如何选择才能使飞机与模型所产生的流体运动相似?

若两个流动的边界形状是几何相似的, 则称这两个流动几何相似. 选择特征长度 L 和特征速度 V, 对于时空点 (r,t), 引入无量纲的空间坐标 r/L 和无量纲的时间 Vt/L. 在几何相似的两个流场中取两个时空点, 若这两个点的无量纲空间坐标和无量纲时间都分别相等, 则称这两个点是时空相似点. 对于几何相似的两个流动, 以 f 代表流动的任一力学量, 选择 F 为该力学量的特征量, 引入无量纲的物理量 f/F. 如果在两个几何相似的流场中对于所有的时空相似点, 任何一个无量纲的力学量都相等, 则称这两个几何相似的流动是力学相似的. 因此, 对于两个时空相似点 1 和 2, 由力学相似, 我们得到

$$\frac{f_1}{F_1} = \frac{f_2}{F_2}.$$

怎么做到力学相似呢? 我们从纳维 – 斯托克斯方程出发, 确定这个条件.

考虑不可压缩黏性流体的定常流动. 设体力密度为零, 则纳维 – 斯托克斯方程简化为

$$\rho(\boldsymbol{v} \cdot \nabla)\boldsymbol{v} = -\nabla p + \eta \nabla^2 \boldsymbol{v}.$$

首先需要将各个物理量无量纲化. 我们在所研究的流场中, 引入特征长度 L、特征速度 v_0、特征压强 ρv_0^2, 定义无量纲坐标 (x',y',z')、速度 $\boldsymbol{v}'$ 和压强 p':

$$x = x'L, \quad y = y'L, \quad z = z'L, \quad \boldsymbol{v} = \boldsymbol{v}'v_0, \quad p = p'\rho v_0^2.$$

将这些无量纲量代入上面的方程, 整理后可得

$$(\boldsymbol{v}' \cdot \nabla')\boldsymbol{v}' = -\nabla'p' + \frac{\eta}{\rho v_0 L}\nabla'^2 \boldsymbol{v}'.$$

这是无量纲的纳维 – 斯托克斯方程, 其中出现的唯一参数是

$$\frac{\rho v_0 L}{\eta}.$$

这个参数通常称为雷诺 (Reynolds) 数, 记作 Re, 这是 1908 年索末菲 (Sommerfeld) 为纪念雷诺而给这个参数取的名字.

几何相似的两个流动, 若雷诺数相等, 就满足相同的运动微分方程, 具有相同的解, 是力学相似的. 雷诺数相等是黏性流体运动中最重要也是最基本的一个相似条件. 在黏性流动中, 因为黏性项、惯性项和压强梯度项必然会出现在纳维 – 斯托克斯方程中, 雷诺数将会不可避免地出现, 因此, 一切无量纲的物理量必将依赖于雷诺数. 只根据雷诺数, 无须解方程就可以知道无量纲物理量与哪些无量纲参数有关.

雷诺数不仅决定了相似条件, 而且还是区别黏性流体属于什么运动形态的重要参数. 实验表明, 黏性流体的运动有两种形态, 即层流和湍流. 拧开水龙头, 先小心翼翼地拧开一点, 水流在空中形成一个好像静止不动的水柱, 这就是层流, 迹线是光滑的而且流场稳定, 各部分不相混杂, 分层流动. 再逐渐开大水龙头, 水柱开始摇摆, 最后哗哗作响, 形成湍流, 迹线杂乱无章, 而且流场极不稳定. 或观察点燃的香, 上升的烟柱初始时细而直, 越升越快, 到一定高度后开始飘忽不定, 最后飘散在空中. 对于水渠或管道中的流动, 小雷诺数时流动是层流, 雷诺数大到一定程度则变为湍流, 层流和湍流之间是过渡区, 界线并不分明. 湍流是至今还没有被完全理解的现象之一.

9.3.3　泊肃叶公式

黏性流体在管中的流速不是均匀分布的. 在管壁处流速为零, 在轴线上流速最大. 河流与此类似, 在岸边流速为零, 在河道中间流速最大.

黏性流体在直圆管中做定常流动, 略去重力, 从轴线到管壁呈现层流的状态, 具有轴对称性. 管中各点的流速保持不变, 任一体元都达到力学平衡, 纳维 – 斯托克斯方程简化为受力平衡方程. 如图 9.20 所示, 设管长为 L, 半径为 R, 两端的压强差为 $\Delta p = p_1 - p_2$. 沿轴线取一个半径为 r 的圆柱体, 由于径向有速度梯度, 圆柱体的侧面受到黏性力作用, 受力平衡方程为

$$\Delta p \pi r^2 + \eta 2\pi r L \frac{\mathrm{d}v}{\mathrm{d}r} = 0.$$

利用边界条件 $v(R) = 0$, 积分

$$\int_0^v \mathrm{d}v = -\frac{\Delta p}{2\eta L} \int_R^r r\mathrm{d}r$$

可得

$$v = \frac{\Delta p}{4\eta L}(R^2 - r^2).$$

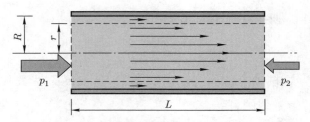

图 9.20   直圆管中黏性流体的定常流动

管道的体积流量

$$Q = \int_0^R v(r)2\pi r \mathrm{d}r,$$

即得

$$Q = \frac{\pi R^4 \Delta p}{8\eta L}.$$

这就是泊肃叶 (Poiseuille) 公式, 是德国人哈根 (Hagen, 1839 年) 和法国人泊肃叶 (1840 年) 独立发现的. 泊肃叶是一位医生兼物理学家, 在研究血液在血管中流动的规律时发现了这个公式. 物理学家通常称黏性不可压缩流体在圆管中的流动为泊肃叶流动.

泊肃叶流动在流体力学理论发展史上有过重要的贡献. 纳维－斯托克斯方程在一开始并没有被大家认可. 在利用这个方程和边界条件求出黏性不可压缩流体在圆管中流动的精确解并与实验完美符合后, 方程及其边界条件的正确性才得到肯定. 泊肃叶公式应用很广泛, 利用它还可以精确地测定流体的黏度.

例 9.10   改变管道流量的方法.

管道原来的流量是 $100\ \mathrm{cm}^3/\mathrm{s}$, 根据泊肃叶公式

$$Q = \frac{\pi R^4 \Delta p}{8\eta L},$$

将各个量分别增大一倍, 即变为原来的两倍, 流量改变后的值如下:

$$\begin{cases} 50\ \mathrm{cm}^3/\mathrm{s}, & \text{两倍长度,} \\ 50\ \mathrm{cm}^3/\mathrm{s}, & \text{两倍黏度,} \\ 200\ \mathrm{cm}^3/\mathrm{s}, & \text{两倍压强差,} \\ 1600\ \mathrm{cm}^3/\mathrm{s}, & \text{两倍半径.} \end{cases}$$

改变流量最有效的方法是改变管道的半径.

人生病时主要的治疗手段就是打针吃药. 护士给病人注射所用的针头非常细, 对应这种情形泊肃叶公式完美满足. 护士注射药液时, 流量较小, 过程缓慢, 病人几乎感觉不到疼痛. 生病的牲畜需要治疗时, 由于它们不会像人一样安静地等待, 所以必须快速注射药液, 因而兽医所用的针头都很粗.

例 9.11 狗的一根大动脉的内半径为 4 mm, 血液的体积流量为 1 cm³/s. 已知血液黏度为 2.084×10^{-3} Pa·s, 选取一段长为 0.1 m 的大动脉, 试求 (1) 两端压强差, (2) 维持此段血管中血液流动所需要的功率.

解 根据泊肃叶公式, 两端的压强差

$$\Delta p = \frac{8\eta L Q_V}{\pi R^4} = 2.07 \text{ Pa}.$$

在血管横截面上, 面元 $\mathrm{d}S$ 两端压强差所提供的合力 $\mathrm{d}F = \Delta p \mathrm{d}S$. 截面上各点速度不同, 位移也就不相同, 先算元功, 再算总功. 经过 Δt 时间所做元功

$$\mathrm{d}W = \mathrm{d}F v \Delta t = \Delta p v \mathrm{d}S \Delta t.$$

经过 Δt 时间所做总功

$$\Delta W = \Delta p \Delta t \iint v \mathrm{d}S = \Delta p \Delta t Q_V.$$

压强差所提供的功率

$$P = \frac{\Delta W}{\Delta t} = \Delta p Q_V = 2.07 \times 10^{-6} \text{ W}.$$

因此, 血液传输在大动脉里几乎不消耗能量. 真正耗费能量的是毛细血管. 血液在毛细血管里流动缓慢, 这样的好处是, 血液和细胞之间可以充分地进行物质交换.

在人体的心脑血管中, 堵塞对供血的影响是巨大的, 还会引起高血压并加重心脏的负担. 不健康的饮食习惯会使脂肪在体内过剩, 可导致脂肪在血管内壁堆积, 造成粥样动脉硬化, 堵塞血管, 并使血管弹性减弱, 容易破裂.

§9.4 流 体 阻 力

物体在黏性流体中运动时会受到阻力, 解决此类问题需要求解纳维 – 斯托克斯方程, 这个方程的复杂性在于惯性力项 $(\rho(\boldsymbol{v} \cdot \nabla)\boldsymbol{v})$ 是非线性的, 而数学上求解一个非线性方程是非常困难的. 因此, 根据实际情况, 理论上需要先做简化处理. 在运动方程中共有三种力, 即惯性力、压强梯度和黏性力 (重力可忽略不计). 压强梯度是受惯性力和黏性力制约的反作用力, 起平衡作用, 所以实际上起主导作用的是两种力, 即惯性力和黏性力.

9.4.1 斯托克斯阻力公式

我们先忽略惯性力, 这对应于小雷诺数的情形. 考虑在黏性流体中低速运动的小球, 或者变换参考系, 流体低速流过静止的小球, 这属于定常流动, 处理起来更容易. 对

于纳维–斯托克斯方程: 定常流动中 $\partial \boldsymbol{v}/\partial t = 0$; 流体是不可压缩的, $\nabla \cdot \boldsymbol{v} = 0$; 流速缓慢, $(\boldsymbol{v} \cdot \nabla)\boldsymbol{v}$ 项含有速度的二次方, 与其他项相比可以忽略; 体力密度为零, $-\rho\nabla E_{\mathrm{p}} = 0$. 因此方程简化为

$$-\nabla p + \eta \nabla^2 \boldsymbol{v} = 0.$$

对方程左边的每一项进行散度运算, 由于 $\nabla \cdot \boldsymbol{v} = 0$, 即得

$$\nabla^2 p = 0.$$

压强满足拉普拉斯方程, 可在球坐标系中求解, 再由简化方程确定速度, 从而可确定作用在小球表面的黏性力. 在远离小球 (设其半径为 a) 的区域, 流速 v_0 和压强 p_0 对过球心、沿流速方向的轴有轴对称性, 如图 9.21 所示, 压强和黏性力的表达式可在平面极坐标系中表出: 径向压强

$$p_r = \frac{3}{2}\frac{\eta v_0}{a}\cos\theta - p_0,$$

横向黏性应力

$$p_\theta = -\frac{3}{2}\frac{\eta v_0}{a}\sin\theta.$$

显然, 压强和黏性力的合力沿着对称轴, 只须计算轴向的分量. 压强的合力

$$f_1 = \int_0^\pi (p_r\cos\theta)2\pi a^2 \sin\theta \mathrm{d}\theta = 2\pi\eta a v_0,$$

黏性力的合力

$$f_2 = \int_0^\pi (-p_\theta\sin\theta)2\pi a^2 \sin\theta d\theta = 4\pi\eta a v_0,$$

总的合力

$$f = 6\pi\eta a v_0.$$

这就是斯托克斯阻力公式. 阻力分为两部分: 压差阻力和黏性阻力. 小球在静止的黏性流体中运动, 与远处的压强相比, 前面的压强较大, 后面的较小, 前后有一个压强差, 产生压差阻力. 流体流过静止的小球, 小球表面的流速为零, 远处的流速恒定, 沿着表面法向朝外有一个速度梯度, 因此沿着表面的切向产生黏性力, 导致黏性阻力.

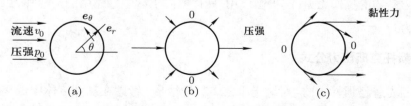

图 9.21 斯托克斯阻力公式的推导

根据推导公式所取的近似, 斯托克斯阻力公式在雷诺数小于 1 时才适用, 即流体的黏度很大或者物体的尺寸很小、运动得很慢. 为了具体地说明物体尺寸及速度大小, 考虑一个球形水滴在空气中下落的问题.

例 9.12 水滴的终极速度.

设水滴的密度为 ρ, 半径为 r, 质量为 $m = 4\pi r^3 \rho / 3$, 初始静止. 空气的黏度为 η, 重力加速度为 g. 略去空气的浮力, 水滴的牛顿运动方程为

$$m\dot{v} = mg - 6\pi\eta r v.$$

解得

$$v = \frac{2r^2\rho g}{9\eta}(1 - \mathrm{e}^{-\frac{gt}{v_\mathrm{t}}}).$$

随着速度的不断增大, 阻力也逐渐增大, 最终达到受力平衡状态, 小球趋于终极速度

$$v_\mathrm{t} = \frac{2r^2\rho g}{9\eta}.$$

可见, 同样的条件下, 半径越小, 速度越小, 水滴在空中的滞留时间越长.

毛毛雨的 $r = 10 \ \mu\mathrm{m}$, $v_\mathrm{t} = 1.2 \ \mathrm{cm/s}$, 实验测得的 $v_\mathrm{t} = 1.3 \ \mathrm{cm/s}$; PM2.5 的 $r = 2.5 \ \mu\mathrm{m}$, $v_\mathrm{t} = 0.75 \ \mathrm{cm/s}$;

$$\text{标准的}\begin{cases} \text{云滴}, \ r = 1 \ \mu\mathrm{m}, v_\mathrm{t} = 0.12 \ \mathrm{mm/s}, \\ \text{凝结核}, \ r = 0.1 \ \mu\mathrm{m}, v_\mathrm{t} = 0.0012 \ \mathrm{mm/s}, \\ \text{雨滴}, \ r = 1000 \ \mu\mathrm{m}, v_\mathrm{t} = 6.5 \ \mathrm{m/s}. \end{cases}$$

实际的水滴下落比我们这里处理的要复杂. 较大的水滴不再是球形, 而是变为流线型, 更大的水滴会破裂.

9.4.2 阻力系数

物体在黏性流体中运动, 由于流体的惯性, 会产生与运动方向相反的阻力. 对此, 牛顿早已得出结论, 即阻力与物体在垂直于运动方向的截面积 S 成正比, 也与流体密度 ρ 和速度 v 的平方成正比. 这个结果的论证很简单. 物体单位时间必须排开的流体质量为 $M = \rho S v$, 在此过程中每个被排开的体元获得速度 v. 阻力等于单位时间给物体的动量, 因此与 $Mv = \rho S v^2$ 成正比.

牛顿的流体阻力概念已被流体力学的概念所代替. 按照流体力学的概念, 阻力分为压差阻力和黏性阻力. 新旧两种概念所得出的两种结论之间的根本差别在于: 根据旧的概念, 只考虑物体前部的形状, 而我们现在知道, 其实引起阻力的原因要从物体的后部去寻找, 因而物体后部的形状是最重要的. 例如, 长柱体比短柱体阻力小, 这个事

实只能用现代理论来解释. 但是牛顿的理论在大马赫数时与实际情况符合得很好, 所以它对高超声速流动是有意义的.

根据流体力学的原理, 对一定类型的物体, 可以导出关于阻力定律的一般形式. 首先可以认为, 阻力由压强差和黏性应力产生. 一般来说, 压强差是起主导作用的, 并且与对应于流速的动压 $\rho v^2/2$ 成正比. 也就是说, 阻力 (为压强差和承压面积的乘积) 与 $S\rho v^2/2$ 成正比. 所以, 习惯上把阻力写作

$$\text{阻力} = \text{数值} \times S\frac{\rho v^2}{2},$$

其中的数值可用 c 来表示, 称为阻力系数, 并且可能带一个下标以表示分量 (例如, c_{D} 表示阻力系数, c_{L} 表示升力系数).

我们进一步介绍阻力系数的性质. 如果我们对具有几何相似和力学相似的情形进行比较, 它们具有同样大小的雷诺数, 压强差和黏性应力就会有同样的比值, 黏性阻力与压差阻力成比例地变化, 而压差阻力又可认为与动压成正比, 所以, 对于我们所考虑的情形, 上面的阻力定律的形式就代表一个准确的定律. 当然, 只在雷诺数相等时, 阻力系数才保持相同. 一般来说, 对于不可压缩流体, 阻力系数随雷诺数而变.

在特定的情况下, 没有显著的黏性效应, 则阻力相当精确地与 $S\rho v^2/2$ 成比例, 阻力系数为常数. 对于沿着自身平面法向运动的平板以及类似的边缘尖锐物体, 这都是相当准确的. 对于圆板, c 约为 1.12.

另一方面, 假如黏性效应起主导作用, 例如平板在自身平面中运动的情形, 则与牛顿的阻力定律相比就会有很大的偏差. 斯托克斯阻力公式就属于这个类型, 阻力系数 $c = 24/Re$, 通常情况下远远大于 1.

飞机在天空飞行, 轮船、潜艇在水里航行, 流体阻力的研究在理论和实用上都非常重要.

思 考 题

1. 孔子说水有九德, 故君子临水必观. 所谓九德: "以其不息, 且遍与诸生而不为也, 夫水似乎德; 其流也, 则卑下倨邑必循其理, 此似义; 浩浩乎无屈尽之期, 此似道; 流行赴百仞之嵊而不惧, 此似勇; 至量必平之, 此似法; 盛而不求概, 此似正; 绰约微达, 此似察; 发源必东, 此似志; 以出以入, 万物就以化絜, 此似善化也." 你觉得水的九德与其物理性质密切相关吗? 你对古人的这种观点怎么看?

2. 用手捏住悬挂细棒的绳子上端, 慢慢地把棒放入水中. 如果是木棍, 它总要倾斜, 最后横躺着浮在水面上; 如果是铁棒, 它就竖着浸入水中, 直抵水底而不倾斜. 为什

么?

3. "春潮带雨晚来急, 野渡无人舟自横." 试用理想流体的伯努利方程解释 "舟自横" 的现象, 并寻找一些可用伯努利方程解释的现象.

<h1 style="text-align:center">习　　题</h1>

1. 速度场 $\boldsymbol{v} = ax\boldsymbol{i} - by\boldsymbol{j}$ 为弯管内流体流动的表达式, $a > 0, b > 0$. 试求此流动的流线方程, 并在第一象限内画出一些流线, 其中包括通过原点的一条流线.

2. 飓风的速度场在极坐标系中可表示为

$$\boldsymbol{v} = -\frac{a}{r}\boldsymbol{e}_r + \frac{b}{r}\boldsymbol{e}_\theta.$$

试证流线方程为对数螺线, 即

$$r = c\mathrm{e}^{-\frac{a}{b}\theta},$$

其中 c 为相关的常量.

3. 作用在单位质量流体上的体力分布为 $\boldsymbol{F}_{\text{体}} = b\boldsymbol{j} + cz\boldsymbol{k}$, 流体的密度为 $\rho = lx^2 + nz$, 试求图 9.22 所示区域所受的体力.

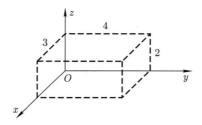

图 9.22　习题 3 图

4. 两端开口、向上直立的 U 形管内盛有水银. 从 U 形管的右端缓慢注水, 形成 13.6 cm 的水柱, 左管内的水银没有外溢, 试求左管内水银面上升的高度.

5. 西藏布达拉宫的海拔高度是 3756 m, 珠穆朗玛峰的海拔高度是 8848 m.

(1) 试求这两处的大气压.

(2) 在珠穆朗玛峰顶部呼吸几口气相当于在海平面呼吸一口气?

6. 把两个半径同为 20 cm 的半球壳合成马德堡球, 里面为真空, 估算两侧各需施加多大的力才能将球拉开?

7. 一根截面积 $S_1 = 5.00 \text{ cm}^2$ 的细管连接在一个容器上, 容器的截面积 $S_2 = 100 \text{ cm}^2$, 高度 $h_2 = 5.00 \text{ cm}$. 将水注入, 使水面相对容器底部的高度 $h_1 + h_2 = 100 \text{ cm}$, 如图 9.23 所示.

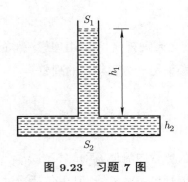

图 9.23　习题 7 图

(1) 计算水对容器底部的压力值和容器内水的重力.

(2) 解释这两个值为什么不相同?

8. 冰的密度为 ρ_1, 海水的密度为 ρ_2, 有 $\rho_1 < \rho_2$. 金字塔形 (正四棱锥) 的冰山漂浮在海上, 平衡时冰山顶部到海面的高度为 h, 试求冰山自身的高度.

9. 有一艘大型游览观光船为了让游客欣赏水下的鱼群, 在船舱靠近底部的位置安装了一个观察窗口, 如图 9.24 所示. 窗口是长为 1 m、半径为 0.6 m 的四分之一圆柱面. 设窗口上沿距离水面 1 m, 求水作用于窗口表面上的总压力的大小、方向和作用点.

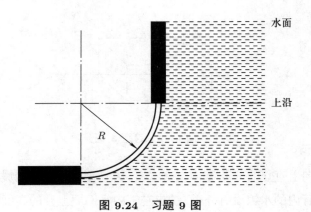

图 9.24　习题 9 图

10. 一根长为 l、密度为 ρ、截面积为 S 的匀质细杆, 浮在密度为 ρ_0 的液体里. 杆的一端由一根竖直细绳悬挂着, 使该端高出液面的距离为 d, 如图 9.25 所示.

(1) 计算杆与液面的夹角.

(2) 计算绳中的张力.

11. 在一个高度为 H 的量筒侧壁上开一系列高度不同的小孔, 如图 9.26 所示, 从多高的孔流出的水射程最远?

12. 圆筒形油箱内盛有水和石油, 水的厚度为 1 m, 石油的厚度为 4 m, 石油密度为

0.9×10^3 kg/m³, 试求水从箱底小孔流出时的速率.

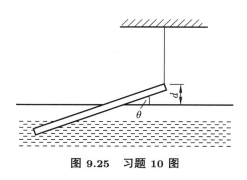

图 9.25　习题 10 图

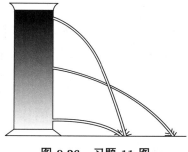

图 9.26　习题 11 图

13. 桶的底部有一小孔, 水面距桶底 30 cm. 当桶以 120 m/s² 的加速度上升时, 水从小孔流出的速率多大?

14. 匀速地将水注入大水盆内, 注入的流量 $Q_V = 150$ cm³/s, 盆底有一小孔, 面积为 0.50 cm², 求稳定时水面将在盆中保持的高度.

15. 密度为 2.56 g/cm³、直径为 6.0 mm 的玻璃球在一个盛甘油的筒中自静止下落. 若测得小球的恒定速度为 3.1 cm/s, 甘油的密度为 1.26 g/cm³, 试计算甘油的黏度.

16. 密度为 ρ 的黏性液体, 因重力作用在半径为 R 的竖直圆管道内向下做定常流动. 已测得管道的体积流量为 Q_V, 试求液体的黏度.

17. 已知流体的二维速度场为

$$\boldsymbol{v} = \frac{-cy}{x^2+y^2}\boldsymbol{i} + \frac{cx}{x^2+y^2}\boldsymbol{j}.$$

(1) 导出流体的二维加速度场.

(2) 画出二维流线.

(3) 画出二维迹线, 据此导出加速度场.

18. 一个具有旋转对称表面的水壶, 其对称轴沿竖直方向, 在壶底的正中间开一个半径为 r_0 的小孔, 为使水从底部小孔流出的过程中液面下降的速率保持不变, 试求壶的表面形状. (古代用这种漏壶计时)

19. 已知空气的黏度为 1.8×10^{-5} Pa·s, 半径为 0.01 mm 的水滴, 在速度为 $v_0 = 2$ cm/s 的上升气流中是否会落到地面?

20. 宽度同为 L 的两块无穷大平行平板相距 $2H$, 黏度为 η 的流体在板间从左端 1 向右端 2 做定常流动, 两端的外加压强分别为 p_1 和 p_2. 设流体与板的接触处流速为零, 以两板间的中央位置为原点设置如图 9.27 所示的 x 轴, 略去重力, 试求流速分布 $v = v(x)$.

图 9.27　习题 20 图

第十章　振动

常见的各种物体, 只要所受的作用力很小, 物体的形变程度与作用力的大小就近似成正比, 外力消失后, 物体又恢复原形. 也就是说, 物体都有弹性, 类似于我们熟悉的弹簧, 只要形变不是很大, 物体内部就会存在因形变而产生的弹力, 使物体回复到原来的平衡状态. 物体在平衡状态附近的往返运动称为机械振动, 或简称振动. 对于连续介质, 介质内各点的运动是围绕各自平衡点的振动, 整个介质则呈现出波动现象, 波动是振动状态的传播. 振动并不只局限在力学范围内, 在电磁学、无线电、光学, 以及微观的分子、原子、基本粒子中都有振动. 振动是自然界最基本、最普遍的运动形式, 在各个领域、各个学科、各个层次都广泛存在. 本章我们只介绍机械振动, 它们也是研究其他振动的基础.

§10.1　简谐振动

质点在弹力作用下的运动 —— 弹簧振子就是典型的简谐振动. 先考虑一维振动, 如图 10.1 所示, 一个小物块与弹簧相连, 放在光滑的水平面上, 弹簧另一端固定. 小物块简化为质点, 设质点的质量为 m, 弹簧的劲度系数为 k, 以平衡位置为坐标原点, 建立 x 轴, 质点的运动方程为

$$m\ddot{x} = -kx.$$

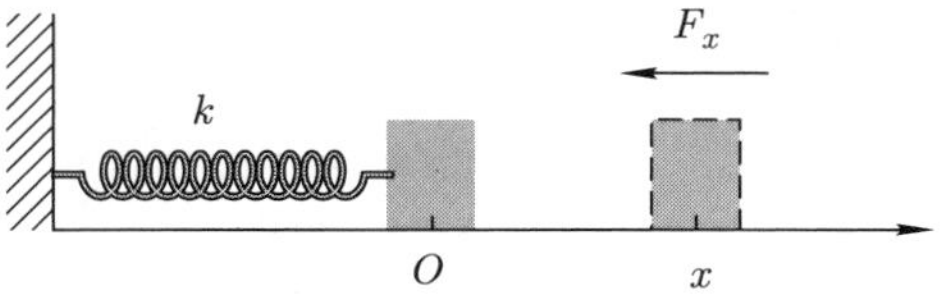

图 10.1　弹簧振子

弹力是保守力, 我们可以直接写出振子的能量守恒方程. 现在我们换一种方式, 从微分方程导出能量守恒方程, 将微分方程从二阶降为一阶. 方程两边乘以 $\mathrm{d}x$, 整理后得到

$$m\frac{\mathrm{d}\dot{x}}{\mathrm{d}t}\mathrm{d}x + kx\mathrm{d}x = 0.$$

再进一步改写第一项, 有

$$m\frac{\mathrm{d}x}{\mathrm{d}t}\mathrm{d}\dot{x} + kx\mathrm{d}x = 0,$$

此即

$$m\dot{x}\mathrm{d}\dot{x} + kx\mathrm{d}x = 0.$$

由此可得

$$\mathrm{d}\left(\frac{1}{2}m\dot{x}^2 + \frac{1}{2}kx^2\right) = 0.$$

因此, 在运动过程中我们得到一个守恒量, 即系统的能量守恒:

$$\frac{1}{2}m\dot{x}^2 + \frac{1}{2}kx^2 = C,$$

其中 C 依赖于初始条件, 即振子的初始运动状态. 显然, 不管振子从什么初态振动, 都会在偏离平衡点最大距离处静止, 将此最大距离记为 A, 对应于振子的最大弹性势能:

$$C = \frac{1}{2}kA^2.$$

由能量守恒方程可得

$$\dot{x} = \pm\sqrt{\frac{k}{m}}\sqrt{A^2 - x^2},$$

正负号分别对应向右和向左运动. 由此得到微分关系

$$\frac{\mathrm{d}x}{\sqrt{A^2 - x^2}} = \pm\sqrt{\frac{k}{m}}\mathrm{d}t.$$

分别取正号和负号进行积分运算, 最后得到

$$x = A\cos(\omega_0 t + \varphi_0),$$

其中 $\omega_0 = \sqrt{k/m}$, A 和 φ_0 是两个积分常量, 依赖振子的初态.

简谐振动微分方程的标准形式为

$$\ddot{x} + \omega_0^2 x = 0.$$

这是二阶常微分方程, 有两个积分常量, 其通解为

$$x = A\cos(\omega_0 t + \varphi_0),$$

其中两个积分常量 A 和 φ_0 由初始运动状态确定.

　　例 10.1　由振子的初态 (x_0, v_0) 确定 A 和 φ_0.

由微分方程的通解, 在时刻 $t = 0$, 振子的位置和速度满足方程

$$x_0 = A\cos\varphi_0,$$

$$v_0 = -\omega_0 A\sin\varphi_0.$$

由此解得

$$A = \sqrt{x_0^2 + \frac{v_0^2}{\omega_0^2}},$$
$$\tan\varphi_0 = -\frac{v_0}{\omega_0 x_0}.$$

φ_0 所在的象限则由 $\cos\varphi_0$ 或 $\sin\varphi_0$ 的正负号确定.

在简谐振动的通解中, A 表示质点偏离平衡点的最大距离, 称为振幅. ω_0 称为角频率, 与振动的周期 T 和频率 ν 的关系为 $\omega_0 = 2\pi/T = 2\pi\nu$. 在不引起混淆的情形下, ω_0 也简称为频率. $\omega_0 t + \varphi_0$ 称为振动的相位, 简称相, φ_0 称为初相. 因此, 描述简谐振动需要三个量: 频率、振幅和初相. 振幅和初相由振子的初态确定, 频率则由振动系统的固有参量决定, 与振幅和初相无关, 也就是说与初始运动状态无关, 因此又称为固有频率.

我们分析几个常见的简谐振动系统.

例 10.2 竖直悬挂的弹簧.

劲度系数为 k 的弹簧一端固定, 另一端悬挂质量为 m 的物体, 不计弹簧的质量和空气阻力, 证明物体的运动是简谐振动.

解 我们只须证明物体的运动方程可以化为简谐振动微分方程的标准形式.

以向下为正、平衡点为坐标原点, 建立如图 10.2 所示坐标系. 设物体平衡时, 弹簧的伸长量为 Δl, 有

$$mg = k\Delta l.$$

物体所受合力

$$F_y = mg - k(\Delta l + y) = -ky = m\ddot{y}.$$

由此得到物体的运动微分方程

$$\ddot{y} + \frac{k}{m}y = 0.$$

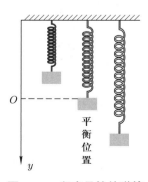

图 10.2　竖直悬挂的弹簧

此方程与简谐振动的微分方程相同, 因此物体做简谐振动.

例 10.3 单摆与复摆.

刚体可绕着悬挂点在竖直平面内摆动, 摆角较小时做简谐振动, 称为复摆, 如图 10.3 所示. 刚体质量集中在质心即为单摆.

解 刚体绕 O 点做定轴转动, 重力矩和角动量分别为

$$M_z = -mgl_{OC}\sin\theta,$$

$$L_z = I_O\omega.$$

代入刚体定轴转动定理

$$M_z = \frac{\mathrm{d}L_z}{\mathrm{d}t},$$

即得

$$\ddot{\theta} + \frac{mgl_{OC}}{I_O}\sin\theta = 0.$$

此为非线性微分方程, 在非线性力学中单独处理. 在小角度近似下, $\sin\theta \approx \theta$, 原方程可近似为

$$\ddot{\theta} + \frac{mgl_{OC}}{I_O}\theta = 0.$$

质量集中在质心时, $l_{OC} = l, I_O = ml^2$, 代入方程, 即得单摆的运动微分方程

$$\ddot{\theta} + \frac{g}{l}\theta = 0.$$

因此, 单摆和复摆在小角度时都做简谐振动.

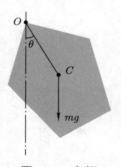

图 10.3 复摆

例 10.4 扭摆.

如图 10.4 所示, 金属丝上端固定, 下端连接水平匀质圆盘的中心. 以圆盘中心点为原点, 在圆盘所在的平面建立极坐标系. 当金属丝未发生扭转时, 圆盘处于平衡状态,

$\theta = 0$. 当 $\theta \neq 0$ 时, 根据扭转形变的力矩公式, 圆盘所受金属丝的力矩大小与 θ 成正比:

$$M = -\frac{\pi G R^4}{2l}\theta = -c\theta,$$

其中 c 为比例系数, 负号表示力矩与角位移方向相反. 由刚体定轴转动定理

$$M = I_c\ddot{\theta},$$

代入力矩公式就得到扭摆的运动微分方程

$$\ddot{\theta} + \frac{c}{I_c}\theta = 0.$$

因此, 扭摆做简谐振动.

图 10.4 扭摆

简谐振子的机械能既有动能, 又有势能. 振子的势能可以是重力势能、弹簧的弹性势能、扭转形变的势能等等. 在振动过程中, 振子的动能和势能都随时间变化, 但是它的机械能是守恒量. 以水平弹簧振子为例, 有

$$E_k = \frac{1}{2}m\dot{x}^2 = \frac{1}{2}mA^2\omega_0^2\sin^2(\omega_0 t + \varphi_0) = \frac{1}{2}kA^2\sin^2(\omega_0 t + \varphi_0),$$

$$E_p = \frac{1}{2}kx^2 = \frac{1}{2}kA^2\cos^2(\omega_0 t + \varphi_0),$$

$$E = E_k + E_p = \frac{1}{2}kA^2.$$

在平衡点, 势能为零, 动能最大; 在距离平衡点最远处, 势能最大, 动能为零. 在整个简谐振动的过程中, 动能和势能通过保守力做功而相互转化, 但机械能守恒. 简谐振子的机械能正比于振幅的平方, 这是简谐振动的普遍特征.

由机械能守恒方程可得简谐振子的运动方程. 在机械能守恒方程两边对时间求导, 有

$$\frac{\mathrm{d}E}{\mathrm{d}t} = \frac{\mathrm{d}}{\mathrm{d}t}(E_k + E_p) = m\dot{x}\ddot{x} + kx\dot{x} = 0.$$

两边消去 $\dot{x}$, 即得

$$m\ddot{x} + kx = 0.$$

其他情形可类似处理.

即使对于较复杂的振动系统, 能量守恒方程也比较容易得到. 因此能量法是处理复杂振动系统的更好方法.

例 10.5 如图 10.5 所示, 半径为 r 的小球在半径为 R 的半球形大碗内做纯滚动, 这种运动是简谐振动吗? 如果是, 求出它的频率.

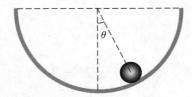

图 10.5 例 10.5 图

解 设小球质心速度为 v_{c}, 绕球心转动的角速度为 ω. 小球做纯滚运动时, 摩擦力不做功, 小球的能量守恒, 有

$$mg(R-r)(1-\cos\theta) + \frac{1}{2}mv_{\mathrm{c}}^2 + \frac{1}{2}I_{\mathrm{c}}\omega^2 = E_0,$$

其中 $I_{\mathrm{c}} = \dfrac{2}{5}mr^2, v_{\mathrm{c}} = (R-r)\dot{\theta}$, 纯滚约束条件为

$$r\omega = v_{\mathrm{c}}.$$

代入能量方程, 并对时间求导, 有

$$\ddot{\theta} + \frac{5g}{7(R-r)}\sin\theta = 0.$$

当 θ 是小角度时, 小球做简谐振动, 频率满足

$$\omega_0^2 = \frac{5g}{7(R-r)}.$$

例 10.6 U 形管截面面积为 S, 管中液体的质量为 m、密度为 ρ, 求液体振荡周期 T.

解 以液面的平衡位置为坐标原点, 建立如图 10.6 所示坐标系, 设偏离平衡位置的液柱高度为 y, 能量守恒方程为

$$\frac{1}{2}mv^2 + \rho Sygy = C,$$

其中常量 C 依赖初始运动状态. 两边对时间求导, 得

$$m\ddot{y} + 2\rho S g y = 0.$$

因此, 液体做简谐振动, 周期为

$$T = 2\pi\sqrt{\frac{m}{2\rho S g}}.$$

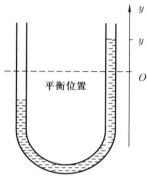

图 10.6　例 10.6 图

例 10.7　小球 A、B 和 B' 在光滑的水平面上沿一直线静止放置. B 和 B' 质量相同, 中间用轻弹簧连接, 弹簧处于自由长度状态, A 对准 B 匀速运动, 如图 10.7 所示. 弹性碰撞后, 接着又观测到 A 和 B 两球发生一次相遇而不相碰事件, 试求 A 和 B 两球的质量比.

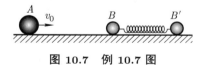

图 10.7　例 10.7 图

解　整个运动过程可以分为两个阶段. 第一阶段是 A 和 B 两球的弹性碰撞. 第二阶段: 碰后, 小球 A 做匀速直线运动, B 和 B' 的质心做匀速直线运动, B 和 B' 相对其质心做简谐振动. 下面我们分别处理这些运动.

A 和 B 两球的弹性碰撞, 碰后的速度分别是 v_A 和 v_{B0}, 它们的动量和动能守恒:

$$\gamma m v_A + m v_{B0} = \gamma m v_0,$$
$$\frac{1}{2}\gamma m v_A^2 + \frac{1}{2} m v_{B0}^2 = \frac{1}{2}\gamma m v_0^2.$$

由此可得

$$v_A = \frac{\gamma - 1}{\gamma + 1}v_0, \quad v_{B0} = \frac{2\gamma}{\gamma + 1}v_0.$$

第二阶段中, B 的运动分解为质心的匀速运动和相对质心的简谐振动.

先求质心的速度 v_c:

$$v_c = \frac{1}{2}v_{B0} = \frac{\gamma}{\gamma+1}v_0.$$

B 相对质心的速度

$$v'_{B0} = v_{B0} - v_c = \frac{\gamma}{\gamma+1}v_0.$$

简谐振动的频率为 $\omega = \sqrt{2k/m}$, 初始条件为

$$t=0, \quad x'_{B0}=0, \quad v_{B0} = \frac{\gamma}{\gamma+1}v_0.$$

由此可确定 B 相对质心的简谐振动:

$$x'_B = \frac{\gamma}{\gamma+1}v_0\sqrt{\frac{m}{2k}}\sin\left(\sqrt{\frac{2k}{m}}t\right).$$

B 的运动是两个运动的合成:

$$x_B = x'_B + v_c t = \frac{\gamma}{\gamma+1}v_0\sqrt{\frac{m}{2k}}\sin\left(\sqrt{\frac{2k}{m}}t\right) + \frac{\gamma}{\gamma+1}v_0 t,$$

$$v_B = v'_B + v_c = \frac{\gamma}{\gamma+1}v_0\cos\left(\sqrt{\frac{2k}{m}}t\right) + \frac{\gamma}{\gamma+1}v_0.$$

A 和 B 两球发生相遇而不相碰的条件包含两部分, 相遇是位置相同, $x_A(t_0)=x_B(t_0)$, 不相碰是速度相同, $v_A(t_0)=v_B(t_0)$, 联立可得

$$\tan\sqrt{\gamma^2-1} = \sqrt{\gamma^2-1}.$$

$\sqrt{\gamma^2-1}$ 的取值范围是 $\pi < \sqrt{\gamma^2-1} < \pi + \frac{\pi}{2}$. γ 的方程没有解析解, 只能做数值计算. 数值计算有一定的步骤和技巧, 你可以试一试, 看看计算几次后能精确到三位有效数字, $\sqrt{\gamma^2-1}=4.494$, $\gamma=4.60$.

例 10.8 在图 10.8 所示的复摆中, 刚体的质量为 m, 质心到水平转轴 O 的距离为 r_c, 刚体相对转轴的转动惯量为 I_0, 小角度的摆动周期记为 T_0.

(1) 另取一个摆线长为 L 的单摆, 如果它的小角度摆动周期与 T_0 相同, 便称 L 为复摆的等时摆长, 试求 L.

(2) 过图 10.8 中 O,C 连线上任一点, 均可设置与 O 轴平行的水平转轴, 刚体相对此轴的小角度摆动周期记为 T, 试找出 $T=T_0$ 的所有点.

解 (1) 由例 10.3 可知复摆的小角度摆动周期, 令其与单摆的相等, 有

$$T_0 = 2\pi\sqrt{\frac{I_0}{mgr_c}} = 2\pi\sqrt{\frac{L}{g}},$$

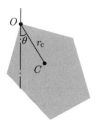

图 10.8　例 10.8 图一

由此可得等时摆长

$$L = \frac{I_0}{mr_c}.$$

(2) 若要周期相等, 只须等时摆长相等. 由平行轴定理, $I_0 = I_c + mr_c^2$, 则

$$L = r_c + \frac{I_c}{mr_c}.$$

可见 $L > r_c$. 求解这个关于 r_c 的方程, 可得两个解, 一个是原来的 r_c, 另一个为 r'_c, 满足

$$L = r_c + r'_c.$$

根据平行轴定理, 以 C 为圆心, 以 r_c 和 r'_c 为半径画圆, 以两个圆上的任一点为转轴, 周期都相同, 如图 10.9 所示. O 和 O' 称为一对可倒逆点.

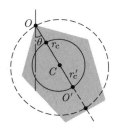

图 10.9　例 10.8 图二

例 10.9　凯特 (Kater) 摆.

从十六世纪直至二十世纪, 重力加速度 g 的最精确测量值都来自摆的实验. 这个方法非常吸引人, 因为需要测量的量只有摆的长度和摆的周期, 其中周期值可以通过计数多个摆动周期而测得很准确. 对于精确的测量, 限制因素却是摆的质心位置和它到悬挂点的距离的测量精度. 有一个巧妙的装置克服了这个困难, 它是 19 世纪英国物理学家、测量员和发明家凯特发明的, 故称为凯特摆.

如图 10.10 所示, 凯特摆有两个刀口, 摆可以挂在任一刀口上. 摆上包括四个可以调节的摆锤, A 和 B 是大摆锤, E 和 F 是小摆锤. C 为质心, 实验时调整四个摆锤的位置, 使得凯特摆绕任一刀口的摆动周期相等, 两个刀口的距离 L 实际上就是等时摆长.

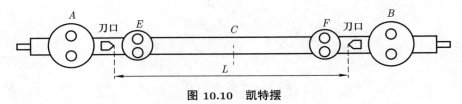

图 10.10 凯特摆

凯特摆的优越之处在于所需测量的几何量只有 L, 这可以测得非常精确, 而质心的位置不需要测量. 测得的重力加速度 g 为

$$g = \frac{4\pi^2 L}{T^2}.$$

例 10.10 陆地上所有行走的动物, 包含人, 都有一个自然的行走节奏 —— 每分钟走的步数, 比这个节奏快或慢都会更费力. 设这个节奏对应于大腿当作复摆时的频率.

(1) 大腿简化为匀质细杆, 确定行走的频率与腿长的关系.

(2) 霸王龙 (见图 10.11) 生活于 6500 万年前的白垩纪, 腿长 3.1 m, 一大步距离 $S = 4.0$ m, 试估算霸王龙的行走速率.

图 10.11 霸王龙

解 (1) 设腿为匀质细杆, 利用复摆的计算结果, 有

$$T = 2\pi\sqrt{\frac{2L}{3g}} \approx 2.9 \text{ s}.$$

行走的频率

$$\nu = \frac{1}{T} = \frac{1}{2\pi}\sqrt{\frac{3g}{2L}} \propto \frac{1}{\sqrt{L}}.$$

由此可见, 腿越长, 频率越低; 腿越短, 频率越高.

(2) 根据我们的模型, 霸王龙行走的速率

$$v = \frac{S}{T} = \frac{4.0 \text{ m}}{2.9 \text{ s}} \approx 1.4 \text{ m/s} \approx 5.0 \text{ km/h}.$$

这近似是成年人的步行速率.

实际的大腿不是匀质细杆, 而是上粗下细, 绕着髋关节摆动时, 质心在腿部中点以上, 比如 $L/4$, 转动惯量也小于匀质细杆的 $ML^2/3$, 比如 $ML^2/15$, 由此算得霸王龙的行走速率为 7.9 km/h, 这个结果可能更实际一些.

设走路姿势不变, 步长 S 应正比于腿长 L, 行走速率正比于 $\sqrt{L}$. 因此, 小孩比大人走得慢. 同样是散步的节奏, 小孩需要快走才能跟上大人. 小大悬殊, 差异多方, 我们的世界是非线性的!

§10.2　振动的合成与分解

简谐振动与我们熟悉的匀速圆周运动有密切联系. 质点做匀速圆周运动, 半径为 A, 角速度为 ω_0, 它在过圆心的任一直线上的投影即为简谐振动. 设 $t = 0$ 时, 质点的位置矢量与 x 轴的夹角为 φ_0, 则

$$x = A\cos(\omega_0 t + \varphi_0).$$

因此, 我们可以用旋转矢量 $\boldsymbol{A}$ 表示简谐振动. 它的大小等于振幅, 初始位置矢量与 x 轴的夹角为 φ_0, 以角速度 ω_0 旋转, 如图 10.12 所示.

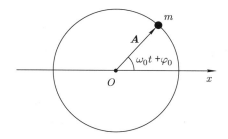

图 10.12　匀速圆周运动与简谐振动

简谐振动也可以用复数表示:

$$x = A\mathrm{e}^{\mathrm{i}(\omega_0 t + \varphi_0)} = A\cos(\omega_0 t + \varphi_0) + \mathrm{i}A\sin(\omega_0 t + \varphi_0).$$

复数的模等于振幅, 幅角等于相位, 复数的实部对应真实的振动量. 复数表示的优越之处在于求导、积分很方便, 处理多振动时尤为方便. 矢量表示的优点是形象直观, 只有几个振动时很方便, 但在处理多振动时不方便.

若质点同时参与两个简谐振动 x_1 和 x_2,

$$x_1 = A_1 \cos(\omega_1 t + \varphi_1), \quad x_2 = A_2 \cos(\omega_2 t + \varphi_2),$$

我们需要用两个旋转矢量分别表示这两个振动. 若 $\omega_1 = \omega_2 = \omega$, 则合振动

$$x = A_1 \cos(\omega t + \varphi_1) + A_2 \cos(\omega t + \varphi_2) = A \cos(\omega t + \varphi),$$

其中

$$A = \sqrt{A_1^2 + A_2^2 + 2A_1 A_2 \cos(\varphi_2 - \varphi_1)},$$
$$\tan\varphi = \frac{A_1 \sin\varphi_1 + A_2 \sin\varphi_2}{A_1 \cos\varphi_1 + A_2 \cos\varphi_2}.$$

合振动的振幅 A 不仅与分振动的振幅 A_1 和 A_2 有关, 还与相位差 $\varphi_2 - \varphi_1$ 有关, 分几种情形:

(1) 同相, $\varphi_2 - \varphi_1 = 0$, 合振动的振幅最大;

(2) 反相, $\varphi_2 - \varphi_1 = \pi$, 合振动的振幅最小;

(3) 其他情形, 振幅介于最大和最小之间.

由此可见, 相位差对合振动至关重要. 对于单个振动, 初相依赖于时间零点的选取. 适当选择时间零点, 总可以使初相为零. 对于多个振动的合成, 各振动之间的相位差与时间零点的选取无关, 影响合振动的振幅, 所以, 相位差在振动和波动中都是关键的因素.

若 $\omega_1 \neq \omega_2$, 为了数学表达式简单, 设 $A_1 = A_2 = A$, $\varphi_1 = \varphi_2 = \varphi$, 则它们的合振动

$$x = x_1 + x_2 = 2A \cos\left(\frac{\omega_2 - \omega_1}{2} t\right) \cos\left(\frac{\omega_2 + \omega_1}{2} t + \varphi\right)$$

包含一个变化较慢的余弦因子和一个变化较快的余弦因子. 当两个分振动的频率非常接近, 即有

$$\frac{|\omega_2 - \omega_1|}{2} \ll \frac{\omega_1 + \omega_2}{2} \approx \omega_1 \text{ 或 } \omega_2$$

时, 合振动可以看作振幅缓慢变化的振动. 这种振幅呈周期性变化的现象称为拍, 如图 10.13 所示. 由于振动的强弱与振幅的平方相关, 所以拍的频率是 $|\omega_2 - \omega_1|$, 称为拍频.

拍是一个重要的现象, 近代有许多应用. 调音师用标准音叉来校准钢琴, 这是因为两者的频率有微小差别就会出现拍音, 调整到拍音消失, 钢琴的一个键就被校准了. 拍在无线电技术中也有重要的应用.

若质点同时参与两个互相垂直的简谐振动 x 和 y,

$$x = A_x \cos(\omega_x t + \varphi_x),$$
$$y = A_y \cos(\omega_y t + \varphi_y),$$

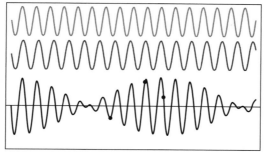

图 10.13 拍

合成的轨迹与频率之比和两者的相位差都有关系, 图形一般较为复杂, 很难用数学式表示. 当频率比是有理数时, 合振动是周期运动, 轨道是闭合的曲线或有限的曲线段, 这种图形称为李萨如 (Lissajous) 图形. 设两个振动的频率比 $\omega_x : \omega_y = m : n$, 质点在 x 方向完成 m 次全振动时, 在 y 方向则完成 n 次全振动. 人们可以在示波器上用李萨如图形来精确地比较频率, 一些李萨如图形见表 10.1. 在数字频率计未被广泛采用前,

表 10.1 李萨如图形

频率比	相 差				
	0	$\frac{1}{4}\pi$	$\frac{1}{2}\pi$	$\frac{3}{4}\pi$	π
1:1					
1:2					
1:3					
2:3					

这是测量电信号频率的最简便方法. 仔细分析李萨如图形可以看出, 在 x 和 y 方向振

子达到振幅的次数正比于频率. 若是有限的曲线段, 线段的端点按 0.5 计数. 由此可利用李萨如图形确定频率比. 当频率比是无理数时, 合振动不是周期运动, 永远不会重复已走的路径. 久而久之, 合振动的轨迹将稠密地分布在振幅限定的整个矩形内.

非简谐振动分为周期性振动和非周期性振动两类. 周期为 T 的振动 $x(t)$ 满足周期性条件

$$x(t + T) = x(t).$$

先引入几个术语: 基频 $\omega = 2\pi/T, n\omega$ 称为 n 次谐频, n 为正整数. 函数族

$$1, \cos \omega t, \sin \omega t, \cos 2\omega t, \sin 2\omega t, \cdots, \cos n\omega t, \sin n\omega t, \cdots$$

具有正交、归一、完备性, 在函数族中任取两个函数, 有

$$\int_0^T \sin n\omega t \cos m\omega t \mathrm{d}t = 0,$$

$$\int_0^T \cos n\omega t \cos m\omega t \mathrm{d}t = \begin{cases} 0 & (n \neq m), \\ T/2 & (n = m), \end{cases}$$

$$\int_0^T \sin n\omega t \sin m\omega t \mathrm{d}t = \begin{cases} 0 & (n \neq m), \\ T/2 & (n = m). \end{cases}$$

两个函数相同时积分不为零, 不相同时则积分为零. 类比于两个矢量的点乘, 具有这种性质的两个函数称为正交的. 两个函数相同时, 积分等于 1, 称为归一性, 不归一的函数乘以一个合适的系数总可以化为归一的. 最后一点是完备性, 意思是, 周期函数 $x(t)$ 都可展开为

$$x(t) = \frac{A_0}{2} + \sum_{n=1}^{\infty} [A_n \cos(n\omega t) + B_n \sin(n\omega t)],$$

其中展开系数是唯一确定的. 利用函数族的正交性, 上式两边乘以级数中的某个函数再积分, 则右边仅剩一项不为零:

$$A_0 = \frac{2}{T} \int_0^T x(t) \mathrm{d}t,$$

$$A_n = \frac{2}{T} \int_0^T x(t) \cos n\omega t \mathrm{d}t,$$

$$B_n = \frac{2}{T} \int_0^T x(t) \sin n\omega t \mathrm{d}t.$$

因此, $x(t)$ 被分解为 (除常数项 $A_0/2$ 之外) 频率为 $n\omega$ 的一系列简谐振动, 此即傅里叶 (Fourier) 展开.

例 10.11 方波的傅里叶展开.

方波的分段函数形式为

$$x(t) = \begin{cases} 1, & nT < t < nT + T/2, \\ -1, & nT + T/2 < t < (n+1)T, \end{cases}$$

波形如图 10.14 所示.

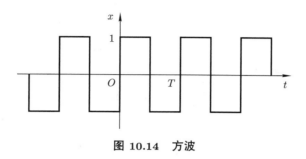

图 10.14　方波

解　由傅里叶展开系数公式得

$$A_0 = \frac{2}{T} \int_0^T x(t)\mathrm{d}t = 0,$$

$$A_n = \frac{2}{T} \int_0^T x(t)\cos n\omega t \mathrm{d}t = 0,$$

$$B_n = \frac{2}{T} \int_0^T x(t)\sin n\omega t \mathrm{d}t = \frac{4}{(2m-1)\pi}, \quad n = 2m-1, m \text{ 为正整数},$$

因此, 我们得到方波的傅里叶展开

$$x(t) = \frac{4}{\pi}\sin\omega t + \frac{4}{3\pi}\sin 3\omega t + \frac{4}{5\pi}\sin 5\omega t + \frac{4}{7\pi}\sin 7\omega t + \cdots.$$

大家可用画图软件在电脑中画图 (见图 10.15), 依次包含更多项, 看一下展开的效果.

对于周期振动, 傅里叶展开系数 A_n 和 B_n 构成离散的傅里叶频谱.

非周期性振动可看成 $T \to \infty$ 的周期性振动. 因为基频 $\omega \to 0$, 分解出的简谐振动相邻谐频间距也趋于零, 对应的傅里叶频谱是连续谱. $x(t)$ 的分解, 将从傅里叶级数的求和变为积分:

$$x(t) = \int_0^\infty a(\omega)\cos\omega t \mathrm{d}\omega + \int_0^\infty b(\omega)\sin\omega t \mathrm{d}\omega,$$

$$a(\omega) = \frac{1}{\pi} \int_{-\infty}^\infty x(t)\cos\omega t \mathrm{d}t,$$

$$b(\omega) = \frac{1}{\pi} \int_{-\infty}^\infty x(t)\sin\omega t \mathrm{d}t.$$

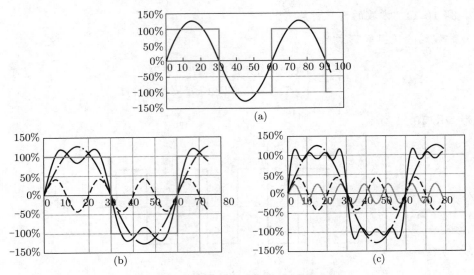

图 10.15   电脑画出的方波傅里叶展开

上式称为傅里叶积分.

综上所述, 非简谐振动, 无论是周期性的还是非周期性的, 都能分解成一系列简谐振动的合成, 可见简谐振动是振动的基本形式. 在波动现象中, 具有空间周期性的平面简谐波也是波动的基本形式.

§10.3   阻 尼 振 动

简谐振子是保守系统, 其能量依赖于初态, 在振动过程中保持不变. 实际的振动系统除了保守力之外还受到各种阻力, 能量会逐渐耗散, 最终振子静止在平衡位置. 单摆在空气中摆动, 空气阻力做负功, 使得摆动的幅度逐渐变小, 最后使摆动停止. 与声速相比, 若摆球的运动速度很小, 所受的阻力近似与速率成正比, 因此我们引入阻尼力

$$f_x = -\gamma \dot{x}.$$

阻尼振动的运动方程为

$$F_x + f_x = m\ddot{x},$$

其中 $F_x = -kx$. 引入阻尼因数 $\beta = \gamma/2m$, 固有频率 $\omega_0 = \sqrt{k/m}$, 方程可以写成标准形式

$$\ddot{x} + 2\beta\dot{x} + \omega_0^2 x = 0.$$

它是二阶常系数齐次线性微分方程, 有两个线性无关解. 由于各阶导数的系数是常量, 表明函数求导后的形式不变, 我们可引入试探解 $x^* = e^{rt}$ 确定它们, r 是待定的常量.

将试探解代入方程, 得到关于 r 的特征方程

$$r^2 + 2\beta r + \omega_0^2 = 0.$$

求解后得到两个根

$$\begin{cases} r_1 = -\beta + \sqrt{\beta^2 - \omega_0^2}, \\ r_2 = -\beta - \sqrt{\beta^2 - \omega_0^2}. \end{cases}$$

由此, 我们得到阻尼振动方程的通解

$$x = c_1 \mathrm{e}^{r_1 t} + c_2 \mathrm{e}^{r_2 t},$$

系数 c_1 和 c_2 由振动的初始条件确定. 我们分三种情形进行讨论.

(1) 过阻尼 $(\beta > \omega_0)$.

过阻尼情形的通解为

$$x = c_1 \mathrm{e}^{-(\beta - \sqrt{\beta^2 - \omega_0^2})t} + c_2 \mathrm{e}^{-(\beta + \sqrt{\beta^2 - \omega_0^2})t}.$$

我们先考虑一个特定初态, 初始时静止在 $x_0 (x_0 > 0)$ 处的振子. 将初始条件代入通解, 可得

$$x = \left(\frac{x_0}{2} + \frac{\beta x_0}{2\sqrt{\beta^2 - \omega_0^2}} \right) \mathrm{e}^{-(\beta - \sqrt{\beta^2 - \omega_0^2})t} + \left(\frac{x_0}{2} - \frac{\beta x_0}{2\sqrt{\beta^2 - \omega_0^2}} \right) \mathrm{e}^{-(\beta + \sqrt{\beta^2 - \omega_0^2})t}.$$

由此可以看出, 当 $t \to \infty$ 时, $x \to 0$, 振子不能跨过平衡点. 不管从什么初态开始, 振子只能跨过平衡点一次, 然后减速、静止、返回, 最后趋于平衡点. 因此, 过阻尼振动既无周期性, 又无往返性.

(2) 低阻尼 $(\beta < \omega_0)$.

对于低阻尼情形, 引入 $\omega = \sqrt{\omega_0^2 - \beta^2}$, 两个线性无关解为

$$x_1 = \mathrm{e}^{-\beta t} \mathrm{e}^{\mathrm{i}\omega t}, \quad x_2 = \mathrm{e}^{-\beta t} \mathrm{e}^{-\mathrm{i}\omega t}.$$

为了消除虚数, 我们引入两个新的线性无关解

$$\begin{cases} x_1 = \mathrm{e}^{-\beta t} \cos \omega t, \\ x_2 = \mathrm{e}^{-\beta t} \sin \omega t. \end{cases}$$

方程的通解可以表示为

$$x = A_0 \mathrm{e}^{-\beta t} \cos(\omega t + \varphi_0).$$

同样, 由振动的初态确定 A_0 和 φ_0. 低阻尼振动较为常见, 通常所说的阻尼振动, 若无特殊说明, 均指低阻尼振动.

与简谐振动相比, 低阻尼振动的振幅按指数衰减, 阻尼越大衰减越快, 图 10.16 中曲线对应的是 $\omega_0 = 1, \beta = 0.062$. 另外, 振动的频率 $\omega = \sqrt{\omega_0^2 - \beta^2}$ 略低于固有频率 ω_0. 低阻尼振动虽然不是周期运动, 但由于 $\cos(\omega t + \varphi_0)$ 是周期函数, 它确保质点通过平衡点和最大振幅点的周期性, 于是将 ω 称为低阻尼振动的频率.

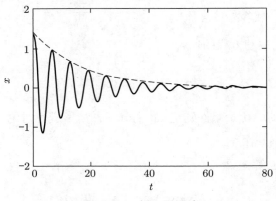

图 10.16　低阻尼振动

由于阻尼力做负功, 低阻尼振动的能量是不断减少的, 从储能和耗能的角度, 我们引入一个描述阻尼振动好坏的品质因数, 用 Q 表示. 设 t 时刻振子能量为 E, 经过一个周期, 振子损失的能量为 ΔE, 则品质因数定义为

$$Q = \frac{2\pi \times \text{储能}}{\text{耗能}} = \frac{2\pi E}{\Delta E}.$$

由定义可知, Q 是一个无量纲的数. 考虑 $\beta \ll \omega_0$ 的情形, 有

$$v_x = -Ae^{-\beta t}[\beta \cos(\omega t + \varphi) + \omega \sin(\omega t + \varphi)] \approx -Ae^{-\beta t}\omega_0 \sin(\omega t + \varphi).$$

振子的能量可近似为

$$E = E_k + E_p = \frac{1}{2}mv_x^2 + \frac{1}{2}kx^2 = \frac{1}{2}kA^2 e^{-2\beta t},$$

一个周期内耗散的能量则为

$$\Delta E = E(t) - E(t+T) = \frac{1}{2}kA^2 e^{-2\beta t}(1 - e^{-2\beta T}) \approx \frac{1}{2}kA^2 e^{-2\beta t}\frac{4\pi\beta}{\omega_0}.$$

由此即得低阻尼振子的品质因数

$$Q = \frac{2\pi E}{\Delta E} = \frac{\omega_0}{2\beta}.$$

因此, 在阻尼很小的情况下, 振子的品质因数与固有频率成正比, 与阻尼因数成反比. 虽然假设了 $\beta \ll \omega_0$, 但品质因数的适用范围很广, 几乎适用于所有低阻尼振动. 音叉

的 Q 值大概是几千左右, 能量损失主要来自金属弯曲时会变热, 空气阻力也是一部分原因. 橡皮筋的 Q 值比音叉低很多, 大概几十左右, 这主要源于长链分子螺旋的内摩擦. 超导微波谐振腔可以拥有超过 10^7 的 Q 值. 在零阻尼极限, $Q \to \infty$.

(3) 临界阻尼 ($\beta = \omega_0$).

对于这种情形, 特征方程有一个重根, 临界阻尼的通解为

$$x = (c_1 + c_2 t)\mathrm{e}^{-\beta t}.$$

我们还是考虑一个特定的初态, 初始时静止在 $x_0(x_0 > 0)$ 处的振子. 将初始条件代入通解, 可得

$$x = (1 + \beta t)x_0 \mathrm{e}^{-\beta t}.$$

由此看出, 与过阻尼振动一样, 不管从什么初态开始, 振子只能跨过平衡点一次, 然后减速、静止、返回, 最后趋于平衡点. 因此, 临界阻尼振动既无周期性, 又无往返性.

对于三类阻尼振动, 振幅都是衰减的, 而振幅衰减的快慢主要取决于形如 e^{-ct} 的指数函数, c 称为指数衰减因子. 如图 10.17 所示, 比较三类阻尼振动, 低阻尼振动的衰减因子较小, 所以衰减得较慢; 过阻尼振动的衰减因子一大一小, 小的拖后腿, 一般情形衰减得也不快; 临界阻尼振动的两个衰减因子相等且居中, 两个线性无关解几乎同步快速地衰减到平衡点. 因此, 一般情况下, 临界阻尼达到静止用时最短. 过阻尼在只包含衰减较快分支时, 才能比临界阻尼更快静止下来, 一般情形下总是包含一快一慢两个分支. 子曰过犹不及, 对于尽快消除阻尼振动来说, 临界阻尼是最合适的. 比如分析天平, 称量过程中扰动是随机的, 为了使天平尽快静止, 我们把阻尼调成临界情形.

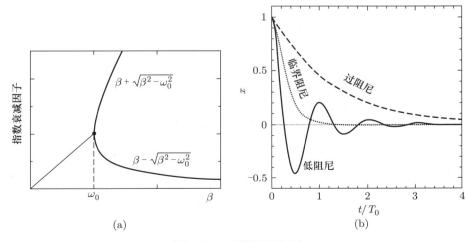

图 10.17　三类阻尼振动

例 10.12　设 $t = 0$ 时刻过阻尼振子的位置为 x_0, 速度为 v_0. 若实际振动中只包含衰减较快的部分, 试确定 x_0 与 v_0 要满足的条件.

解　过阻尼振动的通解为

$$x = c_1 \mathrm{e}^{-(\beta - \sqrt{\beta^2 - \omega_0^2})t} + c_2 \mathrm{e}^{-(\beta + \sqrt{\beta^2 - \omega_0^2})t}.$$

上式第二项的衰减因子较大, 是衰减较快的分支, 因此, 根据要求, 第一项的系数为零, 过阻尼振动的解为

$$x = c_2 \mathrm{e}^{-(\beta + \sqrt{\beta^2 - \omega_0^2})t}.$$

代入初始条件, $t = 0$ 时

$$x_0 = c_2,$$

$$v_0 = -(\beta + \sqrt{\beta^2 - \omega_0^2})c_2.$$

消去 c_2, 即得 x_0 与 v_0 要满足的条件

$$v_0 = -(\beta + \sqrt{\beta^2 - \omega_0^2})x_0.$$

实际中, 振动的初态是随机的, 因此这个条件一般不能满足.

例 10.13　测 Q 值.

图 10.18 是一个振动系统的位移随时间变化的示波器显示曲线. 显然, 这是低阻尼振动, 从图中确定品质因数. 测量数据: $t_b - t_a = 8.00$ ms, 在此时间间隔有 28.5 个全振动. 在 t_a 时刻, 振幅是 $A_a = 2.75$ 单位, 19 个周期后在 t_c 测的振幅是 1.01 单位.

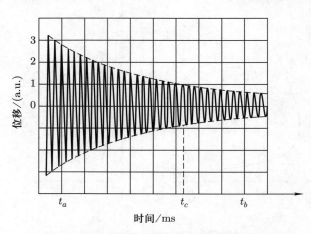

图 10.18　示波器显示的位移随时间的变化

解　对于低阻尼振动, 品质因数

$$Q = \frac{\omega_0}{2\beta}.$$

先确定角频率:

$$\omega_0 = \frac{2\pi}{T} = \frac{2\pi \times 28.5}{8.00 \times 10^{-3}\ \text{s}} \approx 2.24 \times 10^4\ \text{s}^{-1}.$$

由低阻尼振动的通解可得关系

$$\ln \frac{A_0 \text{e}^{-\beta t} \cos(\omega t + \varphi_0)}{A_0 \text{e}^{-\beta(t+nT)} \cos(\omega t + \omega nT + \varphi_0)} = \beta nT.$$

因此, 可确定

$$\beta = \frac{28.5}{19 \times 8.00 \times 10^{-3}\ \text{s}} \ln \frac{2.75}{1.01} \approx 188\ \text{s}^{-1}.$$

最后, 我们计算 Q 值:

$$Q = \frac{\omega_0}{2\beta} = \frac{2.24 \times 10^4\ \text{s}^{-1}}{2 \times 188\ \text{s}^{-1}} \approx 59.6.$$

实际上该例中的曲线对应的系统并不是一个机械振动, 而是一个微观系统. 振动的信号经过了放大, 频率经过了转换, 但是这些不影响包络线的形状. 微观系统振动的实际频率是 9.2×10^9 Hz, 因此, 微观系统的实际 Q 值为

$$Q = \frac{2\pi\nu}{2\beta} = \frac{2\pi \times 9.2 \times 10^9}{2 \times 188} \approx 1.5 \times 10^8.$$

这样高的 Q 值在原子、原子核中是常见的.

§10.4　受 迫 振 动

所有的振动系统都存在阻尼, 差别就在于阻尼的大小. 时间一长, 实际的振动系统都会静止下来. 要想维持振动, 就需要外界向振动系统输入能量, 也就是说, 需要施加驱动力. 由傅里叶分解可知, 简谐驱动力最基本、最重要.

设振动系统除了保守力和阻尼力之外, 所受的作用力还有简谐驱动力

$$F(t) = F_0 \cos(\omega t),$$

引入 $f_0 = F_0/m$, 其他同前, 受迫振动方程可表示为

$$\ddot{x} + 2\beta\dot{x} + \omega_0^2 x = f_0 \cos(\omega t).$$

这个非齐次微分方程的通解包含两部分: 齐次方程的通解和方程的特解, 即

$$方程的通解 = 齐次方程的通解 \ + 方程的特解.$$

阻尼振动的通解已经讨论过了, 我们现在的任务就是寻找方程的特解. 特解必须与驱动力的频率相同, 因此我们引入试探解

$$x^* = A\cos(\omega t + \varphi).$$

将其代入受迫振动方程, 两边比较系数, 可得

$$A = \frac{f_0}{\sqrt{(\omega_0^2 - \omega^2)^2 + 4\beta^2\omega^2}},$$

$$\tan\varphi = \frac{-2\beta\omega}{\omega_0^2 - \omega^2},$$

$$\sin\varphi = -\frac{2\beta\omega A}{f_0}.$$

因此, 特解的振幅 A 和初相 φ 可以完全确定. 以低阻尼为例, 受迫振动方程的通解可以表示为

$$x = A_0\mathrm{e}^{-\beta t}\cos(\sqrt{\omega_0^2 - \beta^2}t + \varphi_0) + A\cos(\omega t + \varphi).$$

通解中的待定常量 A_0 和 φ_0 由初始条件确定. 在受迫振动的初始阶段, 阻尼振动项的成分是显著的, 但是会按指数衰减, 时间一长, 此项可略, 因此称之为暂态解, 第二项振幅不随时间变化, 称为稳态解, 如图 10.19 所示. 值得注意的是, 稳态解完全由驱动力确定, 与初始条件无关.

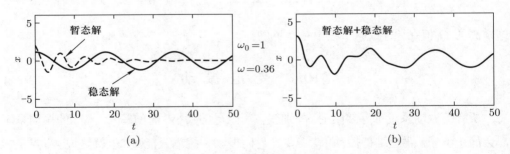

图 10.19　暂态解与稳态解

稳态的初相 φ 实际上表示与驱动力的相位差, 结合 $\tan\varphi$ 和 $\sin\varphi$ 的符号, 可以确定 φ 的象限. φ 和 ω 的关系如图 10.20 所示:

$$\begin{cases} 当\ \omega < \omega_0\ 时,\ -\pi/2 < \varphi < 0, \\ 当\ \omega = \omega_0\ 时,\ \varphi = -\pi/2, \\ 当\ \omega > \omega_0\ 时,\ -\pi < \varphi < -\pi/2. \end{cases}$$

受迫振动的稳态虽然貌似简谐振动, 但有几点不同. ω 并非固有频率, 而是驱动力的频率; 振幅 A 和初相 φ 与初始条件无关. 振幅 A 有一个典型特征, 与驱动力的频率密切相关, 如图 10.21 所示.

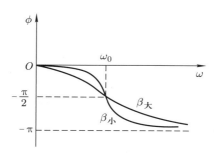

图 10.20 φ 和 ω 的关系

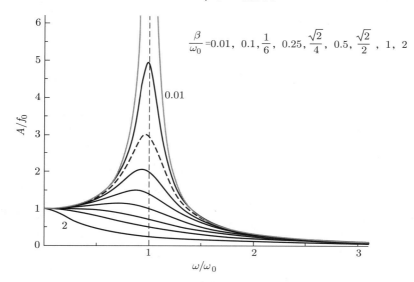

图 10.21 不同阻尼条件下振幅随频率的变化

从图 10.21 中可以看出, 当阻尼较大, $\beta \geqslant \omega_0/\sqrt{2}$ 时, 曲线没有极大值. 当阻尼较小, $\beta < \omega_0/\sqrt{2} \approx 0.7\omega_0$ 时, 对每一个给定的 β 值, 曲线有极大值. 振幅取极大值的现象称为共振, 准确地说是位移共振, 相应的振幅记为 A_{m}, 相应的频率称为共振频率, 记为 ω_{r}. 根据

$$\frac{\mathrm{d}A}{\mathrm{d}\omega} = 0,$$

可得

$$\omega_{\mathrm{r}} = \sqrt{\omega_0^2 - 2\beta^2},$$
$$A_{\mathrm{m}} = \frac{f_0}{2\beta\sqrt{\omega_0^2 - \beta^2}}.$$

由此可见, 共振频率 ω_{r} 总是小于固有频率 ω_0, 但是 β 越小, 共振频率 ω_{r} 越接近固有频率 ω_0. 我们还可以定义共振峰宽度: 在峰值两侧取 $A_1 = A_2 = A_{\mathrm{m}}/\sqrt{2}$, 它们所对应的 ω 的差值称为共振峰宽度 $\Delta\omega$. 当 β 很小时, $\Delta\omega = 2\beta$. 因此, 共振峰宽度与品质因

数满足关系

$$共振峰宽度 = \frac{固有频率}{品质因数}.$$

品质因数越大, 共振峰宽度越窄. 或者更直接地说, 阻尼越小, 共振峰宽度越窄.

　　在受迫振动中, 有时我们对速度更感兴趣. 由稳态解可得

$$v = -\omega A \sin(\omega t + \varphi) = -V \sin(\omega t + \varphi) = V \cos\left(\omega t + \varphi + \frac{\pi}{2}\right).$$

速度的初相为 $\varphi + \pi/2$, 速度的振幅为

$$V = \omega A = \frac{\omega f_0}{\sqrt{(\omega_0^2 - \omega^2)^2 + 4\beta^2 \omega^2}}.$$

根据 $\mathrm{d}V/\mathrm{d}\omega = 0$, 可得速度共振频率和最大速率:

$$\omega = \omega_0,$$
$$V_\mathrm{m} = \frac{f_0}{2\beta}.$$

　　与位移共振不同, 速度共振时共振峰的位置不随 β 而变, 都位于 $\omega = \omega_0$ 处, 如图 10.22 所示. 此外, 无论 $\omega \ll \omega_0$ 还是 $\omega \gg \omega_0$, 速度都趋于零, 振子静止不动. 为什么速度共振都发生在 $\omega = \omega_0$ 处? 当 $\omega = \omega_0$ 时, $\varphi = -\pi/2$, 速度与驱动力是同相的. 每时每刻驱动力都对振子做正功, 从而最有效地增大振子速度, 形成速度共振.

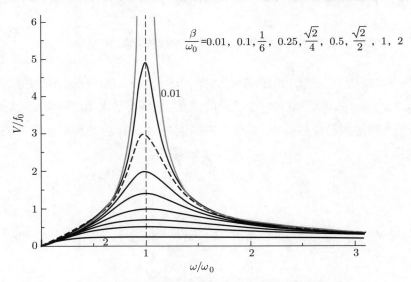

图 10.22　不同阻尼条件下速度随频率的变化

最后, 我们计算稳态的振子能量

$$E = E_\mathrm{k} + E_\mathrm{p} = \frac{1}{2} m A^2 [\omega_0^2 \cos^2(\omega t + \varphi) + \omega^2 \sin^2(\omega t + \varphi)].$$

由此可见, 当 $\omega = \omega_0$ 时, 受迫振动稳态的能量守恒. 驱动力与阻尼力的功率时时刻刻大小相等. 当 $\omega \neq \omega_0$ 时, 受迫振动稳态的能量在驱动力的一个周期之内是变化的, 但是在一个周期内的平均值不变, 从而才能表现出稳态的特点.

既然振动无所不在, 那么共振也就时常发生, 共振现象在各领域、各层次也是很普遍的. 有益的共振应尽量鼓励, 有害的共振则应尽力抑制. 大家观察、分析周围的自然现象、工作场景, 一定会发现许多共振. 这里略举数例, 仅作引导.

十八世纪中叶, 在法国昂热市一座 102 m 长的大桥上有一队士兵经过. 当他们在指挥官的口令下迈着整齐的步伐过桥时, 桥梁突然断裂, 造成 226 名官兵和行人丧生. 类似的事件还发生在 1906 年, 一队俄国士兵迈着整齐的步子, 踏上了圣彼得堡附近的卡坦卡河上的一座大桥. 突然, 大桥坍塌了, 桥上的士兵全都坠落下去, 非死即伤. 这些事件都是共振造成的. 因为大队士兵迈正步走的频率正好与大桥的固有频率接近, 使桥的振动加强, 当它的振幅达到最大以至超过桥梁的抗压力时, 桥就断裂了. 鉴于成队士兵正步过桥时容易造成桥的共振, 所以后来各国都规定大队人马过桥, 要改齐步走为便步走.

与人类不同, 狗没有汗腺. 在炎热的夏季, 为了散热, 狗张开嘴巴, 吐着舌头, 通过喘息降低体温. 狗喘息的频率非常接近其呼吸的频率, 这使得进出狗身体的空气量最大而花费的力气最小.

一些大型机械工作时会产生强烈的震动, 如挖掘机和打桩机等, 司机长期处于这样的震动状态中会影响健康, 因此, 要尽力消除震动的影响. 图 10.23(a) 是汽车减震系统的示意图, 这里有三级减震: 最下面的一级是轮轴和轮胎, 车身和底座弹簧构成第二级, 司机座椅弹簧构成第三级. 图 10.23(b) 是运载精致物件所用的两层减震包装的模型. 一些现代的精密仪器, 如扫描隧道显微镜, 需要高度的防震, 附近的地铁运行就能产生不可忽略的影响. 减震和防震是工程技术和科学研究里的一项重要任务.

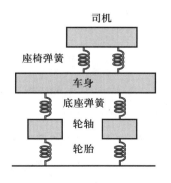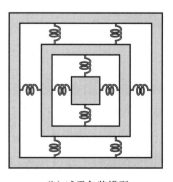

(a) 汽车的减震系统　　　　(b) 减震包装模型

图 10.23　减震系统

例 10.14　人体共振.

人体是极其复杂而又神奇的系统, 按器官功能可进一步分为九大系统: 运动系统、消化系统、呼吸系统、泌尿系统、生殖系统、循环系统、免疫系统、神经系统和内分泌系统. 不同系统的形态结构、生理功能和化学成分都有较大差异. 我们这里介绍的是它们对机械振动的响应情况, 比较容易量化的指标就是共振频率.

由于成分 (比如软骨、硬骨、肌肉和神经组织) 和状态 (比如放松和紧张) 的不同, 不同器官和部位的共振频率差别较大, 且有一定的变化范围. 图 10.24 中大概显示了不同器官和部位的共振频率和变化范围. 简单归纳一下, 柔软的部位, 比如胃和腹部, 共振频率较低, 为 4 ~ 8 Hz; 坚硬的部位, 比如头、手掌, 共振频率较高, 达 20 Hz 以上. 相比于耳朵 20 ~ 20000 Hz 的听觉范围, 身体各部分的共振频率总体处于次声波的范围. 对于这些超低频的次声波, 我们的耳朵听不到, 但是身体却能强烈地感受到. 比如舞厅的超重低音, 能有效激起手舞足蹈的欲望, 使人跃跃欲跳. 有一种治愈身心的疗法称为音乐疗法, 感兴趣的话可以去了解并尝试!

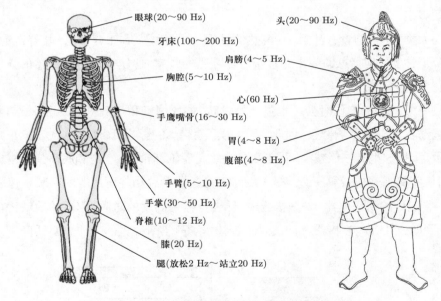

图 10.24　人体不同器官和部位的共振频率

白噪声, 简单地说, 是指在较宽的频率范围内, 各种频率的噪声强度基本相同, 类似于包含各种频率的白光. 由于白噪声包含耳朵可以听到的所有振动频率, 有助于身心放松或睡眠. 很多接受过白噪声治疗的人形容它们听上去像下雨的声音, 像海浪拍打岩石的声音, 像风吹过树叶的沙沙声, 像高山流水、瀑布小溪的声音. 这种声音对各个年龄段的人来说, 都可以起到一定的抚慰作用, 是一种 "和谐" 的治疗声音.

"莫听穿林打叶声, 何妨吟啸且徐行. 竹杖芒鞋轻胜马, 谁怕? 一蓑烟雨任平生."

§10.5 多自由度的简谐振动

到目前为止, 我们介绍的振动属于一个自由度的线性振动, 进一步的发展就是多自由度和非线性振动. 这里简单介绍多自由度的简谐振动, 非线性振动留待非线性力学一章再讨论.

考虑用弹簧连在一起的耦合摆, 如图 10.25 所示. 分别以悬挂点为参考点, 根据角动量定理, 有

$$-mgl\sin\theta_1 + Fl\cos\theta_1 = ml^2\ddot{\theta}_1,$$
$$-mgl\sin\theta_2 - Fl\cos\theta_2 = ml^2\ddot{\theta}_2,$$
$$F = k(l\sin\theta_2 - l\sin\theta_1).$$

在小角度近似下, 耦合摆的动力学方程简化为

$$\ddot{\theta}_1 = -\left(\frac{g}{l} + \frac{k}{m}\right)\theta_1 + \frac{k}{m}\theta_2,$$
$$\ddot{\theta}_2 = \frac{k}{m}\theta_1 - \left(\frac{g}{l} + \frac{k}{m}\right)\theta_2.$$

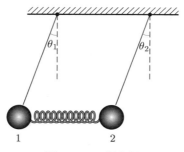

图 10.25 耦合摆

耦合摆的耦合性在微分方程上的体现就是, 方程不是独立的, θ_1 的方程含有 θ_2, θ_2 的方程含有 θ_1. 但方程是线性的, 只要是线性的就好办. 我们介绍两种方法, 一种针对简单方程, 另一种是真正解线性微分方程组的系统方法.

引入两个新的参量, $\xi_1 = \theta_1 + \theta_2$, $\xi_2 = \theta_1 - \theta_2$, 上面的方程组变换为

$$\ddot{\xi}_1 = -\frac{g}{l}\xi_1,$$
$$\ddot{\xi}_2 = -\left(\frac{g}{l} + \frac{2k}{m}\right)\xi_2.$$

这是两个固有频率不同的简谐振动:

$$\begin{cases} \xi_1 = A_1 \cos(\omega_1 t + \varphi_1), & \omega_1 = \sqrt{\dfrac{g}{l}}, \\[2mm] \xi_2 = A_2 \cos(\omega_2 t + \varphi_2), & \omega_2 = \sqrt{\dfrac{g}{l} + \dfrac{2k}{m}}. \end{cases}$$

因此, 小角度耦合摆的振动是两个简谐振动的叠加. 由上式可得

$$\theta_1 = \frac{1}{2}\xi_1 + \frac{1}{2}\xi_2 = \frac{A_1}{2}\cos(\omega_1 t + \varphi_1) + \frac{A_2}{2}\cos(\omega_2 t + \varphi_2),$$

$$\theta_2 = \frac{1}{2}\xi_1 - \frac{1}{2}\xi_2 = \frac{A_1}{2}\cos(\omega_1 t + \varphi_1) - \frac{A_2}{2}\cos(\omega_2 t + \varphi_2).$$

两个解中有四个待定常量 $A_1, \varphi_1, A_2, \varphi_2$, 由初态来确定.

我们引入几个描述多自由度线性振动的术语. ξ_1 和 ξ_2 称为简正坐标, ω_1 和 ω_2 称为简正频率, ξ_1 和 ξ_2 的两个简谐振动模式称为简正模 (normal mode). 两个振子的振动是简正模的线性叠加, 叠加系数由方程组决定. 多于两个自由度的情形也是如此.

耦合摆只表现一种简正模时, 振动情形如图 10.26 所示. 第一种简正模, 两个振子同向同步摆动; 第二种简正模, 两个振子对向同步摆动.

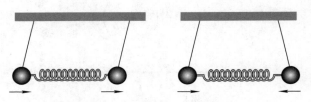

图 10.26 耦合摆的简正模

为了研究一个线形三原子分子, 例如二氧化碳分子, 我们考虑一个线形三质点模型, 如图 10.27 所示. 三个质点在 x 方向运动, 质点 1, 2 和 3 沿 x 方向偏离原来的平衡位置的量分别记为 x_1, x_2 和 x_3, 由牛顿运动方程可得

$$\ddot{x}_1 = \frac{k}{m}(x_2 - x_1),$$

$$\ddot{x}_2 = -\frac{k}{M}(x_2 - x_1) + \frac{k}{M}(x_3 - x_2),$$

$$\ddot{x}_3 = -\frac{k}{m}(x_3 - x_2).$$

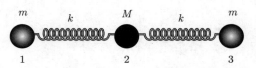

图 10.27 三质点振动

按线性代数解方程组的惯例写成标准形式:

$$\ddot{x}_1 = -\frac{k}{m}x_1 + \frac{k}{m}x_2,$$
$$\ddot{x}_2 = \frac{k}{M}x_1 - \frac{2k}{M}x_2 + \frac{k}{M}x_3,$$
$$\ddot{x}_3 = \frac{k}{m}x_2 - \frac{k}{m}x_3.$$

设方程组的解具有形式 $x_i = c_i A\cos(\omega t + \varphi), i = 1, 2, 3$. 代入方程组, 可得关于系数 c_i 的方程

$$\left(\omega^2 - \frac{k}{m}\right)c_1 + \frac{k}{m}c_2 = 0,$$
$$\frac{k}{M}c_1 + \left(\omega^2 - \frac{2k}{M}\right)c_2 + \frac{k}{M}c_3 = 0,$$
$$\frac{k}{m}c_2 + \left(\omega^2 - \frac{k}{m}\right)c_3 = 0.$$

方程组有非零解的条件是系数行列式为零:

$$\begin{vmatrix} \omega^2 - \dfrac{k}{m} & \dfrac{k}{m} & 0 \\ \dfrac{k}{M} & \omega^2 - \dfrac{2k}{M} & \dfrac{k}{M} \\ 0 & \dfrac{k}{m} & \omega^2 - \dfrac{k}{m} \end{vmatrix} = 0.$$

计算行列式并因式分解可得

$$\left(\omega^2 - \frac{k}{m}\right)\left(\omega^2 - \frac{(2m+M)k}{mM}\right)\omega^2 = 0.$$

因此, ω 的方程有三个根:

$$\omega_1 = \sqrt{\frac{k}{m}}, \quad \omega_2 = \sqrt{\frac{(2m+M)k}{mM}}, \quad \omega_3 = 0.$$

这就是我们要确定的三个简正频率, 分别代表三个简正模. 将三个简正频率分别代入 c_i 的方程, 可解出 c_i, 由此确定了三个振子用三个简正模表示的线性叠加系数, 选取一个不为零的系数等于 1, 具体为:

(1) 对于 $\omega_1, c_1 = -c_3 = 1, c_2 = 0$;

(2) 对于 $\omega_2, c_1 = c_3 = 1, c_2 = -2m/M$;

(3) 对于 $\omega_3, c_1 = c_2 = c_3 = 1$.

由于简正坐标满足简谐振动的方程, 对于 $\omega_3 = 0$, 其解 $\xi_3 = at + b$, 代表质心的匀

速运动. 方程的通解为

$$x_1 = A_1 \cos(\omega_1 t + \varphi_1) + A_2 \cos(\omega_2 t + \varphi_2) + at + b,$$

$$x_2 = -\frac{2m}{M} A_2 \cos(\omega_2 t + \varphi_2) + at + b,$$

$$x_3 = -A_1 \cos(\omega_1 t + \varphi_1) + A_2 \cos(\omega_2 t + \varphi_2) + at + b.$$

三个简正模下, 各质点的运动如图 10.28 所示. 第三种模式是整个系统的平动.

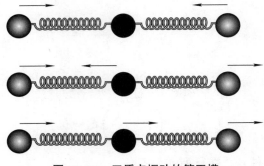

图 10.28   三质点振动的简正模

二氧化碳分子两个振动纵模频率的实验值分别为 4.16×10^{13} Hz、7.05×10^{13} Hz, 碳的原子量是 12, 氧的原子量是 16, 我们的频率比的计算值

$$\frac{\omega_1}{\omega_2} = \sqrt{\frac{M}{2m + M}} = \sqrt{\frac{12}{32 + 12}} = 0.52.$$

实验值的比为 0.59, 二者还有一定的差异, 说明我们的模型大体上可以, 但不够精确.

思　考　题

1. 这是《琅嬛记》里关于唐代古琴制作名家雷威的记载: "雷威作琴不必皆桐. 遇大风雪中独往峨嵋. 酣饮, 着蓑笠入深松中, 听其声, 连延悠扬者伐之, 斫以为琴, 妙过于桐, 有最爱重者以 '松雪' 名之." 闻声辨物的力学依据是什么? 你能达到什么境界?

2. 用橡皮在桌子上擦字, 有时持续一段时间后, 桌子会摇晃, 为什么?

3. 荡秋千时, 为什么会越荡越高? 节奏怎么保持与秋千的一致? 振动能量是怎么来的?

4. 在受迫振动中, 我们希望共振峰宽度越窄越好, 且不管什么初始条件, 振子尽快趋于稳态解. 两者能同时满足吗?

习　题

1. 一个质点沿 x 轴做简谐振动, 其运动方程为 $x = 0.4\cos 3\pi(t + 1/6)$, 其中 x 和 t 的单位分别是 m 和 s. 试求

   (1) 振幅、角频率和周期,

   (2) 初相、初位置和初速度,

   (3) $t = 1.5$ s 时的位置、速度和加速度.

2. 一个质量为 0.25 g 的质点做简谐振动, 其表达式为 $x = 6\sin(5t - \pi/2)$, 其中 x 和 t 的单位分别是 cm 和 s, 试求

   (1) 振幅和周期,

   (2) 质点在 $t = 0$ 时所受的作用力,

   (3) 振动的能量.

3. 求下面两组一维振动的合振动:

   (1) $x_1 = 8\cos(\omega t + 3\pi/8), x_2 = 6\cos(\omega t - \pi/8)$;

   (2) $x_1 = A\cos\omega t, x_2 = A\cos(\omega t + 2\pi/3), x_3 = A\cos(\omega t - 2\pi/3)$.

4. 已知两个分振动 $x_1 = 3A\cos\omega_0 t, x_2 = A\cos 3\omega_0 t$, 试画出 x_1, x_2 和 $x = x_1 + x_2$ 随时间变化的曲线, 并据此判断合振动是否为周期振动.

5. 质点同时参与的两个垂直方向简谐振动分别为

   (1) $x = A\cos\omega t, y = B\sin\omega t$,

   (2) $x = A\sin\omega t, y = B\cos\omega t$,

   试画出质点的两种运动轨道, 并标明质点运动方向.

6. 劲度系数为 k_1 和 k_2 的两个轻弹簧与质量为 m 的物体连在一起, 两个弹簧的另一端固定, 且处于原长状态, 地面光滑, 如图 10.29 所示. 若使物体获得朝右 (或朝左) 的初速度, 便会形成振动, 求物体振动的频率.

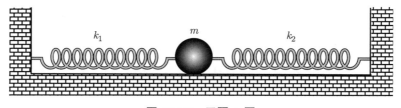

图 10.29　习题 6 图

7. 系统如图 10.30 所示, 动滑轮、细绳和两弹簧的质量均可忽略, 细绳与滑轮之间无摩擦, 相关参量已在图中标出. 让悬挂物在竖直方向上偏离平衡位置, 便可形成简谐振动.

(1) 试求悬挂物的振动频率.

(2) 若要求悬挂物的运动是纯简谐振动, 对振幅 A 有什么限制?

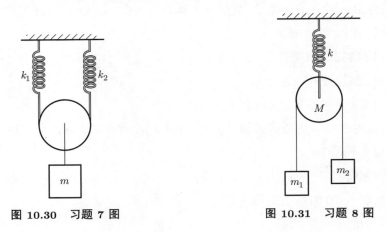

图 10.30　习题 7 图　　　　　图 10.31　习题 8 图

8. 系统如图 10.31 所示, 两个物体用细绳连接, 弹簧及细绳质量均可忽略, 滑轮不能转动, 滑轮与细绳之间无摩擦, 已知量均已在图中标出.

(1) 试求滑轮的振动频率.

(2) 若绳子不弯折, 对振幅 A 有什么限制?

9. 匀质圆柱形木块浮在水面上, 水中部分深度为 h, 如图 10.32 所示. 今使木块沿竖直方向振动, 过程中顶部不会浸入水中, 底部不会浮出水面, 不计水的阻力, 试求木块的振动频率.

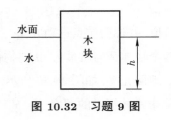

图 10.32　习题 9 图

10. 竖直平面内有一个半径为 R 的光滑固定圆环, 长为 R 的匀质细杆放在环内, 试求杆在其平衡位置附近小角度摆动的频率.

11. 在一端固定的竖直弹簧下挂一个物体, 最初用手将物体在弹簧原长处托住, 然后放手, 物体便开始振动. 已知物体的最低位置在初始位置下方 10.0 cm 处. 试求

(1) 振动频率,

(2) 物体在初始位置下方 8.0 cm 处的速率,

(3) 若把 300 g 的另一个物体系在该物体上, 系统振动频率就变为原来的一半, 原来物体的质量是多少?

12. 在倾角为 θ 的光滑斜面上有一底部固定, 上部停靠一个小球的轻弹簧, 如图 10.33 所示. 弹簧的劲度系数为 k, 小球质量为 m_1, 两者并不粘连, 可以分离. 在斜面上部从静止滑落一个质量为 m_2 的小球, 两球发生完全非弹性碰撞, 碰后形成一个复合体.

   (1) 试说明复合体的运动是周期运动.
   (2) 若要求复合体的周期最短, 试确定小球 2 沿斜面滑落到小球 1 的距离 L 应满足的条件.

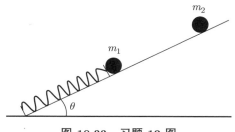

图 10.33　习题 12 图

13. 质量为 M 的平板两端用劲度系数都为 k 的弹簧连到侧壁上, 平衡时弹簧都处于原长状态, 如图 10.34 所示. 平板下垫着一对质量都为 m 的匀质圆柱. 当平板左右振动时, 圆柱相对平板和地面都没有滑动. 试求平板振动的频率.

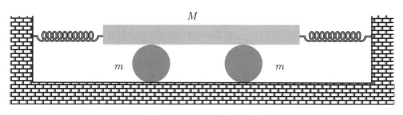

图 10.34　习题 13 图

14. 冰的密度为 ρ_1, 海水的密度为 ρ_2, 有 $\rho_1 < \rho_2$. 金字塔形 (正四棱锥) 的冰山漂浮在海上, 平衡时冰山顶部到海面的高度为 h, 试求冰山在平衡位置附近做竖直方向小振动的频率.

15. 如图 10.35 所示, 质量为 M 的平板放在两个转动方向相反、相距 $2L$ 的圆柱上, 平

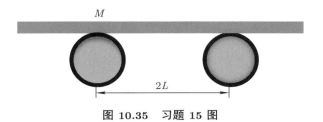

图 10.35　习题 15 图

板与圆柱的摩擦系数为 μ, 位于一个水平面上. 确定平板振动的频率.

16. 不倒翁底部呈圆形. 不倒的原理在于其重心很低, 只有底部中心是稳定平衡点. 我们用一个半径为 R 的匀质半球壳代表不倒翁, 置于水平面上. 试计算

    (1) 半球壳质心的位置,

    (2) 当地面摩擦力足够大时, 半球壳在稳定平衡点附近做小振动时的角频率 ω_0,

    (3) 当地面光滑时, 半球壳在稳定平衡点附近做小振动时的角频率 ω_0.

17. 阻尼振动中振子的固有角频率 ω_0 是阻尼系数 β 的 $\sqrt{2}$ 倍, 已知 $t = 0$ 时振子位于 $x_0 > 0$ 处, 振动速度 $v_0 = -2\beta x_0$, 试求振子的运动方程.

18. 设受迫振动中的驱动力为 $F = F_0 \cos^2 \omega t$, 即振子的微分方程为

$$\ddot{x} + 2\beta\dot{x} + \omega_0^2 x = f_0 \cos^2 \omega t,$$

求振子的稳态解.

19. 低阻尼受迫振动方程的通解可以表示为

$$x = A_0 \mathrm{e}^{-\beta t} \cos(\sqrt{\omega_0^2 - \beta^2}\, t + \varphi_0) + A\cos(\omega t + \varphi).$$

    (1) 若初始条件为 $x_0 = 0$ 和 $v_0 = 0$, 试确定 A_0 和 φ_0.

    (2) 若振动的解中只包含稳态解, 试确定相应的初始条件.

20. 在光滑的水平桌面上开一个小孔, 一根穿过小孔的细绳两端各系质量分别为 m_1 和 m_2 的小球, 位于桌面上的小球 m_1 以 v_0 的速度绕小孔做匀速圆周运动, 桌面下的小球 m_2 则悬在空中, 保持静止.

    (1) 求位于桌面部分的细绳的长度.

    (2) 若给 m_1 一个径向的小冲量, 则 m_2 将上下振动, 求振动的角频率.

第十一章　波动

与单个物体的运动不同,在连续介质中,牵一发而动全身,任何一点的受力都会影响周围的介质,从而产生自然界最普遍的运动 —— 波动.空气、水和地壳都是连续介质,在太空中传播着各种频率的电磁波,还有我们已经探测到的引力波.波是能量的载体.万物生长靠太阳,生物圈的稳定就依赖太阳能源源不断的输入,而太阳能主要是电磁波携带的能量.波也是信息的载体,我们接收信息的主要感官是眼睛和耳朵,分别接收可见光和声波.现代的无线通信和雷达探测主要是应用不同频段的电磁波.人类探索外太空和宇宙,利用的也主要是电磁波,将来可能会添加上引力波.波动性更是微观世界的基本性质,电子、中子、质子和光子都具有波粒二象性.本章介绍机械波.我们引入描述波动现象的基本概念,了解波的主要性质.

§11.1　波 动 方 程

我们的周围充满了各种波动现象.一粒石子投入湖中,水面激起波纹,并向周围以一定的速度传播,水面的最高点称为波峰,最低点称为波谷.固定绳子的一端,抖动另一端,产生的波沿着绳子传播.拨动琴弦,会产生一定频率的声音.风吹麦浪,松涛阵阵,"秋风萧瑟,洪波涌起".各种波是怎么产生,又是如何传播的呢? 我们就从简单的弹性介质开始.

11.1.1　匀质弹性棒的波动方程

用锤子敲击一根匀质弹性棒的一端.若打击方向垂直棒长方向,棒中产生剪切形变,棒中各点的振动方向与棒长方向垂直,横向振动,波沿着棒长方向传播,振动方向与传播方向垂直,这种波称为横波,如图 11.1 (a) 所示. 横波与剪切形变有关. 若打击

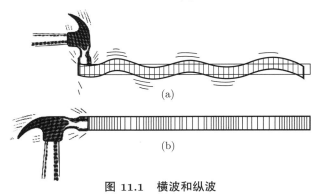

(a)

(b)

图 11.1　横波和纵波

方向沿着棒长方向, 棒中各点的振动方向与波的传播方向平行, 这种波称为纵波, 如图 11.1 (b) 所示. 纵波与伸缩有关.

　　匀质弹性棒的截面积为 S, 密度为 ρ, 杨氏模量为 Y. 沿棒长方向设为 x 轴, 选取长为 Δx 的一小段为研究对象, 如图 11.2 所示. 我们以纵波为例, 分析匀质弹性棒中质元 $dm = \rho S \Delta x$ 的受力. 平衡时质元的位置用 x 表示. 当匀质弹性棒中有纵波传播时, 设 x 处的质元偏离平衡点的位移为

$$u = u(x, t).$$

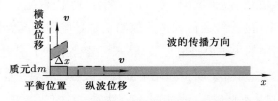

图 11.2　匀质弹性棒中横波、纵波质元分析

位移 u 既依赖于质元的位置 x, 又随时间 t 变化, 是位置 x 和时间 t 的函数. 位移 u 对时间 t 的一阶、二阶偏导数是质元的速度和加速度.

　　再看位移 u 对位置 x 的一阶、二阶偏导数的物理意义. 考虑棒中相邻的两点 x_1 和 x_2, 它们偏离平衡点的位移分别为 u_1 和 u_2, 这一小段的原长是 $x_2 - x_1$, 如图 11.3 所示. 若 $u_2 = u_1$, 质元做整体的平移; 若 $u_2 \neq u_1$, 质元的伸长量是 $u_2 - u_1, u_2 > u_1$ 是拉伸, $u_2 < u_1$ 是压缩. 伸长量与原长的比就是相对伸长:

$$\frac{\partial u}{\partial x} = \lim_{x_2 \to x_1} \frac{u_2 - u_1}{x_2 - x_1}.$$

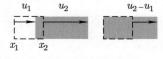

图 11.3　位移与位置

因此, 位移 u 对 x 的一阶偏导数表示该点的相对伸长. u 的一阶偏导为正, 介质处于拉伸状态, 为负则为压缩状态.

　　根据胡克定律, 我们可以计算质元 dm 所受的合力. 设 $\partial u/\partial x$ 为正, 质元 dm 左右两侧所受作用力的方向如图 11.4 所示, 大小分别为

$$F_1 = YS \left.\frac{\partial u}{\partial x}\right|_x, \quad F_2 = YS \left.\frac{\partial u}{\partial x}\right|_{x+\Delta x}.$$

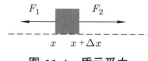

图 11.4 质元受力

力的方向以向右为正, 合力为

$$\Delta F = YS\frac{\partial u}{\partial x}\Big|_{x+\Delta x} - YS\frac{\partial u}{\partial x}\Big|_x = YS\Delta x\frac{\partial^2 u}{\partial x^2}.$$

代入牛顿运动方程, 有

$$YS\Delta x\frac{\partial^2 u}{\partial x^2} = \rho S\Delta x\frac{\partial^2 u}{\partial^2 t}.$$

整理后即得匀质弹性棒中纵波的波动方程

$$\frac{\partial^2 u}{\partial t^2} - \frac{Y}{\rho}\frac{\partial^2 u}{\partial x^2} = 0.$$

波动方程的通解为

$$u = f_1\left(t - \frac{x}{v}\right) + f_2\left(t + \frac{x}{v}\right),$$

其中 f_1, f_2 是可导的函数, $v = \sqrt{Y/\rho}$. 将 $f_1(t - x/v)$ 和 $f_2(t + x/v)$ 分别代入波动方程, 可以验证它们确实是方程的解.

跟踪波动的一个运动状态, 比如波峰或波谷, 也就是 $f_1(t - x/v)$ 和 $f_2(t + x/v)$ 的某个函数值保持不变, 这对应于使 $(t - x/v)$ 和 $(t + x/v)$ 保持不变而 t 和 x 变化, 即

$$t - \frac{x}{v} = C_1, \quad t + \frac{x}{v} = C_2,$$

其中 C_1 和 C_2 是常数. 每个方程的两边对时间 t 求导, 就得到运动状态的传播速度 v 和 $-v$, 它们的大小都是 v, 但是方向相反. 由此可见, $f_1(t - x/v)$ 是以速度 v 向右传播的波, $f_2(t + x/v)$ 是以速度 v 向左传播的波. 因此, $v = \sqrt{Y/\rho}$ 是波的传播速度, 称为波的相速度, 简称波速.

类似地, 可以得到匀质弹性棒中横波的波动方程

$$\frac{\partial^2 u}{\partial t^2} - \frac{G}{\rho}\frac{\partial^2 u}{\partial x^2} = 0.$$

横波的波速 $v = \sqrt{G/\rho}$. 由于剪切模量 G 小于杨氏模量 Y, 所以横波的波速总是小于纵波的波速.

从波速的表达式可以看出, 波速依赖弹性介质自身的性质, 与波的产生方式无关.

11.1.2 弦的波动方程

设有一根拉紧的匀质细弦, 线密度为 ρ, 弦中的张力为 T. 将静止的弦方向设为 x 轴, 当弦中有横波传播时, 弦有垂直 x 轴的横向位移

$$u = u(x, t).$$

分析弦中线元 Δx 的受力, 如图 11.5 所示. 设横向位移是小量, 因而线元 Δx 沿 x 轴无位移, 左右两侧沿 x 轴的力分量相等, 且等于静止弦中的张力 T:

$$T_1\cos\theta_1 = T_2\cos\theta_2 = T.$$

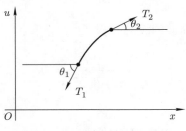

图 11.5　弦中线元受力

线元 Δx 的质量为 $\rho\Delta x$, 加速度为

$$\frac{\partial^2 u}{\partial t^2}.$$

线元 Δx 横向所受的合力

$$\Delta F = T_2\sin\theta_2 - T_1\sin\theta_1 = T_2\cos\theta_2\tan\theta_2 - T_1\cos\theta_1\tan\theta_1 = T\tan\theta_2 - T\tan\theta_1$$

$$= T\left.\frac{\partial u}{\partial x}\right|_{x+\Delta x} - T\left.\frac{\partial u}{\partial x}\right|_{x} = T\frac{\partial^2 u}{\partial x^2}\Delta x.$$

代入牛顿运动方程, 整理后即得弦的波动方程

$$\frac{\partial^2 u}{\partial t^2} - \frac{T}{\rho}\frac{\partial^2 u}{\partial x^2} = 0.$$

由弦的波动方程可知, 弦中横波的传播速度为 $v = \sqrt{T/\rho}$, 注意这里 ρ 是线密度. 同样一根弦, 张力越大, 波速越大; 密度越大, 波速越小. 试着抖动一根弦, 改变拉力, 很容易观察到波速的变化.

11.1.3 三维弹性介质的波动方程

在三维弹性介质中不考虑体力, 即 $\boldsymbol{F}_{\text{体}} = 0$. 若弹性体中发生的位移 $\boldsymbol{u}$ 是无旋的, 即 $\nabla \times \boldsymbol{u} = 0$, 则

$$\nabla \times (\nabla \times \boldsymbol{u}) = \nabla(\nabla \cdot \boldsymbol{u}) - \nabla^2\boldsymbol{u} = 0.$$

因而, $\nabla(\nabla \cdot \boldsymbol{u}) = \nabla^2 \boldsymbol{u}$, 代入弹性介质的运动方程, 即得无旋波的波动方程

$$\frac{\partial^2 \boldsymbol{u}}{\partial t^2} = v_l^2 \nabla^2 \boldsymbol{u},$$

其中 (ν 为泊松比)

$$v_l = \sqrt{\frac{(2 - 2\nu)G}{(1 - 2\nu)\rho}}.$$

不考虑体力, 若弹性体中发生的位移满足体应变为零, 即体积不发生变化, 则 $\nabla \cdot \boldsymbol{u} = 0$, 代入运动方程, 即得等容波的波动方程

$$\frac{\partial^2 \boldsymbol{u}}{\partial t^2} = v_t^2 \nabla^2 \boldsymbol{u},$$

其中

$$v_t = \sqrt{\frac{G}{\rho}}.$$

三维弹性介质中, 任意的 (非平面的) 弹性波有两种: 无旋波和等容波, 波速分别是 v_l 和 v_t, v_l 总是大于 v_t. 对于平面简谐波, 纵波属于无旋波, 横波属于等容波.

对于由同一种材料做成的匀质的杆、板和体, 横波的波速相同, 都等于 $\sqrt{G/\rho}$, 而纵波的波速则各不相同. 板中纵波的波速为

$$\sqrt{\frac{2G}{(1 - \nu)\rho}},$$

而杆和体中纵波的波速公式与此不同. 许多材料的泊松比都可以取为 0.25, 按此值计算, 杆、板和体中纵波的波速分别是横波波速的 1.58, 1.63 和 1.73 倍, 杆中纵波波速最小, 体中的最大.

几种常见介质中波速的实验值见表 11.1. 流体的剪切模量近似为零, 只有纵波, 没有横波. 固体中既有纵波又有横波, 分别以 L 和 T 表示. 第三栏波阻定义为密度乘波速, 后面会用到.

例 11.1 地震预警.

地震的成因是地下几千米至数百千米的岩体发生突然破裂和错动, 而这些破裂和错动释放的能量又以地震波的形式向周围传播. 地震波是一种机械波, 具有一定的传播速度.

地震发生时, 首先出现的是上下振动的纵波, 振动幅度较小, 要过大约 10 s 到 1 min 时间, 水平振动的横波才会到来, 造成严重破坏. 地震预警就是利用了地震发生后, 纵波与横波到达观测点的时间差. 原理上, 在距离震源 50 km 内的地区, 会在地震前 10 s 收到预警信息, $90 \sim 100$ km 内的地区, 能提前 20 s 以上收到预警信息.

深入地下的地震探测仪器检测到纵波后传给计算机, 即刻计算出震级、烈度、震源、震中位置, 于是预警系统抢先在横波到达地面前 $10 \sim 30\,\mathrm{s}$ 通过电视和广播发出警报. 并且, 由于电磁波比地震波传播得快得多, 预警也可能赶在纵波之前到达.

研究表明, 如果预警时间为 $3\,\mathrm{s}$, 可使伤亡率减少 14%; 如果预警时间为 $10\,\mathrm{s}$ 和 $60\,\mathrm{s}$, 则可使人员伤亡分别减少 39% 和 95%.

表 11.1　一些介质中波速的实验值

介质	温度/°C	波速/$(\mathrm{m\cdot s^{-1}})$	波阻/$(\mathrm{N\cdot s\cdot m^{-3}})$
空气	0	331.45	429
氧气	0	316	452
氢气	0	1284	116
水	20	1483	1.48×10^6
水银	20	1451	19.6×10^6
液氦	−272.15	239	0.035×10^6
液氧	−183	909	1.04×10^6
血液		≈ 1530	$\approx 1.62 \times 10^6$
肌肉		$1545 \sim 1630$	$(1.65 \sim 1.74) \times 10^6$
骨骼		$2700 \sim 4100$	$(3.2 \sim 7.4) \times 10^6$
铁		L:5950 T:3240	47.0×10^6
铝		L:6420 T:3040	17.3×10^6
火石玻璃		L:3980 T:2380	15.4×10^6

§11.2　波 的 传 播

当介质中有振动的物体时, 振动物体将影响周围的介质, 在其周围产生以一定速度朝各个方向传播的波, 振动的物体称为波源, 振动是波动之源. 在介质中传播的波, 在同一时刻振动状态相同的点形成的曲面称为波面, 最前面的波面称为波前, 波的传播方向线称为波线. 根据波面的形状, 图 11.6 中显示了球面波、平面波和柱面波. 若波源是一个点, 在周围会产生球面波. 当波面距离波源很远时, 一定范围的球面波可近似成平面波.

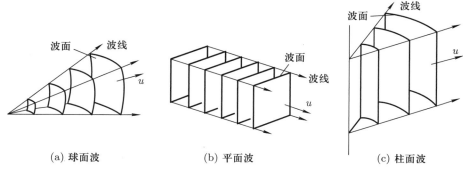

(a) 球面波   (b) 平面波   (c) 柱面波

图 11.6 球面波、平面波和柱面波

11.2.1 平面简谐波

简谐振子具有时间的周期性, 产生的波则具有空间的周期性. 相邻的两个振动状态相同点的距离称为波长, 记作 λ, 例如相邻波峰或波谷的距离. 在一个周期 T 内振动状态沿波线传播的距离是一个波长 λ, 所以波速

$$v = \frac{\lambda}{T}.$$

比如, 波峰或波谷的传播速度就是 v. 波长的倒数 $1/\lambda$ 称为波数, 表示单位长度上波的个数. $k = 2\pi/\lambda$ 称为角波数, 单位是 rad/m. k 与 ω 是对应的, ω 表示单位时间里相位的变化, k 表示单位长度上相位的变化. 与 ω 的情形相同, k 经常也简称为波数. 与简谐振动一样, 最基本的波是平面简谐波, 沿 x 轴传播的平面简谐波可表示为

$$\boldsymbol{u}(x,t) = \boldsymbol{A}\cos(\omega t \pm kx + \varphi),$$

其中 ω 和 k 分别表示波的时间和空间的周期性, 波的相速度 $v = \omega/k$, 因此, 平面简谐波满足波动方程, 也可代入波动方程直接验证.

如果只观察一点的运动, 即保持 x 不变, 该点的运动是简谐振动. 若同一时刻观察整个波形, 即时间 t 不变, 波则有空间的周期性, 空间周期为波长 λ. 若保持运动状态不变, 即 $\omega t - kx$ 为常量, 则该点以波速 v 向右传播, $\omega t - kx$ 对应向右传播的波; 同样, $\omega t + kx$ 则对应向左传播的波. 波为纵波时振幅 $\boldsymbol{A}$ 平行 x 轴, 为横波时 $\boldsymbol{A}$ 垂直 x 轴.

若平面简谐波沿着 $\boldsymbol{k}$ ($|\boldsymbol{k}| = 2\pi/\lambda$, $\boldsymbol{k}$ 称为波矢) 方向传播, 波函数可表示为

$$\boldsymbol{u}(\boldsymbol{r},t) = \boldsymbol{A}\cos(\omega t - \boldsymbol{k}\cdot\boldsymbol{r} + \varphi),$$

其中 $\boldsymbol{k}\cdot\boldsymbol{r} = k_x x + k_y y + k_z z$. $\omega t - \boldsymbol{k}\cdot\boldsymbol{r}$ 表示沿波的传播方向, 其相位是逐点落后的. 在理论分析中常用的是平面简谐波的复数表示:

$$\widetilde{\boldsymbol{u}}(\boldsymbol{r},t) = \boldsymbol{A}\mathrm{e}^{-\mathrm{i}(\omega t - \boldsymbol{k}\cdot\boldsymbol{r}+\varphi)} = \boldsymbol{A}\mathrm{e}^{\mathrm{i}(\boldsymbol{k}\cdot\boldsymbol{r}-\varphi)}\mathrm{e}^{-\mathrm{i}\omega t} = \widetilde{\boldsymbol{u}}(\boldsymbol{r})\mathrm{e}^{-\mathrm{i}\omega t},$$

其中 $\widetilde{\boldsymbol{u}}(\boldsymbol{r})=\boldsymbol{A}\mathrm{e}^{\mathrm{i}(\boldsymbol{k}\cdot\boldsymbol{r}-\varphi)}$ 称为平面简谐波的复振幅. 虚数单位 i 前面的符号也可以取 "+" 号, 表达式与 "−" 号等价, 就看各学科的惯例, 在光学中绝大多数采用我们的写法.

对于球面简谐波, 以球心为坐标原点, 建立球坐标系, r 为球面半径, 波源位于球心. 球面波沿径向朝外的传播过程中, 振幅随 r 反比例地减小:

$$\boldsymbol{u}(r,t) = \frac{\boldsymbol{A}}{r}\cos(\omega t - kr + \varphi).$$

此即球面简谐波的表达式, 是点波源的形式解, 在 $kr \gg 1$ 时成立, 此区域称为远场区, 否则称为近场区. 振幅与距离成反比也是能量守恒的要求. 球面简谐波的复数表示为

$$\widetilde{\boldsymbol{u}}(r,t) = \frac{\boldsymbol{A}}{r}\mathrm{e}^{-\mathrm{i}(\omega t - kr + \varphi)} = \boldsymbol{A}\mathrm{e}^{-\mathrm{i}\varphi}\frac{\mathrm{e}^{\mathrm{i}kr}}{r}\mathrm{e}^{-\mathrm{i}\omega t} = \widetilde{\boldsymbol{u}}(r)\mathrm{e}^{-\mathrm{i}\omega t},$$

其中 $\widetilde{\boldsymbol{u}}(r)$ 称为球面简谐波的复振幅.

11.2.2　波的干涉

水波是我们最熟悉的波动现象. 为了形象直观, 我们考虑在水面传播的两列水波, 它们频率相同、同一位置沿竖直方向振动, 表面上看可以当作横波 (实际情形较为复杂, 见 §11.5).

如图 11.7 所示, 两列波在点 P 相遇, 由于位置相同, 振动方向相同, 因而可分别表示为

$$u_1(\boldsymbol{r},t) = A_1\cos(\omega t + \varphi_1),$$
$$u_2(\boldsymbol{r},t) = A_2\cos(\omega t + \varphi_2),$$

其中 φ_1 和 φ_2 依赖于波源到点 P 的距离和初相. 叠加后的波为

$$u = u_1(x,t) + u_2(x,t) = A\cos(\omega t + \varphi),$$

其中

$$A = \sqrt{A_1^2 + A_2^2 + 2A_1 A_2\cos(\varphi_2 - \varphi_1)},$$
$$\varphi = \arccos\frac{A_1\cos\varphi_1 + A_2\cos\varphi_2}{A}.$$

由振幅 A 的表达式可以看出, 叠加后波在点 P 的振幅 A 依赖于相位差

$$\Delta\varphi = |\varphi_2 - \varphi_1|.$$

对应不同的相位差 $\Delta\varphi$, 振幅 A 在 $|A_2 - A_1|$ 和 $|A_2 + A_1|$ 之间变化. 当两波源的位置和初相恒定时, 相位差 $\Delta\varphi$ 只依赖于点 P 的位置, 因而出现干涉现象: 振幅在空间有稳定

的分布. 我们再引入几个描述干涉现象的术语. 振幅 A 的表达式中, $2A_1A_2\cos(\varphi_2-\varphi_1)$ 称为干涉项. 产生干涉的条件称为相干条件, 包括频率相同、振动方向相同和相位差恒定. 满足相干条件的两列波的叠加称为相干叠加, 叠加后产生稳定的干涉图样:

(1) 相长干涉: 当 $\Delta\varphi=2k\pi$ 时, 振幅 A 最大, $A_{\max}=|A_2+A_1|$.

(2) 相消干涉: 当 $\Delta\varphi=(2k+1)\pi$ 时, 振幅 A 最小, $A_{\min}=|A_2-A_1|$.

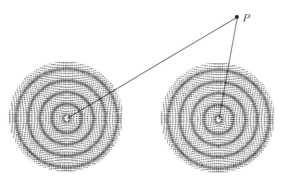

图 11.7　两列水波

你在湖边, 两个手指有节奏地点击水面, 产生两个水面波, 然后它们相遇而产生干涉现象. 看着自己亲手造成的生动的干涉图样, 是不是也有点心潮荡漾? 你还可以两指交替点击水面, 仔细观察就会发现, 原来相长干涉的地方变成了相消干涉.

11.2.3　波的衍射

当在传播过程中遇到障碍物或阻挡时, 波的传播方向和波形都会发生变化, 这种现象称为衍射. 衍射与干涉没有本质的区别, 只是针对不同波动现象的一个方便的区分而已. 当水波遇到石头或水草时, 你会惊奇地发现, 波能绕过石头继续传播. 细看你在阳光下的影子, 边缘都是模糊的. 为什么会如此呢? 这也是光的衍射造成的.

惠更斯在 1679 年提出了光的波动理论, 并给出了确定光传播方向的普遍方法, 被后人演绎并命名为惠更斯原理 (见图 11.8).

惠更斯原理　t 时刻波前上每一点都可以看作一个子波的波源, 子波面是半径为 $v\Delta t$ 的球面, 这些球面子波在 $t+\Delta t$ 时刻的包络面就是整个波在 $t+\Delta t$ 时刻的波前.

惠更斯原理的精华是子波的概念 —— 波场中任意一点均可以看作一个点源. 这适合一切波场, 包括光波、声波、水波和其他机械波. 用惠更斯原理可以定性解释常见的衍射现象. 但是按照惠更斯原理, 有前进的波就有退行的波, 实际中并没有观察到退行波.

此后, 菲涅耳 (Fresnel) 在 1818 年进一步发展了惠更斯的子波概念, 提出了子波是球面波并发生相干叠加. 大约在 1880 年, 基尔霍夫从满足一定频率的波动方程出发,

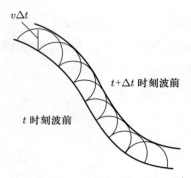

图 11.8 惠更斯原理

导出了子波的定量表达式

$$\mathrm{d}\widetilde{U}(P) = -\frac{\mathrm{i}}{\lambda}\left[\frac{1}{2}(\cos\theta_0 + \cos\theta)\right]\widetilde{U}_0(Q)\frac{\mathrm{e}^{\mathrm{i}kr}}{r}\mathrm{d}S,$$

其中 $\widetilde{U}_0(Q)$ 是波源产生的波在点 Q 的复振幅, 面元为 $\mathrm{d}S$ 的子波源产生的子波在场点 P 的贡献为 $\mathrm{d}\widetilde{U}(P)$ (位置关系见图 11.9). 倾斜因子

$$f(\theta_0, \theta) = \frac{1}{2}(\cos\theta_0 + \cos\theta)$$

表明, $\theta > \pi/2$ 时, 子波对场点仍然有贡献, 倾斜因子解释了观察不到退行波的原因. 波前曲面是积分的闭合面, 并不限于等相面, 可以是隔离波源和场点的任意闭合曲面.

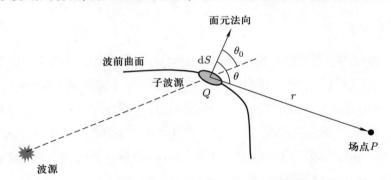

图 11.9 基尔霍夫公式中的位置关系

至此, 衍射的理论基础问题彻底解决. 在光学课程中将系统而又详细地介绍干涉和衍射的处理方法及相关的仪器.

11.2.4 反射、折射和透射

波传播到两种介质的交界面时, 会发生反射和折射现象, 如图 11.10 所示.

反射定律 入射角等于反射角:

$$i_1 = i_1'.$$

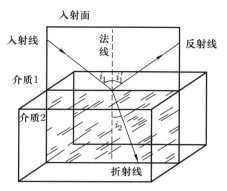

图 11.10 反射和折射

折射定律 若波在介质 1 和介质 2 中的传播速度分别为 v_1 和 v_2,则入射角 i_1 和折射角 i_2 满足

$$\frac{\sin i_1}{\sin i_2} = \frac{v_1}{v_2} = n_{12},$$

其中 n_{12} 称为介质 2 相对介质 1 的相对折射率.

用惠更斯原理可以很容易地导出反射定律和折射定律. 以折射问题为例, 波在介质 1 和介质 2 中的传播速度分别为 v_1 和 $v_2, v_1 > v_2$. 如图 11.11 所示, 当波以入射角 i_1 依次到达介质 1 和 2 的界面时, 由于在介质 2 中的传播速度较小, $|CC'| = v_1 \Delta t$, 而 $|AA'| = v_2 \Delta t$, 所以

$$|CC'| > |AA'|.$$

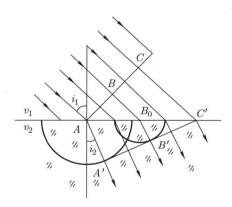

图 11.11 折射定律的推导

在介质 2 中的波线向法线偏折, 折射角 i_2 小于入射角 i_1, 由几何关系

$$\sin i_1 = \frac{|CC'|}{|AC'|}, \quad \sin i_2 = \frac{|AA'|}{|AC'|}$$

可得折射定律.

由折射定律, 我们可以理解, 当波在非均匀介质中传播时, 波线会弯曲, 如图 11.12 所示.

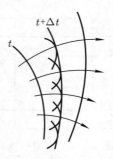

$t+\Delta t$

t

图 11.12　波在非均匀介质中传播

波从一种介质传播到另一种介质, 在两种介质的交界面上, 既有反射波, 也有透射波. 反射定律和折射定律解决了波的传播方向问题, 留下了振幅和相位的问题. 为了简化, 这里只考虑垂直入射的情形.

由于是垂直入射, 入射波、反射波和透射波的振动方向相同, 振幅用标量表示, 其次三者的频率也必然相同. 介质 1 和 2 的波数分别为 k_1 和 k_2. 采用复数表示, 沿着 x 轴传播的入射波、反射波和透射波可分别表示为

$$\widetilde{A}_i\mathrm{e}^{-\mathrm{i}(\omega t-k_1 x)}, \quad \widetilde{R}\widetilde{A}_i\mathrm{e}^{-\mathrm{i}(\omega t+k_1 x)}, \quad \widetilde{T}\widetilde{A}_i\mathrm{e}^{-\mathrm{i}(\omega t-k_2 x)},$$

其中 $\widetilde{R}$ 是反射系数, 反射波向左传播, $\widetilde{T}$ 是透射系数, 透射波与入射波相同, 都向右传播. 介质 1 和介质 2 的交界面位于坐标原点, $x=0$, 在界面上应用边界条件: 波在界面上的位移和作用力相同.

波在界面上 $(x=0)$ 的位移相同:

$$\widetilde{A}_i\mathrm{e}^{-\mathrm{i}(\omega t-k_1 x)} + \widetilde{R}\widetilde{A}_i\mathrm{e}^{-\mathrm{i}(\omega t+k_1 x)} = \widetilde{T}\widetilde{A}_i\mathrm{e}^{-\mathrm{i}(\omega t-k_2 x)}.$$

由此可得

$$1 + \widetilde{R} = \widetilde{T}.$$

波在界面上 $(x=0)$ 的作用力相同. 以弹性介质的纵波为例计算作用力. 设介质 1 和介质 2 的杨氏模量分别为 Y_1 和 Y_2, 有

$$Y_1 S\frac{\partial}{\partial x}\left[\widetilde{A}_i\mathrm{e}^{-\mathrm{i}(\omega t-k_1 x)} + \widetilde{R}\widetilde{A}_i\mathrm{e}^{-\mathrm{i}(\omega t+k_1 x)}\right] = Y_2 S\frac{\partial}{\partial x}\left[\widetilde{T}\widetilde{A}_i\mathrm{e}^{-\mathrm{i}(\omega t-k_2 x)}\right].$$

由此可得

$$Y_1 k_1(1 - \widetilde{R}) = Y_2 k_2\widetilde{T}.$$

杨氏模量与波速满足 $Y = \rho v^2$, 代入两个方程并求解, 可得反射系数和透射系数分别为

$$\widetilde{R} = \frac{\rho_1 v_1 - \rho_2 v_2}{\rho_1 v_1 + \rho_2 v_2},$$
$$\widetilde{T} = \frac{2\rho_1 v_1}{\rho_1 v_1 + \rho_2 v_2}.$$

引入波阻 $z = \rho v$. 波阻等于密度乘以波速, 只与介质自身的性质有关. 波阻大的介质称为波密介质, 波阻小的介质称为波疏介质.

由反射系数和透射系数公式, 可得结论:

(1) 若波阻相等, 即 $\rho_1 v_1 = \rho_2 v_2$, 则 $\widetilde{R} = 0$, 即同一介质中没有波的反射.

(2) 若 $\rho_1 v_1 > \rho_2 v_2$, 则 $\widetilde{R} > 0$, 波从波密介质到波疏介质的反射波与入射波在界面上无相位差.

(3) 若 $\rho_1 v_1 < \rho_2 v_2$, 则 $\widetilde{R} < 0$, 可表示成 $\widetilde{R} = R e^{i\pi}$, 波从波疏介质到波密介质的反射波与入射波在界面上有 π 的相位差, 或者说有半波损失. 半波损失历史上曾为光的波动学说提供证据, 此后光的波动学说为大家所接受.

11.2.5　驻波

考虑频率和振幅相同, 但分别为右行和左行的两列波

$$u_1 = A\cos(\omega t - kx + \varphi_1),$$
$$u_2 = A\cos(\omega t + kx + \varphi_2)$$

的叠加. 合成的波

$$u = u_1 + u_2 = 2A\cos\left(kx + \frac{\varphi_2 - \varphi_1}{2}\right)\cos\left(\omega t + \frac{\varphi_2 + \varphi_1}{2}\right).$$

适当地选择坐标原点和时间零点, 总可以消去与初相有关的分式. 因此, 我们只讨论下面简化的表达式

$$u = 2A\cos kx \cos \omega t.$$

此式表明, 各点的振动都以角频率 ω 同步变化, 而振幅不随时间变化. 振幅为零的点称为波节, 振幅最大处称为波腹. 波节两侧的振动始终反相, 波节和波腹的位置保持不变, 整个波形不再是向右或向左运动的行波, 而是原地踏步, 因此被命名为驻波. 相邻波节或波腹的间距为半波长.

例 11.2　两端固定的弦.

对于长为 l、两端固定的弦, 当左行波传播到左端点时, 波对端点施加一个作用力. 由于端点始终静止不动, 固定弦的装置必然对左端点施加一个反作用力, 因此产生与

入射的左行波等幅、反相的右行波. 两者合成的波在左端点振幅为零. 右行波传播到右端点时再次反射, 产生左行波. 如果原来的左行波与此反射的左行波在右端点的相位差是 $2n\pi$, 则两者相长干涉, 产生驻波. 这相当于波沿着弦传播一个来回, 产生 $2n\pi$ 的相位差, 由此, 在两端固定的弦中产生驻波的条件是

$$k2l = 2n\pi.$$

设对应正整数 n 的波长为 λ_n, 频率为 ν_n, 则

$$\lambda_n = \frac{2l}{n},$$

$$\nu_n = \frac{n}{2l}\sqrt{\frac{T}{\rho}}.$$

最低的频率 ν_1 称为基频, $\nu_2, \nu_3, \cdots$ 依次称为 2 次、3 次、$\cdots$ 谐频.

图 11.13 所示是在弦上产生驻波的实验装置. 左端是音叉, 连接一个信号发生器, 可产生不同频率的简谐振动, 右端通过定滑轮悬挂一个重物, 可以调节弦中的张力. 频率和张力都是可调节的物理量, 因而在弦中可产生各种谐频的驻波, 图 11.13(a), (b), (c), (d) 分别显示了 $n = 1, 2, 3, 4$ 次谐频. 从机械波到电磁波, 从洗碗机到纳米制备, 驻波技术的应用是很广泛的.

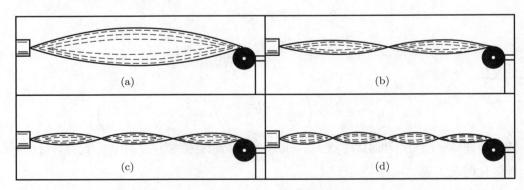

图 11.13　弦驻波

11.2.6　多普勒效应

在介质中静止的波源以频率 ν_0 向周围发出波长为 λ_0 的机械波, 波速 $v = \lambda_0\nu_0$. 当波传播到在介质中静止的探测器时, 波的波速和波长都不变, 因此, 探测器接收到波的频率必然是 ν_0. 当波源和探测器分别相对介质运动, 或者它们同时运动时, 探测器测得的频率不同于波源的频率, 这种现象称为多普勒效应. 对机械波来说, 这里所说的静止或运动都是相对于传播机械波的弹性介质而言的.

当波源保持静止, 探测器朝着波源以速度 v_d 运动时, 波相对探测器的速度是 $v+v_d$, 波长不变, 因此, 探测器测得的频率

$$\nu = \frac{v+v_d}{\lambda_0} = \frac{v+v_d}{v}\nu_0.$$

可见, 当探测器朝着波源运动时, 探测器测得的频率变高. 反之, 若探测器背离波源运动, 频率变低.

当探测器静止, 波源朝着探测器以速度 v_s 运动时, 波源正前方的波长缩短, 变为 $\lambda_0 - v_s/\nu_0$, 如图 11.14 所示, 波相对探测器的速度保持不变, 因此, 探测器测得的频率

$$\nu = \frac{v}{\lambda_0 - v_s/\nu_0} = \frac{v}{v-v_s}\nu_0.$$

可见, 当波源朝着探测器运动时, 探测器测得的频率变高. 反之, 若波源背离探测器运动, 频率变低. 坐过高铁的读者应该非常熟悉这种现象.

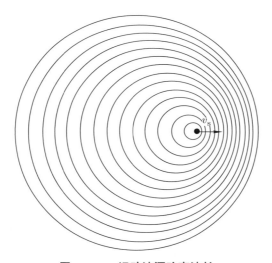

图 11.14 运动波源改变波长

波源的运动只影响波长, 波的传播速度由介质决定; 探测器的运动只影响波的相对传播速度, 不影响波长. 因此, 两者运动的效应可以分别计算.

我们现在分析波源和探测器任意运动的情形. 由于波以速度 v 在介质中传播, 探测器接收到的波必然是波源早些时候发出的. 设波源沿某方向发出波, 探测器一段时间后在该方向接收到这个波. 在发出和接收波的两个时刻, 波源和探测器的速度与波传播方向的夹角如图 11.15 所示. 只有沿着波传播方向的波长和相对速度才影响探测器的接收. 由于探测器以沿传播方向的相对速度分量 $v+v_d\cos\varphi_d$ 接收波长 $\lambda_0 - v_s\cos\varphi_s/\nu_0$, 探测器测得的频率

$$\nu = \frac{v+v_d\cos\varphi_d}{v-v_s\cos\varphi_s}\nu_0.$$

当 $\varphi_d = \varphi_s = \pi/2$ 时, $\nu = \nu_0$, 也就是说, 机械波没有横向多普勒效应.

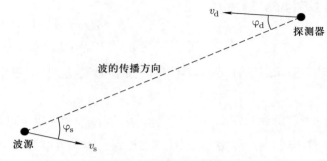

图 11.15 波源和探测器任意运动

在多普勒效应中, 我们可以精确测定波的频率, 因而用多普勒效应可以测量波源或探测器的速度.

目前, 多普勒效应已在科学研究、工程技术、交通管理、医疗诊断等各方面有着十分广泛的应用. 分子、原子和离子由于热运动导致的多普勒效应使其发射和吸收的谱线增宽, 在天体物理和受控热核聚变实验中, 谱线的多普勒增宽已成为一种分析恒星大气、等离子体物理状态的重要测量和诊断手段. 基于反射波多普勒效应的雷达系统已广泛地应用于对车辆、导弹、人造卫星等运动目标速度的监测. 医学上的 B 超应用超声波的良好指向性和与光相似的反射、散射、衰减及多普勒效应等物理特性来检查人体脏器、血管和血液流动等的情况, 在日常诊断和例行体检中已普遍采用. 在工矿企业中则利用多普勒效应来测量管道中有悬浮物的液体流速.

在多普勒效应中, 要求波源和探测器的速度都小于波速. 当波源的速度等于或大于波速时, 波源正前方的波面挤压在一起, 形成高压、高温的屏障, 阻力急剧增大, 产生的波称为冲击波.

§11.3 波 的 能 量

波在弹性介质中传播时, 介质中各体元都在平衡位置附近振动, 具有动能; 各体元产生形变, 又有弹性势能. 因此, 波动使介质既有动能又有弹性势能, 这些能量依赖于波动状态, 并随着波一起在介质中传播, 所以波的传播过程也是能量的传播过程. 值得明确指出的是, 所有的机械波都离不开弹性介质, 机械波以介质为载体, 机械波的能量也以介质为载体.

我们以均匀弹性棒中平面简谐纵波为例计算波的能量. 平面简谐波设为

$$u = A\cos(\omega t - kx).$$

设均匀弹性介质的密度为 ρ, 杨氏模量为 Y, 选取截面积为 ΔS、长为 Δx 的体元, 其体积 $\Delta V = \Delta S \Delta x$, 体元的动能

$$\Delta E_{\mathrm{k}} = \frac{1}{2}\rho\Delta V\left(\frac{\partial u}{\partial t}\right)^2 = \frac{1}{2}\rho\Delta V\omega^2 A^2\sin^2(\omega t - kx).$$

可以看出, 体元的动能在平衡位置最大, 在波峰和波谷处为零, 与简谐振子相同.

先计算一段长为 L、截面积为 S 的弹性介质均匀拉伸时所具有的弹性势能. 在伸长 ΔL 的过程中, 外力 F 所做的功

$$E_{\mathrm{p}} = \int_0^{\Delta L} F\mathrm{d}x = \int_0^{\Delta L} YS\frac{x}{L}\mathrm{d}x = \frac{YS}{2L}(\Delta L)^2 = \frac{1}{2}YSL\left(\frac{\Delta L}{L}\right)^2,$$

其中 Y 为杨氏模量, $\Delta L/L$ 为相对伸长.

对于体元 $\Delta S\Delta x$, 相对伸长为 $\partial u/\partial x$, 该体元的弹性势能

$$\Delta E_{\mathrm{p}} = \frac{1}{2}Y\Delta V\left(\frac{\partial u}{\partial x}\right)^2 = \frac{1}{2}Y\Delta V k^2 A^2\sin^2(\omega t - kx).$$

可以看出, 体元的弹性势能也是在平衡位置最大, 在波峰和波谷处为零, 这与简谐振子完全不同. 这是由于, 简谐振子的势能是线性回复力或回复力矩的势能, 为系统所有, 而波动过程中体元的势能是由自身形变产生的, 为体元所有. 体元在平衡位置形变最大, 两侧所受的应力最大, 但两侧应力的差值即体元所受的合力为零. 在波峰和波谷处, 体元所受的应力最小, 但两侧应力的差值即合力最大, 加速度也就最大.

与体元的动能表达式比较我们发现, 体元的动能和势能的变化是同步的, 都是在平衡位置最大, 在波峰和波谷处为零, 都正比于振幅的平方. 由于

$$v^2 = \frac{Y}{\rho} = \frac{\omega^2}{k^2},$$

则有 $\Delta E_{\mathrm{k}} = \Delta E_{\mathrm{p}}$. 因而体元的能量 $\Delta E = \Delta E_{\mathrm{k}} + \Delta E_{\mathrm{p}} = 2\Delta E_{\mathrm{k}}$,

$$\Delta E = \rho\Delta V\omega^2 A^2\sin^2(\omega t - kx).$$

波的能量密度 w 定义为单位体积的能量, 有

$$w = \frac{\Delta E}{\Delta V} = \rho\omega^2 A^2\sin^2(\omega t - kx).$$

不同机械波的能量密度的表达式虽然不同, 但只要是满足胡克定律或广义胡克定律的弹性介质, 就都与振幅的平方成正比.

能量密度在一个周期内的平均值

$$\overline{w} = \frac{1}{T}\int_0^T \rho\omega^2 A^2\sin^2(\omega t - kx)\mathrm{d}t = \frac{1}{2}\rho\omega^2 A^2.$$

波携带着能量, 沿着波线传播, 如图 11.16 所示, 在垂直于波线方向取正截面 ΔS, 波在 Δt 时间内的位移为 $v\Delta t$. 引入能流密度矢量 $\boldsymbol{i}$, 大小等于单位时间通过单位正截面的能量, 方向沿着波线方向:

$$\boldsymbol{i} = \frac{w\Delta S(\boldsymbol{v}\Delta t)}{\Delta S \Delta t} = w\boldsymbol{v}.$$

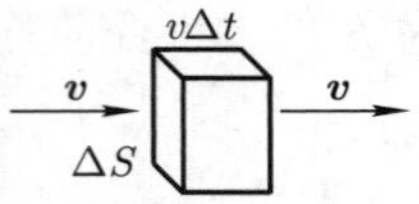

图 11.16　能流密度矢量的计算

由于波随时间变化太快, 我们实际感兴趣的是能流密度的平均值. 能流密度随位置和时间变化, 在任一位置一个周期内的平均值称为该处波的强度 $\boldsymbol{I}$. 对于平面简谐波,

$$\boldsymbol{I} = \frac{1}{2}\rho\omega^2 A^2 \boldsymbol{v}.$$

由此可知, 波的强度与频率的平方和振幅的平方成正比, 它的国际单位是 $\mathrm{W/m^2}$ (瓦特每平方米), 量纲为 $\mathrm{MT^{-3}}$.

光波的强度称为光强. 我们用测光表测量的就是能流密度的平均值, 即光强. 白天户外的光线很强, 室内较暗, 它们的光强相差很大. 由于眼睛瞳孔出色的调节能力, 由户外进入室内, 感觉上差别不大.

例 11.3　太阳常数.

太阳常数定义为在日地平均距离处, 地球大气外界垂直于太阳光束方向的单位面积上单位时间内接收到的所有波长的太阳总辐射能量值. 太阳常数一般用符号 S 表示, 单位为 $\mathrm{W/m^2}$.

精确测定太阳常数和太阳光谱对于大气、天文、航天、太阳能利用和环境科学等都具有重要意义. 对太阳常数的测量过去多采用地面测量方法, 二十世纪六十年代以后更多地采用飞机、气球、高空火箭, 甚至轨道卫星等高空测量手段, 现在则以卫星的长期测量为主. 例如, 美国宇航局 (NASA) 根据 1978—1998 年 6 颗卫星上的观测平台近 20 年连续不断的观测结果, 得出的太阳常数值为 1366.1 $\mathrm{W/m^2}$, 波动范围为 0.37% (1363 ~ 1368 $\mathrm{W/m^2}$). 20 年的卫星数据也揭示出太阳常数存在不同时间尺度的波动. 太阳常数也有周期性的变化, 变化范围在 1% ~ 2%, 这可能与太阳黑子的活动周期有关.

1981 年的墨西哥会议上, 世界气象组织的仪器和观测方法委员会建议采用的太阳常数为

$$S = (1367 \pm 7)\ \mathrm{W/m^2}.$$

太阳发出的辐射对于地球上所有的生命来说都是至关重要的. 地球上的天气、气候则完全受其入射量及其与地球大气、海洋和陆地相互作用的制约. 地球接收的太阳能哪怕只有千分之一的变化, 但只要是持续不断的, 就会对天气、气候产生重要的影响. 因此, 在气象学中, 太阳常数的测定工作一直受到普遍的关注.

§11.4 声 波

声音无所不在. 我们的周围既有笑语喧哗、天籁之音、优美旋律, 又有各种恼人的噪声, 令人心烦虑乱, 起居不宁. 声音如何产生, 又有何影响呢?

我们耳朵能够听到的声音属于声波, 声波是纵波, 表现为空气疏密状态的移动. 空气的压强在平衡压强 (大气压) 附近有起伏, 声波也表现为这种压强起伏的传播.

空气中热量传播非常慢, 声波的频率不是很高时, 空气来不及与外界交换热量, 声波传播过程实际上是绝热的. 气体的压强 P 和体积 V 满足绝热方程

$$PV^\gamma = \text{常量},$$

其中 $\gamma = C_{p,m}/C_{V,m}$ 是绝热指数, $C_{p,m}$ 是定压摩尔热容, $C_{V,m}$ 是定体摩尔热容. 对绝热方程的两边微分, 可得

$$\mathrm{d}P = -\gamma P \frac{\mathrm{d}V}{V}.$$

沿纵波的传播方向设为 x 轴, 选取 $x \sim x + \Delta x$ 之间长为 Δx、截面积为 S 的体元, 如图 11.17 所示, 沿 x 方向偏离平衡位置的位移

$$u = u(x,t).$$

在点 x, 体积的相对变化

$$\frac{\mathrm{d}V}{V} = \frac{\partial u}{\partial x}.$$

上式中偏导数为正时对应气体的膨胀, 故压强减小, 因而有

$$\mathrm{d}P = -\gamma P \frac{\partial u}{\partial x}.$$

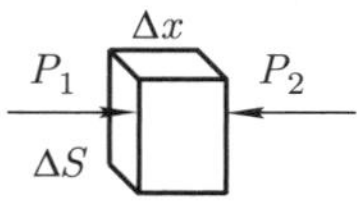

图 11.17 声波传播路径上的体元

声波引起的空气压强的变化称为声压, 与平衡压强相比是很小的. 例如在最吵闹的工厂, 允许的最大噪声的声压在 1 Pa 以下, 而大气压平均为 10^5 Pa, 声压远小于平

衡压强. 设平衡压强为 p_0, 声压 $p = dP, P = p_0 + p \approx p_0$, 因此

$$p = -\gamma p_0 \frac{\partial u}{\partial x}.$$

左端的压强

$$P_1 = p_0 + p(x) = p_0 - \gamma p_0 \left. \frac{\partial u}{\partial x} \right|_x,$$

右端的压强

$$P_2 = p_0 + p(x + \Delta x) = p_0 - \gamma p_0 \left. \frac{\partial u}{\partial x} \right|_{x + \Delta x}.$$

以向右的方向为正, 这一段的压强差

$$P_1 - P_2 = \gamma p_0 \left(\left. \frac{\partial u}{\partial x} \right|_{x+\Delta x} - \left. \frac{\partial u}{\partial x} \right|_x \right) = \gamma p_0 \frac{\partial^2 u}{\partial x^2} \Delta x.$$

代入牛顿运动方程, 与压强类似, 密度也取平衡时的密度 ρ_0, 有

$$\Delta F = (P_1 - P_2)S = \rho_0 S \Delta x \frac{\partial^2 u}{\partial t^2},$$

整理后即得声波的波动方程

$$\frac{\partial^2 u}{\partial t^2} - \frac{\gamma p_0}{\rho_0} \frac{\partial^2 u}{\partial x^2} = 0.$$

对于理想气体, 声速

$$v = \sqrt{\frac{\gamma p_0}{\rho_0}} = \sqrt{\frac{\gamma R T_0}{M}},$$

其中 R 是普适气体常量, T_0 是平衡时的绝对温度, M 是空气的摩尔质量. 代入相关的实验数据, 对于标准状态的空气, $\gamma = 1.40, p_0 = 1.013 \times 10^5$ Pa, $\rho_0 = 1.293$ kg/m^3, 由此可得温度为 $0°$C 时声速为 331.18 m/s, 而声速在 $0°$C 的实验测量值是 331.45 m/s, 理论与实验符合得相当好, 说明绝热过程的假设是非常准确的.

1635 年, 法国的伽桑狄 (Gassendi) 用枪声做了声速的测量. 他假设开枪的火花传播不需要时间, 得到的结果是 478.4 m/s. 法国的梅森 (Mersenne) 认为他的结果太高, 对枪声测速做了认真分析, 重复了实验, 得到 450 m/s. 还有很多人重复了这个实验. 1738 年法国科学院组织了大气中 (无风时) 的声速测量, 用加农炮声得到的结果折合到摄氏零度是 332 m/s. 此后两个世纪的精确测量, 差别都不超过百分之一. 1687 年, 牛顿在《自然哲学的数学原理》中推导出声速等于压强与密度之比的平方根, 即 $v = \sqrt{p/\rho}$, 计算的声速是 288 m/s, 显著小于测量结果. 牛顿的推导非常复杂巧妙, 当时的大科学家都看不懂, 直到 1749 年欧拉才用明白确切的方法导出牛顿的公式. 最终在 1817 年, 拉普拉斯提出声波中的压强变化非常快, 不能达到热平衡, 传播过程不是等温过程而是绝热过程, 声速公式应该是 $v = \sqrt{\gamma p/\rho}$. 至此, 声速公式的问题才得以

解决, 前后用了 130 年. 但是声速公式非常有用, 后来成为测量绝热指数 γ 的依据, 因为实验技术的发展使得声速的测量可以达到很高的精度.

当声波的频率很高, 以至于波长与分子的平均自由程接近时, 热量的传播速度才接近或超过声速, 此时, 声波的传播过程是等温过程, 牛顿声速 $v = \sqrt{p/\rho}$ 将实现. 这对应的声波频率在空气中要接近或超过 10^9 Hz, 在水中则达 2×10^{12} Hz, 远在一般遇到的频率之上.

考虑声波的平面简谐波

$$u = A\cos(\omega t - kx).$$

声压为

$$p = -\gamma p_0 \frac{\partial u}{\partial x} = -\gamma p_0 kA\sin(\omega t - kx) = -\rho_0 v\omega A\sin(\omega t - kx).$$

声压的振幅 $p_{\max} = \rho_0 v\omega A$, 与位移的振幅 A 成正比. 实际中我们更常用的是在一个周期内对声压的平方求平均再取平方根, 即方均根值 p_{rms}, 称为有效声压:

$$p_{\mathrm{rms}} = \sqrt{\frac{1}{T}\int_0^T p^2 \mathrm{d}t} = \frac{\sqrt{2}}{2}\rho_0 v\omega A.$$

我们通常说的声压, 就是指有效声压.

声波的强度称为声强, 即平均能流密度, 还可以从做功的角度给出另外一个等价的定义: 在与波传播方向垂直的单位面积上, 压强在单位时间所做的功的周期平均值, 即

$$I = \frac{1}{T}\int_0^T p\dot{u}\mathrm{d}t = \frac{1}{T}\int_0^T \rho_0 v\omega^2 A^2 \sin^2(\omega t - kx)\mathrm{d}t = \frac{1}{2}\rho_0 \omega^2 A^2 v.$$

声强用有效声压表示为

$$I = \frac{p_{\mathrm{rms}}^2}{\rho_0 v}.$$

声强对一定面积的积分, 则为单位时间内通过该面积的声波能量, 具有功率的单位, 因此称为声功率. 声功率通常很小. 一个人说话的声功率只有约 10^{-5} W, 所以人说话所消耗的能量绝大部分都转化为其他能量, 比如热能, 用于发声的仅有约 1%. 大多数乐器的声功率不会超过所消耗功率的千分之一.

人类能听到的声强范围极广, 刚好能听到的 1000 Hz 声音的声强约为 10^{-12} W/m^2, 而能引起耳膜压迫痛感的声强高达 10 W/m^2, 强弱跨越 13 个数量级. 人耳对声音强弱的主观感受称为响度 (loudness). 研究表明, 响度大致正比于声强的对数, 所以我们也按对数定义声强级 (sound intensity level):

$$L = \lg\frac{I}{I_0}[\text{贝尔}] \quad \text{或} \quad L = 10\lg\frac{I}{I_0}[\text{分贝}],$$

其中 $I_0 = 10^{-12}$ W/m² 为基准声强, 是人耳刚能听到的最低声强. 贝尔和分贝都是声强级的单位, 符号分别为 B 和 dB, 1 B = 10 dB. 声强级还可以用有效声压表示, 称为声压级 (sound pressure level):

$$L = 2 \lg \frac{p_{\text{rms}}}{p_{\text{rms0}}} [\text{贝尔}] \quad \text{或} \quad L = 20 \lg \frac{p_{\text{rms}}}{p_{\text{rms0}}} [\text{分贝}].$$

与基准声强 $I_0 = 10^{-12}$ W/m² 对应的基准声压 $p_{\text{rms0}} = 2 \times 10^{-5}$ Pa. 可见声强级和声压级在数值上近似相等, 均以贝尔或分贝为单位.

声强按公比为 10 的等比级数增长时, 声强级按等差级数增长. 声强级与响度的关系比较复杂, 同样的声强级, 频率不同时, 人们感觉的响度差异较大. 比如, 年轻人觉得 40 Hz, 70 dB 的单一纯音与 1000 Hz, 40 dB 的纯音一样响. 图 11.18 中画出了不同响度的等响度曲线 (equal loudness contour). 每一条频响曲线都以 1 kHz 的某个声压级 (0 dB, 10 dB, 20 dB, ⋯) 为参考响度, 实验对象从不同频率的 13 个声压级中找出和参考响度听起来相同的一个, 将这些点连接成线, 便是等响度曲线. 最下面的曲线是能引起听觉的最低声强, 称为听阈, 低于此曲线的声音听不到. 最上面的是痛阈, 超过此曲线的声音只引起耳朵的痛感而不引起听觉.

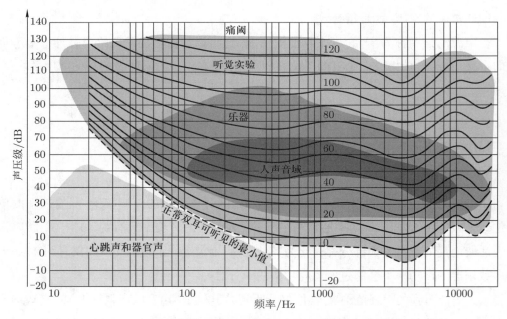

图 11.18 不同响度的等响度曲线

常见声源的声强级数值大致如下: 微风吹拂树叶的声音约 14 dB, 房间里正常谈话 (相距 1 m) 约 70 dB, 交响乐队演奏声 (相距 5 m) 约 84 dB, 飞机发动机的声音 (相距 5 m) 约 130 dB.

例 11.4　对于标准状态的空气, $\gamma = 1.40$, $p_0 = 1.013 \times 10^5$ Pa, $\rho_0 = 1.293$ kg/m³, 在温度为 0°C 时的声速实验测量值是 $v = 331.5$ m/s, 而波阻或声阻 $z = \rho_0 v = 428$ Pa·s/m. 刚好能听到的 1000 Hz 声音的声强约为 $I_0 = 10^{-12}$ W/m², 而能引起耳膜压迫痛感的声强高达 10 W/m², 试计算两者对应的有效声压和声音振幅.

解　有效声压与声强的关系为

$$p_{\text{rms}} = \sqrt{I \rho_0 v} = \sqrt{Iz}.$$

声音振幅与声强和频率的关系为

$$A = \sqrt{\frac{2I}{\rho_0 v \omega^2}} = \sqrt{\frac{2I}{z\omega^2}}.$$

对于刚好能听到的 1000 Hz 的声强, $I_0 = 10^{-12}$ W/m², 计算可得 $p_{\text{rms}} = 20.7$ µPa, $A = 0.109$ Å, 这是原子大小的十分之一! 对于能忍受的最大声强 $I = 10$ W/m², 计算可得 $p_{\text{rms}} = 65.4$ Pa, $A = 0.154$ mm. 由此可见, 人耳的听觉动态范围之大、灵敏度之高是任何仪表、机器望尘莫及的.

人耳能听到的声波频率大概为 $20 \sim 20000$ Hz, 对应的波长为 17 m 到 1.7 cm. 波长小于 1.7 cm 的声波称为超声波, 由于波长短, 衍射本领差, 穿透力差, 但是散射强, 与物质的作用强, 可进行超声焊接、钻孔、固体的粉碎、乳化、脱气、除油、去垢、清洗、灭菌等, 在工矿业、农业、医疗等各个部门获得了应用.

波长大于 17 m 的声波称为次声波. 在自然界中, 海上风暴、火山爆发、大陨石落地、海啸、电闪雷鸣、波浪击岸、水中漩涡、空中湍流、龙卷风、磁暴、极光、地震等都可能伴有次声波的发生. 次声波的特点是来源广、传播远, 能够绕过障碍物传得很远, 具有极强的穿透力. 大气对其吸收很小, 当次声波传播几千千米时, 其吸收还不到万分之几, 所以它传播的距离较远, 能传到几千米至十几万千米以外. 1883 年 8 月, 南苏门答腊岛和爪哇岛之间的克拉卡托火山爆发, 产生的次声波绕地球三圈, 全长十多万千米, 历时 108 小时. 根据次声波的这些特点, 可用它预测自然灾害. 由于次声波频率与人体脏器的共振频率接近, 可制作次声波诊疗仪和次声波武器.

动物的听觉范围与人差异较大, 狗能听到的频率范围是 $15 \sim 50000$ Hz, 大象能听到的低频更低, 其频率范围是 $1 \sim 20000$ Hz. 大象用脚踩踏地面发出次声波, 在远处的同伴用脚就能感觉到同类. 虎啸拥有次声波的威力, 可以震错位人的耳朵关节, 伤害动物的脏器, 所以虎啸、狮吼也算是生物武器了. 面对大自然的各种灾害, 很多动物都有天生的感知和预测能力.

浩瀚无垠的海洋蕴藏着无限的机遇. 海洋资源可能比陆地资源丰富得多, 但是大多尚未充分开发. 声波是海洋中唯一可以远距离传播的信号, 用声波和声学方法研究海洋有巨大的潜力, 这是任何其他方法不可比拟的.

现代的声学研究和应用, 早已从可听声的范围扩大到 20 Hz 以下的次声波和 20 kHz 以上的超声波, 介质也从空气扩展到液体 (如水声) 和固体 (固体声、结构声), 范围也从传统的语言、音乐、表演艺术扩大到现代的室内声学、电声学、水声学、大气声学、生物声学、听觉、心理声学、通信等. 甚至可以说, 现代声学是科学、技术和艺术的基础之一.

§11.5   水   波

人们认识波动现象, 大概都是从水波开始的. 古代文学中有 "河水清且涟猗" (《诗经》), "冲风起兮横波" (楚辞), "秋风萧瑟, 洪波涌起" (汉乐府), "惊涛拍岸, 卷起千堆雪" (宋词). 波动甚至用来形容我们的心情, 如 "情绪波动" "心潮澎湃". 现在我们就从力学的角度分析水的波动现象.

水波实际上是水面波, 与弹性介质中的纵波和横波都不相同. 水是不可压缩的流体, 在貌似横波的水波中, 波峰的水要流向波谷, 水的运动既有竖直方向的上下运动, 又有水平方向的前后运动.

没有波的水面是水平面, 当有水波传播时, 偏离平衡位置的水要回到水平面, 回复力有两种: 重力和表面张力, 如图 11.19 所示. 它们是相互独立的, 对频率的影响是相加的关系. 针对波长为 λ 的平面简谐波, 我们可以估算一下它们的影响. 重力是水面上半个波形的水所受的重力, 表面张力是长度为一个波长的作用力, 有

$$\rho g \frac{\lambda^3}{10} = \sigma\lambda,$$

其中 σ 是水的表面张力系数. 代入水温 18°C 时的实验数据, 可得 $\lambda = 0.8$ cm. 理论计算值是 1.7 cm, 这个波长对应于重力和表面张力的影响大致相同. 当波长小于此值时, 表面张力的影响为主, 而大于此值时, 重力为主. 也就是说, 1.7 cm 的波长是分水岭, 短波长时表面张力起到决定性作用, 长波长时重力起到决定性作用.

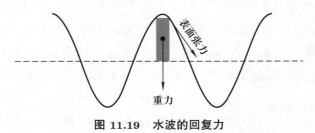

图 11.19   水波的回复力

　　水波的波动方程相当复杂. 流体的运动方程是非线性的, 若波动幅度较小, 我们可以把波动方程线性化, 得到角频率与波数的关系式. 这里我们尝试用量纲分析的方法找到这个关系式. 由于波动方程中出现的是波速的平方, 我们考虑角频率的平方与其他量的关系, 角频率的平方 ω^2、波数 k、重力加速度 g、表面张力系数 σ 和水的密度 ρ 的量纲分别为 $\mathrm{T}^{-2}, \mathrm{L}^{-1}, \mathrm{LT}^{-2}, \mathrm{MT}^{-2}$ 和 ML^{-3}. 与重力相关的是重力加速度、波数和水的密度, 此组合只能是 gk, 与 ρ 无关. 与表面张力相关的是表面张力系数、波数和水的密度, 此组合只能是 $\sigma k^3/\rho$. 由此得到

$$\omega^2 \propto gk + \sigma k^3/\rho.$$

实际中还要考虑水的深度 H. 设水底为刚性的, 理论给出的结果是

$$\omega^2 = \left(gk + \frac{\sigma k^3}{\rho}\right)\tanh(kH).$$

波的相速度 v 满足

$$v^2 = \frac{\omega^2}{k^2} = \left(\frac{g}{k} + \frac{\sigma k}{\rho}\right)\tanh(kH).$$

　　在长波极限下, 即当 $k \to 0$ 时, $v = \sqrt{gH}$; 在短波极限下, 即当 $k \to \infty$ 时, $v = \sqrt{\sigma k/\rho}$. 最小的相速度近似对应于

$$v_0 = \sqrt{\frac{\rho g}{\sigma}}.$$

取 $\sigma = 7.3 \times 10^{-2}$ N/m, 相应的 $\lambda_0 = 1.714$ cm, $v_0 = 23.1$ cm/s. 波长 λ_0 界定了重力波和表面张力波. 当 $\lambda \gg \lambda_0$ 时, 重力为主; 当 $\lambda \ll \lambda_0$ 时, 表面张力为主.

　　水面波表现出一个新的特点: 相速度与波长有关. 我们都知道, 白光通过玻璃制作的三棱镜时会分解, 产生七色彩虹, 称为色散现象. 原因在于, 不同频率的可见光在玻璃中的折射率不同, 即传播速度不同. 其他波的这种性质也称为色散, 相应的介质称为色散介质. 水对于表面波来说就为色散介质. 在色散介质中, 不同频率形成的波包的传播速度称为群速度, 与相速度是不同的.

　　设两列波是色散的, 如图 11.20(a) 所示:

$$u_1 = A\cos(\omega_1 t - k_1 x),$$
$$u_2 = A\cos(\omega_2 t - k_2 x),$$

其中 ω_1 和 ω_2 分别对应不同的波速 v_1 和 v_2, 或者不同的 k_1 和 k_2. 合成的波

$$u = u_1 + u_2 = 2A\cos\left(\frac{\omega_2 - \omega_1}{2}t - \frac{k_2 - k_1}{2}x\right)\cos\left(\frac{\omega_2 + \omega_1}{2}t - \frac{k_2 + k_1}{2}x\right).$$

若 ω_1 和 ω_2 比较接近, k_1 和 k_2 也肯定比较接近, 合成的波如图 11.20(b) 所示. 与振动中的拍现象类似, 合成的波可看作低频传播的振幅和高频的波动的叠加, 这种情形称为高频波受到低频波的调制. 图 11.20(b) 中的包络线称为波包, 波包向前传播的速率称为群速度, 记为 v_g, 由上式可得群速度

$$v_g = \frac{\omega_2 - \omega_1}{k_2 - k_1} = \frac{\Delta\omega}{\Delta k}.$$

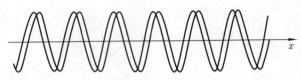

(a) 叠加之前的两列波

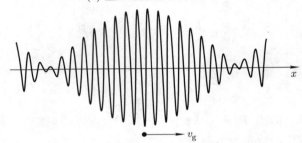

(b) 某瞬时因叠加形成的波包

图 11.20 色散波的叠加

如果合成波包的各个简谐波的波数均在中心 k_0 附近连续变化, 则可以证明波的群速度为

$$v_g = \left.\frac{\mathrm{d}\omega}{\mathrm{d}k}\right|_{k_0}.$$

我们可以根据波长和水深分三种情况讨论.

(1) 浅水波.

当 $kH \ll 1$ 时, $\tanh(kH) \approx kH$, 且 $\lambda \gg \lambda_0$, 表面张力项可略, 因此, $\omega = \sqrt{gH}k$, 相速度

$$v = \sqrt{gH}.$$

水的运动是平行底部, 匀速横跨竖直截面. 靠近岸边的波浪, 深水处速度大, 浅水处速度小, 后浪推前浪, 再加上波谷处速度更小, 波峰的前沿总是昂首直立, 有浊浪排空的效果. 但此时就需要考虑非线性效应, 这已超出我们的线性理论范围了.

浅水波情形比较简单, 下面我们用牛顿运动方程导出浅水波的波动方程. 无波动时液面高度为 h_0, 沿波的传播方向取为 x 轴, 分析从水面到水底的一个长为 $\mathrm{d}x$ 的水柱, 其体积 $\mathrm{d}V = bh_0\mathrm{d}x, b$ 为垂直于 x 轴所在竖直面的水柱宽度.

　　如图 11.21 所示, 有波动时, x 处的水平位移为 $u = u(x,t)$, 液面高度相对原液面高度 h_0 的变化为 $h = h(x,t)$. 水是不可压缩的, 任何水体的体积都保持不变. 先看 $u(x,t)$ 和 $h(x,t)$ 的关系, 类似于我们前面分析的 $\partial u/\partial x$ 的意义:

$$bh_0\mathrm{d}x = b[h_0 + h(x,t)]\left(1 + \frac{\partial u}{\partial x}\right)\mathrm{d}x.$$

由此得

$$h(x,t) = -[h_0 + h(x,t)]\frac{\partial u}{\partial x} \approx -h_0\frac{\partial u}{\partial x}.$$

推导中已假设 $h(x,t) \ll h_0$, 水柱沿 x 轴方向拉伸, 在竖直方向则收缩, 从而保持体积不变.

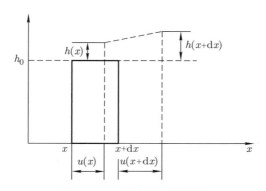

图 11.21　浅水波计算用图

　　水柱左右两侧的高度有差异时, 两侧压强的合力不为零, 使水柱沿 x 轴方向有加速度. 考虑到压强与高度的关系, 水柱所受的水平方向的合力

$$\mathrm{d}F_x = -\rho g h_0 b[h(x+\mathrm{d}x,t) - h(x,t)] = \rho g h_0 b h_0\frac{\partial^2 u}{\partial x^2}\mathrm{d}x.$$

代入牛顿运动方程, 有

$$\mathrm{d}F_x = \rho h_0 b\mathrm{d}x\frac{\partial^2 u}{\partial t^2}.$$

整理后即得

$$\frac{\partial^2 u}{\partial t^2} - g h_0\frac{\partial^2 u}{\partial x^2} = 0.$$

由此得到的浅水波的波速与前面讨论的是一致的.

　　(2) 深水波.

　　当 $kH \gg 1$ 时, $\tanh(kH) \approx 1$, 且 $\lambda \gg \lambda_0$, 表面张力项可略, $\omega^2 = gk$, 相速度

$$v = \sqrt{\frac{g}{k}} = \frac{g}{\omega}.$$

深水波是色散的, 波长越长, 相速度越大.

群速度

$$v_{\mathrm{g}} = \frac{\mathrm{d}\omega}{\mathrm{d}k} = \frac{1}{2}v.$$

对于深水波, 表面的水做圆周运动, 在波峰处往前走, 在波谷处往后走, 表面下的水也是如此, 但是圆周的半径按指数衰减, 如图 11.22 所示. 在水深等于波长的地方, 水几乎是静止的.

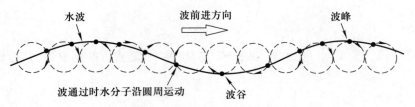

图 11.22 深水波中水的运动

对于给定的水深 H, 水波可以是浅水波, 也可以是深水波, 依赖于行进波的波长. 对于潮汐或海啸这样的长波, 任何海洋都变成浅水区.

(3) 表面张力波.

对于重力项可略的纯表面张力波, 它们的频率都是较高的. 在实际感兴趣的所有情形中, 我们都可以采用深水波近似, 即 $kH \to \infty, \tanh(kH) \approx 1$, 由此得到色散关系为

$$\omega^2 = \frac{\sigma k^3}{\rho}.$$

相速度

$$v = \sqrt{\frac{\sigma k}{\rho}}.$$

表面张力波也是色散的, 波长越短, 相速度越大. 群速度

$$v_{\mathrm{g}} = \frac{3}{2}v.$$

对于表面张力波, 水的运动与深水波相同, 也是圆周运动. 小雨点落在水面, 形成的波纹就是典型的表面张力波.

"滟滟随波千万里, 何处春江无月明?" 当你再看到水波时, 心头定会涌起更多的思绪.

思 考 题

1. 将一个筷子斜插入水中, 你看到水面下的筷子弯折了, 怎么解释这一现象呢? 对于清澈的湖水, 你看到的深度比实际深度是大还是小呢?

2. 地震、山洪、泥石流来临前,许多动物有异常反应,这有物理依据吗?

3. 古琴对材质的要求非常苛刻,制作也特别讲究,这些有必要吗?

4. "月落乌啼霜满天, 江枫渔火对愁眠. 姑苏城外寒山寺, 夜半钟声到客船." 请从声音的传播方面解释夜半钟声. (提示: 合理的解释要充分理解全诗描述的场景和时序)

习　　题

1. 有一根圆形的铜丝, 截面积为 1.0 mm^2, 密度为 8.9×10^3 kg/m^3, 杨氏模量为 12×10^9 N/m^2, 所受张力为 1.0 N. 求在铜丝中传播的纵波和横波的波速.

2. 人耳能听到的声音, 其频率范围是 $20 \sim 20000$ Hz. 声波在 $25°C$ 的海水中的传播速度为 1531 m/s, 试计算人耳在 $25°C$ 海水中能听到的声音的波长范围.

3. 人眼能看见的光的波长范围是 $400 \sim 760$ nm, 求可见光的频率范围. 人眼最敏感的光是黄绿光, 波长为 550 nm, 求黄绿光的频率.

4. 一人手持一个音叉向着一面高墙以 5 m/s 的速度跑去, 音叉的频率为 500 Hz, 声音的传播速度为 330 m/s, 试确定此人所听到的声音的拍频.

5. 放置在海底的超声波探测器发出频率为 30000 Hz 的超声波, 被迎面驶来的潜水艇反射回探测器, 测得反射波频率与原发射频率差 241 Hz. 已知超声波在海水中的传播速度为 1500 m/s, 试求潜水艇的航行速度.

6. 如图 11.23 所示, 一根线密度 $\lambda = 0.15$ g/cm 的弦线, 其一端与频率 $\nu = 50$ Hz 的音叉相连, 另一端跨过定滑轮后悬挂一个重物给弦线提供张力, 音叉到滑轮的距离 $l = 1$ m. 当音叉振动时, 设重物不振动, 为使弦上能形成一个、二个、三个波腹的驻波, 则重物的质量应各为多大?

图 11.23　习题 6 图

7. 已知弦线的质量线密度为 λ, 弦中张力为 T, 弦中简谐横波的运动方程为

$$u(x, t) = A \cos \left[\omega \left(t - \frac{x}{u} \right) + \varphi_0 \right].$$

试求弦波的能量线密度.

8. 在正常的生活环境中, 声强级在 40 dB 以下. 空气密度约为 1.293 kg/m^3, 空气中声速约为 340 m/s. 对于 1000 Hz 的声音, 试求这个声强所对应的声波的振幅.

9. 面向街道的窗户面积约 4.0 m², 街道上的噪声在窗户处的声强级为 60 dB, 试计算有多少声功率传入室内.

10. 水面波的色散关系近似满足

$$\omega^2 = \left(gk + \frac{\sigma k^3}{\rho} \right),$$

求群速度, 并证明相速度等于群速度时相速度最小.

第十二章　非线性力学

前面讨论的振动都局限于线性系统, 实际的振动系统在振动幅度变大时会表现出非线性. 线性方程的解有简单、优美的结构. 非线性方程的解不满足叠加原理, 在求解难度大幅提升的同时, 又呈现出线性方程不具备的新现象.

二十世纪下半叶在非线性动力学领域内取得了几项比较大的突破, 深刻改变了人们对自然界的认识. 确定性的非线性方程中能产生混沌现象, 这给决定论的机械观带来了较大的冲击和震撼. 复杂的连续介质中却会生成规则的图案, 并呈现出跨学科的普适性, 而力学则成了联系各学科的最佳桥梁. 本章介绍非线性领域的一些基本概念和方法, 以及四大主要分支: 混沌、孤立波、分形和斑图.

§12.1　混　　沌

一维的阻尼受迫振动的运动方程可表示为

$$m\ddot{x} + f(\dot{x}) + g(x) = h(t).$$

如果微分方程中的函数对 x 及其各阶导数都是一次的, 则方程是线性方程, 否则是非线性方程. 我们前面分析的简谐振动、阻尼振动和受迫振动都是线性的, 其方程的形式为 $\ddot{x} + 2\beta\dot{x} + \omega_0^2 x = h(t)$, 加速度、速度和位置的函数都是一次的. 若高速时的阻尼力近似为 $f = -\alpha\dot{x}^2$, 则阻尼振动的运动方程是非线性的.

线性方程的通解可以表示成一组线性无关解的线性叠加, 以一组线性无关解为基底, 所有的解构成一个矢量空间. 对于非线性方程, 不满足解的叠加原理, 一般情形下找不到方程的通解, 因此要努力寻找满足一定初始条件的解. 研究方法也被迫求助于几何方法和数值解法. 当然, 这些方法对线性微分方程也是非常重要的.

单摆是我们熟悉的运动, 摆角较小时可近似为简谐振动, 运动方程是线性的, 而大角度的摆动则呈现出非线性, 其运动方程为

$$\ddot{\theta} + \omega_0^2 \sin\theta = 0,$$

其中 $\omega_0^2 = g/l$. 如果摆动的幅度较小, 我们可取近似 $\sin\theta \approx \theta$, 这就是简谐振动, 频率与振幅无关.

如果摆动幅度很大, 线性近似不再成立, 需要考虑 $\sin\theta$ 的高阶项, 运动方程变为非线性微分方程. 但是, 系统仍然是保守的, 满足能量守恒方程

$$\frac{1}{2}ml^2\dot{\theta}^2 = 2mgl\left(\sin^2\frac{\theta_0}{2} - \sin^2\frac{\theta}{2}\right).$$

由此可以得到周期 T 的积分表达式

$$T = 2\sqrt{\frac{l}{g}}\int_0^{\theta_0}\left(\sin^2\frac{\theta_0}{2} - \sin^2\frac{\theta}{2}\right)^{-1/2}\mathrm{d}\theta.$$

这是第一类椭圆积分, 我们直接给出结果:

$$T = 2\pi\sqrt{\frac{l}{g}}\left(1 + \frac{1}{16}\theta_0^2 + \frac{11}{3072}\theta_0^4 + \cdots\right).$$

括号内是一个收敛的级数, 周期 T 随 θ_0 单调增大, 直到 $\theta_0 = \pi$. 当系统的能量 E 大于零时, 摆球将越过最高点, 在整个摆动平面内运动, 而不再局限于悬挂点的下方. 由于能量越大, 速度越大, 周期随能量 E 单调变小, 并趋于零, 对应于 $E \to +\infty$. 这些都与简谐振动形成鲜明的对比, 简谐振动的周期与振幅无关.

由于非线性微分方程一般情形下不能找到通解, 我们转而求助于几何方法来分析解的性质和结构. 单凭几何方法, 有时我们就能得到某些重要的结论. 设系统的自由度为 s, 我们可以用 s 个广义坐标及其广义速度表示系统的状态, 以这 $2s$ 个独立的变量为坐标轴建立 $2s$ 维的空间, 通常称为这个系统的相空间 (phase space). 一个力学系统在任意时刻的状态可以用相空间的一个点表示. 当力学系统的状态随时间变化时, 相空间中对应的点也画出一条轨迹, 称为这个力学系统的相轨道. 我们先看几个熟悉的力学系统的相空间.

例 12.1 单摆的相图.

对于小角度摆动, 相轨道近似为椭圆, 摆角越大, 相轨道越来越偏离椭圆形状, 当摆角为 π 时, 相轨道在 π 处不光滑, 如图 12.1 所示.

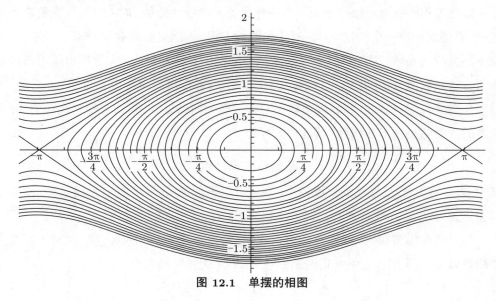

图 12.1　单摆的相图

例 **12.2** 简谐振动和阻尼振动的相图.

简谐振动的相轨道是椭圆, 不同轨道的离心率相同, 如图 12.2(a) 所示. 阻尼振动的振幅不断衰减, 相轨道不是闭合的, 从任何初始条件开始, 最后都趋于相空间的原点, 如图 12.2(b) 所示.

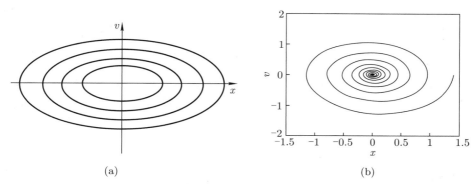

(a) (b)

图 12.2　简谐振动和阻尼振动的相图

例 **12.3** 双摆的轨道.

与上面所有轨道都不同, 双摆的轨道虽然在能量较小时是线性振动, 但当能量大到一定程度时, 既没有周期性, 又显得杂乱无章, 在相空间占据近似连续的一片区域, 如图 12.3 所示. 双摆的轨道还表现出与线性系统截然不同的一个特征: 对初值的敏感性.

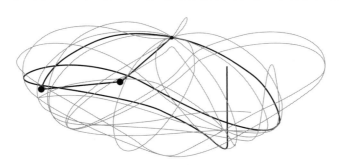

图 12.3　双摆的轨道

线性系统的解依赖于初始条件. 当初始条件非常接近, 例如位置和速度的差值都很小时, 对应的解也非常接近. 或者类似于数学分析中极限的表述, 要求两个解在任一时刻的差值小于某一个小量, 只须初始条件的差值小于某一个小量. 实验测量都有误差, 当初始条件的差值小于测量误差时, 在实验上视为相同的初始条件. 如果它们对应的解的差值也小于测量误差, 在实验上视为得到相同的结果. 因此这类系统是可以预测的: 一定的初始条件有确定的结果.

以双摆为代表的一大类非线性系统表现出一个前所未有的新特征: 对初值的敏感

性. 在相空间的某些点或某些区域, 若初始条件稍有差别, 对应的解就会随着时间的增大而变得越来越不同, 差别越来越大, 可以说是差之毫厘, 谬以千里. 实验上则表现为, 从相同的初始条件出发, 测量的结果完全不同, 也就是说结果是不可预测的. 这类现象称为混沌. 系统的运动方程是确定的, 确定的初始条件对应确定的结果. 混沌源于系统的非线性, 这是决定性的混沌, 与随机性导致的混沌不同, 后者称为随机性的混沌. 决定性混沌总是与系统的非线性相关. 非线性虽然是混沌的必要条件, 但不是充分条件.

目前, 混沌系统只能用计算机求数值解, 我们还没有找到一般的方法去预言系统何时产生混沌. 混沌也没有普遍可接受的定义, 但是几乎所有人都同意, 实用的定义中包含下列要素: 混沌是确定性系统中的非周期性的长期行为, 呈现出对初始条件的敏感依赖性.

例 12.4 其他可导致混沌现象的摆.

单摆的运动几百年前人们就熟悉了, 但是它的混沌运动却是最近几十年才进行了广泛的研究. 这里展示了另外三种有混沌运动的摆. 图 12.4(a) 中单摆的悬挂点是一个驱动轴承, 一个简谐驱动力施加在上面; 图 12.4(b) 是一个耦合摆, 两个单摆挂在两端固定的弦上; 图 12.4(c) 是一个磁力摆, 摆动物受到下面摆放的磁铁的磁力作用.

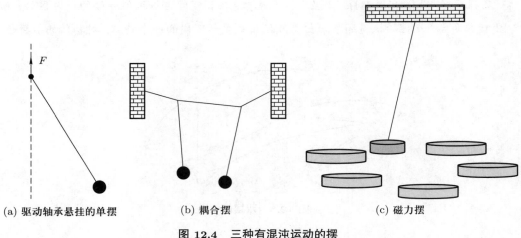

(a) 驱动轴承悬挂的单摆　　　(b) 耦合摆　　　(c) 磁力摆

图 12.4　三种有混沌运动的摆

例 12.5 洛伦茨 (Lorenz) 方程.

考虑水平地面和一定高度的水平面之间的大气流动. 大地表面受热后, 处于一个较高的温度 T_1, 上部的水平面保持一个较低的温度 T_2, 两个平面之间维持一定的温度差 $\Delta T = T_1 - T_2$, 热量总是从高温流向低温. 当温差低于某临界值时, 传递热量的方式是热传导, 气体静止. 温差高于某临界值时, 在竖直方向出现对流, 表现为直线对流卷, 属于定常流动. 对流卷的纵轴是水平的, 并依次周期性地排列着, 如图 12.5 所示, 系统

转入一个新的状态 (热传导 + 热对流, 运动介质), 这称为贝纳尔 (Benard) 对流. 当温差再高到一定程度, 系统转入湍流状态.

图 12.5 贝纳尔对流

1963 年, 美国气象学家洛伦茨在研究贝纳尔对流现象时, 从纳维 – 斯托克斯方程出发, 对各个物理量无量纲化后再做傅里叶展开, 截取头一二项, 得到三个傅里叶系数所满足的微分方程组. 描述竖直面速度、上下温差的三个展开系数 $x(t), y(t), z(t)$ 的微分方程组属于三维自治动力系统:

$$\dot{x} = \sigma(y - x),$$
$$\dot{y} = rx - y - xz,$$
$$\dot{z} = xy - bz,$$

其中 σ 为普朗特 (Prandtl) 数, r 为瑞利 (Rayleigh) 数. 他发现当 σ 不断增加时, 系统就由定常态 (表示空气静止) 分岔出周期态 (表示对流状态), 最后, 当 $r > 24.74$ 时, 又分岔出非周期的混沌态 (表示湍流). 图 12.6 给出的是三维相空间的混沌态在二维平面上的投影轨线. 从图中可以看出, 轨线起初在右边从外向内绕圈子, 后来随机地跳到左边从外向内绕圈子, 然后又再次随机地跳回右边绕圈子······如此左右跳来跳去, 每次绕的圈数、何时发生跳跃都是随机的、无规则的. 由于洛伦茨是世界上第一个从确

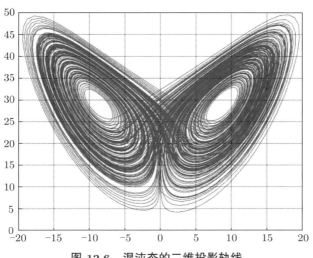

图 12.6 混沌态的二维投影轨线

定性方程中发现了非周期的混沌现象的科学家, 所以上述方程称为洛伦茨方程.

混沌现象几乎在所有领域中都存在. 从二十世纪八十年代开始, 在等离子体放电系统、非线性电路、声学和声光耦合系统、激光器和光双稳态装置、化学振荡反应、动物心肌细胞的受迫振动、动物种群的数目消长、人类脑电波信号, 乃至社会经济活动等领域内, 到处都发现了混沌, 这也显示出混沌是许多非线性系统的典型行为. 混沌现象的发现和混沌理论的建立, 同相对论和量子力学一样, 是对经典物理的重大突破. 许多科学家认为, 二十世纪物理学的三大奇迹是相对论、量子力学和混沌理论.

§12.2 孤 立 波

孤立波最早是 1834 年由英国科学家、造船工程师罗素 (Russell) 在苏格兰爱丁堡城的联合运河上发现的. 罗素写道: "那时我正在观看一艘由两匹马拉的船沿狭窄的河道快速前进, 当这艘船突然停下来的时候, 河道中曾被船推动的水并未停下来, 而是聚集在船头周围猛烈地激荡着. 忽然, 一个孤立的巨大水包离船而去, 滚滚向前疾驰. 这是滚圆而又光滑的一团水, 沿河道持续地前进, 看不出明显的减速. 我骑马跟随它, 赶上它每小时八九英里的速度, 它一直保持着约三十英尺长、一到一英尺半高的原始形状. 最后, 它的高度渐减, 在我追逐它一到二英里之后, 它在河道的弯曲处消失了. 这就是我在 1834 年 8 月间看到那个奇特而美丽现象的一次偶遇."

现在我们最常见到的孤立波解是由荷兰科学家考特维格 (Korteweg) 和德弗里斯 (de Vries) 在 1895 年给出的水波方程 (现称为 KdV 方程) 的精确解. 孤立波在早期并未受到科学界的重视, 直到 1965 年, 美国普林斯顿大学的两位物理学家克鲁斯卡尔 (Kruskal) 和扎布斯基 (Zabusky) 在研究等离子体问题时, 用计算机模拟了 KdV 方程, 发现两个孤立波在碰撞后并不改变它们的形状、振幅和速度, 从而发现这种孤立波具有粒子碰撞的特点, 并首次引进孤立子 (soliton) 的概念. 此后在近代物理的很多领域内相继发现了多种孤立波的存在.

孤立波是存在于自然界 (水面、大气层、光学介质、等离子体等) 中的一种独特的波动现象. 它的特点是: 行波单峰、匀速、不变形、相互作用时不受破坏. 鉴于这种波动具有准粒子性质, 人们又称之为 "孤立子".

首先分析 KdV 方程

$$\frac{\partial u}{\partial t} + 6u\frac{\partial u}{\partial x} + \frac{\partial^3 u}{\partial x^3} = 0.$$

这是荷兰科学家考特维格和德弗里斯在研究浅水波问题的博士论文中提出来的, 方程

中 t 和 x 已经无量纲化. 他们给出了方程的一种特殊形式的行波解

$$u = u(x - vt).$$

把它代入 KdV 方程可得

$$-vu' + 6uu' + u''' = 0.$$

再连续积分两次即可得到

$$-\frac{1}{2}vu^2 + u^3 + \frac{1}{2}u'^2 + cu + d = 0,$$

其中 c 和 d 为积分常数. 考虑局域性条件: 当 $x \to \pm\infty$ 时, $u, u', u'' \to 0$, 此时 c 和 d 均为零, 可得孤立波解

$$u(x,t) = \frac{v}{2}\text{sech}^2\frac{\sqrt{v}}{2}(x - vt + \delta),$$

其中 δ 为积分常量. 从解的表达式可以看出, 波的形状是一种单峰形式, 故称为孤立波, 如图 12.7 所示, 振幅、波形都与波速有关. 波速越大, 振幅越大, 波形越陡, 这些性质都是线性波动方程中机械波所没有的. 当波速确定时, 振幅和波形都是不变的, 这就从理论上证明了罗素所观察到的孤立波的存在性.

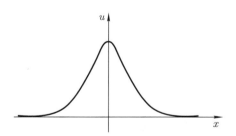

图 12.7　KdV 方程孤立波解的波形

孤立波的形成是色散和非线性两者之间相互竞争并达到平衡的结果. 方程中的 u''' 项使得波的相速度与波长有关, 不同波长的相速度不同, 这就是色散效应. 单峰形式的波包是由波长相近的不同波叠加而成, 色散效应将引起波包扩散, 使得波包变宽, 但是非线性项 $6uu'$ 使得波包变窄、变陡. 在合适的条件下, 它们相互抵消、达到平衡, 从而在运动过程中保持波形不变.

KdV 方程还存在 n 孤立波解, n 为任意的正整数, 它们与特定的初始条件相联系. 例如, 对于初始条件 $u(x,0) = 6\text{sech}^2 x$, 方程存在双孤立波解

$$u(x,t) = 12\frac{4\cosh(2x - 8t) + \cosh(4x - 64t) + 3}{[3\cosh(x - 28t) + \cosh(3x - 36t)]^2}.$$

分别保持 $x-4t$ 和 $x-16t$ 有限, 当 $t \to \pm\infty$ 时, 上式的极限为

$$u(x,t) \xrightarrow{t \to \pm\infty} 8\text{sech}^2\left(2x-32t \mp \frac{1}{2}\ln 3\right) + 2\text{sech}^2\left(x-4t \pm \frac{1}{2}\ln 3\right).$$

由此可见, 两个孤立波相互作用后的效果只是相位的改变, 而波形不变, 这类似于粒子的碰撞. 两个孤立波的相互作用也不同于线性波动方程中两个普通机械波的叠加, 相位不变, 最大振幅是 10, 而孤立波的对应振幅是 6. 图 12.8 中显示了不同时刻双孤立波的波形图.

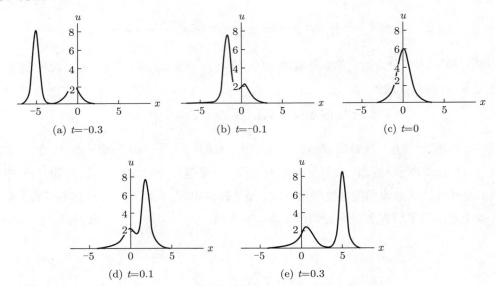

(a) $t=-0.3$　　(b) $t=-0.1$　　(c) $t=0$

(d) $t=0.1$　　(e) $t=0.3$

图 12.8　不同时刻双孤立波的波形图

　　1965 年以后, 由于很快发展起来的反散射方法和巴克隆德 (Backlund) 变换, 在很多类型的非线性方程中找到了精确的孤立波解, 因此孤立波的研究迅速得到了巨大发展. 目前, 在自然界的很多现象中都出现了孤立波并发现了不同类型的孤立波, 例如液晶系统、高分子系统、光纤系统、磁系统、晶体的位错方程和光的自聚焦方程等.

§12.3　分　　形

　　分形 (Fractal) 这个词是由芒德布罗 (Mandelbrot) 于 1975 创造的, 来源于拉丁文 "Fractus", 意思是 "不规则、支离破碎" 的物体. 尽管分形是一种数学上的几何概念, 但由于分形使人们对自然界存在的许多复杂现象有了重新的认识, 打破了传统观念的束缚, 对自然界众多领域内存在的共性问题 —— 多层次上的自相似性提供了统一的解释, 起步较晚的分形发展得很快, 大大超过了混沌和孤立波, 甚至形成了自二十世纪八十年代初开始的分形热, 直到现在热度依然不减.

我们先看一个分形的例子 —— 科赫 (Koch) 曲线.

我们以迭代的方式生成科赫曲线. 从线段开始, 在每个阶段, 我们删除每个线段的中间三分之一, 并用与删除的线段长度相等的两个线段替换它, 无限次地重复此过程, 就得到了科赫曲线, 如图 12.9 所示. 仔细观察, 科赫曲线与普通的曲线大不相同. 对于一般的曲线, 其上的任意两点逐渐接近时, 这两点之间的曲线可用直线来近似. 对于科赫曲线, 无论其上的两点多么接近, 这两点之间的曲线仍然有精细的结构, 不能用直线段代替. 那么它是一维曲线吗?

我们先看一下普通空间的维数. 如果将 d 维物体尺寸均匀地放大 k 倍, 它的大小将会增大到 k^d 倍. 如图 12.10 所示, 我们将一个点、一个线段、一个正方形和一个立方体的尺寸放大 3 倍, 点的大小是不变的, 线段变成 3 倍 ($3^1 = 3$), 正方形变成 9 倍 ($3^2 = 9$), 立方体变成 27 倍 ($3^3 = 27$), 因此, 空间的维数

$$d = \log_k k^d.$$

对于科赫曲线应用这个定义, 其维数是多少呢? 如果将科赫曲线尺寸放大 3 倍, 我们将获得 4 个原始曲线, 这意味着 $3^d = 4$, 因此, 科赫曲线的维数

$$d = \log_3 4 \approx 1.2618.$$

果然不是一般的一维曲线! 科赫曲线的维数是分数, 而不是通常的整数.

图 12.9 科赫曲线

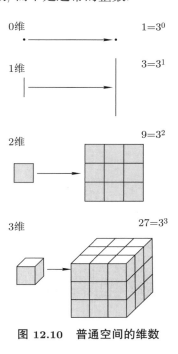

图 12.10 普通空间的维数

这里介绍的只是分形维数的一种比较直观的定义, 实际上还有其他的定义, 目前尚未统一. 不仅如此, 甚至分形本身的定义也没有统一. 定义既不能太狭隘也不能太广泛, 随着新的分形不断涌现, 其定义也在不断调整中. 不过, 大家都承认, 分形一般有以下的性质:

(1) 分形在任意尺度下都具有一定的细节, 或者说它具有精细的结构.

(2) 分形不能用传统的几何语言来描述, 它既不是满足某些条件的点的轨迹, 也不是某些简单方程的解.

(3) 分形具有某种自相似形式.

(4) 一般的分形具有分数维数.

(5) 分形可以通过递归方法构造.

一般来说, 分形物体可包括三种不同的情况: 体分形、面分形和内分形. 体分形是指分形物体的内部和外表面都是分形结构; 面分形只是外表面 (或外部边界) 是分形结构; 内分形则指在分形体内具有分形结构.

例 12.6 三分之一的康托尔 (Cantor) 集.

这种集合的构造如图 12.11 所示. 在单位长度的线段上每次去掉中间三分之一的线段, 重复这个过程, 最终剩下的点集就称为三分之一的康托尔集.

将康托尔集均匀放大 3 倍, 得到 2 个原来的点集, 因此其维数

$$d = \log_3 2 \approx 0.6309.$$

三分之一的康托尔集的维数小于 1.

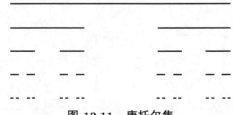

图 12.11 康托尔集

例 12.7 谢尔平斯基 (Sierpinski) 镂垫.

这种分形的构造如下: 它的初始形状是一个正三角形, 逐次挖去中间的四分之一部分, 如图 12.12 所示.

容易证明, 阴影部分的维数和它的边界的维数一样都是

$$d = \log_2 3 \approx 1.5849.$$

图 12.12　谢尔平斯基镂垫

自然界有许多物体在其生长和形成的过程中具有某种分形的形式. 分形的理论有助于我们理解或控制晶体的生长、固态表面薄膜的涂敷、植物的成长、人体血管系统、海岸线的形状、星云的分布等等. 分形正日益成为数学、科学和艺术的最佳结合素材.

§12.4　斑　　图

斑图 (pattern)① 是指在空间或时间上具有某种规律性的非均匀宏观结构, 是由系统中微观参量之间以一定方式相互作用而导致的宏观量有序分布的状态, 是由系统内部决定的、自发的对称性破缺引起系统本身重新自组织的结果. 相关研究内容包括: 斑图的形成、斑图的选择、对称破缺、缺陷与位错、斑图的竞争、时空混沌等.

在自然界中广泛存在着各式各样的斑图, 例如, 动物体表花纹、流体中的对流斑图、天上的条状云、土星大气层的斑纹、太阳的颗粒状表面、化学反应系统中的斑图、细菌群体中的竞争与合作、非线性光学系统中的斑图, 以及气体放电中的斑图等.

12.4.1　涡状斑图

在流体运动中出现的斑图主要包括涡状斑图和波状斑图. 前面讨论的孤立波属于波状斑图. 这里主要介绍涡状斑图.

底部加热的一薄层流体的热对流运动是一个经典的流动问题, 通常称作瑞利 – 贝纳尔对流, 或简称贝纳尔对流, 在实验和理论方面都做了非常充分的研究. 日常生活中用平底锅煮东西、地球表面的大气对流层、融化岩浆的冷却过程, 都属于这类运动. 贝

---

① "pattern" 一词, 生态学中通常译为格局, 计算机学科中译为模式, 欧阳颀院士将其音译为斑图, 音义俱佳, 故采用.

纳尔对流没有整体的平动, 流动状况不会随整体的平动而流走, 能近似地留在原地或在一个局部区域内, 因此可以在一个小型封闭的容器内做实验, 并且容易在实验室内利用流动显示技术来进行观察.

1900 年, 贝纳尔最早对这个问题做了实验研究. 他观察了一个圆盘容器内一层厚度不到 1 mm 的薄液体层在底部进行加热时的对流情况. 瑞利从理论上第一个研究了这种热对流现象. 1916 年, 他找到了一个确定稳定性的无量纲参数 —— 瑞利数:

$$Ra = \frac{g\alpha(T_1 - T_2)d^3}{\nu\kappa},$$

其中, d 是液体层的厚度, T_1 和 T_2 分别是下、上表面的温度, g 是重力加速度, α 是体膨胀系数, κ 是热扩散系数, ν 是运动黏度系数. 此后许多人从实验和理论上研究贝纳尔对流, 例如, 上下表面是固壁, 液体是双流体 (两种密度不同的流体混合物) 或多相流体, 又会出现局部行波或驻波形状的斑图结构, 包括锯齿形状态, 在液晶中还可能出现菱形或钻石形状态, 如图 12.13 所示.

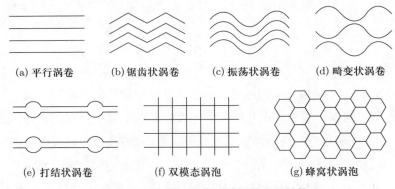

(a) 平行涡卷　　(b) 锯齿状涡卷　　(c) 振荡状涡卷　　(d) 畸变状涡卷

(e) 打结状涡卷　　(f) 双模态涡泡　　(g) 蜂窝状涡泡

图 12.13　各种不同类型的涡状斑图结构

12.4.2　图灵斑图

1952 年, 被称为计算机科学之父、人工智能之父的英国数学家、逻辑学家图灵 (Turing) 发表了著名论文《形态形成的化学基础》, 用一个反应扩散模型成功地说明了某些生物体表面所显示的图纹 (如斑马身上的斑图, 见图 12.14) 是怎样产生的.

设想在生物胚胎发育的某个阶段, 生物体内某些被称为 "形态子" 的生物大分子与其他反应物发生生物化学反应, 同时在体内随机扩散. 在适当的条件下, 这些原本浓度均匀分布的 "形态子" 会在空间自发地组织成一些周期性的结构, 也就是说, "形态子" 在空间分布变得不均匀, 而正是这种 "形态子" 分布的不均匀性引起了生物体表面不同花纹的形成.

图 12.14　斑马

　　在图灵提出的反应扩散系统中, 由系统内在的反应扩散特性所引起的空间均匀态失稳导致了对称性破缺 (空间平移对称性破缺), 从而使系统自组织出一些空间定态图纹. 这个过程及其所形成的图纹被后人分别称为图灵失稳 (图灵分岔) 和图灵斑图. 图灵在他的文章中表达了斑图动力学过程的最重要特征, 即由系统内部决定的、自发的对称性破缺引起系统本身重新自组织, 形成比以前对称性弱的空间斑图.

　　如果估算一下一个受精卵正常发育为一个生命体所需要的信息量, 我们会发现这个数字远大于受精卵中 DNA 所能承载的信息量, 因此这就需要基因之间、由基因规定的蛋白质之间, 及基因与蛋白质之间存在一些非线性耦合. 而图灵分岔正是由反应扩散的一种特殊耦合所引发的.

　　从 1960 年代末起, 以 1977 年诺贝尔化学奖获得者普里戈金 (Prigogine) 为首的比利时布鲁塞尔热力学小组, 从热力学的角度研究图灵斑图问题, 建立了图灵斑图的动力学模型. 他们证明, 在远离热力学平衡态的条件下, 系统的自组织行为是可能的, 并总结出系统发生自组织过程的几个必要条件. 第一, 系统必须远离热力学平衡态. 由热力学第二定律可知, 一个封闭系统总是自发地趋于热力学平衡态, 而该系统的热力平衡态必然是均匀态. 因此, 能够支持图灵斑图存在的反应系统一定是一个开放系统, 它必须与外界有物质和能量的交换. 第二, 反应系统中必须存在一个自催化过程, 即有自催化机制. 换句话说, 反应系统中需要存在一种称为 "活化子" 的反应物, 它的存在加速其本身的反应. 第三, 反应系统中必须存在一种禁阻机制, 它的作用与自催化机制相反. 具有禁阻效应的反应物叫 "禁阻子". 第四, 系统必须存在扩散过程. 最后一个条件貌似不合理, 因为扩散过程会消除浓度的空间不均匀性, 但它确实是产生图灵斑图所必需的条件, 甚至可以说图灵失稳是扩散引起的失稳.

　　产生图灵斑图的关键在于一个非线性反应动力学过程 (如自催化、自禁阻过程) 与一种特殊的扩散过程的耦合. 这个特殊的扩散过程, 要求系统中活化子的扩散速度远小于禁阻子的扩散速度, 也就是说活化子的扩散系数远小于禁阻子的扩散系数.

　　可以用一个简单的模型来说明一维系统中图灵斑图形成的过程. 但在二维系统中情况马上会变得复杂起来. 当图灵斑图生长到一定程度时, 系统内不同波矢所代表的斑图之间的非线性耦合变得重要起来. 非线性耦合的一个重要结果是系统的斑图动力学行为开始由斑图选择机制来决定.

　　斑图选择机制的核心是空间共振原则, 这里只给出它的结论, 即在高维空间 (二维、三维) 中, 系统只选择那些不重叠而又可以完全覆盖整个平面 (或空间) 的斑图. 对于一个二维系统, 系统只有三种选择: 条状斑图、四边形斑图和六边形斑图. 而对于一个反应扩散系统, 可以证明, 四边形斑图总是不稳定的, 因此图灵斑图在二维空间中只有两种形态: 条状斑图与六边形斑图.

　　图灵斑图在不同的动物身上会有不同的形态, 斑马纹和豹纹 (见图 12.15) 是这种图案的两个极端形式, 它们在躲避蚊虫和模糊轮廓中产生了积极的作用. 而在热带的两栖动物身上, 这种炫目的图案也用来警示自己的毒性. 热带鱼中的七彩盘丽鱼身上就总有这种混合了斑点和条纹的图案. 幼年的皇帝刺盖鱼和成年的青鲸鹦嘴鱼也是这样. 但更显著的是姆布鲀, 它身上的斑点和条纹组合彰显了一种说不清道不明的秩序.

图 12.15　豹

思　考　题

1. 观察非线性在自然界中的表现, 与相应的线性情形比较, 它们是好还是坏呢?

2. 植物中有哪些分形现象?

3. 观察不同蝴蝶的翅膀, 可以用图灵斑图的生成机制解释吗?

习　　题

1. 在计算机中画一幅低阻尼受迫振动的相图, 驱动力是简谐力.

2. 采用本章分形维数的定义, 计算图 12.16 所示分形 (称为谢尔平斯基海绵或门格 (Menger) 海绵) 的维数.

图 12.16　习题 2 图

3. 在家里用平底锅做实验, 所用液体包括水、花生油、糖浆、稀饭, 观察涡状斑图, 并试着解释相关的现象.

第四篇
时　空

第十三章 狭义相对论

物理学发展到十九世纪末, 一方面可以说大功告成, 在物理学的每个领域都有相应的理论: 力、热、声、光、电、磁等. 另一方面也可以说风雨飘摇, 实验上已观测到物理学理论无法解释的两个基本问题: 光的传播和黑体辐射, 这成为笼罩在物理学晴朗天空上的两朵乌云. 科学的发展表明, 这两朵乌云最终演化为二十世纪最绚丽的彩霞 —— 相对论和量子力学. 现代物理沿着这两条康庄大道蓬勃发展, 引发了前所未有、无与伦比的新技术革命, 我们至今仍在享受着它们所创造的现代文明. 本章沿着光的传播这条大路介绍狭义相对论的基本内容.

§13.1 狭义相对论的基本原理

13.1.1 经典力学的相对性原理

在伽利略的时代, 人们对运动规律和作用力的认识还不是很清楚. 伽利略作为动力学的奠基人, 发现了自由落体的运动规律、斜抛物体的抛物线轨迹和由斜面实验推导出的惯性定律, 为牛顿后来的大综合做了很好的准备. 我们这里介绍他的另一项基础性的工作.

在 1632 年出版的伽利略著作《关于托勒密和哥白尼两大世界体系的对话》中, 有这样一段精彩的描述: "把你和几个朋友关在一条大船甲板下的主舱里, 再让你们带几只苍蝇、蝴蝶和其他小飞虫. 舱内放一只大水碗, 里面放几条鱼. 然后挂上一个水瓶, 让水一滴一滴地滴到下面的一个宽口罐里. 船停着不动时, 你留神观察, 小虫都以等速向舱内各方向飞行, 鱼向各个方向随便游动, 水滴滴进下面的罐子中. 你把任何东西扔给你的朋友时, 只要距离相等, 向这一方向不必比另一方向用更多的力. 你双脚齐跳, 无论向哪个方向, 跳过的距离都相等. 当你仔细地观察这些事情后, 再使船以任何速度前进. 只要运动是匀速的, 也不忽左忽右地摆动, 你将发现, 上述所有现象丝毫没有变化, 你也无法从其中任何一个现象来确定, 船是在运动还是停着不动." 这是相对性原理最通俗、最生动的描述.

半个世纪后, 牛顿在 1687 年出版的《自然哲学的数学原理》里准确地叙述了相对性原理: 包围在给定空间内的物体, 不论空间是静止, 还是向前匀速直线运动而不做圆周运动, 物体之间的相对运动都相同. 相对性原理还有另外一种等价的说法: 力学规律在所有惯性系中相同.

给定空间内的物体, 说得更明确一些, 就是我们现在所说的孤立系统. 不观察外面, 只观察孤立系统内的任何现象, 都不能确定系统是静止还是匀速运动.

我们现在分析一个与外界无相互作用的孤立系统, 任取系统内的两个质点 1 和 2, 它们的速度分别为 v_1 和 v_2, 物体之间的相互作用只依赖它们相对的位置和速度. 在另一个惯性系中观察这个系统, 所有的质点都获得一个共同的速度, 质点 1 和 2 的速度分别为 $v_1 + V$ 和 $v_2 + V$. 显然, 它们的相对速度仍然保持不变:

$$(v_2 + V) - (v_1 + V) = v_2 - v_1.$$

这使得质点之间的相互作用也保持不变, 因而质点之间的相对加速度保持不变. 所以, 质点之间相对位置和速度二者的变化都保持不变, 与孤立系统整体的平动无关. 或者说, 观察孤立系统内的运动现象, 不能确定系统是静止还是匀速运动. 这就是经典力学的相对性原理.

经典力学的相对性原理是否可以推广到任何物理现象呢? 我们接下来考虑电磁学理论建立后出现的新局面.

1865 年麦克斯韦建立了关于电磁现象的微分方程组, 称为麦克斯韦方程组. 若麦克斯韦方程组不包含电荷和电流, 从方程组可以导出真空中电磁波满足的波动方程

$$\nabla^2 \boldsymbol{E} - \frac{1}{c^2} \frac{\partial^2 \boldsymbol{E}}{\partial t^2} = 0,$$
$$\nabla^2 \boldsymbol{H} - \frac{1}{c^2} \frac{\partial^2 \boldsymbol{H}}{\partial t^2} = 0,$$

其中 c 是真空中的电磁波波速, $c = 1/\sqrt{\epsilon_0 \mu_0} = 2.99792458 \times 10^8$ m/s.

在经典力学中, 机械波都在弹性介质中传播, 介质的自身性质 (例如, 密度和弹性模量) 决定了波的传播速度. 类比于机械波, 人们设想电磁波也在某种介质中传播, 并给这种介质起了一个专有的名字 —— 以太 (ether). 相对以太静止的参考系称为以太系, 电磁波在以太系中的传播速度就是真空中的光速 c. 显然, 根据伽利略变换, 在相对以太系运动的惯性系中, 光的传播速度不再是 c.

确定惯性系相对以太系的速度, 或者退一步, 确定地球相对以太系的速度, 成为十九世纪末物理学家关注的重大课题. 1879 年 3 月, 迈克耳孙 (Michelson) 偶然看到麦克斯韦的一封信, 信中说, 希望后人能想办法测出地球相对以太的运动情况. 迈克耳孙干涉仪就是为此目的而设计的. 如图 13.1 所示, G_1 是一个半透明的反射镜, 让入射光一半透过、一半反射, M_1 和 M_2 是反射镜. 迈克耳孙干涉仪的巧妙之处在于将两个光路分开, 从而可以在其中安插各种光学元件或待研究的介质. 1907 年, 迈克耳孙因为

"发明精密光学仪器并借助这些仪器在光谱学和度量学领域做出杰出贡献" 而成为美国第一个诺贝尔物理学奖获得者.

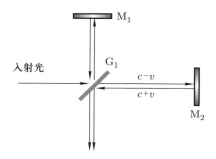

图 13.1 迈克耳孙干涉仪的基本结构

设迈克耳孙干涉仪相对以太系的速度为 v, 方向沿着干涉仪的一臂 G_1M_2. 沿着光路 G_1M_2, 光从 G_1 到 M_2 的速度是 $c - v$, 从 M_2 返回 G_1 的速度是 $c + v$. 因此光在 G_1M_2 上来回运动所需的时间为

$$t_2 = \frac{l}{c - v} + \frac{l}{c + v} = \frac{2l}{c} \frac{1}{1 - \dfrac{v^2}{c^2}},$$

其中 l 是从 G_1 到 M_2 的距离.

再考虑光沿着光路 G_1M_1 的传播. 在以太系看来, 光传播的路径是两个直角三角形的斜边, 如图 13.2 所示. 光沿此斜边传播的速度是 c, 半透半反镜 G_1 的速度是 v, G_1 到 M_1 的距离也是 l. 于是, 光在光路 G_1M_1 上来回运动所需的时间为

$$t_1 = \frac{2l}{\sqrt{c^2 - v^2}} = \frac{2l}{c} \frac{1}{\left(1 - \dfrac{v^2}{c^2}\right)^{1/2}}.$$

两束光的光程差为 $\Delta = c\Delta t = c(t_2 - t_1)$, 考虑到 $v \ll c$, 做小量展开, 得到

$$\Delta = l \frac{v^2}{c^2}.$$

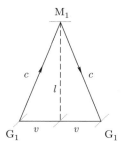

图 13.2 以太系中 G_1 与 M_1 之间的光路

实验中将干涉仪转动 90°, 使得两条光路互换, 由此带来干涉条纹的移动. 干涉条纹的移动数为

$$\Delta N = \frac{2\Delta}{\lambda} = \frac{2l}{\lambda}\frac{v^2}{c^2}.$$

因此, 如果实验中测出干涉条纹的移动数, 就可以计算出干涉仪相对以太系的运动速度.

1881 年, 迈克耳孙首次实验所用的数据如下: $l = 1.2$ m, 光源为钠光灯, $\lambda = 5.9 \times 10^{-7}$ m. 干涉仪相对地球表面静止, 速度取地球公转的速度 $v = 30$ km/s, 由此算出 $\Delta N = 0.04$. 依据迈克耳孙设计制造的干涉仪的精度, 这个移动数大致是可以观测出来的, 在实验中却没有观测到.

1887 年, 迈克耳孙和莫雷 (Morley) 合作改进了干涉仪, 如图 13.3 所示, 光路经多次反射, 延长到 $l = 11$ m. 整个干涉仪安置在一块大石板上, 石板浮在水银槽中可自由旋转, 干涉仪的稳定性和精度都有很大的提高, 干涉条纹的移动数可达 $\Delta N = 0.4$, 这肯定是可以观测到的. 1887 年 7 月, 迈克耳孙和莫雷用了五天的时间, 测量地球沿其轨道相对以太的运动, 实验依然没有观测到条纹的移动. 以后人们进一步改进仪器, 并在不同季节和地球上不同地方多次做实验, 都得到否定的结果: 观测不到干涉条纹的移动. 1970 年用穆斯堡尔效应所做实验, 定出地球相对 "以太" 运动速度的上限为 5 cm/s.

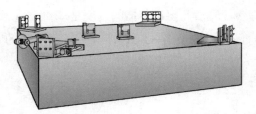

图 13.3 改进的迈克耳孙 – 莫雷干涉仪

由迈克耳孙 – 莫雷实验的观测结果可以得出两个不同的看法: 在地球上我们观测不到地球相对以太系的运动; 地球相对以太系的速度为零, 地球就是以太系. 从电磁学的角度来看, 地球就是以太系等同于地球就是宇宙的中心, 这似乎又回到了托勒密的主张.

迈克耳孙 – 莫雷实验的零结果表明, 相对性原理与麦克斯韦方程组有矛盾. 另一方面, 麦克斯韦方程组在伽利略变换下不能保持不变. 相对性原理、伽利略变换和麦克斯韦方程组三者中, 至少有一个需要修正.

同时代的物理学家做出了许多努力来解释迈克耳孙 – 莫雷实验的观测结果, 其中以洛伦兹 (Lorentz) 的解释最具代表性. 洛伦兹假设干涉仪沿着相对以太系的运动方

向上有一个长度的收缩因子, 就可以解释实验的零结果. 他为此引入了一个时空坐标变换, 现在称之为洛伦兹变换. 洛伦兹在 1915 年写道: "我失败的主要原因是我死守一个观念: 只有变量 t 才能作为真正的时间, 而我的当地时间 t' 仅能作为辅助的数学量." 他写出了时空变换公式, 可是他不敢讲或者没有认识到, 这个 t' 就是一个运动观察者的时间.

关于相对性原理, 1904 年, 庞加莱的演讲《新世纪的物理学》中有这样一段: "根据相对性原理, 物理现象的规律应该是同样的, 无论是对于固定不动的观察者, 或是对于做匀速运动的观察者. 这样我们不能够, 也不可能, 辨别我们是否正处于这样一个运动状态."

按杨振宁的观点, 庞加莱只有远距离的眼光, 洛伦兹只有近距离的眼光. 爱因斯坦对时空有更自由的眼光 (free perception), 而要有自由的眼光, 必须能够同时近看和远看课题. 只有爱因斯坦把远近的眼光结合起来, 才引发了物理学的革命.

13.1.2 狭义相对论的基本原理

爱因斯坦回忆道[①]: "在我的学生时代, 最使我着迷的是麦克斯韦理论. 这理论从超距作用力过渡到以场为基本变量, 从而使它成为革命性的理论."

1895 年, 爱因斯坦未通过苏黎世联邦工业大学的入学考试, 为此去阿劳州立中学补习一年, 这给爱因斯坦留下了深刻的印象: "这个学校以它的自由精神和那些毫不仰仗外界权威的教师们的淳朴热情给我留下了难忘的印象. 同我在一个处处使人感到受权威指导的德国中学的六年学习相对比, 我深切地感到, 自由行动和自我负责的教育, 比起那种依赖训练、外界权威和追求名利的教育来, 是多么的优越呀!"

在这一年中, 这个十六岁的少年就想到了这样一个追光实验: 倘使一个人以光速跟着光波跑, 那么他就处在一个不随时间而变化的波场之中. 但看来不会有这种事情! 这是同狭义相对论有关的第一个朴素的理想实验.

实际上, 在 $12 \sim 16$ 岁的时候, 爱因斯坦就熟悉了基础数学, 包括微积分原理. 他还幸运地从一部卓越的通俗读物中知道了整个自然科学领域里的主要成果和方法. 这部著作就是伯恩斯坦 (Bernstein) 的《自然科学通俗读本》, 里面几乎完全局限于定性的叙述, 有五六卷之多, 是爱因斯坦聚精会神阅读了的著作. 爱因斯坦后来还广泛阅读了有关科学基础的书籍, 把他的发现归功于读了休谟 (Hume)、马赫和庞加莱的著作.

1896—1900 年, 爱因斯坦在苏黎世联邦工业大学的师范系学习. 他很快发现, 他能取得中等成绩就该心满意足了: "要做一个好学生, 必须有能力去很轻松地理解所学习的东西; 要心甘情愿地把精力完全集中于人们所教给你的那些东西上; 要遵守秩序, 把

---

①本小节爱因斯坦的话引自许良英等编译的《爱因斯坦文集》.

课堂上讲解的东西用笔记下来, 然后自觉地做好作业. 遗憾的是, 这一切都是我最欠缺的." 从小就喜欢独立思考的爱因斯坦, 很快就调整自己: "我以极大的兴趣去听某些课. 但是我刷掉了很多课程, 而以极大的热忱在家里向理论物理学的大师们学习⋯⋯ 对于像我这样爱好沉思的人来说, 大学教育并不总是有益的. 无论多好的食物强迫吃下去, 总有一天会把胃口和肚子搞坏的. 纯真好奇心的火花会渐渐地熄灭. 幸运的是, 对我来说, 这种智力的低落在我学习年代幸福结束之后只持续了一年."

大学结束后, 爱因斯坦在朋友的帮助下, 来到瑞士专利局 (当时称作精神财产局) 工作. "这样, 在我最富于创造性活动的 1902—1909 年当中, 我就不用为生活而操心了."

1932 年在一封致友人的信中, 爱因斯坦描述了发现狭义相对论的情形: "在力学中所有惯性系是等价的. 根据经验, 这种等价性也可以拓展到光学和电动力学. 然而, 在后者的理论中并没有获得这种等价性. 我很快就确信, 这源于理论体系深层次的不完善. 发现并克服它的愿望使我心情紧张, 经过七年徒劳的研究, 通过相对化时间和长度的概念最终解决了这个问题."

爱因斯坦从科学基础和理论自洽性的高度重新审视这些问题. 在爱因斯坦看来, 电磁和光学实验探测地球相对以太运动的失败并非起因于电动力学方程, 恰恰相反, 这是相对性原理在电磁学和光学中有效性的实验证据. 他认为, 相对性原理是普遍适用的, 成为任何物理定律都必须满足的一个判据, 位于物理推导演绎链的顶端.

爱因斯坦接下来要面对的, 是如何使麦克斯韦电动力学与相对性原理相容. 麦克斯韦方程组里有一个真空中的光速, 这个光速独立于光源的运动. 根据相对性原理, 在所有惯性系中麦克斯韦方程组都成立, 这就会导致一个矛盾: 光速必须在所有惯性系中相同. 这个结果与牛顿的速度合成是冲突的: 在一个惯性系中光的传播速度是光速, 在相对此惯性系运动的其他惯性系中, 光的传播速度将不再是光速. 而牛顿的绝对时空观与日常经验完全符合, 在大众的头脑中是根深蒂固的.

爱因斯坦起初放弃了真空中的光速不变性. 经过多年 (1898—1905) 的摸索, 他才突然意识到, 这困难在于对运动学基本概念的想当然. 承认真空中的光速不变性, 从物理上定义同时性, 经过一个艰难而又漫长的过程, 爱因斯坦终于建立了一个新的时空观. 从此, 云开雾散, 拨云见日, 开创了一个新天地.

综上, 爱因斯坦为了建立狭义相对论, 提出了两大基本原理:

(1) 相对性原理: 物理规律在所有惯性系中相同.

(2) 光速不变原理: 在所有惯性系中, 真空中光的传播速度保持不变.

物体之间的相互作用既然不能是瞬时、超距的, 就只能以有限的速度传播. 相互作用有很多种, 但在基本层面上, 则只有四种相互作用. 有限的四种相互作用自然有一个最大的传播速度. 根据相对性原理, 在一个惯性系中相互作用的最大传播速度, 在相对它运动的另一个惯性系中也应是最大传播速度, 即在所有惯性系中最大传播速度是不变的. 而且, 物体运动的速度不可能超过最大传播速度, 否则它就是新的最大传播速度. 最大传播速度在所有惯性系中相同, 所有相互作用的传播速度和物体的速度都不能超过它, 但是, 最大传播速度有多大? 哪一种相互作用的传播速度能达到最大传播速度? 这就需要由实验来确定. 实验上发现真空中的光速在不同惯性系中不变, 这说明真空中的光速就是这个最大速度. 这个最大速度不仅仅局限于电磁相互作用, 而是包含未来可能发现的所有相互作用都必须满足的. 因此, 光速不变原理是独立于相对性原理的另一基本原理.

狭义相对论建立后, 爱因斯坦还有两件大事要完成. 第一件大事是牛顿力学与新的时空观是不相容的, 需要对牛顿力学加以改造. 爱因斯坦在 1907 年关于相对论的第三篇文章《关于相对性原理和由此得出的结论》中建立了相对论力学. 第二件大事则是将相对性原理由惯性系推广到非惯性系, 即物理规律在所有参考系中都相同. 这涉及弯曲的时空, 更难理解与描述, 爱因斯坦为此花了十年之久, 终于在 1916 年的文章《广义相对论的基础》中建立了广义相对论. 广义相对论预言的引力波直到 2015 年 9 月 14 日才被首次探测到, 爱因斯坦真是遥遥领先啊!

继 1666 年成为牛顿的奇迹年后, 1905 年成为爱因斯坦的奇迹年. 爱因斯坦在这一年发表了对近代物理有重大影响的五篇文章, 其中就包括与狭义相对论有关的两篇文章:《论运动物体的电动力学》和《物体的惯性与它所含的能量有关吗?》. 五篇之中的另外一篇文章《关于光的产生和转化的一个启发性观点》使爱因斯坦获得了 1921 年的诺贝尔物理学奖.

§13.2 狭义相对论时空观

13.2.1 狭义相对论时空的相对性

在经典力学中, 我们采用的是与日常经验高度符合的绝对时空观. 绝对时空观的绝对性体现在: (1) 同时的绝对性, 在一个惯性系同时的两个事件, 在其他所有惯性系中也同时; (2) 空间的绝对性, 同时测量的空间中两点的距离, 在所有惯性系中都相同; (3) 时间与空间无关, 三维空间和一维时间可以截然分开. 伽利略变换就是绝对时空观的体现. 不同的观察者有共同的时间, 直尺的长度也与运动无关. 这些结论在狭义相对论中都发生了根本的改变.

狭义相对论时空观的最大特点就是时间与空间都与观察者有关, 时间和空间也是密切相关的. 例如, 谈到同时, 必须指明是相对哪个观察者同时, 或者说, 相对一个观察者同时的事件, 在另一个观察者看来, 一般是不同时的.

为了比较不同观察者的观测结果, 爱因斯坦引入了理想直尺和理想时钟. 理想直尺的长度与它过去的运动历史无关, 在一个惯性系中的理想直尺, 拿到其他惯性系后, 中间肯定要运动, 但静止直尺的长度不变, 成为新惯性系的理想直尺, 即在所有惯性系中静止理想直尺的长度相同. 理想时钟也是如此.

在同一个惯性系中, 我们用光信号同步各空间点的时钟. 一个时钟位于坐标原点 O, 任取另一个空间点 A. 从原点 O 在 t_O 时刻发出一个光信号, 点 A 的时钟收到光信号后马上发回一个光信号, 如图 13.4 所示. 点 O 的时钟在 t'_O 时刻收到光信号, 则点 A 的时钟收到光信号的时刻

$$t_A = t_O + \frac{1}{2}(t'_O - t_O) = \frac{1}{2}(t'_O + t_O),$$

或者写为

$$t_A - t_O = t'_O - t_A.$$

这表示光信号来回所用时间相同. 用这个方法可以同步一个惯性系中所有空间点的时钟. 在一个惯性系中, 我们谈论的某个空间点的时刻指的是位于该点的静止时钟同步后显示的时刻.

图 13.4　用光信号同步各空间点的时钟

在一个惯性系中, 空间两点的距离指的是用静止直尺测量的长度.

(1) 时钟同步和长度测量的差异.

设惯性系 S' 相对 S 系以速度 v 向右匀速运动, 如图 13.5 所示. 在 S' 系由点 A 和 B 的中点向两端发出光信号, 点 A 和 B 将同时收到光信号.

S 系认为, 由于点 A 和 B 以速度 v 向右运动, 光信号相对点 A 的速度是 $c-v$, 相对点 B 的速度是 $c+v$, 因此, 光信号先到达点 B, 后到达点 A. 光信号不是同时到达点 A 和 B, 点 B 的时钟比点 A 的时钟更早计时.

在 S' 系测量静止在 S 系的直尺长度. 在 S' 系看来, 这是运动直尺, 直尺以速度

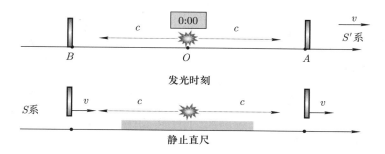

图 13.5 时钟同步和长度测量的差异

v 向左运动, 需要同时测量直尺的两端. 但是, 在 S 系看来, 这是先测左端, 后测右端, 这必然导致所测长度小于静止直尺的长度.

由此看来, 时间、同时性和长度都与观察者有关, 都是相对的.

(2) 运动时钟变慢.

考虑最简单的光子时钟, 由两个反射镜和一个光子组成, 光子在两个反射镜之间来回反射.

静止时钟 (见图 13.6(a)) 的时间

$$t_0 = \frac{l}{c}.$$

现在考虑时钟相对观察者沿着镜面方向以速度 v 向右运动的情况, 如图 13.6(b) 所示. 垂直运动方向的长度 l 保持不变, 这一点后面会给出论证. 由运动关系可得

$$(ct)^2 = l^2 + (vt)^2.$$

由此可得

$$t = \frac{t_0}{\sqrt{1 - \dfrac{v^2}{c^2}}}.$$

显然, $t > t_0$, 所以运动时钟会变慢. 比如, 光子与镜面碰撞一次就嘀嗒一声, 运动时钟嘀嗒的时间间隔变长, 所以我们说它变慢了.

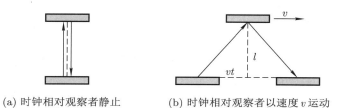

(a) 时钟相对观察者静止   (b) 时钟相对观察者以速度 v 运动

图 13.6 静止和运动的光子时钟

(3) 运动直尺收缩.

设惯性系 S' 相对 S 系以速度 v 向右匀速运动. 在 S' 系有一个静止直尺, 转到 S 系, 此直尺以速度 v 向右匀速运动, 我们要测量这个运动直尺的长度.

实验装置如图 13.7 所示, 在 S' 系中, 直尺的长度为 l_0. 左端点 A 固定一个时钟, 右端点 B 固定一个反射镜. 在点 A 向点 B 发射光信号, 在点 B 反射后回到点 A. 点 A 的时钟显示的时间间隔为

$$\Delta t' = \frac{2l_0}{c}.$$

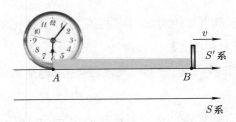

图 13.7　运动直尺

在 S 系中, 光信号沿着运动直尺的长度 l 来回的相对速度不同, 测得的时间间隔满足

$$\Delta t = \frac{l}{c-v} + \frac{l}{c+v} = \frac{2cl}{c^2 - v^2}.$$

我们利用运动时钟变慢的关系式

$$\Delta t = \frac{\Delta t'}{\sqrt{1 - \dfrac{v^2}{c^2}}},$$

可得运动直尺和静止直尺的长度关系

$$l = l_0 \sqrt{1 - \frac{v^2}{c^2}}.$$

显然, 动尺的长度小于静尺的长度, 运动直尺收缩.

不同于经典力学的绝对时空观, 在狭义相对论时空中, 运动的时钟变慢, 运动的直尺收缩, 这些充分体现了狭义相对论时空观的相对性. 谈论时间和长度, 一定要指明是相对于哪个观察者而言的.

13.2.2　洛伦兹变换

在绝对时空观中, 质点在某时刻位于某位置, 总是与四个坐标有关, 三个空间坐标, 一个时间坐标, 它们是可以分开的, 伽利略变换体现了这一点. 我们已经看到, 在狭义相对论时空中, 时间与空间是密切相关的, 它们是不可以分开的. 为此, 我们引入事件的概念: 时空中由四个数 (x, y, z, t) 所确定的一个时空点称为一个事件.

为了更好地理解狭义相对论, 我们从爱因斯坦的著作《相对论的意义》里摘录几句话:

"人们谈论空间上的点和时间上的时刻, 就好像它们是绝对的实在. 人们没有认识到确定时空的真正元素是那些由四个数 (x, y, z, t) 所确定的事件. '某事件正在发生' 这一概念总是四维的.

"当我们放弃了时间的绝对性, 尤其是同时的绝对性这一假设后, 就会立刻认识到时空概念的四维性."

由此可以认识到事件这个概念在相对论中的重要性.

根据相对性原理, 惯性定律在所有惯性系中成立, 在一个惯性系中的匀速运动, 在其他惯性系中也必须是匀速的. 只有时空坐标的线性变换才能保证这一点. 从数学上看, S 系和 S' 系是等价的, S 系和 S' 系之间的时空坐标变换必须是相同性质的变换, 只有线性变换的逆变换仍然是线性变换. 它们的一般变换关系是

$$\begin{cases} x' = a_{11}x + a_{12}y + a_{13}z + a_{14}t, \\ y' = a_{21}x + a_{22}y + a_{23}z + a_{24}t, \\ z' = a_{31}x + a_{32}y + a_{33}z + a_{34}t, \\ t' = a_{41}x + a_{42}y + a_{43}z + a_{44}t. \end{cases}$$

在 $t' = t = 0$ 时刻, 坐标原点重合.

不失一般性, 我们考虑一个特殊的情形: S' 系相对 S 系沿着 x 轴以速度 v 向右匀速运动, 如图 13.8 所示, S 系和 S' 系的 x 和 x' 轴重合, 其他坐标轴都互相平行. 当坐标原点 O 和 O' 重合时, 设 $t' = t = 0$ 为 S 系和 S' 系的一个共同时刻.

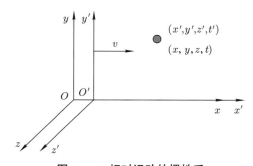

图 13.8 相对运动的惯性系

我们先论证与速度垂直方向上的距离是不变的. z_0' 相对 z_0 以 v 运动, 设

$$z_0' = \varphi(v)z_0,$$

由运动的相对性, z_0 相对 z_0' 以 $-v$ 运动, 应有

$$z_0 = \varphi(-v)z_0'.$$

空间是各向同性的, 没有特定的方向, $\varphi(v)$ 只能依赖速度的大小, 而不依赖其方向, 则有

$$z_0 = \varphi(-v)\varphi(v)z_0 = \varphi^2(v)z_0.$$

再考虑到变换的连续性. 当 $v \to 0$ 时, $z'_0 \to z_0$, 所以 $\varphi(v)$ 只能等于 1, 因此 $z_0 = z'_0$. 同理, $y_0 = y'_0$. 这个结论也容易理解. 考虑站在 x 轴和 x' 轴上等高的两排人, 当他们相对匀速运动时, 左右运动方向是等同的, 只能得到相同的结论, 而只有身高相等才不产生矛盾.

综上, 一般的变换关系可以简化为

$$\begin{cases} x' = a_{11}x + a_{14}t, \\ y' = y, \\ z' = z, \\ t' = a_{41}x + a_{44}t. \end{cases}$$

时空变换关系中还有四个待定系数, 需要建立四个独立的方程.

为了清楚地展示绝对时空观和狭义相对论时空观的异同, 我们将对这四个变换系数的推导分为两步.

第一步利用相对性原理.

S' 系相对 S 系以速度 v 向右匀速运动, 等同于 S 系相对 S' 系以速度 v 向左匀速运动, 只须将 x 轴和 x' 轴都反向, 即可建立这种等同关系:

$$\begin{cases} -x = -a_{11}x' + a_{14}t', \\ t = -a_{41}x' + a_{44}t'. \end{cases}$$

将其代入变换关系的第一或第四式, 可得

$$a_{11}^2 - a_{14}a_{41} = 1,$$

$$a_{11} = a_{44}.$$

S' 系原点的速度为 $v, x' = 0, x = vt$, 代入变换关系的第一式, 可得

$$a_{14} = -va_{11}.$$

这三个系数方程对绝对时空观和狭义相对论时空观都是相同的, 两个时空观的分化在于第四个系数方程.

第二步对绝对时空观和狭义相对论时空观分别讨论.

先看绝对时空观. 时间绝对意味着 $a_{44} = 1$; 空间绝对意味着 $a_{11} = 1$; 时间的测量与空间无关意味着 $a_{41} = 0$. 利用其中任何一个, 与另外三个系数方程联立, 可得伽利

略变换

$$\begin{cases} x' = x - vt, \\ y' = y, \\ z' = z, \\ t' = t. \end{cases}$$

再看狭义相对论时空观. 在 $t' = t = 0$ 时刻, 从坐标原点发出一个光信号, 在 x 轴上另一点接收到光信号. 由光速不变原理, 在两个参考系中, 它们都满足

$$x = ct, \quad x' = ct'.$$

将其代入变换关系, 可得第四个系数方程

$$a_{14} = c^2 a_{41}.$$

与第一步的三个系数方程联立, 并考虑到 x 或 t 增大时, x' 或 t' 也增大, 因此 a_{11} 和 a_{44} 都大于零, 可得洛伦兹变换

$$\begin{cases} x' = \dfrac{x - vt}{\sqrt{1 - \beta^2}}, \\ y' = y, \\ z' = z, \\ t' = \dfrac{t - \dfrac{v}{c^2} x}{\sqrt{1 - \beta^2}}, \end{cases}$$

其中 $\beta = v/c$. 这是静系 S 到动系 S' 的变换.

反解上面的变换式, 或者由 S' 系相对 S 系以速度 v 向右匀速运动等同于 S 系相对 S' 系以速度 $-v$ 向右运动, 可得洛伦兹逆变换

$$\begin{cases} x = \dfrac{x' + vt'}{\sqrt{1 - \beta^2}}, \\ y = y', \\ z = z', \\ t = \dfrac{t' + \dfrac{v}{c^2} x'}{\sqrt{1 - \beta^2}}. \end{cases}$$

这是动系 S' 到静系 S 的变换.

与伽利略变换相比, 洛伦兹变换多了两个因子: 收缩性因子 $\sqrt{1 - \beta^2}$, 这引起运动时钟变慢, 运动直尺收缩; 同时性因子 vx/c^2, 这使得时间与位置有关, 导致同时性是相对的.

我们现在解释洛伦兹逆变换的物理意义. S 系的原点到 x 的长度在 S 系中是 x. 在 S' 系中, 此线段以速度 v 向左运动, 运动的直尺收缩, 在 S' 系中测得的长度是 $\sqrt{1-\beta^2}x$, 用 S' 系的坐标表示为 $x'+vt'$. 此即洛伦兹逆变换第一式.

再看洛伦兹逆变换第四式. 当 $x'=0$ 时, 两个惯性系的零时刻相同, $t=t'/\sqrt{1-\beta^2}$, 此即运动时钟变慢的公式. 第二项是同时性因子, 与时钟同步的差异有关. 位于 x' 的时钟, 接收到从原点 O' 发出的光信号的时间间隔, 在两个惯性系中不同. 在 S 系中测得的时间间隔是 $\sqrt{1-\beta^2}x'/(c-v)$. 在 S' 系中测得的时间间隔是 x'/c, 按时钟变慢效应对应于 S 系的时间间隔是 $x'/(c\sqrt{1-\beta^2})$. 两式相减即得同时性因子.

例 13.1　时钟零点的差异.

对于 S' 系的 $t'=0$ 时刻, 在 S 系中除了原点 $x'=0$ 相同外, 其他各点都不相同, 由洛伦兹逆变换可得

$$t=\frac{\frac{v}{c^2}x'}{\sqrt{1-\beta^2}}.$$

原点 O' 前方的点 $x'>0, t-t'>0$, 所以在 S' 系看来, S 系的时钟超前了, 即时钟拨快了; 原点 O' 后面的点 $x'<0, t-t'<0$, 所以在 S' 系看来, S 系的时钟落后了, 即时钟拨慢了. 这里所说的快慢是指时钟的相对差异, 是客观事实, 并不是说校准时钟的操作有误.

例 13.2　运动时钟变慢.

在 S' 系中静止于 x' 的时钟经过时间 $\Delta t'=t'_2-t'_1$, 在 S 系中测得的时间间隔为

$$\Delta t=t_2-t_1=\frac{\Delta t'}{\sqrt{1-\beta^2}}>\Delta t'.$$

由此可见, 在 S' 系中测得在同一个位置相继发生的两个事件的时间间隔为 $\Delta t'$, 则在 S 系中测得的时间间隔为 Δt, 比 $\Delta t'$ 长, 或者说, 相对于 S 系运动的时钟变慢.

反之亦有, 在 S 系中静止于 x 的时钟经过时间 $\Delta t=t_2-t_1$, 在 S' 系中测得的时间间隔为

$$\Delta t'=t'_2-t'_1=\frac{\Delta t}{\sqrt{1-\beta^2}}>\Delta t,$$

可见在 S' 系中运动时钟也变慢. 这就是狭义相对论中的运动时钟变慢.

运动时钟变慢是一个客观事实, 并不是说运动时钟本身有问题了, 任何物理过程皆是如此. 随物体一起运动的时钟测量的时间间隔, 相当于在随物体一起运动的参考系中同一位置相继发生的两个事件的时间间隔, 称为固有时. 显然, 固有时最短. 对某参考系中同一位置发生的两个事件的时间间隔, 不同的观察者测量的时间不同, 都大于固有时. 换言之, 固有时与观察者无关. 因此, 描述物理过程和物理量的变化, 用固

有时是最客观的. 我们再切换到观察者的角度, 运动物体上发生的任何物理过程比起静止物体的同样过程都变慢了. 物体的运动速度越大, 所观察到的它的内部物理过程就进行得越缓慢. 这就是运动时钟变慢效应, 与时钟的具体结构无关.

例 13.3 运动直尺收缩.

在 S 系中两点 x_1 和 x_2 的间距 $l_0 = x_2 - x_1$, 这是静止长度. 在 S' 系中, 此线段以速度 v 向左运动, 在 t' 时刻同时测量两端 x_1' 和 x_2', 可得运动长度

$$x_2' - x_1' = l = l_0\sqrt{1-\beta^2} < l_0.$$

同理可证, 在 S' 系中静止长度 $l_0 = x_2' - x_1'$, 在 S 系看来是以速度 v 向右运动, 同时测量其两端所得运动长度

$$x_2 - x_1 = l = l_0\sqrt{1-\beta^2} < l_0.$$

由此即得, 运动物体沿运动方向的长度缩短了. 与运动时钟变慢效应一样, 运动直尺缩短也是时空的基本属性, 与物体的内部结构无关.

运动时钟变慢和运动直尺缩短是相关的, 且看下面的例子.

例 13.4 在地面接收到的宇宙线中含有许多能量极高的 μ 子, 这些 μ 子是在大气层上部产生的. μ 子是物理性质与电子类似的粒子, 质量是电子质量的 206.768 倍, 主要衰变方式为

$$\mu^- \to e^- + \nu_\mu + \bar{\nu}_e,$$

其中 ν_μ 是 μ 型中微子, $\bar{\nu}_e$ 是电子型反中微子. μ 子静止时的平均寿命为 $\tau_0 = (2.19703 \pm 0.00004) \times 10^{-6}$ s. μ 子在大气层上部产生, 设速度为 $0.998c$, 如果没有运动时钟变慢效应, 这些 μ 子以接近光速运动时只能平均走过 660 m 的距离, 但实际上大部分 μ 子都能穿透大气层到达地面.

由于运动时钟变慢效应, 地面系观测到的运动 μ 子的平均寿命

$$\tau = \frac{\tau_0}{\sqrt{1-\beta^2}} = 3.16 \times 10^{-5} \text{ s},$$

是静止寿命的 15 倍, 在大气中能穿越的距离是 9500 m.

μ 子在较短的固有寿命中能够穿透大气层, 这是客观事实, 但在不同的惯性系中有不同的解释. 在地面参考系看来, μ 子的寿命变长了. 在 μ 子参考系看来, μ 子的寿命没变, 大气层的厚度变薄了.

对同一个物理过程, 在不同的参考系中可以有不同的时空测量结果, 但最后的物理结论应该是一致的.

在 μ 子的另一个实验中, 使 μ 子在磁场中做高速圆周运动, 测得其速率并用运动时钟变慢公式算出其寿命为 26.69×10^{-6} s, 而实验值为 26.37×10^{-6} s. 因此实验完全证实了运动时钟变慢效应, 而且证明了此效应只依赖于速度, 而不依赖于加速度.

例 13.5 同时的相对性.

在一个惯性系中异地同时的两个事件, 在相对此惯性系运动的其他惯性系中不再同时. 考虑两个事件 1 和 2, 它们在两个惯性系 S 和 S' 中的时空坐标分别为 (x_1, t_1), (x_2, t_2); $(x'_1, t'_1), (x'_2, t'_2)$. 根据洛伦兹变换

$$t'_2 - t'_1 = \frac{(t_2 - t_1) - \dfrac{v}{c^2}(x_2 - x_1)}{\sqrt{1 - \beta^2}},$$

若两个事件在惯性系 S 中同时, 即 $t_1 = t_2$, 则在惯性系 S' 中

$$t'_2 - t'_1 = \frac{-\dfrac{v}{c^2}(x_2 - x_1)}{\sqrt{1 - \beta^2}}.$$

由此可见, 当 $x_2 > x_1$ 时, $t'_2 < t'_1$, 事件 2 在事件 1 前面发生; 当 $x_2 < x_1$ 时, $t'_2 > t'_1$, 事件 2 在事件 1 后面发生.

现实中, 有些事件之间有因果关系, 有因必有果, 果必在因之后发生. 同时的相对性是否会破坏这种因果关系呢? 我们先看不破坏因果关系的条件, 即在一个惯性系中异地先后发生的两个事件在任何惯性系中都保持发生的顺序, 需要满足什么条件?

在惯性系 S 中, $t_2 > t_1$, 则

$$t'_2 - t'_1 = \frac{(t_2 - t_1) - \dfrac{v}{c^2}(x_2 - x_1)}{\sqrt{1 - \beta^2}} = \frac{(t_2 - t_1)}{\sqrt{1 - \beta^2}}\left(1 - \frac{v}{c^2}\frac{x_2 - x_1}{t_2 - t_1}\right).$$

若

$$\frac{x_2 - x_1}{t_2 - t_1} \leqslant c,$$

则

$$t'_2 - t'_1 \geqslant \frac{(t_2 - t_1)}{\sqrt{1 - \beta^2}}\left(1 - \frac{v}{c}\right) > 0.$$

由此可知, 若两个事件相互作用的传播速度不大于光速, 则在任何惯性系中事件先后发生的顺序都保持不变. 若这两个事件之间有因果关系, 只要它们相互作用的传播速度不大于光速, 则在任何其他惯性系中因果先后的顺序都保持不变, 因而不会破坏因果关系.

两个事件的时空间隔定义为

$$s^2 = (x_2 - x_1)^2 + (y_2 - y_1)^2 + (z_2 - z_1)^2 - c^2(t_2 - t_1)^2 = r^2 - c^2\Delta t^2.$$

与欧氏空间的空间间隔, 即两个空间点的距离不同, 时空间隔可以为负. 用洛伦兹变换可以证明, 从一个惯性系到另一个惯性系, 时空间隔保持不变. 时空间隔具有与观察者无关的绝对性.

爱因斯坦在《相对论的意义》中写道: "某个事件发生的空间上的点和时间上的时刻都不具有物理实在, 只有事件本身才具有物理实在. 两个事件之间, 在空间上没有绝对 (与参考空间的选择有关) 的关系, 在时间上也没有绝对的关系, 但是却有绝对 (与参考空间无关) 的空间和时间关系."

若两个事件用光速联系, 即从一个时空点发光, 在另一个时空点接收光, 则时空间隔为零, 这是光速不变原理的体现.

根据时空间隔的取值, 将其分为三类:

(1) 类空间隔: $s^2 > 0$.

我们总可以找到这样一个惯性系, 使得 $r^2 > 0$, 且 $c^2\Delta t^2 = 0$, 事件在其中是同时发生的. 对于类空间隔, 由于 $s^2 > 0$, 必有 $r^2 > 0$, 否则不能为类空间隔, 因而不存在这样的惯性系, 事件发生在空间同一点. 类空间隔的事件顺序甚至可以颠倒, 比如在一个惯性系中异地同时的两个事件. 类空间隔的两个事件若是有联系的, 信息传播的速度必须大于光速, 因此两个事件不可能有因果关系, 发生的顺序是否颠倒也就无所谓.

(2) 类时间隔: $s^2 < 0$.

我们总可以找到这样一个惯性系, 使得两个事件发生在空间同一点, 即 $r^2 = 0$, 但是不存在这样的惯性系, 它们同时发生, 更不用说顺序颠倒了. 由于联系两个事件的速度小于光速, 类时间隔的两个事件可以有因果关系, 发生的顺序是不可能颠倒的.

(3) 类光间隔: $s^2 = 0$.

事件对应于光信号的发射和接收, 因果关系是通过光的相互影响建立的.

例 13.6 光锥.

为了看清楚时空间隔分类的几何意义, 我们的讨论限于二维空间和一维时间, 事件用三维时空的一个点表示, 如图 13.9 所示. 事件在 x-y 平面上的投影表示事件发生的地点, 在时间轴上的坐标表示事件发生的时刻乘以 c.

与事件 O 的时空间隔为零的其他事件都在以 O 为顶点的锥面上, 它们与 O 点用光波联系, 这个锥面称为光锥.

光锥内的事件与 O 点的时空间隔都小于零, 是类时间隔. 类时区域还可以再分为两部分. O 点表示现在, 上面光锥内的事件都在 O 事件之后发生, 这是绝对的, 不因惯性系而变, 是绝对未来, 例如 A 事件总是在 O 事件之后发生; 下面光锥内的事件都在 O 事件之前发生, 在任何惯性系观测都是如此, 是绝对过去.

光锥外的事件, 例如 B 事件, 与 O 事件绝无联系, 不可能有因果关系, 发生的顺序可颠倒, 与所在的惯性系有关.

综上所述, 与 O 事件有因果关系的其他事件都在光锥之内 (含锥面), 光锥之外的任何事件与事件 O 没有任何因果关系.

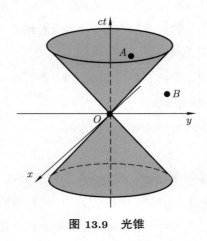

图 13.9　光锥

例 13.7　惯性系 S 中三艘已处于匀速直线运动状态的飞船 $1, 2, 3$, 各自的速度大小同为 v, 航向如图 13.10 所示. 某时刻三艘飞船 "相聚" 于 S 系的 O 点, 此时各自时钟都校准在零点. 飞船 1 到达图中与 O 点相距 l 的 P 处时, 发出两束无线电信号, 而后分别被飞船 2, 3 接收到.

(1) 在飞船 1 中确定发射信号的时刻 t_1;

(2) 在飞船 2 中确定接收信号的时刻 t_2;

(3) 在飞船 3 中确定接收信号的时刻 t_3.

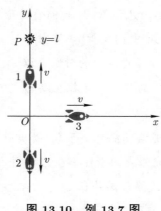

图 13.10　例 13.7 图

解 (1) 在飞船 1 参考系中, S 系相对运动速度为 v, OP 距离为

$$l_{\text{动}} = \sqrt{1 - \beta^2}\, l.$$

P 点与飞船 1 相遇的时刻

$$t_1 = \frac{l_{\text{动}}}{v} = \sqrt{1 - \beta^2}\frac{l}{v}.$$

或者, 在 S 系中, 飞船 1 出发和发信号两个事件的时间间隔

$$t_{S1} = \frac{l}{v}.$$

在飞船 1 的静止时钟测量的时间间隔, 即在飞船 1 中确定的发射信号的时刻

$$t_1 = \sqrt{1 - \beta^2}\, t_{S1} = \sqrt{1 - \beta^2}\frac{l}{v}.$$

(2) 在 S 系中, 飞船 2 出发和接收信号两个事件的时间间隔

$$t_{S2} = \frac{l}{v} + \frac{2l}{c - v} = \frac{1 + \beta}{1 - \beta}\frac{l}{v}.$$

在飞船 2 的静止时钟测量的时间间隔, 即在飞船 2 中确定的接收信号的时刻

$$t_2 = \sqrt{1 - \beta^2}\, t_{S2} = \sqrt{1 - \beta^2}\frac{1 + \beta}{1 - \beta}\frac{l}{v}.$$

(3) 在 S 系中, 飞船 1 发出信号到飞船 3 接收信号的时间间隔 Δt 满足

$$(c\Delta t)^2 = l^2 + (l + v\Delta t)^2,$$
$$\Delta t = \frac{\sqrt{2 - \beta^2} + \beta}{1 - \beta^2}\frac{l}{c}.$$

在 S 系中, 飞船 3 接收信号的时间

$$t_{S3} = \frac{l}{v} + \Delta t.$$

在飞船 3 的静止时钟测量的时间间隔, 即在飞船 3 中确定的接收信号的时刻

$$t_3 = \sqrt{1 - \beta^2}\, t_{S3} = \sqrt{1 - \beta^2}\left(\frac{1}{\beta} + \frac{\sqrt{2 - \beta^2} + \beta}{1 - \beta^2}\right)\frac{l}{c}.$$

13.2.3 多普勒效应

机械波在弹性介质中传播时, 若接收器相对介质运动, 则波相对接收器的传播速度会发生改变, 而若波源相对介质运动, 则会改变机械波的波长. 这些都会产生多普勒效应. 两种多普勒效应的一级 (接收器或波源速度与波速之比) 部分相同, 更小的二级部分有差异, 因而可用多普勒效应区分是波源运动还是接收器运动.

与机械波不同, 真空中光的传播速度在任何惯性系中都保持不变. 设光源相对接收器的运动速度为 v, 接收器所在的参考系为 S 系, 在光源上建立 S' 参考系, 如图 13.11 所示. 在参考系 S' 中, 光的频率和周期分别为 ν_0 和 T_0.

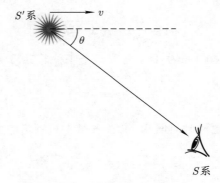

图 13.11 运动光源

在参考系 S 中, 光源的时钟变慢:

$$T = \frac{T_0}{\sqrt{1-\beta^2}}.$$

观测到的波长因光源的运动而改变:

$$\lambda = cT - (v\cos\theta)T.$$

因此, 接收器测得的频率

$$\nu = \frac{c}{\lambda} = \frac{\sqrt{1-\beta^2}}{1-\beta\cos\theta}\nu_0.$$

我们分三种情形讨论.

(1) 当 $\theta = 0$ 时, 光源靠近接收器, 频率变大, 称为蓝移, 这是一级多普勒效应:

$$\nu = \sqrt{\frac{1+\beta}{1-\beta}}\nu_0.$$

(2) 当 $\theta = \pi$ 时, 光源远离接收器, 频率变小, 称为红移, 这是一级多普勒效应:

$$\nu = \sqrt{\frac{1-\beta}{1+\beta}}\nu_0.$$

(3) 当 $\theta = \pm\pi/2$ 时, 光源横向运动, 频率变小, 这是纯相对论效应, 无经典对应, 属于二级多普勒效应:

$$\nu = \sqrt{1-\beta^2}\nu_0.$$

机械波和光的多普勒效应对比: 机械波需要考虑接收器的速度, 没有动钟变慢效应, 可以区分波源和接收器的运动, 无横向多普勒效应; 光相对接收器的速度相同, 不需要考虑接收器的速度, 然而有动钟变慢效应, 有横向多普勒效应.

例 13.8　用多普勒效应测速、测距.

从地球的一个参考点, 多普勒效应可用于追踪一个运动的物体, 比如一个卫星. 虽然它已被全球定位系统 (GPS) 或北斗导航系统所取代, 但这个方法却有惊人的准确性: 10^8 m 远的卫星位置的变化可以确定到零点几厘米.

考虑离地面站距离为 r、以速度 $\boldsymbol{v}$ 运动的一个卫星, 如图 13.12 所示. 卫星上的振荡器以频率 ν_0 广播信号. 对于卫星, $v \ll c$, 可对光的多普勒效应公式取近似, 只保留 v/c 阶的项. 地面站接收到的频率 ν_{D} 可写为

$$\nu_{\mathrm{D}} \approx \frac{\nu_0}{1 - (v/c)\cos\theta} \approx \nu_0 \left(1 + \frac{v}{c}\cos\theta\right).$$

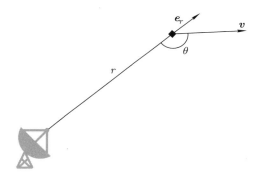

图 13.12　对卫星的观测

地面站里有一个与卫星上相同的振荡器. 静止时, 两个振荡器以相同的频率 ν_0 运行, 相应的波长 $\lambda_0 = c/\nu_0$. 卫星运动时, 其中振荡器的频率是不同的, 通过简单的电子方法可以测量差频 ("拍" 频)$\nu_{\mathrm{D}} - \nu_0$:

$$\nu_{\mathrm{D}} - \nu_0 = \nu_0 \frac{v}{c}\cos\theta.$$

卫星的径向速度是

$$v_r = \frac{\mathrm{d}r}{\mathrm{d}t} = \boldsymbol{e}_r \cdot \boldsymbol{v} = -v\cos\theta,$$

因此

$$v_r = -\lambda_0(\nu_{\mathrm{D}} - \nu_0).$$

当卫星的速度和方向变化时, ν_{D} 随时间变化. 为确定卫星在时间 T_a 和 T_b 之间运

行的总径向距离, 我们把上面的表达式对时间积分, 有

$$r_b - r_a = \int_{T_a}^{T_b} v_r \mathrm{d}t = -\lambda_0 \int_{T_a}^{T_b} (\nu_{\mathrm{D}} - \nu_0)\mathrm{d}t.$$

卫星通信系统工作的典型波长为 10 cm, 拍信号可测量到零点几个周期, 所以卫星可追踪到大约 1 cm 的距离改变. 若卫星和地基的振荡器并未调到相同频率 ν_0, 拍频中就会有误差. 为避免这个问题, 可采用双路多普勒追踪系统, 信号从地面传到卫星, 放大后再传回地面. 这具有双倍多普勒频移的额外优势, 分辨率增大一个 2 的因子.

我们概述了经典情形 $(v \ll c)$ 下用多普勒效应测速、测距的原理. 对于某些更高精度的追踪应用, 必须进一步考虑相对论效应.

例 13.9 脉冲多普勒雷达.

脉冲多普勒雷达的工作原理如下: 当雷达发射具有固定频率的脉冲波对空扫描时, 如遇到活动目标, 回波的频率与发射波的频率会出现频率差. 根据回波频率的大小, 可测出目标对雷达的径向相对运动速度; 根据发射脉冲和接收的时间差, 可以测出目标的距离.

脉冲多普勒雷达广泛用于机载预警、导航、导弹制导、卫星跟踪、战场侦察、靶场测量等方面, 成为重要的军事装备. 此外, 这种雷达还用于气象观测, 对气象回波进行分析, 可获得不同高度大气层中各种空气湍流运动的分布情况, 例如龙卷风的内部状态.

另一个常用的设备是雷达测速仪, 测速仪发射的微波信号被迎面而来的汽车反射, 由反射信号的频率可确定汽车的速率.

13.2.4 速度变换

由洛伦兹变换可以导出相对论的速度变换公式. S 和 S' 系的速度分别定义为

$$\boldsymbol{u}: \quad u_x = \frac{\mathrm{d}x}{\mathrm{d}t}, \quad u_y = \frac{\mathrm{d}y}{\mathrm{d}t}, \quad u_z = \frac{\mathrm{d}z}{\mathrm{d}t},$$
$$\boldsymbol{u}': \quad u_x' = \frac{\mathrm{d}x'}{\mathrm{d}t'}, \quad u_y' = \frac{\mathrm{d}y'}{\mathrm{d}t'}, \quad u_z' = \frac{\mathrm{d}z'}{\mathrm{d}t'}.$$

对洛伦兹变换公式的两边取微分, 有

$$\begin{cases} \mathrm{d}x' = \dfrac{\mathrm{d}x - v\mathrm{d}t}{\sqrt{1-\beta^2}}, \\ \mathrm{d}y' = \mathrm{d}y, \\ \mathrm{d}z' = \mathrm{d}z, \\ \mathrm{d}t' = \dfrac{\mathrm{d}t - \dfrac{v}{c^2}\mathrm{d}x}{\sqrt{1-\beta^2}}. \end{cases}$$

代入 S' 系和 S 系的速度定义式, 即得相对论的速度变换:

$$\begin{cases} u'_x = \dfrac{u_x - v}{1 - \dfrac{v}{c^2} u_x}, \\[3mm] u'_y = \dfrac{u_y \sqrt{1 - \beta^2}}{1 - \dfrac{v}{c^2} u_x}, \\[3mm] u'_z = \dfrac{u_z \sqrt{1 - \beta^2}}{1 - \dfrac{v}{c^2} u_x}. \end{cases}$$

逆变换为

$$\begin{cases} u_x = \dfrac{u'_x + v}{1 + \dfrac{v}{c^2} u'_x}, \\[3mm] u_y = \dfrac{u'_y \sqrt{1 - \beta^2}}{1 + \dfrac{v}{c^2} u'_x}, \\[3mm] u_z = \dfrac{u'_z \sqrt{1 - \beta^2}}{1 + \dfrac{v}{c^2} u'_x}. \end{cases}$$

显然, 伽利略变换下的速度变换在狭义相对论中不再成立, 绝对时空观的相对运动公式不能照搬到相对论里, 必须采用相对论的速度变换. 先看几个典型的反例.

物体在一个惯性系中的速度小于光速, 则在任何惯性系中它的速度都小于光速. 在 S 系中物体的速度 $u_x^2 + u_y^2 + u_z^2 < c^2$, 由速度变换公式可得在 S' 系中物体的速度

$$\begin{aligned} u_x'^2 + u_y'^2 + u_z'^2 &= \frac{(u_x - v)^2 + (u_y^2 + u_z^2)(1 - \beta^2)}{(1 - \dfrac{v}{c^2} u_x)^2} \\ &= \frac{(u_x^2 + u_y^2 + u_z^2)c^2 - 2vu_xc^2 + v^2c^2 - (u_y^2 + u_z^2)v^2}{(c^2 - vu_x)^2} c^2 \\ &= c^2 - \frac{(c^2 - v^2)(c^2 - (u_x^2 + u_y^2 + u_z^2))}{(c^2 - vu_x)^2} < c^2. \end{aligned}$$

所以, 运动速度小于光速的物体, 在任何惯性系中其速度都小于光速.

反之, 若 $u_x^2 + u_y^2 + u_z^2 = c^2$, 则 $u_x'^2 + u_y'^2 + u_z'^2 = c^2$. 因此, 运动速度等于光速的物体, 在任何惯性系中其速度都等于光速, 这就是光速不变原理. 后面我们会看到, 一般物体的速度永远不可能达到光速, 除非它是无质量的.

例 13.10 匀速运动介质中的光速.

解 设介质沿 x 轴方向以速度 v 运动, S' 系随介质一起运动. 在 S' 系观察, 介质中的光速沿各方向都等于 c/n, 其中 n 为折射率. 由速度逆变换公式可得沿介质运动

方向的光速

$$u_x = \frac{\dfrac{c}{n} + v}{1 + \dfrac{v}{c^2}\dfrac{c}{n}}.$$

若 $v \ll c$, 有

$$u_x \approx \frac{c}{n} + \left(1 - \frac{1}{n^2}\right)v.$$

逆介质运动方向传播的光速为

$$u_x = \frac{-\dfrac{c}{n} + v}{1 - \dfrac{v}{c^2}\dfrac{c}{n}} \approx -\frac{c}{n} + \left(1 - \frac{1}{n^2}\right)v.$$

沿其他方向传播的光速也可以用类似方法求出. 上面两式已经被菲佐 (Fizeau) 水流实验所证实. 在爱因斯坦的狭义相对论提出以前, 其他理论也能解释菲佐实验, 但爱因斯坦的公式对速度 v 没有限制, v 较大时高阶项的差异将把相对论与其他理论区分开来, 凸显相对论的正确性.

13.2.5 加速度变换

在参考系 S' 中, 加速度定义为

$$a_x' = \frac{\mathrm{d}u_x'}{\mathrm{d}t'}, \quad a_y' = \frac{\mathrm{d}u_y'}{\mathrm{d}t'}, \quad a_z' = \frac{\mathrm{d}u_z'}{\mathrm{d}t'}.$$

与速度变换的推导类似, 可得相对论加速度变换关系

$$\begin{cases} a_x' = \dfrac{(1-\beta^2)^{3/2}}{\left(1 - \dfrac{v}{c^2}u_x\right)^3} a_x, \\[4mm] a_y' = \dfrac{1-\beta^2}{\left(1 - \dfrac{v}{c^2}u_x\right)^2} a_y + \dfrac{(1-\beta^2)\dfrac{v}{c^2}u_y}{\left(1 - \dfrac{v}{c^2}u_x\right)^3} a_x, \\[4mm] a_z' = \dfrac{1-\beta^2}{\left(1 - \dfrac{v}{c^2}u_x\right)^2} a_z + \dfrac{(1-\beta^2)\dfrac{v}{c^2}u_z}{\left(1 - \dfrac{v}{c^2}u_x\right)^3} a_x. \end{cases}$$

相对论加速度逆变换为

$$\begin{cases} a_x = \dfrac{(1-\beta^2)^{3/2}}{\left(1 + \dfrac{v}{c^2}u_x'\right)^3} a_x', \\[4mm] a_y = \dfrac{1-\beta^2}{\left(1 + \dfrac{v}{c^2}u_x'\right)^2} a_y' - \dfrac{(1-\beta^2)\dfrac{v}{c^2}u_y'}{\left(1 + \dfrac{v}{c^2}u_x'\right)^3} a_x', \\[4mm] a_z = \dfrac{1-\beta^2}{\left(1 + \dfrac{v}{c^2}u_x'\right)^2} a_z' - \dfrac{(1-\beta^2)\dfrac{v}{c^2}u_z'}{\left(1 + \dfrac{v}{c^2}u_x'\right)^3} a_x'. \end{cases}$$

相对论中, 加速度只有在为零时才是惯性系间不变的:

$$\boldsymbol{a'} = 0 \Leftrightarrow \boldsymbol{a} = 0.$$

在 $\boldsymbol{a'} \neq 0$ 时, 加速度变换有三个特征:

(1) 一般情况下, $\boldsymbol{a'} \neq \boldsymbol{a}$;

(2) 加速度的变换与速度有关;

(3) 加速度分量之间存在交叉变换关系.

这些特征完全不同于绝对时空观的加速度变换, 预示着经典力学需要修正, 而且还可以看出, 沿着我们熟悉的力和加速度这条老路走向近代物理越来越艰难, 这也呼唤着相对论力学的诞生.

§13.3 相对论力学

在狭义相对论时空中, 新的运动学关系涌现了. 从一个惯性系变换到另一个惯性系, 经典的速度合成不再成立, 加速度也不再是不变量了, 很自然我们期待出现新的动力学规律. 根据狭义相对论的要求, 对牛顿的动量和能量概念调整时, 我们要确保孤立系统的动量和能量守恒, 这个原则经常用于拓展物理学的前沿. 调整守恒定律, 使它们在新的情形下依然成立, 由此可以将原来熟悉的概念拓展, 也可以发现新概念. 守恒定律成为我们探索自然的指路明灯.

13.3.1 质量

质量在经典力学中是一个不变量, 有质量守恒定律. 在狭义相对论中, 质量有可能随速度变化. 对孤立的质点或系统来说, 空间是各向同性的. 质点的质量只能依赖于速度的大小, 与方向无关. 物体静止时的质量记为 m_0, 运动时的质量记为 m, 依赖于速度的大小. 利用动量守恒定律, 我们来证明孤立系统的质量仍然守恒.

设 S' 系相对 S 系以速度 v 向右匀速运动. 在 S' 系中有两个质点 1 和 2 沿着 y' 方向以任意的速度相向运动, 发生完全非弹性碰撞, 形成一个复合体, 如图 13.13 所示. 在 S 系中观察这个碰撞过程, 根据速度变换公式, 碰撞前后它们在 x 方向都有共同的速度 v. 在碰撞前后, 系统在 x 方向动量守恒:

$$m_1 v + m_2 v = M v,$$

其中 M 是碰后复合体的质量. 由此即得

$$m_1 + m_2 = M.$$

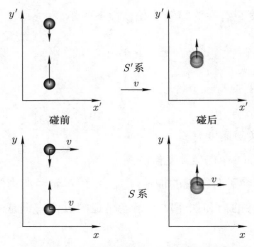

图 13.13 两个质点的完全非弹性碰撞

由于两个质点 y 方向的速度任意, 此式即一般情形下的质量守恒定律.

再考虑两个相同的质点沿着 x' 方向以相等的速率 u' 相向运动, 碰后形成一个静止的复合体, 如图 13.14 所示. S' 系相对 S 系以速度 $v = u'$ 向右匀速运动, 在 S 系中, 各质点的速度是

$$u_1 = \frac{u' + u'}{1 + \dfrac{u'}{c^2}u'} = \frac{2u'}{1 + \dfrac{u'^2}{c^2}}, \quad u_2 = \frac{-u' + u'}{1 + \dfrac{u'}{c^2}u'} = 0, \quad u = \frac{u'_x + u'}{1 + \dfrac{u'}{c^2}u'_x} = \frac{0 + u'}{1 + \dfrac{u'}{c^2} \times 0} = u'.$$

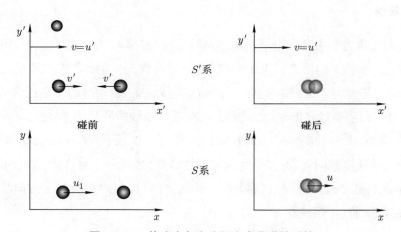

图 13.14 从速度角度分析完全非弹性碰撞

动量和质量守恒的方程为

$$\begin{cases} mu_1 = Mu, \\ m + m_0 = M. \end{cases}$$

用 u_1 表示 u', 并略去大于光速的解, 最后可得

$$m = \frac{m_0}{\sqrt{1 - \dfrac{u_1^2}{c^2}}}.$$

设静质量为 m_0 的质点在 S 系中以速度 v 运动, 其运动质量

$$m = \frac{m_0}{\sqrt{1 - \dfrac{v^2}{c^2}}}.$$

运动质量随速度 v 的变化曲线如图 13.15 所示. 我们可以设想, 当一个恒力作用在质点上, 随着质点速度趋近于光速, 它的质量越来越大, 而速度几乎不再增加. 力所做的功主要转化为质量的增加, 因此, 质量一定与能量密切相关.

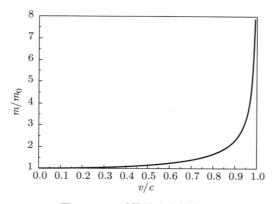

图 13.15　质量随速度的变化

13.3.2　相对论运动方程

相对论动量仍然定义为质量 × 速度, 即

$$\boldsymbol{p} = m\boldsymbol{v},$$

其中 m 是运动质量, 随速度而变化. 相对论运动方程仍然按照牛顿《自然哲学的数学原理》中第二运动定律的形式:

$$\frac{\mathrm{d}\boldsymbol{p}}{\mathrm{d}t} = \boldsymbol{F}.$$

此即相对论力学的基本方程, 其正确性还需要实验的验证. 动量定理依然如旧:

$$\boldsymbol{F}\mathrm{d}t = \mathrm{d}\boldsymbol{p}.$$

我们依然认可力所做的功等于动能的增量, 动能定理依旧定义为

$$\boldsymbol{F} \cdot \mathrm{d}\boldsymbol{r} = \mathrm{d}E_{\mathrm{k}},$$

其中 E_k 的表达式待定.

现在我们推导动能的表达式. 设质点自静止开始受到一个方向不变的作用力, 位移方向始终与外力方向一致, 质点动能的增量即为末态的动能:

$$E_k = \int_0^v \boldsymbol{F} \cdot \mathrm{d}\boldsymbol{r} = \int_0^v F \mathrm{d}r = \int_0^v \frac{\mathrm{d}}{\mathrm{d}t}\left(\frac{m_0 v}{\sqrt{1-\beta^2}}\right)v\mathrm{d}t = \int_0^v v\mathrm{d}\left(\frac{m_0 v}{\sqrt{1-\beta^2}}\right).$$

积分得到最后的结果:

$$E_k = mc^2 - m_0 c^2.$$

此即相对论质点动能, 这个动能表达式一点也不像它的经典动能关系, 然而, 当 $v \ll c$ 时,

$$\frac{1}{\sqrt{1-\beta^2}} \approx 1 + \frac{v^2}{2c^2}.$$

此时,

$$E_k \approx \frac{1}{2}m_0 v^2,$$

趋近于经典力学的动能公式. 相对论动能与非相对论动能的比较如图 13.16 所示. 低速时, 两者一致; 高速时, 差异明显, 相对论动能的增加主要转化为质量的增加.

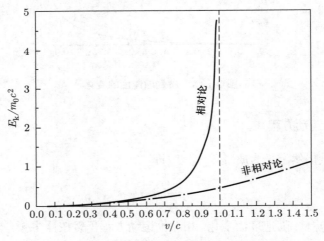

图 13.16 相对论动能与非相对论动能的比较

重新整理动能公式, 可得

$$mc^2 = E_k + m_0 c^2.$$

爱因斯坦对这个结果提出一个大胆解释: mc^2 是质点的总能. 右边第一项来自外力所做的功, 第二项 $m_0 c^2$ 表示质点凭借质量而具有的 "静" 能. 总之, $E = mc^2$. 因此, 若能量 ΔE 加到质点里, 它的质量会增加 $\Delta m = \Delta E/c^2$, 而与能量的形式无关. ΔE 可以

是机械功、热能、光的吸收, 或其他任何形式的能量. 在狭义相对论中, 机械能和其他形式的能量之间的差别消失了. 相对论平等地处理所有形式的能量. 而经典物理则相反, 每种形式的能量必须当作特例来处理. 经典物理中两个独立的守恒定律: 质量守恒定律和能量守恒定律, 在相对论中统一为质能守恒定律. 一定的质量 m 对应一定的能量 mc^2; 一定的能量 E 对应一定的质量 E/c^2. 重要的是要认识到, 爱因斯坦的这一推广远超经典的机械能守恒定律.

总能量 $E = mc^2$ 守恒是狭义相对论理论体系的结果. 下一节我们将要证明, 能量守恒定律和动量守恒定律实际上是一个更普遍的守恒定律的不同方面.

例 13.11 质量亏损.

早在二十世纪二十年代, 人们用质谱仪测定各种核同位素的质量时, 就发现了一个普遍的现象 —— 质量亏损: 各种原子核的质量都小于组成该核的相同数目的核子 (质子和中子) 的质量. 原子核的质量亏损与核子的结合能直接相关, 不同核子数的平均结合能 —— 比结合能如图 13.17 所示. 中等质量的原子核的比结合能最大, 较重和较轻原子核的比结合能较小, 特别是较轻原子核的比结合能明显小得多. 这样我们就有两种方式获得能量: 重核裂变和轻核聚变.

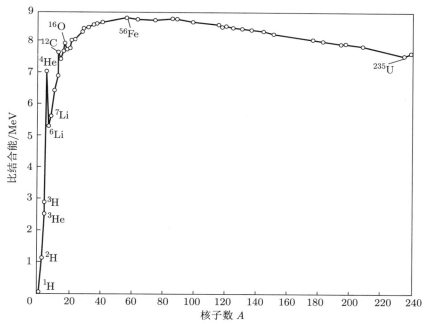

图 13.17 不同核子数的比结合能

原子弹爆炸属于重核裂变. 例如, 一个慢中子打击 $^{235}_{92}U$, 形成复核 $^{236}_{92}U$, 然后裂变为两个中等质量的核素, 并释放中子和能量:

$$\text{n} + {}^{235}_{92}\text{U} \to {}^{236}_{92}\text{U} \to {}^{140}_{54}\text{Xe} + {}^{94}_{38}\text{Sr} + 2\text{n} + 180 \text{ MeV}.$$

一次核裂变放出的能量是180 MeV, 不算很多, 但是 1 kg 的 ^{235}U 核裂变, 可释放能量 8×10^{13} J, 相当于燃烧 27000 吨优质煤.

核聚变释放的能量更多. 例如, 太阳内部发生的聚变反应之一是

$$ {}^2_1\text{H} + {}^3_1\text{H} \to {}^4_2\text{He} + \text{n} + 17.6 \text{ MeV}. $$

单位质量氘核聚变所释放的能量是单位质量 $^{235}_{92}\text{U}$ 裂变所释放能量的 4 倍左右. 聚变反应是恒星向外发射巨大能量的来源. 可以说, 恒星燃烧自己, 照亮世界!

为找到能量和动量的关系, 对运动质量公式两边平方, 有

$$ m^2 = \frac{m_0^2}{1 - \dfrac{v^2}{c^2}}. $$

整理得到

$$ m^2 c^4 = m^2 v^2 c^2 + m_0^2 c^4. $$

用能量和动量表示, 即得能量动量关系

$$ E^2 = p^2 c^2 + m_0^2 c^4. $$

这可用动质能三角形表示, 如图 13.18 所示. 这是一个直角三角形, 底边是与惯性系无关的静质能 $m_0 c^2$, 斜边是总能量 E, 它随正比于动量的高 pc 的增大而增大. 在 $v \to c$ 的极端情形下, $E \approx pc$, 这属于极端相对论情形.

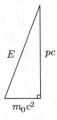

图 13.18　动质能三角形

光子没有静质量, 因而没有静质能, 也就没有静止状态, 一旦闪现, 即达光速. 由能量动量关系 $E = pc$, 得

$$ p = \frac{E}{c} = mc. $$

光子没有静质量, 但是有运动质量 m, 在万有引力场中会受到引力作用. 仔细琢磨光子, 会进一步深化我们对质量、动量、能量和角动量的认识.

例 13.12 静质量为 m_0 的质点静止于 $x=0$ 点, 从 $t=0$ 时开始在一个沿 x 轴方向的恒力 F 作用下运动. 试求

(1) 质点速度 u 和加速度 a 随位置 x 的变化关系,

(2) 质点速度 u 和加速度 a 及位置 x 随时间 t 的变化关系.

解 我们考虑经典力学中在恒力作用下的匀加速运动所对应的相对论情形.

(1) 由动能定理有

$$Fx = \frac{m_0 c^2}{\sqrt{1-u^2/c^2}} - m_0 c^2.$$

引入常量 $\alpha = \dfrac{F}{m_0 c^2}$, 由前面动能定理的公式可得

$$u = \frac{\sqrt{\alpha x(2+\alpha x)}}{1+\alpha x}c.$$

两边对时间求导, 可得加速度

$$a = \alpha c^2 (1+\alpha x)^{-3}.$$

(2) 由动量定理有

$$Ft = \frac{m_0 u}{\sqrt{1-u^2/c^2}}.$$

由此可得

$$u = \frac{\alpha c^2 t}{\sqrt{1+\alpha^2 c^2 t^2}}.$$

显然有 $\lim\limits_{t\to\infty} u = c.$

在速度公式两边对时间求导, 得

$$a = \frac{\alpha c^2}{(1+\alpha^2 c^2 t^2)^{3/2}}.$$

显然有 $\lim\limits_{t\to\infty} a = 0.$ 这个结论很容易理解, 在加速过程中, 质量越来越大, 加速度便趋于零.

联立 a 与 x 的关系, 可得

$$x = \frac{1}{\alpha}(\sqrt{1+\alpha^2 c^2 t^2} - 1).$$

如果 $\alpha^2 c^2 t^2 \ll 1$, 则有

$$x = \frac{1}{2}\alpha c^2 t^2 = \frac{1}{2}\frac{F}{m_0}t^2.$$

这就回到了经典力学的匀加速运动情形.

例 13.13   质点 A, B 静质量同为 m_0, 今使 B 在惯性系 S 中静止, A 则以 $3c/5$ 的速度对准 B 运动. 若 A, B 碰撞过程中无能量释放, 且碰后粘连在一起, 试求碰后相对 S 系的运动速度 v 及系统动能减少量.

解   碰前 A 的质量

$$m_A = \frac{m_0}{\sqrt{1-\beta^2}} = \frac{5}{4} m_0.$$

由于无能量损失, 质量守恒, 碰后质量

$$M = m_A + m_B = \frac{9}{4} m_0.$$

碰撞过程中动量守恒:

$$m_A \frac{3c}{5} = Mv.$$

由此得 $v = \frac{1}{3} c$, 碰后复合体的静质量

$$M_0 = \sqrt{1 - \frac{v^2}{c^2}} M = \frac{3}{2} \sqrt{2} m_0.$$

系统动能的减少量等于静能的增加量:

$$-\Delta E_k = M_0 c^2 - 2 m_0 c^2 = \left(\frac{3\sqrt{2}}{2} - 2 \right) m_0 c^2.$$

在相对论中, 一切物理过程都是能量守恒的. 若找到一个能量不守恒的过程, 仔细分析, 一定会在其中发现新物质或新粒子, 这是物理学家梦寐以求的机遇!

例 13.14   中微子的发现.

1896 年 3 月, 贝克勒尔 (Becquerel) 首先发现了铀的放射现象, 这是我们认识原子核的开始. 在量子世界, 束缚态的能量都是量子化的能级, 能量的吸收和发射是不连续的, 每个原子都有自己独特的发射和吸收谱线, 称为特征谱线. 不仅原子的光谱是不连续的, 而且原子核中放出的 α 射线和 γ 射线的能谱也是不连续的, 这是原子核在不同能级间跃迁时释放的, 符合量子世界的规律. 奇怪的是, 物质在 β 衰变过程中释放出的由电子组成的 β 射线的能谱却是连续的, 而且电子只带走了总能量的一部分, 还有一部分能量失踪了. 哥本哈根学派领袖玻尔 (Bohr) 据此认为, β 衰变过程中能量守恒定律失效, 但是他很快就后悔提出了这个观点.

1930 年, 物理学家泡利指出: "只有假定在 β 衰变过程中, 伴随每一个电子有一个轻的中性粒子 (后来称为中微子) 一起被发射出来, 使该中性粒子和电子的能量之和为常数, 才能解释连续 β 谱." 这种粒子与物质的相互作用极弱, 以至于仪器很难探测到. 未知粒子、电子和反冲核的能量总和是一个确定值, 能量守恒仍然成立, 只是这种未知粒子与电子之间的能量分配比例可以变化而已.

β 衰变可以一般地表示为

$$_{Z}^{A}X \rightarrow _{Z+1}^{A}Y + e^- + \bar{\nu}_e.$$

衰变能

$$Q_\beta = M_X c^2 - M_Y c^2,$$

即母核原子与子核原子的静能之差. 当衰变产物只有两个时, 它们的能量由动量守恒定律可完全确定. 当衰变产物有三个时, 它们的能量可以任意分配, 因此是连续分布的. 从释放粒子的能谱是否连续, 可判断产物是两个还是多个, 这是近代核物理和粒子物理常用的实验方法之一. 衰变能应在电子、中微子和子核之间进行分配:

$$Q_\beta = E_e + E_\nu + E_r.$$

因此, 任意的分配均不违反动量守恒定律. 由于电子质量远远小于核的质量, 子核的反冲能 $E_r \approx 0$, 因而衰变能主要在电子和中微子之间分配.

1933 年, 意大利物理学家费米 (Fermi) 提出了 β 衰变的定量理论, 指出自然界中除了已知的引力和电磁力以外, 还有第三种相互作用 —— 弱相互作用. β 衰变就是核内一个中子通过弱相互作用衰变成一个电子、一个质子和一个中微子的过程. 他的理论定量地描述了 β 射线能谱连续和 β 衰变半衰期的规律, β 能谱连续之谜终于解开了.

由于中微子既不带电, 又几乎无质量, 在实验中极难观测. 直到 26 年之后的 1956 年, 人们才首次在实验中找到中微子. 中微子以接近光速运动, 与其他物质的相互作用十分微弱, 号称宇宙间的 "隐身人". 太阳体内有弱相互作用参与的核反应, 每秒会产生 10^{38} 数量级的中微子, 畅通无阻地从太阳流向太空. 每秒会有 1000 万亿个来自太阳的中微子穿过每个人的身体, 甚至在夜晚, 太阳位于地球另一边时也依然如此.

§13.4 四 维 时 空

洛伦兹变换带来一个全新的时空观, 站在时空变换的高度, 考察物理量和物理定律的变换性质, 对过去熟悉的分散的规律就获得了一个统一的认识, 从而可以发现规律的规律, 并确定新的规律必须遵循的原则.

13.4.1 四矢量

我们从力学的三个基本量 —— 长度、时间和质量开始分析.

我们先看二维空间的一个转动. 平面直角坐标系绕原点转动一个角度, 如图 13.19 所示. 矢量 $\overrightarrow{OP}$ 的分量在两个坐标系中是不同的, 满足与转动角度有关的变换关系, 但是其长度保持不变. 这类变换称为正交变换. 平面直角坐标系转动属于正交变换, 三维空间的转动也有相同性质, 它们都可以保持空间任意两点的间距不变.

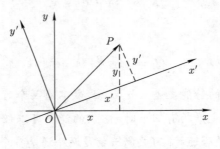

图 13.19 二维空间的转动

对于绝对时空观, 在伽利略变换中, 时间的变换与空间无关, 绝对时空可以分成三维的空间和一维的时间. 在相对论时空中, 时间和空间不是独立的, 而是密切相关, 时间的变换与空间有关, 时间和空间不再是绝对的, 但是两个事件的间隔在洛伦兹变换下是不变的, 因此, 我们引入四维时空的概念, 它的一个时空点的坐标为 (x, y, z, ct), 任意两个时空点的时空间隔, 即两个事件的间隔, 满足

$$\Delta x'^2 + \Delta y'^2 + \Delta z'^2 - c^2 \Delta t'^2 = \Delta x^2 + \Delta y^2 + \Delta z^2 - c^2 \Delta t^2,$$

即在洛伦兹变换下是不变的, 类似于欧氏空间中的两点间距, 但是时空间隔可以是负值. 两点的距离对任何类型的空间来说都是最基本的性质, 其他性质可以由此导出. 由时空间隔的不变性可以得到 (假设两个坐标系原点重合)

$$x'^2 + y'^2 + z'^2 - c^2 t'^2 = x^2 + y^2 + z^2 - c^2 t^2.$$

所以, 洛伦兹变换可以看作一个四维时空绕原点的转动, 写成矩阵形式为

$$\begin{bmatrix} x' \\ y' \\ z' \\ ct' \end{bmatrix} = \begin{bmatrix} \gamma & 0 & 0 & -\gamma\beta \\ 0 & 1 & 0 & 0 \\ 0 & 0 & 1 & 0 \\ -\gamma\beta & 0 & 0 & \gamma \end{bmatrix} \begin{bmatrix} x \\ y \\ z \\ ct \end{bmatrix},$$

其中 $\beta = v/c, \gamma = 1/\sqrt{1-\beta^2}$. 洛伦兹变换的矩阵形式为

$$L = \begin{bmatrix} \gamma & 0 & 0 & -\gamma\beta \\ 0 & 1 & 0 & 0 \\ 0 & 0 & 1 & 0 \\ -\gamma\beta & 0 & 0 & \gamma \end{bmatrix}.$$

物理量按四维时空的洛伦兹变换可以分为标量、矢量、张量等.

(1) 标量. 有些物理量没有时空的取向, 当四维时空按洛伦兹变换转动时, 这些物理量保持不变, 这类物理量称为标量. 如时空间隔、电动力学的电荷等. 设在惯性系 S 中某标量用 s 表示, 在转动后的惯性系 S' 中用 s' 表示, 由标量不变性, 有

$$s' = s.$$

在洛伦兹变换下保持不变的物理量称为洛伦兹不变量, 标量就是洛伦兹不变量.

(2) 矢量. 有些物理量在时空中有一定的取向性, 这些物理量用四个分量表示, 当时空坐标做洛伦兹变换时, 该物理量的四个分量按同一方式变换, 这类物理量称为四矢量. 与三维空间的位置矢量一样, 我们引入四维的时空矢量

$$\boldsymbol{R} = (x, y, z, ct).$$

这是起点在时空原点, 终点位于 (x, y, z, ct) 的四矢量. 我们用大写的黑体字母表示四矢量. 其他四矢量的一般形式为

$$\boldsymbol{A} = (a_1, a_2, a_3, a_4).$$

设在惯性系 S 中某四矢量用 $\boldsymbol{A} = (a_1, a_2, a_3, a_4)$ 表示, 在转动后的惯性系 S' 中用 $\boldsymbol{A}' = (a_1', a_2', a_3', a_4')$ 表示, $\boldsymbol{A}$ 和 $\boldsymbol{A}'$ 有与四维时空坐标相同的变换关系

$$\begin{bmatrix} a_1' \\ a_2' \\ a_3' \\ a_4' \end{bmatrix} = \begin{bmatrix} \gamma & 0 & 0 & -\gamma\beta \\ 0 & 1 & 0 & 0 \\ 0 & 0 & 1 & 0 \\ -\gamma\beta & 0 & 0 & \gamma \end{bmatrix} \begin{bmatrix} a_1 \\ a_2 \\ a_3 \\ a_4 \end{bmatrix}.$$

用下标可以写成更简洁的形式:

$$a_i' = L_{ij} a_j,$$

L_{ij} 表示洛伦兹变换, 相同下标表示求和.

(3) 二阶张量. 有些物理量显示出更复杂的时空取向关系, 这类物理量要用两个矢量下标表示, 有 16 个分量, 如记为 T_{ij}, 按以下方式变换:

$$T_{ij}' = L_{ik} L_{jl} T_{kl}.$$

具有这种变换关系的物理量称为二阶张量. 我们已经学过三维空间的惯量张量、应力张量和应变张量. 我们还可以用这种方式进一步定义更高阶的张量.

若方程两边都是四矢量, 在洛伦兹变换下都变换成新惯性系中对应的物理量, 方程在新惯性系中依然成立, 这就自动满足相对性原理. 反之, 任何不满足洛伦兹变换的四元数组都不能进入物理定律, 因为这样的定律不满足相对性原理. 如果我们都按四

维时空标量、矢量、二阶张量的形式引入物理量, 物理规律按这种方式表述的方程在洛伦兹变换下是不变的, 自动满足相对性原理. 在狭义相对论的世界中, 构建物理理论体系的一个好办法就是寻找四矢量.

13.4.2 四动量

位置之后最简单的运动学量是速度, 这涉及时间. 所有观察者都认可的唯一时间是固有时, 即固定于运动质点的时钟测得的时间, 记为 τ. 这不同于观察者的时间, 但是只差一个已知的因子. 因此, 我们这样定义四速度:

$$\boldsymbol{U} \equiv \frac{\mathrm{d}\boldsymbol{R}}{\mathrm{d}\tau} = \left(\frac{\mathrm{d}\boldsymbol{r}}{\mathrm{d}\tau}, \frac{c\mathrm{d}t}{\mathrm{d}\tau} \right).$$

令 $\boldsymbol{u} = \mathrm{d}\boldsymbol{r}/\mathrm{d}t$, 根据前面的讨论, $\mathrm{d}\tau = \mathrm{d}t/\gamma$, 四速度可写为

$$\boldsymbol{U} = \gamma(\boldsymbol{u}, c).$$

四速度的模方定义为

$$\boldsymbol{U} \cdot \boldsymbol{U} = \gamma^2(u^2 - c^2) = -c^2.$$

这显然是洛伦兹不变量, 在每个惯性系中都相同. 四速度的第 4 分量除了 γ 因子外只是一个常量, 好像没有什么意义. 我们很快就会看到, 这个常量起着重要的作用.

对于质量为 m, 以四速度 $\boldsymbol{U}$ 运动的质点, 下一步自然是定义它的四动量 $\boldsymbol{P}$:

$$\boldsymbol{P} = m_0 \boldsymbol{U} = \gamma m_0 (\boldsymbol{u}, c).$$

由于 $\boldsymbol{U}$ 是四矢量, m_0 是标量, 四动量 $\boldsymbol{P}$ 也是一个四矢量. 引入相对论动量

$$\boldsymbol{p} = m\boldsymbol{u},$$

四动量 $\boldsymbol{P}$ 可表示为

$$\boldsymbol{P} = (\boldsymbol{p}, E/c).$$

四动量 $\boldsymbol{P}$ 的模方为

$$\boldsymbol{P} \cdot \boldsymbol{P} = -m_0^2 c^2.$$

在孤立系统中, 四动量 $\boldsymbol{P} = (\boldsymbol{p}, E/c)$ 必须守恒, 因此, 动量和能量必须分别守恒. 动量守恒定律和能量守恒定律在狭义相对论中合为一个四动量守恒定律. 上式可以改写为

$$E^2 = p^2 c^2 + m_0^2 c^4,$$

这就是相对论的能量 – 动量关系.

13.4.3　带电粒子的相对论运动方程

在洛伦兹变换下保持不变的运动方程为

$$\frac{\mathrm{d}\boldsymbol{P}}{\mathrm{d}\tau} = \boldsymbol{K}.$$

这里 $\boldsymbol{K}$ 定义为力的四矢量. 在低速运动情形下, $\boldsymbol{K}$ 的空间分量 $\boldsymbol{k}$ 应过渡到经典的力 $\boldsymbol{F}$, 并得到经典的牛顿运动方程.

我们先计算相对论动量和能量对观察者时间的导数:

$$\frac{\mathrm{d}\boldsymbol{p}}{\mathrm{d}t} = \sqrt{1 - \frac{u^2}{c^2}}\boldsymbol{k},$$

$$\frac{\mathrm{d}E}{\mathrm{d}t} = \frac{\mathrm{d}}{\mathrm{d}t}\sqrt{p^2 c^2 + m_0^2 c^4} = \sqrt{1 - \frac{u^2}{c^2}}\boldsymbol{k} \cdot \boldsymbol{u}.$$

显然, 若定义力 $\boldsymbol{F}$ 为

$$\boldsymbol{F} = \sqrt{1 - \frac{u^2}{c^2}}\boldsymbol{k},$$

则得到相对论力学方程

$$\frac{\mathrm{d}\boldsymbol{p}}{\mathrm{d}t} = \boldsymbol{F},$$

$$\frac{\mathrm{d}E}{\mathrm{d}t} = \boldsymbol{F} \cdot \boldsymbol{u}.$$

第一式是相对论运动方程, 第二式表示力 $\boldsymbol{F}$ 的功率等于能量变化率.

根据电动力学的理论, 电荷为 q 的带电粒子在电场 $\boldsymbol{E}$ 和磁场 $\boldsymbol{B}$ 中以速度 $\boldsymbol{v}$ 运动时, 所受的 $\boldsymbol{K}$ 的空间分量

$$\boldsymbol{k} = \frac{1}{\sqrt{1 - \dfrac{v^2}{c^2}}}q(\boldsymbol{E} + \boldsymbol{v} \times \boldsymbol{B}).$$

由此可得带电粒子的相对论运动方程

$$\frac{\mathrm{d}\boldsymbol{p}}{\mathrm{d}t} = q(\boldsymbol{E} + \boldsymbol{v} \times \boldsymbol{B}).$$

它可以处理高速带电粒子在电磁场中的运动问题. 近代高能带电粒子加速器的实验完全证实了此方程的正确性. 麦克斯韦方程组在洛伦兹变换下保持不变, 因此, 电磁相互作用与狭义相对论是完全自洽的.

思　考　题

1. 存在与光子相对静止的惯性系吗?

2. 光子与实物粒子有哪些不同?

3. 如图 13.20 所示, 剑身的长度与筒的深度相同, 剑相对筒的运动速度为 v, 问剑先刺到筒底还是先被挡住? 会不会是其他情况?

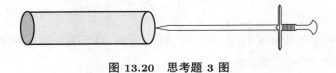

图 13.20　思考题 3 图

4. 比较三维空间的转动和洛伦兹变换, 你如何理解洛伦兹变换是四维时空的一个转动? 与三维空间的转动有何差异?

三维空间的转动:

$$x' = x\cos\theta + y\sin\theta,$$
$$y' = -x\sin\theta + \cos\theta,$$
$$z' = z.$$

洛伦兹变换:

$$x' = \gamma(x - \beta ct),$$
$$t' = \gamma(-\beta x + ct),$$
$$y' = y,$$
$$z' = z.$$

习　　题

1. 在惯性系 S 中观察到两事件同时发生, 空间距离为 1 m. 惯性系 S' 沿两事件连线的方向相对于 S 系运动, 在 S' 系中观察到两事件之间的空间距离为 3 m. 试求 S' 相对 S 系的速度大小和在 S' 系中测得的两事件之间的时间间隔.

2. 对于 S 系和 S' 系的 x 和 x' 轴重合的洛伦兹变换情形, 当坐标原点重合时, 两个参考系的时间都等于零, 试确定其他的时空点, 使得两个参考系对应的时刻也相同.

3. 水平隧道 AB 长 L_0, 一列火车 $A'B'$ 长 $L = 2L_0$. 今使火车如图 13.21 所示, 以匀速 v 驰入隧道, 地面系中观察到 A' 与 A 相遇时恰好 B' 与 B 相遇. 试根据洛伦兹变换计算 v 值, 并在火车系中计算从 A' 与 A 相遇到 B' 与 B 相遇之间的时间间隔 $\Delta t'$.

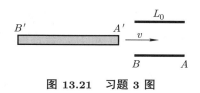

图 13.21　习题 3 图

4. 一个粒子在 S' 系的 x'-y' 平面内以 $c/2$ 的恒定速度做直线运动, 运动方向与 x' 轴的夹角 $\theta' = 60°$. 已知 S' 系相对 S 系以速度 $v = 0.6c$ 沿 x 轴运动, 两个系的坐标轴互相平行. 试利用洛伦兹变换求出粒子在 S 系 x-y 平面上的运动轨迹. 若为直线, 再求出此直线的斜率.

5. π 介子静止时的平均寿命为 2.5×10^{-8} s, 在实验室中测得 π 介子的平均运动距离为 375 m, 试求 π 介子相对实验室的速度.

6. 静长为 l 的飞船以恒定速度 v 相对惯性系 S 运动, 某时刻从飞船头部发出无线电信号, 试问飞船观察者认为信号经过多长时间到达飞船尾部? 再问 S 系中的观察者认为信号经过多长时间到达飞船尾部?

7. 一艘飞船以 $0.8c$ 的速度于中午飞经地球, 此时飞船上和地球上的观察者都把自己的时钟拨到 12 点.

   (1) 按飞船上的时钟, 午后 12 点 30 分飞船飞经一个星际宇航站, 该站相对地球固定, 其时钟指示的是地球时间, 试问按该站时钟飞船何时到达该站?

   (2) 试问按地球上的坐标测量, 该站离地球多远?

   (3) 于飞船时间午后 12 点 30 分从飞船向地球发送无线电信号, 试问地球上的观察者何时 (按地球时间) 接收到信号?

   (4) 若地球上的观察者在接收到信号后立即发出应答信号, 试问飞船何时 (按飞船时间) 接收到应答信号?

8. 氢原子静止时发出的一条光谱线 H_δ 的波长为 $\lambda_0 = 410.1$ nm. 在极隧直射线管中, 氢原子的速率可达 $v = 5 \times 10^5$ m/s, 试求此时在射线管前方的实验室观察者测得的谱线 H_δ 的波长 λ.

9. 静止的钾原子光谱中有一对容易辨认的吸收线 (K 线和 H 线), 其谱线的波长在 395.0 nm 附近. 来自牧夫星座一个星云的光中, 在波长为 447.0 nm 处发现了这两条谱线, 试求该星云远离地球的 "退行速度".

10. 光在流动的水中传播, 在相对水静止的参考系中, 光的传播速度为 c/n, 已知水在实验室中的流速为 $v \ll c$, 试求实验室中沿着水流方向和逆着水流方向分别测得的光速 c_+ 和 c_-.

11. 如图 13.22 所示, 在某太空系 S 中, 飞船 A 和飞船 B 以相同速率 βc 做匀速直线航行, 飞船 A 的航行方向与 x 轴方向一致, 飞船 B 的航行方向与 x 轴负方向一致, 两飞船航线之间的距离为 d. 当 A 和 B 靠得最近时, 从 A 向 B 发出一束无线电联络信号.

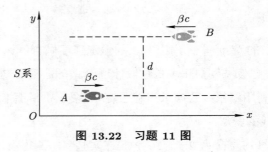

图 13.22 习题 11 图

(1) 为使 B 能接收到信号, A 中的宇航员认为发射信号的方向应与自己相对 S 系的运动方向之间成多大的夹角?

(2) 飞船 B 中宇航员接收到信号时, 认为自己与飞船 A 相距多远?

12. 惯性系 S 的 x-y 平面内, 有一根细杆 AB 沿 x 轴方向以匀速度 v 运动, S 系测得其长度为 $2l$. S 系中 $t=0$ 时刻细杆的方位如图 13.23 所示, 此时细杆中点 (恰好与原点 O 重合) 处有两个质点 P, Q 沿杆分别朝着 A 端、B 端运动, S 系测得它们相对细杆的速度大小同为 $\sqrt{2}v$.

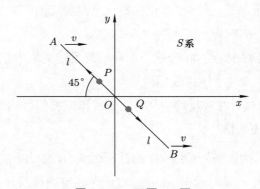

图 13.23 习题 12 图

(1) 设各自随 P, Q 一起运动的两个时钟于 P, Q 位于原点 O 时分别将计时系统拨到 $t_P^* = 0, t_Q^* = 0$, 试求 P 到达 A 端时的 t_P^* 值和 Q 到达 B 端时的 t_Q^* 值.

(2) 设置随细杆一起运动的惯性系 S'.

① 计算 S' 系中 AB 杆长 $l_{AB}(O)$;

② 设 S' 系也于 P, Q 位于原点 O 时将计时系统拨到 $t' = 0$, 在 S' 系中确定质点 P 到达 A 端的时刻 t_P' 和 Q 到达 B 端的时刻 t_Q';

③ S' 系中当 P, Q 之一先到达对应的端点时, 计算 P, Q 的间距 l_{PQ}'.

13. 在核聚变过程中四个氢核转变成一个氦核, 同时以各种辐射形式放出能量. 氢核质量为 1.0081 u (u 为原子质量单位, 1 u $= 1.66 \times 10^{-27}$ kg), 氦核质量为 4.0039 u, 试计算四个氢核聚合为一个氦核时所释放的能量.

14. 某粒子在惯性系 S 中具有的总能量为 500 MeV, 动量为 400 MeV/c, 而在惯性系 S' 中具有的总能量为 583 MeV.

    (1) 计算该粒子的静能.

    (2) 计算该粒子在 S' 系中的动量.

    (3) 设 S' 系相对 S 系沿粒子运动方向运动, 试求 S' 系相对 S 系的运动速度.

15. 静质量为 m_0 的粒子在恒力作用下, 从静止开始加速, 经过 Δt 时间, 粒子的动能为其静能的 n 倍. 试求

    (1) 粒子达到的速度,

    (2) 粒子获得的动量,

    (3) 粒子所受的冲量,

    (4) 恒力的大小.

16. 两个静质量相同的粒子, 一个处于静止状态, 另一个的总能量为其静能的 4 倍. 当此两粒子发生碰撞后形成一个复合粒子时, 试求复合粒子的静质量与碰撞前单个粒子静质量的比值.

17. 火箭 (包括燃料) 的初始质量为 M_0, 从静止起飞, 向后喷出的气体相对火箭的速度 u 为常量, 记火箭相对地球速度为 v 时的瞬时静质量为 m_0. 忽略地球引力影响, 试求比值 m_0/M_0 与速度 v 之间的关系.

18. 高能质子. 能量达到 10^{20} eV (约 10 J) 的宇宙线初级质子已被探测到. 我们银河系的直径大约为 10^5 光年.

    (1) 质子在它自身静止的参考系中, 横跨银河系需要多长时间 (固有时)? (1 eV$= 1.6 \times 10^{-19}$ J, $m_p = 1.67 \times 10^{-27}$ kg)

    (2) 棒球质量为 145 g, 运动速度达 160 km/h. 比较质子和棒球的动能.

19. π 介子衰变. 中性 π 介子 (π^0) 静质量为 135 MeV, 高速运动时对称地衰变为两个光子, 如图 13.24 所示. 实验室系中每个光子的能量是 100 MeV.

    (1) 按比值 v/c 确定介子的速率 v.

    (2) 在实验室系中确定每个光子动量与初始运动方向的夹角 θ.

20. 粒子衰变. 静质量为 M 的粒子静止时自发衰变为两个静质量分别为 m_1 和 m_2 的粒子, 确定两粒子的能量.

21. 氢原子基态能量为 $E_0 = -13.6$ eV, 氢原子 $n = 2,3,\cdots$ 激发态的能量为 $E_n =$

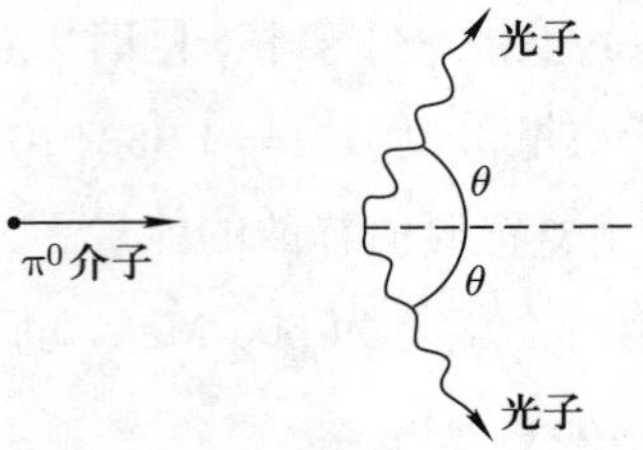

图 13.24 习题 19 图

E_0/n^2. 实验室中两个处于基态的氢原子 1 和 2 各以速度 v_1 和 v_2 ($v_1, v_2 \ll c$) 朝着对方运动, 碰撞后, 沿原 v_1 和 v_2 方向分别发射出频率为 ν_1 和 ν_2 的光子, 其中 ν_1 对应从 $n=4$ 激发态跃迁到基态发射的光子频率, ν_2 对应从 $n=2$ 激发态跃迁到基态发射的光子频率. 发射后, 两个氢原子静止地处于基态, 试求 v_1 和 v_2.

22. 构造一个表示加速度的四矢量 $\boldsymbol{A}$. 为了简单, 只考虑沿 x 轴的直线运动, 令瞬时四速度 $\boldsymbol{U} = (u, 0, 0, c)$.

第十四章　观世界

世之奇伟、瑰怪，非常之观，常在于险远，而人之所罕至焉

—— 王安石

我们的研究范围越来越广，最终必然要仰观宇宙的浩瀚，俯察原子的幽微. 在古代，我们生活的小天地，辅以日月星辰，就是宇宙. 由于日月星辰围绕我们旋转，很容易形成天圆地方的世界观.

随着近代科学的发展，人们逐渐认识到，地球不再是世界的中心，物质不再以原子为最小的单元，当我们面对最大的运动 —— 宇宙的演化，和最小的微观系统时，力学能为我们提供一个坚实的基础吗?

世界那么大，我们一起去看看.

§14.1　地球不再是宇宙的中心

在古代，世界各民族从朴素直观的观察出发，最初都主张地心说，例如中国古代的浑天说. 最典型的地心说是古希腊哲学家们提出的，这个地心体系记载在公元前 150 年前后托勒密的《至大论》里. 该书是流传至今的最古老的天文著作，书中还有平面三角学和球面三角学的纲要.

公元前四世纪，柏拉图 (Plato) 在他的《蒂迈欧篇》里提出，天体代表着永恒的、神圣的、不变的存在，它们必然是沿着最完美的圆形轨道绕地球做匀速运动，行星运动也是匀速圆周运动的组合. 从这一观念出发，他建立了以地球为中心的同心球式的宇宙模型. 此后，经过多人发展，地心说在托勒密手里趋于完善.

托勒密认为，地球位于宇宙的中心静止不动. 从地球向外，依次有月球、水星、金星、太阳、火星、木星和土星，在各自的圆轨道上绕地球运转. 其中，行星的运动要比太阳、月球复杂些: 行星沿着本轮做匀速圆周运动，而本轮的圆心又沿着均轮做匀速圆周运动，地球则处在均轮的中心. 在太阳、行星之外，是镶嵌着所有恒星的天球 —— 恒星天. 在恒星天的外面，是推动天体运动的最高天. 如图 14.1 所示.

托勒密用本轮、均轮、偏心轮、等大轮等一系列圆周运动，对每个天体找出一种组合，用以预告它的位置. 这个预告与实际相差在很长时间内未超过 2 度，这是地心说之所以能沿用 1400 多年的根本原因. 地心说最重要的成就是运用数学计算行星的运行，托勒密还首次提出"运行轨道"的概念.

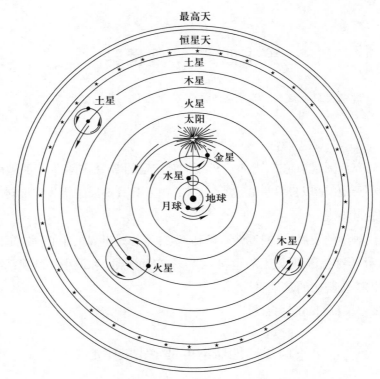

图 14.1　托勒密的宇宙模型

　　到了中世纪后期, 随着观察仪器的不断改进, 行星位置的测量越来越精确, 观测到的行星实际位置同这个模型的计算结果的偏差就逐渐显露出来了. 1543 年, 哥白尼的《天体运行论》出版, 标志着近代天文学的诞生. 哥白尼在持日心地动观的古希腊先辈和同时代学者的基础上, 终于创立了日心说, 在这个体系中, 五大行星和地球都绕着太阳做圆周运动.

　　开普勒仔细分析了第谷关于行星的高精度观测数据, 终于突破了圆是最完美的这一观念的束缚, 从圆走向椭圆, 提出了行星运动的三大定律, 成为 "天体的立法者". 牛顿在《自然哲学的数学原理》里建立了力学的理论体系, 并用万有引力定律统一了天上人间, 既解释了地面上物体的下落, 又解释了太阳系行星的运行.

　　牛顿在处理行星运动的问题时, 只考虑了太阳对行星的引力作用, 但却完全忽略了其他恒星等天体对行星的作用. 然而, 牛顿得到了正确的结果. 为什么会如此呢?

　　理由之一是引力质量等于惯性质量. 所有物体在重力场中都有相同的加速度, 物体之间的运动不受重力场的影响. 牛顿在《自然哲学的数学原理》开篇, 运动定律之后的推论 6 表述了这个结论: "物体彼此之间无论以何种方式运动, 若被沿着平行线的相等的加速力推动, 它们彼此之间将继续相同的运动, 如同没有那些力一样."

牛顿这样解释: 这些力与运动物体的量成正比, 并沿着平行的方向, 根据第二运动定律, 使所有的物体 (对于速度) 相等地移动, 所以将从不改变它们彼此之间的位置和运动.

以地月系统为例. 由于相比于地日之间的距离, 地月系统可以近似认为处于太阳的均匀引力场中, 所以太阳的引力不影响它们彼此的位置和运动. 遥远的恒星可类似理解.

理由之二是恒星距离太远, 所以它们对行星的引力很小, 可以忽略.

如果宇宙是无限的, 恒星的数目也是无限的, 则无限恒星的合力却可能很大, 这可能迫使我们认为恒星的分布相对我们是对称的. 但是, 自哥白尼时代以来, 一个最重要的科学成果是认识到地球不是宇宙的中心, 太阳也不是宇宙的中心.

由此我们就认识到, 虽然物理学常常研究的是局部的物理现象, 但是并不能完全回避整个宇宙的问题, 因为宇宙的整体性质会影响到局部的现象. 我们要想建立一个局部现象的自洽的理论体系, 也必须对宇宙的整体性质给予说明.

既然宇宙不存在中心, 自然就得到哥白尼原理: 在宇宙中没有特殊的位置, 每个观察者看到的现象都相同.

我们这里所说的相同, 指的是宇宙在大尺度上的平均现象. 从小尺度看, 宇宙各处都有许多的差异, 但从大尺度平均来看, 差异的确是非常小的. 现代天文观测表明, 宇宙在大尺度上的物质分布是相当均匀的. 宇宙可看成以星系为 "分子" 的 "气体", 我们的银河系只是宇宙中的一颗普通的分子. 由此, 我们就得到宇宙学原理.

宇宙学原理　*宇宙中物质是均匀分布的并各向同性.*

自然界存在四种基本相互作用, 与其他三种基本相互作用比, 引力是最弱的. 万有引力尽管最微弱, 但也许是宇宙中最重要的力, 它支配着宇宙的演化、大尺度结构的形成、恒星的演化、行星的形成及其运动. 因此, 我们对万有引力需要特别关注.

对于一个质量球对称分布的天体, 引力场强度

$$\boldsymbol{g} = -\frac{GM}{r^2}\boldsymbol{e}_r,$$

其引力势

$$\Phi(\boldsymbol{x}) = -\frac{GM}{r}.$$

如果质量分布不是球对称的, 在距离较远时我们可通过多极展开来处理. 天体的引力势

$$\Phi(\boldsymbol{x}) = -G\int\frac{\rho(\boldsymbol{x}')}{|\boldsymbol{x}-\boldsymbol{x}'|}\mathrm{d}^3\boldsymbol{x}',$$

其中

$$\frac{1}{|\boldsymbol{x}-\boldsymbol{x}'|} = \frac{1}{r} + \sum_i \frac{x^i x'^i}{r^3} + \frac{1}{2}\sum_{i,j}(3x'^i x'^j - r'^2\delta^{ij})\frac{x^i x^j}{r^5} + \cdots.$$

从而逐阶得到牛顿引力势

$$\Phi(\boldsymbol{x}) = -\frac{GM}{r} - \frac{G}{r^3}\sum_i x^i D^i - \frac{G}{2r^5}\sum_i x^i x^j Q^{ij} + \cdots,$$

其中

$$M = \int \rho(\boldsymbol{x}')\mathrm{d}^3\boldsymbol{x}',$$
$$D^i = \int x'^i \rho(\boldsymbol{x}')\mathrm{d}^3\boldsymbol{x}',$$
$$Q^{ij} = \int (3x'^i x'^j - r'^2\delta^{ij})\rho(\boldsymbol{x}')\mathrm{d}^3\boldsymbol{x}'$$

分别是质量分布源的总质量 (质量单极矩)、质量偶极矩和质量四极矩. 如果我们选择质心为坐标原点, 则质量偶极矩为零. 所以, 对万有引力平方反比律的修正来自质量四极矩, 这会导致通常的闭合椭圆轨道不闭合, 从而出现进动.

地球的两极半径比赤道半径小千分之三, 由此产生的四极矩会使卫星轨道产生进动. 利用卫星轨道的进动可以探测地球的质量分布. 太阳近乎是一个理想球体, 两极半径比赤道半径只差十万分之几, 四极矩非常小, 但也对水星的轨道产生了影响, 每世纪进动几个角秒. 更大的影响来自其他行星的扰动, 每世纪进动 $531.5'' \pm 0.3''$. 水星近日点进动的示意图见图 14.2. 考虑到这两个效应后, 观测到的水星近日点的进动仍然剩余每世纪 $43.1'' \pm 0.5''$ 无法解释. 这个微小的差异最终成为对广义相对论的重要检验.

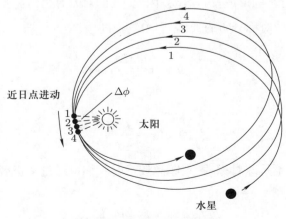

图 14.2 水星近日点进动

广义相对论对水星近日点进动角的修正值

$$\Delta\varphi = \frac{6\pi GM_\odot}{(1-e^2)ac^2} = 42.98''/\text{世纪},$$

其中 e 和 a 分别为轨道的离心率和半长轴.

在牛顿万有引力定律中, 距离的变化会瞬间影响引力, 也就是说, 引力的传播是瞬时的, 这与狭义相对论中任何相互作用力不能超光速是矛盾的, 也会破坏因果律. 另外, 牛顿万有引力定律不是相对论协变的.

牛顿万有引力定律与狭义相对论的不相容促使爱因斯坦去发展广义相对论.

§14.2 广义相对论的基本原理

我们已经了解, 牛顿万有引力定律是不准确的, 与狭义相对论是不相容的, 这就需要发展新的引力理论. 狭义相对论和等效原理通过了各种实验的检验, 成为爱因斯坦建立广义相对论的基石. 系统介绍广义相对论需要张量分析和微分几何的数学知识, 我们这里只简单介绍广义相对论的几个特点.

14.2.1 爱因斯坦圆盘

如图 14.3 所示, 在惯性系 S 中有一个绕着圆心匀速转动的圆盘, 随圆盘一起转动、固定在圆盘上的参考系为 S' 系, 在两个参考系中分别建立空间直角坐标系, 坐标原点都在圆心 O, z 轴和 z' 轴都与转轴重合. 在 S' 系中, 圆盘静止, 圆周上的各点到圆心的距离相等. 沿着直径 AB 和圆周摆放长度相同的刚性杆, 首尾相连. 设 U 是圆周上杆的数目, D 是直径上杆的数目. 若圆盘不转动, 则

$$\frac{U}{D} = \pi.$$

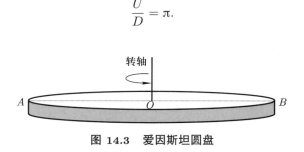

图 14.3 爱因斯坦圆盘

如果 S' 系转动, 圆周和直径上杆的数目之比对两个参考系必然还是相同的, 但是这个比值会不会改变呢? 或者说, 在平直空间成立的欧氏几何是否依然成立呢? 对于惯性系 S 来说, 时空的性质和物理规律都是已知的. 设杆长只与速度有关, 与加速度无关. 圆盘上各点沿着切向有速度, 圆周上有尺缩效应, 圆周上杆的长度会缩短, 相应

的杆的数目变大, 而法向的直径长度保持不变, 于是

$$\frac{U}{D} > \pi.$$

可见, 在 S' 系, 在平直空间成立的欧氏几何不再成立, S' 系的空间是弯曲的. 如果两个时钟分别放在圆周和圆心上, 则在惯性系 S 中判断, 圆周上的时钟要比圆心处的时钟走得慢些. 在 S' 系, 这两个时钟都是静止的而读数却不相同.

按照等效原理, S' 系可以当作惯性系, 但是在 S' 系中有引力场 (离心力与科里奥利力的场), 引力场影响甚至决定了时空的性质. 引力场存在时, 时空不再是平直的欧氏空间, 而是弯曲的黎曼空间.

14.2.2 引力红移

在地球的重力场中, 在竖直方向有高度差为 H 的两点 A 和 B, A 高于 B, 重力加速度为常量 g. 从 B 点向 A 点发射一个光子, 频率为 ν, 到达 A 点, 频率为 ν'. 根据质能公式, 光子具有运动质量, 在重力场中受重力作用, 作用的细节我们不清楚, 但是整个过程能量守恒, 光子在 A 点有重力势能, 满足

$$h\nu = h\nu' + mgH,$$
$$h\nu' = mc^2.$$

整理得到

$$\nu = \left(1 + \frac{gH}{c^2}\right)\nu' > \nu'.$$

由此可见, 光子从低势能区运动到高势能区时频率变低, 称为引力红移.

我们还可以从爱因斯坦的等效原理出发导出引力红移公式. 考虑一个向上以加速度 g 运动的升降机, 在升降机参考系相当于存在一个重力场. 升降机中 A 和 B 两点的竖直高度差为 H, 从 B 点向 A 点发射一个周期为 T 的光脉冲, 其波长远小于 h, 即 $\lambda = cT = c/\nu \ll H$, A 点测得的光脉冲的周期为 T', 频率为 ν', 即 $\nu' = 1/T'$. 在地面惯性系观测这个过程, 考虑测量一个波长的时间间隔, 即 B 点 $t = 0$ 时刻发射长度为一个波长的波列, A 点先后收到这个波列的时刻分别为 t_1 和 t_2, $T' = t_2 - t_1$. 由运动学关系有

$$ct_1 = H + \frac{1}{2}gt_1^2,$$
$$ct_2 = cT + H + \frac{1}{2}gt_2^2 - \frac{1}{2}gT^2.$$

考虑到与 H 相比, cT 是一阶小量, $\frac{1}{2}gt_1^2$ 和 $\frac{1}{2}gt_2^2$ 是高阶小量, 因为 gt_1 和 gt_2 都远远小于 c, 可得

$$c(t_2 + t_1) \approx 2H,$$
$$c(t_2 - t_1) = cT + \frac{1}{2}g(t_2 - t_1)(t_2 + t_1).$$

整理可得

$$T'\left(1 - \frac{gH}{c^2}\right) = T.$$

注意 gH/c^2 是小量, 换成频率有

$$\nu = \left(1 + \frac{gH}{c^2}\right)\nu'.$$

这正是上面通过能量守恒导出的关系式. 我们这里的讨论只适合弱引力场, 此时, 引力势能也不大. 对于强引力场的情形, 则必须用广义相对论来讨论.

1960 年, 庞德 (Pound) 和拉布卡 (Rebka) 在哈佛大学的杰弗逊物理实验室的塔顶, 距离地面约 23 m 的高度, 放置了一个伽马射线辐射源, 并在地面设置了探测器. 然后, 他们将整个实验装置反过来, 辐射源放在地表, 而探测器放在塔顶, 利用穆斯堡尔效应测量频率的改变. 结合上下两个方向的实验数据, 他们可以消除由几个不同因素造成的实验误差. 上下两个方向的实验测量结果之间的差别很小, 如果把光波原来的频率分成均匀的 10^{15} 份, 频率的改变仅相当于占了其中的几份而已. 但是这已经足够了, 正是这个微小的差别体现了纯粹由引力造成的差别, 这个实验在百分之十的精度内验证了爱因斯坦的理论预言. 到 1964 年的时候, 他们又改进了这个实验, 使得理论和实验在百分之一的精度内符合. 此后, 不同的实验都肯定了这个效应, 精度高于 $1/10^8$.

14.2.3 希尔德光子

1962 年, 希尔德 (Schild) 从狭义相对论和等效原理出发, 导出了引力红移公式, 并进一步论证了引力红移也反映了时空是弯曲的. 光子如同某类时钟, 计时单位就是光脉冲波列中波峰的时间间隔, 波峰类似时钟的嘀嗒声.

光子从低引力势运动到高引力势, 频率会变低, 周期会变长, 如图 14.4 所示. 同样是接收两个波峰, 在引力场中静止的 A 和 B 两点测得的时间间隔是不同的, 这说明 A 和 B 两处的时钟走的快慢是不同的. 由此可见, 静止在引力场各点的时钟走时是不同的, 所以引力场中时空是弯曲的.

弱引力或
高势能区

强引力或
低势能区

图 14.4 引力红移

14.2.4 全球定位系统

全球定位系统 (Global Positioning System, GPS) 是一种以人造地球卫星为基础的高精度无线电导航的定位系统, 它在全球任何地方以及近地空间都能够提供准确的地理位置、车行速度及精确的时间信息. GPS 自问世以来, 就以其高精度、全天候、全球覆盖、方便灵活的优点吸引了众多用户.

GPS 的空间部分使用 24 颗高度约 2.02 万千米的卫星组成卫星星座, 每颗卫星都携带高精度的原子钟. 24 颗卫星均为近圆形轨道, 运行周期约为 11 小时 58 分钟, 分布在 6 个轨道面上, 每个轨道面 4 颗, 如图 14.5 所示. 卫星的分布使得在全球任何地方、任何时间都可观测到 4 颗以上的卫星. 从 3 颗卫星发射的信号可以将空间位置锁定在 3 个球面的交点上, 而 4 颗卫星就可以完全确定时间和空间的信息.

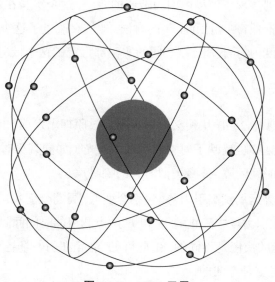

图 14.5 GPS 卫星

在全球定位系统的运行中, 有多种因素需要考虑, 这里只介绍两个相对论性的效应. 第一个效应是运动时钟变慢效应, 这来自卫星的运动, 卫星速度满足

$$\frac{v_s^2}{R_s} = \frac{GM_\oplus}{R_s^2}.$$

卫星的轨道半径 $R_s \approx 2.7 \times 10^4$ km, 因此其速度 $v_s \approx 3.9$ km/s, 狭义相对论效应为

$$\frac{1}{2}\left(\frac{v_s}{c}\right)^2 \approx 0.84 \times 10^{-10}.$$

另一个相对论效应是光子的引力红移, 这个效应的影响为

$$\frac{GM_\oplus}{R_s c^2} \approx 1.6 \times 10^{-10}.$$

这两种效应看起来都非常小, 数量级约在 10^{-10}, 然而对于全球定位系统, 如果有 10^{-10} s 的误差, 由于光速传播, 在位置上的偏差就是 3 cm. 如果要求全球定位系统的精度达到 2 m, 则在时间上的偏差不能超过 6 ns. 因此, 时钟变慢和引力红移效应在全球定位系统的运行中都必须认真处理. 如果不考虑这两个效应, 整个系统将在几十分钟后崩溃.

§14.3 宇宙是膨胀的

我们的宇宙是亘古不变还是在演化呢?

14.3.1 哈勃定律

1912 年, 天文学家斯里弗 (Slipher) 发现涡旋星云 M31 的谱线有红移. 此后通过对十几个涡旋星云做的观测, 他发现大多数涡旋星云都有谱线的红移. 人们从 1923 年开始认识到, 这些星云其实都是银河系外的星系.

哈勃在二十世纪二十年代后期投入到对星系的研究和观测中. 利用威尔逊山天文台 2.5 m 口径的望远镜, 他特别对星系的视向速度和距离做了艰苦而细致的研究. 当时观测条件很差, 所用的望远镜用起来很不方便, 还故障频频. 哈勃甚至要自己扛着巨大的镜筒, 冒着严寒, 一整夜一整夜地观测. 1929 年, 几乎付出了全部心血的哈勃, 终于获得了 40 多个星系的光谱, 发现谱线红移是普遍存在的. 对这些红移最方便的解释是多普勒效应. 从前面的相关章节我们知道, 频率降低的红移若由多普勒效应引起, 那么意味着光源, 也就是河外星系, 正离我们远去. 通过对红移量的观测, 可以发现星系远离的速度(现在称为退行速度)非常快.

另一个重要的参数是星系的距离. 哈勃通过观测和相关理论, 对星系距离做了估算, 发现了如今称为哈勃定律的惊人结果.

哈勃定律 星系的视向退行速度与星系的距离之间可表述为简单的线性比例关系

$$v = H_0 R,$$

其中 v 表示星系的视向退行速度, R 为星系的距离, H_0 则被称为哈勃常数.

哈勃于 1929 年 3 月发表的结果并不完美, 因为近一半的星系没有确定距离, 最大的视向速度也不超过 1200 km/s, 一些星系的数据也对哈勃定律有较大偏离. 之后, 哈勃与哈马孙 (Humason) 合作, 得到了更多星系的观测数据. 1931 年, 他们在论文中更加清楚地确认了哈勃定律. 而在 1948 年, 他们更是在对长蛇星系团的观测中, 得到了高达 60000 km/s 的退行速度, 以及更好的对哈勃定律的遵从.

哈勃定律如今已成为现代宇宙学不可或缺的基础. 二十世纪九十年代, 人们观测到了宇宙在加速膨胀, 这说明哈勃常数不是一个真正的常数, 而是随着时间在演化. 对于哈勃常数演化的研究, 是当今宇宙学的重要课题.

14.3.2 微波背景辐射

哈勃定律揭示宇宙是在不断膨胀的, 这种膨胀是一种全空间的均匀膨胀. 因此, 在任何一点的观测者都会看到完全一样的膨胀, 从任何一个星系来看, 一切星系都以它为中心向四面散开, 越远的星系间彼此散开的速度越大. 我们的宇宙不是静态的, 并非亘古不变.

从宇宙学原理和哈勃定律出发, 可以推知宇宙的演化过程. 在均匀的宇宙中, 各部分的温度也是相同的. 宇宙膨胀时, 各部分气体之间不会有能量的流动, 膨胀属于绝热膨胀, 这会导致温度的降低. 因此, 早期的宇宙, 不仅密度更大, 而且温度更高.

1948 年, 伽莫夫 (Gamow) 以弗里德曼 (Friedmann) 的膨胀宇宙模型为基础研究了早期的宇宙演化, 提出了所谓的宇宙大爆炸理论. 这一理论指出, 宇宙膨胀是从温度和密度都非常高的状态开始的, 原子是在宇宙演化到一定程度时才产生的, 中性原子形成后宇宙将会留下背景光子, 它们应当在今天仍然存在而且可以探测.

今天, 星系内的平均密度比全宇宙的平均密度约大 5 个数量级, 这是物质已局域地结团的表现. 往前追溯, 若宇宙的尺度小于现在的百分之一, 则宇宙的平均密度比今天大 6 个数量级以上, 宇宙密度比星系密度还大, 表明那时不可能有星系存在, 因此, 远古的宇宙中不可能有星系, 星系只能是宇宙演化的产物.

星系形成前的宇宙是由中性原子组成的气体. 氢原子的丰度约为 3/4, 它是气体中最主要的成分. 氢原子是氢核和电子构成的束缚系统, 它们的结合能为 13.6 eV. 因此, 中性原子气体的温度 T 不能太高. 当气体的温度高于 10000 K 时, 粒子的平均热动能 $kT \approx 1$ eV, 此时能量超过 13.6 eV 的光子大量存在, 它们与氢原子的热碰撞将使原子

电离. 由此可见, 当温度高于 10000 K 时, 宇宙气体必处于电离状态, 即为等离子气体,
它的组分粒子是原子核、电子和光子等, 原子是在气体温度显著下降后的产物.

当温度降至 4000 K 以下, 离子与电子容易结合成中性原子, 而中性原子被光子电
离的概率已经非常微小. 于是宇宙气体从等离子态相变到以中性原子为主的状态. 光
子在等离子体中频繁与带电粒子碰撞, 飞行的自由程很短. 但是在稀薄的中性原子气
体中, 光子被吸收的概率非常微小, 即自由程变得极长. 因此, 在相变后, 原来存在的
光子气体变成无碰撞组分而被永久保留下来, 这就是所谓的背景辐射场.

背景辐射场的主要观测特征有三点:

(1) 高度的各向同性, 这是早期宇宙高度均匀性的反映;

(2) 频谱符合普朗克公式, 这是早期宇宙高度热平衡的反映;

(3) 温度应在 10 K 以下, 这是它从形成至今长期降温的结果.

这些特征足以把它与来自其他天体的辐射区别开来. 由热辐射的理论可知, 温度在
10 K 以下的热辐射主要在微波波段, 因此需用适当的射电天线或微波辐射计来接收.

1965 年, 正当普林斯顿大学的天体物理学家迪克 (Dicke) 等人为寻找这种微波信
号准备仪器时, 贝尔实验室的彭齐亚斯 (Penzias) 和威尔逊 (Wilson) 却为怎么也消除
不掉的天线噪声而烦恼. 他们的本来目的是调整观测卫星用的一个天线, 天线噪声强
度用同频率下的等效黑体辐射温度描述, 其温度为

$$T(\theta) = (4.4 + 2.3 \sec\theta)\text{K},$$

其中 θ 是天线与天顶的夹角. 他们知道, 式中第二项来自大气辐射, 第一项中有 0.9 K
来自天线的欧姆 (Ohm) 损耗和地球的辐射, 还有 3.5 K 噪声来源不明. 他们花了很多
时间和精力排除了它来自天线自身的可能性, 从而肯定它是一个来自地球之外的未知
信号, 信号源的温度为 3.5 K, 但不知道所发现的是什么信号. 当天体物理学家迪克等
人得知这个发现后, 立刻想到它可能正是他们准备寻找的早期宇宙的遗迹. 随后, 这种
信号的发现和理论解释同时发表了. 接下来许多物理学家用不同频率做了重复探测,
都得到了肯定的结果, 且定出相接近的辐射温度. 于是, 背景辐射场的发现得到了学术
界的公认.

彭齐亚斯和威尔逊最初用 4080 MHz 的天线所接收到的信号被确认为背景辐射,
主要是因为它具有上述第一和第三个特征. 要验证第二个特征, 即频谱满足普朗克黑
体辐射公式, 需要在波长 1 mm 的上下做全面的测量. 由于地面的测量受大气窗口的限
制, 此后二十多年中一直没有明确的结果. 直到 1990 年, 宇宙背景探测者卫星 (Cosmic
Background Explorer, COBE) 终于完成了这个任务. 图 14.6 中给出了它测得的频谱,
十字代表观测值, 曲线代表用普朗克黑体辐射公式拟合的结果, 可以看出, 实际的频谱

与普朗克公式高度符合, 背景辐射温度为 (2.736 ± 0.016) K. 这样, 背景辐射场的存在被证实到几乎无可置疑的程度.

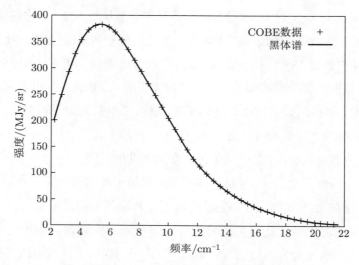

图 14.6　COBE 给出的宇宙微波背景辐射谱

在宇宙微波背景辐射问题上的成功, 表明用大爆炸模型追溯到年龄为几十万年的早期宇宙, 所得的结果是符合实际的. 这自然鼓励人们去探索更早发生过的过程. 其中研究得最深入的过程是宇宙年龄为 3 min 前发生的轻核的合成过程 —— 宇宙的最初三分钟. 由此我们进入了比原子更小的领域 —— 核物理的层次, 而这需要考察微观的粒子物理.

§14.4　微观的粒子世界

我们从一个经典的光学干涉实验开始: 线光源 S 经过菲涅耳双棱镜 M 折射后, 在屏幕 P 上产生干涉条纹, 如图 14.7 所示, 这是光的波动性的典型表现.

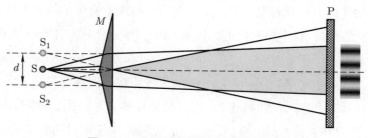

图 14.7　光通过菲涅耳双棱镜的干涉

作为对比, 我们再看体现电子波粒二象性的干涉实验 —— 电子双棱镜干涉现象, 如图 14.8 所示. 电子从发射、偏折到被探测器接收的实验装置等效于光的菲涅耳双棱镜干涉实验. 控制电子发射的强度, 可以做到每次只发射一个电子. 屏幕上累积的电子数, 图 14.8(a) 中是 8 个, 图 14.8(b) 中是 270 个, 图 14.8(c) 中是 2000 个, 图 14.8(d) 中是 6000 个, 从开始到图 14.8 (d) 总的曝光时间是 20 min. 从显示屏的显示结果可以看出, 每一次电子都出现在屏幕的一个位置, 表现出粒子性, 单个电子没有表现出波动性, 出现的位置似乎是随机的, 但是大量电子则表现出波动性特有的干涉条纹.

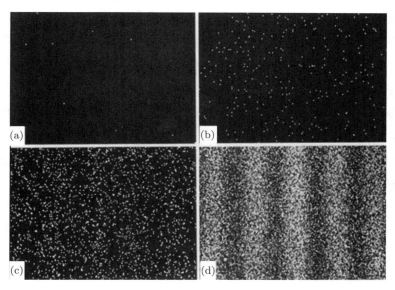

图 14.8　电子干涉现象

实际上, 当我们控制光源, 使得每次只发出一个光子, 经典的光波菲涅尔双棱镜干涉实验也会得到同样的结果. 波粒二象性是所有微观粒子的普遍性质. 以量子力学、量子电动力学等为代表的微观理论是整个经典物理的基础. 与经典力学的质点运动相比, 微观粒子运动则呈现诸多根本性的差异.

微观粒子的运动状态用波函数 $\psi(\boldsymbol{r}, t)$ 描述, 对粒子的位置、动量等物理量, 我们只能确定它的概率, 例如, 在 t 时刻体元 $\mathrm{d}x\mathrm{d}y\mathrm{d}z$ 中, 发现粒子的概率为

$$|\psi(\boldsymbol{r}, t)|^2 \mathrm{d}x\mathrm{d}y\mathrm{d}z,$$

而在全空间发现粒子的概率为 1, 这与经典力学中质点在 t 时刻位于某一个确定位置形成了鲜明的对比. 对于位置和动量的测量, 微观粒子满足著名的不确定关系, 例如, x 轴方向的坐标和动量的不确定度满足

$$\Delta x \Delta p_x \geqslant \frac{\hbar}{2},$$

其中 $\hbar$ 为约化普朗克常量, $\hbar = h/2\pi, h = 6.62607015 \times 10^{-34}$ J·s, Δx 定义为

$$\Delta x = \sqrt{(x \text{ 的测量值} - x \text{ 的平均值})^2}.$$

Δp_x 的定义与 Δx 的相同. 当 $\Delta x \to 0$ 时, $\Delta p_x \to \infty$, 反之亦然, 因此, 位置和动量不能同时确定. 经典力学中质点轨道的概念在量子力学中失效. 在量子力学中, 不涉及其他自由度时, 波函数 $\psi(r, t)$ 就完全描述了微观粒子的运动状态.

质点轨道概念的失效导致量子力学另外一个独特的现象 —— 相同粒子的不可分辨性. 在上述电子干涉实验中, 若同时发射多个电子, 在屏幕某处接收到一个电子, 我们不能确定它是哪一个电子. 自然界中存在各种不同的粒子, 例如电子、质子、中子、光子、π 介子等, 同一类粒子具有完全相同的内禀属性, 包括静质量、电荷等. 在量子力学中, 同一类粒子称为全同粒子. 对于由全同粒子组成的多粒子系, 当我们在某处测得一个粒子时, 由于粒子的内禀属性完全相同, 我们不能确定它到底是哪一个粒子. 对于经典力学中的质点系, 由于每个质点的轨道是确定的, 即使是完全相同的质点, 我们仍然可以区分它们.

在量子力学中, 有些物理量与经典力学中对应的量存在本质的差异. 在微观系统中, 某个粒子参与系统的运动而具有的角动量只能是 $\hbar$ 的整数倍, 而粒子自身具有的内禀角动量称为粒子的自旋, 只能是 $\hbar$ 的整数或半整数倍, 例如, 电子的自旋是 $\hbar/2$, 光子的自旋是 $\hbar$. 更神奇的是, 粒子的自旋决定了粒子的统计性质, 即在一个微观系统的量子态上能够填布一个还是多个粒子. 原子的每个量子态只能填布一个电子, 所以有泡利不相容原理.

最后介绍粒子物理对于力的概念的拓展.

万有引力定律在解释地球上的物体和太阳系中行星的运动时, 以其惊人的准确性获得了无与伦比的成功, 但是超距作用是不符合狭义相对论的, 更精确的引力理论是爱因斯坦的广义相对论, 其预言的引力波、引力弯曲、行星轨道的广义相对论修正都得到了实验的一一证实.

在原子物理的层次, 10^{-10} m 的尺度, 经典的各种作用力在量子力学中用各种场来描述, 对原子的结构、能谱和原子之间的相互作用都能给出定量而完美的解释. 物质的物理和化学性质牢固地建立在原子物理的基础之上.

在粒子物理的层次, 10^{-15} m 以下更小的尺度, 对粒子和场的认识又更进一步. 每种粒子都对应一种场, 场没有不可入性而是充满空间, 场的能量最低状态称为基态, 场的激发态表现为出现相应的粒子. 原先的场自身也是物质存在的基本形式, 也有质量、能量、动量和角动量, 这些性质与粒子相同. 现代的量子场论认为, 物质存在的两种形式中, 场是更基本的, 粒子只是场处于激发态的表现. 所有场处于基态时为物理真空, 因此真空不空!

实验上已确定粒子之间的基本相互作用有四种: 引力相互作用、弱相互作用、电

磁相互作用和强相互作用. 相互作用的力程可以通过该相互作用的位势 $V(r)$ 给出:

$$L = \lim_{R \to \infty} \frac{\int_0^R V(r) r^2 \mathrm{d}r}{\int_0^R V(r) r \mathrm{d}r}.$$

例如, 考虑两种典型的位势 —— 库仑势和汤川势:

$$\text{库仑势}, \quad V(r) = \frac{\alpha}{r}, \quad L = \infty;$$

$$\text{汤川势}, \quad V(r) = \frac{\alpha \mathrm{e}^{-\mu r}}{r}, \quad L = \frac{1}{\mu}.$$

引力相互作用和电磁相互作用是长程力, 弱相互作用和强相互作用则是短程力, 只在原子核的尺度以内才有明显的表现.

四种基本相互作用是通过规范玻色子传递的. 传递强相互作用的是八种胶子, 它们传递的原始相互作用称为色相互作用, 实验上观测到的强相互作用是色相互作用的剩余作用. 这类似于分子之间的范德瓦耳斯 (van der Waals) 力, 它的原始来源是电磁相互作用, 但即使是中性分子之间也可以有范德瓦耳斯力, 这是因为它是复杂电磁相互作用的剩余作用. 在能量不是特别高时, 传递强相互作用的媒介粒子主要是介子. 引力相互作用比其他相互作用弱得多, 尽管在宏观范围内对引力研究得非常清楚, 但在粒子物理的范围内还不能对引力相互作用进行实验研究. 一些理论中设想的传递引力相互作用的媒介粒子称为引力子, 按现有理论, 它的静质量也为零, 自旋应为 $2\hbar$. 目前还没有引力子存在的实验证据.

因为质子是一种可以同时参与四种基本相互作用的粒子, 我们以质子为代表比较四种相互作用. 设两个质子相距 2.5×10^{-15} m, 这是原子核内核子之间的典型距离, 这时两个质子之间四种基本相互作用的强度表现出数量级上的明显差别. 四种基本相互作用的各方面性质汇总见表 14.1.

表 14.1　四种基本相互作用的性质

	强相互作用	电磁相互作用	弱相互作用	引力相互作用
作用强度	1	10^{-3}	10^{-8}	10^{-37}
力程	10^{-15} m	∞	10^{-18} m	∞
宏观表现	无	有	无	有
媒介粒子	胶子	光子	$W^+, W^-; Z^0$	引力子?
自旋	1	1	1	2
静质量/GeV	0	0	80.4; 91.2	0

目前已经建立了统一描述前三种基本相互作用的量子理论, 称为标准模型, 但是对引力的量子描述还遥遥无期. 从经典力学到原子物理再到粒子物理, 这三个学科反映了物质结构的不同层次, 在每一层次, 物质运动规律都独具特点. 也许四种基本相互作用的统一呼唤新观念、新思想的涌现, 也许要达到新的层次.

§14.5 展望未来

我们从时空开始理解牛顿运动定律, 从三大定理直达三大守恒定律, 最后统一于最小作用量原理. 从简单的质点到质点系, 从刚体到最复杂的流体, 从熟悉的直线运动到振动与波动, 力学应用最广.

仰观宇宙之大, 俯察品类之盛, 探赜索隐, 力学亦有其适用范围, 然而力学所建立的时空、相互作用、质量、动量、能量和角动量这些基本概念却成为物理学的基础, 横跨各个学科, 成为通向未来的铺路石. 回溯最早期的宇宙, 仿佛进入最微观的世界, 最大和最小相遇在最初 (见图 14.9)! 也许宇宙无始无终, 物质不可穷尽, 物理学永远在路上!

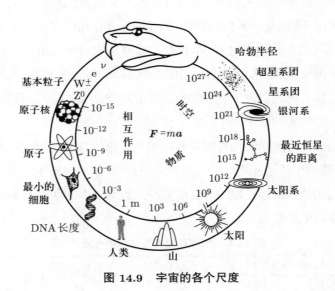

图 14.9 宇宙的各个尺度

思 考 题

1. 看看下面的对应关系, 经典力学的绝对时空观对应欧氏空间, 相对论力学对应伪欧氏空间, 广义相对论对应黎曼空间. 随着物理学的发展, 物理学中还可能引入新的时空观吗?

$$经典力学 \rightarrow 相对论力学 \rightarrow 广义相对论 \rightarrow ?$$

$$欧氏空间 \rightarrow 伪欧氏空间 \rightarrow 黎曼空间 \rightarrow 度量空间 \rightarrow 拓扑空间 \rightarrow ?$$

2. 当物理学研究的尺度越来越小, 时空有可能不再连续而是离散的吗? 有可能引入最小的时空单元 —— 时空子吗?

3. 康德在《宇宙发展史概论》中认为: 地球以外的其他天体上也必然有人居住, 或将来必然有人居住. 行星离太阳越远, 其上的居民的构成物质必定越轻巧, 他们就越高级, 越完善. 因此, 地球上的人类并不是最完善的居民, 在离太阳更远、形成得更晚的行星上可能会有更优越、更完善的居民. 你认同他的观点吗?

4. 原子核大小的数量级是 10^{-15} m, 根据不确定关系, 原子核内可能有电子吗?

参 考 文 献

经 典 著 作

[1] 阿基米德. 阿基米德经典著作集. 希思, 编; 凌复华, 译. 北京: 北京大学出版社, 2022.

[2] 伽利略. 关于两门新科学的对谈. 戈革, 译. 北京: 北京大学出版社, 2016. (虽然更常见的译名是 "对话" 而不是 "对谈", 但该书内文翻译较为准确, 故列为参考)

[3] Newton I. The Principia: Mathematical Principles of Natural Philosophy. Cohen I B, Whitman A, trans. University of California Press, 1999.

[4] Einstein A. The Meaning of Relativity. 5th ed. Princeton University Press, 1956.

历史和哲学著作

[1] 卡约里. 物理学史. 戴念祖, 译. 桂林: 广西师范大学出版社, 2002.

[2] 沃尔夫. 十六、十七世纪科学、技术和哲学史. 周昌忠, 等译. 北京: 商务印书馆, 1984.

[3] 塞耶. 牛顿自然哲学著作选. 上海外国自然哲学著作编译组, 译. 上海: 上海人民出版社, 1974.

[4] 武际可. 近代力学在中国的传播和发展. 北京: 高等教育出版社, 2005.

[5] 刘俊丽, 刘曰武. 院士谈力学. 北京: 科学出版社, 2016.

力 学 著 作

初级:

[1] 钟锡华, 周岳明. 大学物理通用教程: 力学. 2 版. 北京: 北京大学出版社, 2010.

[2] 程守洙, 江之永. 普通物理学: 上册. 8 版. 北京: 高等教育出版社, 2022.

[3] Young H D, Freedman R A, Ford A L. Sears and Zemansky's University Physics: With Modern Physics. 13th ed. Addison-Wesley, 2012.

[4] Halliday D, Resnick R, Walker J. Principles of Physics. 9th ed. John Wiley & Sons, 2011.

[5] 费曼, 莱顿, 桑兹. 费曼物理学讲义: 新千年版: 第 1 卷. 郑永令, 等译. 上海: 上海科学技术出版社, 2020.

中级 (与本教材同级):

[1] 梁昆淼. 力学: 上册. 4 版. 北京: 高等教育出版社, 2010.

[2] 赵凯华, 罗蔚茵. 新概念物理教程: 力学. 2 版. 北京: 高等教育出版社, 2004.

[3] 漆安慎, 杜婵英. 力学. 2 版. 北京: 高等教育出版社, 2005.

[4] 舒幼生. 力学. 北京: 北京大学出版社, 2005.

[5] 郑永令, 贾起民, 方小敏. 力学. 2 版. 北京: 高等教育出版社, 2002.

[6] 张汉壮. 力学. 4 版. 北京: 高等教育出版社, 2019.

[7] Kleppner D, Kolenkow R. An Introduction to Mechanics. 2nd ed. Cambridge University Press, 2014.

[8] 哈尔滨工业大学理论力学教研室. 理论力学. 8 版. 北京: 高等教育出版社, 2016.

高级:
[1] 梁昆淼. 力学: 下册. 4 版. 北京: 高等教育出版社, 2009.
[2] 刘川. 理论力学. 北京: 北京大学出版社, 2024.
[3] Landau L D, Lifshitz E M. Mechanics. 3rd ed. Pergamon Press, 1976.
[4] Goldstein H, Poole C, Safko J. Classical Mechanics. 3rd ed. Addison-Wesley, 2002.
[5] 欧阳颀. 非线性科学和斑图动力学导论. 北京: 北京大学出版社, 2010.

索　引